ESSAY D'ANALYSE SUR LES JEUX DE HAZARD.

SECONDE EDITION

Revûe & augmentée de plusieurs Lettres.

A PARIS,

Chez JACQUE QUILLAU, Imprimeur-Juré-Libraire de l'Université, rue Galande.

MDCCXIII.

AVEC APPROBATION ET PRIVILEGE DU ROY.

PREFACE

IL y a long-temps que les Geometres se vantent de pouvoir par leurs methodes découvrir dans les Sciences naturelles, toutes les verités qui sont à la portée de l'esprit humain ; & il est certain que par le merveilleux alliage qu'ils ont fait depuis cinquante ans de la Geometrie avec la Physique, ils ont forcé les hommes à reconnoître que ce qu'ils disent à l'avantage de la Geometrie n'est pas sans fondement. Quelle gloire seroit-ce pour cette Science si elle pouvoit encore servir à regler les jugemens & la conduite des hommes dans la pratique des choses de la vie !

L'aîné de Messieurs Bernoulli si connus l'un & l'autre dans le monde sçavant, n'a pas cru qu'il fût impossible de porter la Geometrie jusqu'à ce point. Il avoit entrepris de donner des Regles pour juger de la probabilité des évenemens futurs, & dont la connoissance nous est cachée, soit dans les Jeux, soit dans les autres choses de la vie où le hazard seul a part. Le titre de cet Ouvrage devoit être *De arte conjectandi, l'art de deviner.* Une mort prématurée ne lui a pas permis d'y mettre la derniere main.

Monsieur de Fontenelle & Monsieur Saurin ont donné chacun une courte Analyse de ce Livre ; le premier dans l'Histoire de l'Academie ; l'autre dans les Journaux des Sçavans de France. Voici, selon ces deux Auteurs, quel étoit le plan de cet Ouvrage. M. Bernoulli le divisoit en quatre Parties ; dans les trois premieres il donnoit la solution de divers Problêmes sur les Jeux de hazard : on devoit y trouver plusieurs choses nouvelles sur les suites infinies, sur les combinaisons & les changemens d'ordre, avec la solution des cinq Problêmes proposés depuis long-temps aux Geometres par M. Hugens. Dans la quatriéme Partie, il employoit les methodes qu'il avoit données dans les trois premieres, à résoudre diverses questions morales, politiques & civiles.

Année 1705, page 148. Année 1706, page 81.

On ne nous a point appris quels sont les Jeux dont cet Auteur déterminoit les partis, ni quels sujets de politique & de morale il avoit entrepris d'éclaircir ; mais quelque surprenant que soit ce projet, il y a lieu de croire que ce sçavant Auteur l'auroit parfaitement executé. M. Bernoulli étoit trop superieur aux autres pour vouloir en imposer, il étoit de ce petit nombre d'hommes rares qui sont propres à inventer, & je me persuade qu'il auroit tenu tout ce que promettoit le titre de son Livre.

Rien ne retarde plus l'avancement des Sciences, & ne met un plus grand obstacle à la découverte des verités cachées, que la défiance où nous sommes de nos forces. La plûpart des choses qui paroissent impossibles ne le sont que faute de donner à l'esprit humain toute l'étendue qu'il peut avoir.

Plusieurs de mes Amis m'avoient excité, il y a déja long-temps, à essayer si l'Algebre ne pourroit point atteindre à déterminer quel est l'avantage du Banquier dans le Jeu du Pharaon. Je n'avois jamais osé entreprendre cette recherche, car je sçavois que le nombre de tous les divers arrangemens possibles de cinquante-deux cartes, surpasse plus de cent mille millions de fois celui des grains de sable que pourroit contenir le globe de la terre; & il ne me paroissoit pas possible de démêler, dans un nombre si vaste, les arrangemens qui sont avantageux au Banquier, d'avec ceux qui lui sont contraires ou indifferens. Je serois encore dans ce préjugé si les succès de feu M. Bernoulli ne m'eussent invité il y a quelques années à chercher les differens hazards de ce Jeu. Je fus plus heureux que je n'avois osé esperer, car outre la solution generale de ce Problême, j'apperçus les routes qu'il falloit tenir pour en découvrir une infinité de pareils, ou même de beaucoup plus difficiles. Je connus qu'on pouvoit aller fort loin dans ce pays où personne n'avoit encore été; je me flattai qu'on pouvoit y faire une ample recolte de verités également curieuses & nouvelles : cela me donna la pensée de travailler à fond sur cette matiere, & le desir de dédommager en quelque sorte le Public de la perte qu'il feroit s'il étoit privé de l'excellent Ouvrage de M. Bernoulli. Diverses reflexions m'ont confirmé dans ce dessein.

C'est particulierement dans les Jeux de hazard que paroît la foiblesse de l'esprit humain & la pente qu'il a à la superstition. Rien n'est si ordinaire que de voir des Joueurs attribuer leur malheur aux personnes qui les approchent, & à d'autres circonstances qui ne sont pas moins indifferentes aux évenemens du jeu. Il y en a qui se font une loi de ne prendre que des cartes qui gagnent, dans la pensée qu'un certain bonheur leur est attaché. D'autres au contraire s'attachent à prendre les cartes perdantes, dans l'opinion qu'ayant plusieurs fois perdu, il est moins vrai-semblable qu'elles perdront encore, comme si le passé pouvoit décider quelque chose pour l'avenir. Il y en a qui affectent certaines places & certains jours. On en voit qui refusent de mêler les cartes, si ce n'est dans certaines situations, & qui croiroient perdre infailliblement s'ils s'étoient en cela écartez de leurs regles. Enfin la plûpart cherchent leurs avantages où ils ne sont pas, ou bien ils les negligent entierement.

On peut dire à peu près la même chose de la conduite des hommes dans toutes les actions de la vie où le hazard a quelque part. Ce sont les mêmes préjugés qui les gouvernent, c'est l'imagination qui regle leurs démarches, & qui fait naître aveuglément leurs craintes & leurs esperances. Souvent ils abandonnent un petit bien certain pour courir temerairement après un plus grand bien, dont l'acquisition est comme impossible; & souvent par trop de défiance ils renoncent à des esperances considerables & bien fondées, pour se conserver un bien dont la valeur n'a point de proportion avec celui qu'ils negligent. Le principe general de ces préjugés & de ces erreurs est que la plûpart des hommes attribuant la distribution des biens & des maux, & generalement tous les évenemens de ce monde à une puissance fatale qui agit sans ordre & sans regle, ils croyent qu'il vaut autant s'abandonner à cette Divinité aveugle, qu'on nomme Fortune, que de la forcer à leur être favorable en suivant des regles de prudence qui leur paroissent imaginaires.

J'ai donc cru qu'il seroit utile, non seulement aux Joueurs, mais aux hommes en general, de sçavoir que le hazard a des regles qui peuvent être connues, & que faute de connoître ces regles ils font tous les jours des fautes, dont les suites fâcheuses leur doivent être imputées avec plus de raison qu'au destin qu'ils accusent. Je pourrois rapporter en preuve une infinité d'exemples tirés ou des Jeux, ou des autres choses de la vie dont l'évenement dépend du hazard. Il est certain que les hommes ne se servent point assez de leur esprit pour obtenir ce qu'ils desirent même avec le plus d'ardeur, & qu'ils ne font point assez d'efforts pour ôter à la Fortune ce qu'ils pourroient lui soustraire par les regles de la prudence.

On a cru que cette matiere pourroit exciter la curiosité de ceux même qui en ont le moins pour les connoissances abstraites. L'on aime naturellement à voir clair dans ce qu'on fait, même indépendamment de tout interêt. On joueroit sans doute avec plus d'agrément si l'on pouvoit sçavoir à chaque coup l'esperance qu'on a de gagner, ou le risque que l'on court de perdre. On seroit plus tranquile sur les évenemens du jeu, & on sentiroit mieux le ridicule de ces plaintes continuelles ausquelles se laissent aller la plûpart des Joueurs dans les rencontres les plus communes, lorsqu'elles leur sont contraires.

Si la connoissance exacte des hazards du jeu ne suffit pas seule aux Joueurs pour les faire gagner, elle peut au moins servir à leur faire prendre le meilleur parti dans les choses douteuses, &, ce qui est fort important, à leur apprendre jusqu'à quel point sont desavantageuses pour eux les conditions de certains Jeux que l'avarice & l'oisiveté introduisent tous les jours. Pour moi je crois que si les Joueurs sçavoient que lorsqu'ils mettent au Pharaon un louis de treize livres sur une carte qui a passé trois fois, le talon n'étant plus

que

que de douze cartes, ils ſont preciſément la même choſe que s'ils donnoient en pur don une livre un ſol & huit deniers au Banquier, il y en auroit peu qui vouluſſent tenter la Fortune avec tant de deſavantage.

La conduite des hommes fait le plus ſouvent leur bonne ou leur mauvaiſe fortune, & les gens ſages donnent au hazard le moins qu'ils peuvent.

Nous ne pouvons connoître l'avenir, mais nous pouvons toujours dans les Jeux de hazard, & ſouvent dans les autres choſes de la vie, connoître avec exactitude combien il eſt plus probable que certaine choſe arrivera de telle façon plutôt que de toute autre ! Et puiſque ce ſont là les bornes de nos connoiſſances, nous devons au moins tâcher d'y atteindre.

Tout le monde ſçait qu'au défaut de l'évidence, nous devons chercher la vrai-ſemblance pour nous approcher de la verité; mais on ne ſçait point aſſez qu'il y a des vrai-ſemblances plus grandes & plus petites à l'infini, & que l'eſprit pour être bon juge, en doit diſtinguer tous les degrés, puiſqu'il arrive ſouvent qu'une choſe étant incertaine, il eſt neanmoins certain & même évident qu'elle eſt vrai-ſemblable, & plus vrai-ſemblable que toute autre.

Il paroît qu'on ne s'eſt point aſſez apperçu juſqu'à preſent qu'on pût donner des regles infaillibles pour calculer les differences qui ſe trouvent entre diverſes probabilités.

On a voulu donner dans cet Ouvrage un essai de ce nouvel art, en l'appliquant à une matiere qui a été jusqu'ici dans une grande obscurité, & qui ne paroît susceptible d'aucune précision. On a crû qu'elle étoit plus propre que toute autre à donner de l'estime pour l'Analyse, cet art merveilleux qui est la clef de toutes les Sciences exactes, & qui n'est apparemment negligé que parcequ'on ne connoît point assez l'étendue de ses usages; car au lieu qu'on n'a employé jusqu'ici l'Algebre & l'Analyse qu'à découvrir des raports constans & immuables entre des nombres & des figures, on s'en sert ici pour découvrir des raports de probabilité entre des choses incertaines & qui n'ont rien de fixe, ce qui semble fort opposé à l'esprit de la Geometrie, & en quelque façon hors de ses regles. C'est ce que fait judicieusement sentir l'illustre Auteur de l'Histoire de l'Academie dans l'endroit que j'ai déja cité. *Il n'est pas si glorieux*, dit-il, *à l'esprit de Geometrie de regner dans la Physique que dans les choses de morale, si casuelles, si compliquées, si changeantes. Plus une matiere lui est opposée & rebelle, plus il a d'honneur à la dompter.*

Je divise ce Traité en quatre Parties: la premiere renferme une theorie complette des combinaisons; je donne dans la seconde la solution de divers Problêmes sur les Jeux de cartes qui sont en usage; j'examine d'abord ceux qui sont de pur hazard, tels que le Pharaon, la Bassete, le Lansquenet & le Treize; je détermine quel est l'avantage ou le desavantage des Joueurs dans toutes les circonſtances poſſibles de ces Jeux. Les Geometres trouveront dans la ſolution de ces Problêmes toute la generalité qu'ils pourront ſouhaiter ; & les Joueurs y rencontreront des nouveautés fort ſingulieres, dont il leur eſt important d'être inſtruits. L'on s'eſt borné à examiner ces quatres Jeux pour ne point faire un trop gros Volume, & on les a preferés aux autres parce qu'ils ſont plus en uſage, & qu'ils m'ont paru les plus curieux. Le reſte de cette ſeconde Partie contient les ſolutions de divers Problêmes ſur l'Hombre, le Piquet, l'Imperiale, le Brelan, &c. Je n'ai pû traiter ces derniers Jeux avec la même étendue que les précedens, j'en rends raiſon dans les pages 157, 153, 159, 160 & 161.

On trouvera dans la troiſiéme Partie la ſolution de toutes les queſtions qu'on peut propoſer ſur le Quinquenove, le Jeu des trois dez, & le Jeu du hazard. Les deux premiers ſont les ſeuls Jeux de dez qui ſoient en uſage en France, le dernier n'eſt connu qu'en Angleterre. Je donne enſuite des regles pour jouer le plus parfaitement qu'il ſe puiſſe un Jeu dont l'invention eſt ingenieuſe, & qui tient également de deux Jeux de cartes le Her & la Tontine. La perſonne qui m'a appris ce Jeu n'a pû me dire comment on le nomme. Pour ne le point laiſſer ſans nom, je l'ai appellé Jeu de l'Eſperance. On y trouvera auſſi la ſolution de quelques Problêmes aſſez faciles ſur le Jeu du Trictrac. Il y en a un qui peut être de quelque utilité pour les Joueurs.

Je finis cette troisiéme Partie par des Problêmes très generaux sur les dez, & par des tables qui peuvent être utiles aux Joueurs. J'y ajoûte comme pour servir d'Exemples trois Problêmes, il y en a un sur le Jeu de la premiere Rafle; le second est sur les trois Rafles comptées, le dernier est sur un Jeu dont le Baron de la Hontan fait mention dans le second Tome de ses Voyages, & qu'il dit être fort en usage parmi les Sauvages de Canada. Le nom n'en est pas magnifique, il s'appelle le Jeu des Noyaux.

On pourra remarquer que tous les differens Jeux de dez qu'on examine dans cette troisiéme Partie, donnent du desavantage à celui qui tient le dé, au lieu que dans les Jeux de cartes tels que le Pharaon, la Bassete, le Lansquenet, le Treize, celui qui tient les cartes a un avantage considerable.

Il est à croire que ceux qui ont inventé ces Jeux n'ont point prétendu les rendre entierement égaux, ou, ce qui paroît plus vrai-semblable, qu'ils n'en ont point assez connu la nature pour en bien distribuer les hazards. Dans la pluspart les conditions sont si inégales pour les Joueurs, qu'on seroit bien fondé à soutenir qu'on ne peut y gagner avec justice, comme sans doute on ne peut y perdre sans être duppe.

Quoique dans ce Traité j'aye beaucoup plus en vûe le plaisir des Geometres que l'utilité des Joueurs, & que selon nous ceux qui perdent leur temps au Jeu meritent bien d'y perdre leur argent, je n'ai point négligé en découvrant l'avantage ou le desavantage des Joueurs, de faire remarquer de quelle maniere il faudroit reformer les Jeux pour les rendre parfaitement égaux.

Dans la quatriéme Partie je donne la solution des cinq Problêmes proposés par Mr Hugens, & j'en ajoûte plusieurs autres, dont quelques-uns paroîtront curieux & peut-être assez difficiles. Je la termine en proposant, à l'imitation de M. Hugens, quatre Problêmes assez singuliers. Mais je crois devoir avertir les Geometres qui auroient la curiosité d'en tenter la solution, qu'ils n'y trouveront pas moins de difficulté que dans les plus difficiles Problêmes de calcul integral. Ceux qui ne regarderoient ces questions que comme des Problêmes d'Arithmetique, reconnoîtront que si elles supposent moins de connoissance en Geometrie, elles demandent peut-être plus d'adresse, & certainement beaucoup plus d'exactitude & de circonspection.

Si je m'étois proposé de suivre en tout le projet de M. Bernoulli, j'aurois dû ajoûter une cinquiéme Partie, où j'eusse fait l'application des methodes contenues dans les quatre premieres, à des sujets politiques, œconomiques ou moraux. Ce qui m'en a empêché, c'est l'embarras où je me suis trouvé de faire des hypotheses, qui étant appuyées sur des faits certains, pûssent me conduire & me soûtenir dans mes recherches: Mais n'ayant point eu la commodité de me satisfaire entierement là-dessus, j'ai crû qu'il valoit mieux remettre ce travail à un autre temps, ou en laisſer la gloire à quelqu'autre perſonne plus habile que moi, que de dire des choſes ou trop communes ou peu exactes, qui n'euſſent point répondu à l'attente du Lecteur, & à la beauté du ſujet. Je me bornerai à faire remarquer en moins de mots qu'il me ſera poſſible, le rapport qu'il y a entre cette matiere & celle des Jeux, & les vûes qu'il faudroit prendre pour y réuſſir.

A parler exactement, rien ne dépend du hazard; quand on étudie la nature, on eſt bien-tôt convaincu que ſon Auteur agit d'une maniere generale & uniforme, qui porte le caractere d'une ſageſſe & d'une préſcience infinie. Ainſi pour attacher à ce mot *hazard* une idée qui ſoit conforme à la vraye Philoſophie, on doit penſer que toutes choſes étant reglées ſelon des loix certaines, dont le plus ſouvent l'ordre ne nous eſt pas connu, celles-là dépendent du hazard dont la cauſe naturelle nous eſt cachée. Après cette définition on peut dire que la vie de l'homme eſt un jeu où regne le hazard.

Pour faire voir plus préciſément que l'Analyſe des Geometres, & principalement celle qu'on employe dans ce Traité, eſt propre à diſſiper en partie les tenebres qui ſemblent répandues ſur les choſes de la vie civile qui ont rapport à l'avenir, il faut remarquer que de même qu'il y a des Jeux qui ſe reglent par le hazard ſeul, & d'autres qui ſe reglent en partie par le hazard & en partie par l'habileté des Joueurs; ainſi entre les choſes de la vie il y en a dont le ſuccès dépend entierement du hazard, & d'autres auſquelles la conduite des hommes a beaucoup de part; & que generalement dans toutes les choſes de la vie ſur leſquelles nous avons à prendre notre parti, notre déliberation doit ſe reduire, comme dans les paris ſur les Jeux, à comparer le nombre des cas où arrivera un certain évenement, au nombre des cas où il n'arrivera pas; ou, pour parler en Geometre, à examiner ſi ce que nous eſperons multiplié par le degré de probabilité qu'il y a que nous l'obtiendrons, égale ou ſurpaſſe notre miſe, c'eſt à dire les avances que nous devons faire, ſoit peine, ſoit argent, ſoit credit, &c.

Il ſuit de là que les mêmes regles d'Analyſe qui nous ont ſervi à déterminer dans les Jeux les partis des Joueurs & la maniere dont ils doivent conduire leur jeu, peuvent auſſi ſervir à déterminer le juſte degré de nos eſperances dans nos diverſes entrepriſes, & à nous apprendre la conduite que nous devons tenir pour y trouver le plus d'avantage qu'il ſoit poſſible. Il eſt clair, par exemple, que la même methode qui nous a ſervi à déterminer dans quelles circonſtances il eſt à propos à l'Hombre de renoncer aux fiches du ſans-prendre dans l'eſperance de faire la volle, peut être employée, quoique plus difficilement, pour déterminer dans quelles circonſtances de la vie il faut ſacrifier un petit bien dans l'eſperance d'en obtenir un plus grand.

Pour continuer cette comparaison, il faut remarquer que les mêmes raisons qui nous empêchent de pouvoir resoudre toutes les questions qu'on peut proposer sur les Jeux, empêchent aussi qu'on ne puisse resoudre celles qu'on peut proposer sur les choses de la vie civile. Ces raisons sont de deux sortes: la premiere est l'incertitude où nous sommes du parti que prendront à notre égard ceux dont les actions doivent regler l'évenement de nos entreprises. Le choc d'un corps décide & de la route qu'il doit tenir & de la vîtesse qu'il doit avoir, car les loix des communications des mouvemens sont fixes & invariables. Mais les raisons & les differens motifs que les hommes peuvent avoir pour agir d'une façon plutôt que d'une autre, ne peuvent nous assurer de quel côté ils se détermineront. Souvent ils ne connoissent point leurs interêts, & souvent ils ne les suivent pas lorsqu'ils les connoissent, le caprice les détermine beaucoup plus que la raison, & c'est toujours deviner que de vouloir juger de ce qui dépend de la liberté des hommes.

La seconde cause de notre ignorance dans les choses qui dépendent de l'avenir, est fondée sur ce que les bornes de notre esprit étant fort étroites, toutes les connoissances qui supposent un trop grand nombre de rapports sont au dessus de ses forces. Or dans plusieurs Jeux, & dans la plûpart des choses de la vie, les comparaisons qu'il faut faire sont en si grand nombre, qu'il n'est presque pas possible de les épuiser.

Déterminer combien vaut le dé entre deux Joueurs égaux au Jeu du Trictrac, & combien vaut la main au Piquet, quelle piece est la plus avantageuse au Jeu des Echets du fou ou du cavalier, & de combien l'une est meilleure que l'autre, ce sont-là des Problêmes dont je tiens la solution impossible aux hommes. Il en est de même, & pour les mêmes raisons de la plûpart des questions de morale & de politique : par exemple, déterminer si dans telle & telle circonstance je dois avoir plus d'égard à la recommandation d'un parent, qu'à la priere d'un certain nombre d'amis : Si un certain commerce est avantageux ou préjudiciable à une Nation ; quel doit être le succès d'une négociation & d'une entreprise militaire, &c.

Les contrats d'assurance qui sont si communs parmi les Marchands, principalement dans les Républiques, n'enrichissent pas toujours les assureurs ; & les plus habiles Politiques d'Angleterre éprouvent tous les jours à leur perte dans ces grosses gageures qu'on fait en ce pays-là sur les évenemens de la guerre, que la prudence des hommes est insuffisante pour penetrer surement dans l'avenir.

Il est vrai qu'avec beaucoup de justesse d'esprit, une grande connoissance des faits, & surtout des ressors secrets qui donnent le branle & le mouvement aux affaires, on peut découvrir avec assez de vrai-semblance quel est le meilleur parti dans ces gageures : mais il est impossible d'en venir jamais au point de pouvoir déterminer par le raport exact de deux nombres combien un parti est meilleur que l'autre.

Quelque secours que l'esprit humain puisse recevoir de la Geometrie, cette vertu, que l'on nomme prudence, n'aura jamais que des regles incertaines; pour un petit nombre de verités & de principes certains que contiennent la politique & la morale, on y trouve une infinité d'obscurités impenetrables à l'esprit humain.

Tout l'usage qu'on peut tirer de la Geometrie par raport à ces sortes de Problêmes, consiste en ce qu'on peut assurer que ceux qui se seront rendu familiere l'espece de Logique dont on fait usage dans ce Traité, en seront plus propres à découvrir les differens degrés de probabilité dans les divers partis qu'on peut prendre sur les choses qui regardent la morale, ou sur celles qui ont rapport à la vie civile, & à éviter l'erreur dans leurs jugemens par l'habitude qu'ils auront acquise de distinguer le vrai d'avec le vrai-semblable, & de ne donner leur consentement qu'à l'évidence.

Que les hommes en pensent ce qu'ils voudront, il est certain que cette force & cette justesse d'esprit qu'on acquiert dans la recherche des verités abstraites, s'étend aussi aux verités sensibles, & pour ainsi dire de pratique. L'Analyse est un instrument qui sert à tout quand on le sçait bien manier. Toutes les verités se tiennent entr'elles, & quand on a fait quelque temps essai de ses forces sur les notions exactes que nous avons des nombres & de l'étendue, on les employe avec plus de ſuccès ſur les connoiſſances moins exactes qui peuvent être l'objet de notre eſprit. Ceux qui ont le mieux écrit ſur la Metaphyſique, la Phyſique, peut-être même ſur la Medecine & ſur la Morale, étoient d'excellens Geometres. L'experience devroit donc convaincre de l'utilité de la Geometrie ceux à qui les raiſons ne la peuvent perſuader.

Pour terminer ce parallele entre les Problêmes ſur les Jeux, & les queſtions qu'on peut propoſer ſur les choſes œconomiques, politiques & morales, il faut obſerver que dans ces dernieres comme en celles des Jeux, il y à une eſpece de Problêmes qu'on pourra reſoudre en obſervant ces deux regles; 1°. borner la queſtion que l'on ſe propoſe à un petit nombre de ſuppoſitions, établies ſur des faits certains; 2°. faire abſtraction de toutes les circonſtances auſquelles la liberté de l'homme, cet écueil perpetuel de nos connoiſſances, pourroit avoir quelque part. Il eſt à croire que M. Bernoulli avoit égard à ces regles dans la quatriéme partie de ſon Ouvrage, & il eſt certain qu'avec ces deux reſtrictions on pourroit traiter pluſieurs ſujets ou de politique ou de morale avec toute l'exactitude des verités geometriques.

C'eſt ce qu'à fait admirablement M. Halley dans un Memoire qui ſe trouve dans les Tranſactions philoſophiques d'Angleterre, num. 196, où ce ſçavant Anglois entreprend de déterminer le degré de la mortalité du genre humain. Ce morceau eſt plein de choſes curieuſes, dont le

Lecteur verroit ici l'extrait avec plaisir : Mais cette Préface étant peut-être déja trop longue, je n'en rapporterai qu'une qui est traitée par l'Auteur avec beaucoup de finesse. C'est une methode pour déterminer sur quel pied se doivent regler les rentes à fond perdu. Il donne une Table toute calculée pour les differens âges de cinq en cinq années depuis un an jusqu'à soixante & dix. Cette Table fait voir combien étoit avantageux aux Anglois le parti que leur faisoit alors le Roy Guillaume, en donnant 14 pour cent par année de rente viagere, ce qui est à peu près la septiéme partie du fond. On voit par cette Table qu'une personne âgée de dix ans n'en devroit avoir que la treiziéme partie, & un homme âgé de trente-six ans la onziéme, & enfin que l'interêt de dix pour cent n'est dû qu'aux personnes âgées de quarante-trois à quarante-quatre ans. Il pousse encore cette idée plus loin, & il examine sur quel pied devroit se regler une rente viagere qui seroit sur la tête de deux ou de plusieurs personnes de differens âges.

Cette matiere paroît épuisée dans le Memoire de M. Halley. On en trouve quelques autres semblables maniées assez heureusement, quoiqu'avec moins d'exactitude, dans l'Arithmetique politique du Chevalier Petty. Mais il en reste plusieurs autres de cette nature qu'on pourroit traiter avec le même succès & la même utilité pour le Public.

Je crois devoir parler maintenant de deux Geometres illustres à qui je dois les premiers vûes que jai eues ſur le ſujet que je traite. En 1654 M. Paſcal reſolut ce Problême ; *Deux perſonnes jouent à un jeu égal en un certain nombre de points ; l'une des deux eſt ſuppoſée avoir plus de points que l'autre : On demande comment elles doivent partager l'argent du Jeu en cas qu'elles veuillent rompre la partie ſans la finir.* On peut voir la ſolution de ce Problême dans un Livre fort court qu'on a trouvé imprimé après ſa mort, & qui a pour titre, *Triangle Arithmetique.* Ce grand Homme qui avoit beaucoup médité ſur les proprietés des nombres, fait diverſes applications de ce triangle aux regles des partis & aux combinaiſons.

Le Chevalier de Meré lui avoit propoſé ce Problême, il lui en avoit auſſi propoſé quelques autres ſur le dez : Par exemple, déterminer en combien de coups on peut amener une certaine rafle, & quelques autres de cette ſorte aſſez faciles. Ce Chevalier, qui étoit plus bel eſprit que Geometre, reſolut les Problêmes ſur les dez, mais ni lui ni M. de Roberval ne purent reſoudre celui des partis. M. Paſcal le propoſa à M. Fermat avec qui il étoit en commerce d'amitié & de Geometrie, & qui en cette Science n'étoit inferieur qu'à M. Deſcartes.

Ce Geometre parvint à la ſolution du Problême par une voye differente de celle de M. Paſcal : Il alla même plus loin, & il aſſura que ſa methode étoit generale pour quelque nombre de Joueurs qu'il y eût. M. Paſcal ne crut pas qu'elle pût le conduire juſque là, & il tâche de lui faire voir dans une lettre qui ſe trouve avec quelques autres ſur ce ſujet dans les Ouvrages posthumes de M. Fermat imprimés à Thoulouze, que sa methode, qu'il reconnoît bonne pour deux Joueurs, n'est pas juste pour un plus grand nombre. On ne voit point dans ce Recueil la réponse de M. Fermat, mais il est certain que le droit étoit de son côté; sa methode est sûre, & s'étend à quelque nombre de Joueurs que ce soit.

A peu près dans ce temps M. Hugens, ce fameux Geometre qui a enrichi toutes les parties des Mathematiques de tant de belles découvertes, ayant entendu parler de ces Problêmes, entreprit de les resoudre, & employa pour en venir à bout, la methode analytique, qui pour l'ordinaire mene plus loin que toute autre. Il fit de ces Problêmes un petit Traité latin qui compose environ une feuille, & se trouve à la fin du Livre de M. Schotten, intitulé, *Exercitationes Geometricæ.*

Quoique cet Auteur n'entreprenne de déterminer les partis des Joueurs dans aucun Jeu de cartes ni de dez, & qu'il se borne à ce qu'il y a de plus facile en cette matiere, & presque aux seuls Problêmes de M. Pascal, on voit par la lettre qu'il écrit à M. Schotten, qu'il estimoit beaucoup ce qu'il donne dans ce petit Ouvrage. *Rien n'est plus glorieux*, dit-il, *à l'art dont nous faisons usage dans ce Traité, que de pouvoir donner des regles à des choses qui étant dépendantes du hazard, semblent n'en reconoître aucune, & par là se soustraire à la raison humaine.* Et il ajoûte: *Je m'assure que ceux qui sçavent juger des choses, reconnoîtront en lisant cet écrit, que le sujet en est plus ſérieux & plus important qu'il ne paroît, que l'on y poſe les fondemens d'une théorie très belle & très ſubtile, & que les recherches de Diophante, qui n'ont pour objet que des proprietés abſtraites des nombres, ſont & plus faciles, & moins agréables que celles que l'on peut ſe propoſer en cette matiere.*

L'Auteur à la fin de ce Traité invite les Geometres à la recherche de cinq Problêmes, dont aucun que je ſçache n'a encore été reſolu. Il y en a trois de ces cinq dont il donne la ſolution, mais ſans analyſe ni démonſtration, & il ne donne point la ſolution des autres.

Comme c'eſt principalement pour les Geometres que j'ai compoſé ce Traité & que pour l'ordinaire les Sçavans ne ſont pas Joueurs, j'ai cru devoir expliquer fort au long les Jeux dont je parle dans cet Ouvrage, & j'ai tâché de n'obmettre aucune circonſtance neceſſaire. Je m'étois propoſé d'abord de mettre en langage ordinaire la ſolution de quelques-uns des Problêmes les plus faciles ; tels que ſont ceux de la quatriéme Partie : mais j'ai éte contraint d'abandonner ce deſſein, pour n'être point obligé de faire des diſcours infinis que perſonne n'auroit eu la patience de ſuivre. L'uſage de l'Algebre eſt de repreſenter à l'eſprit un grand nombre d'idées ſous des expreſſions fort courtes, & de lui fournir de grandes facilités pour parcourir avec promptitude les rapports des choſes que l'on conſidere. J'ai cru que ne voulant point faire un gros Livre, je ne devois point renoncer à cet avantage ; je me ſuis ſeulement attaché à m'expliquer de telle maniere dans la conclusion de chaque Problême, & dans les Corollaires & les Remarques qui sont à la fin de chaque solution, que je pûsse être entendu de tout le monde, & même des Joueurs.

Comme on n'écrit que pour être lû, j'ai tâché de rendre facile la lecture de cet Ouvrage, & j'ai préferé sans peine la satisfaction du Lecteur à l'estime de ces esprit mediocres, qui n'admirent que ce qui leur coute beaucoup de peine, & ce qui leur paroît au dessus de leur portée. On trouvera que je me suis fort étendu dans les endroits que j'ai cru difficiles, & principalement dans ceux qui devoient répandre leur lumiere sur plusieurs verités. Mais comme je sçai aussi que l'utilité d'un Livre de Mathematique consiste moins dans les verités qu'il découvre que dans la disposition qu'il donne à l'esprit d'en découvrir de pareilles, & qu'on acquiert beaucoup plus cette disposition en trouvant ce que l'Auteur a déja trouvé, qu'en le suivant pas à pas, j'ai cru que je ne devois point me gêner à expliquer tout en détail, & même à tout démontrer, & qu'il me suffisoit de ne laisser aucune difficulté dont on ne pût trouver la solution avec une application suffisante. Enfin je me suis proposé d'épargner au Lecteur le travail de l'invention, & de lui en laisser en quelque sorte le plaisir.

TRAITE'

AVERTISSEMENT.

CETTE seconde Edition est de moitié plus ample que la precedente ; l'ordre en est aussi different. J'ai ramassé dans la premiere partie tous les Theorêmes sur les Combinaisons qui étoient répandus dans le corps du livre. J'en ai aussi ajouté quelques-uns. Les principales additions sont dans la premiere partie & vers la fin de la quatriéme. J'avois obmis dans l'édition precedente les Démonstrations des plus difficiles Problêmes, dans le dessein de picquer davantage la curiosité du Lecteur, qui souvent croit avoir sçu ce qu'il apprend sans peine. Je les ai mises toutes dans celle-ci à la priere de quelques amis. Celles des Formules sur le Treize se trouveront dans les Notes latines de M. N. Bernoulli. Je n'aurois pu en donner de meilleures.

La cinquiéme partie est un Recueil de Lettres que j'ai reçues de Messieurs Bernoulli à l'occasion de cet Ouvrage, & des réponses que je leur ai faites. Il n'y en a qu'une de M. J. Bernoulli, mais très belle. Les autres sont de M. N. Bernoulli son neveu, digne heritier du sçavoir geometrique, qui est dans cette illustre famille.

Il n'est pas besoin que je fasse ici l'éloge de ces Lettres, elles portent leur recommandation avec elles. On verra que l'on ne peut rien de plus fort en ce genre. J'espere que les Geometres me sçauront gré d'avoir sacrifié, en inserant ces Lettres dans ce Livre, la vanité d'Auteur à l'amour que j'ai pour le Public & pour la perfection des Sciences. On trouvera dans ces Lettres & dans les réponses plusieurs recherches nouvelles & très difficiles dont on n'a fait aucune mention dans le corps de cet Ouvrage. Il y en a en particulier sur le Her, jeu que j'explique à la page 278. Les conditions singulieres de ce jeu ont donné occasion à une dispute entre M. Bernoulli & deux de mes amis, personnes de beaucoup d'esprit. Quoique j'aye enfin pris parti, je n'ose me persuader que la verité soit de mon côté; le Lecteur en jugera. La question est curieuse, & je me flatte qu'on ne trouvera point inutile ou trop long ce qui a été écrit de part & d'autre sur ce sujet.

Je ne sçai si ayant manqué ou plûtôt évité plusieurs occasions qui se presentoient naturellement d'allier dans cet Ouvrage la consideration des Courbes avec la pure Analyse, je ne dois point craindre qu'on me blâme d'avoir inseré dans ma Lettre du 8 Juin 1712, des choses qui sont de pure Geometrie, & qui n'ont aucun rapport à ce Traité: Mais outre que je me suis fait une loi de donner mes Lettres & celles de Ms Bernoulli telles qu'elles ont été écrites. J'aurois privé le Public de plusieurs belles choses que l'on verra dans la réponse de M. N. Bernoulli du 11 Octobre 1712; cette derniere raison a levé entierement mes scrupules.

Depuis que j'ai publié cet Essai, il a paru deux petits Ouvrages qui ont beaucoup de rapport avec celui ci. L'un a pour titre De arte conjectandi in Jure: *C'est une These Latine que M. N. Bernoulli a soutenue l'année 1709 à Basle en prenant le Degré de Licentié en Droit.*

Il y a beaucoup de choses curieuses & qui meritent d'être lûes. Si l'on n'y trouve pas les mêmes beautés que dans ses Lettres, c'est qu'apparemment le sujet ne le comporte pas, ou que l'Auteur n'avoit pas encore medité ces matieres aussi profondément qu'il a fait depuis. L'autre a plus de rapport avec notre Ouvrage, ou plûtôt il est formé sur le même plan; c'est un Traité fort court, mais excellent, qui a pour titre, De mensurâ sortis.

M. Moivre le donna dans les Transactions Philosophiques au commencement de l'année 1711, mais il n'a paru que l'année passée. L'Auteur m'a fait l'honneur de m'en envoyer un Exemplaire que je reçus au commencement du mois d'Aoust de l'année derniere.

M. Moivre a bien jugé que j'aurois besoin de son Livre pour répondre à la Critique qu'il fait du mien dans son Avertissement. L'intention louable qu'il a eu de relever & de faire valoir son Ouvrage, l'a porté à rabaisser le mien & à disputer à mes methodes le merite de la nouveauté. Comme il a cru pouvoir m'attaquer sans me donner sujet de me plaindre de lui, je crois pouvoir lui répondre sans lui donner lieu de se plaindre de moi. Mon intention n'est point de critiquer son Ouvrage; outre qu'il est au dessus de la censure, on seroit bien fâché d'en diminuer le merite: cela est trop éloigné de notre caractere; mais parcequ'il est permis de se défendre, & de conserver son bien, je me suis proposé de lui répondre: Voici ce que M. de Moivre expose dans son Avertissement.

Huguenius primus, quod sciam, regulas tradidit ad istius generis Problematum solutionem quas nuperrimus Autor Gallus variis exemplis pulchrè illustravit; sed non videntur viri clarissimi câ simplicitate ac generalitate usi fuisse, quam natura rei postulabat : etenim dum plures quantitates incognitas usurpant, ut varias collusorum conditiones repræsentent, calculum suum nimis perplexum reddunt; dumque collusorum dexteritatem semper æqualem ponunt, doctrinam hanc ludorum intra limites nimis arctos continent.

Il ne manque à ces décisions que de pouvoir être soutenues par de bonnes preuves ; mais où M. Moivre en auroit-il pris ? J'ai donné des solutions generales par-tout où la nature du Problême l'a permis ou l'a demandé : on peut en faire l'épreuve à l'ouverture du Livre. Il est vrai que j'ai donné des solutions particulieres des cinq Problêmes de M. Huyguens & de quelques autres ; mais je ne crois pas qu'il soit toujours à propos de generaliser tout, principalement ce qui est facile. Des solutions particulieres délassent le Lecteur, & ne l'instruisent pas moins, lorsque, comme il arrive souvent, la solution particuliere renferme toute les difficultés de la generale ; souvent rien plus facile que de generaliser, c'est une ostentation de le faire toujours & sans necessité ; j'avoue qu'il arrive souvent qu'un exemple particulier résolu n'apprend pas le chemin de la solution generale ; alors il faut s'élever, si on le peut, du cas particulier au general ; c'est aussi ce que l'on croit avoir fait presque par-tout, je m'en rapporte là-dessus au jugement des Lecteurs.

Je ne comprens point ce que veut dire M. Moivre quand il me reproche d'avoir employé des inconnues où n'en falloit point, & d'en avoir embarassé mes calculs : je ne sçache que le seul Problême 5e de M. Huyguens sur lequel ce reproche puisse tomber ; j'employe presque par-tout la methode des Combinaisons, & je l'avois mis seule en usage dans la premiere partie qui est la plus considerable par son étendue, & par la difficulté des Problêmes. Si je me sers quelquefois de l'Analyse, c'est que je crois à propos, & qu'il est agreable de tenter differentes voyes, & utile d'ouvrir plusieurs routes. Si quelquefois sans me servir d'Analyse j'employe des inconnues où l'on pourroit absolument s'en passer, comme dans le Quinquenove, le Lansquenet & ailleurs, c'est pour soulager l'imagination du Lecteur; j'aurois pû en user autrement, mais je l'ai fait à dessein.

Monsieur Moivre me reproche encore qu'en supposant les forces des Joueurs toujours égales, je renferme la science des probabilités dans les Jeux en des bornes trop étroites; mais outre que la consideration de cette inégalité est assés inutile dans la pratique, parcequ'on ne connoît & qu'on ne peut jamais connoître exactement les forces des Joueurs qu'à a posteriori, *fort imparfaitement, & que cela même n'a jamais lieu dans les Jeux de pur hazard. Je ne sçache aucun Problême dans lequel cette prétendue generalité puisse faire difficulté après tout ce que nous avons donné. M. Moivre verra ici par des Lettres, dont la date est anterieure à la publication de son Livre, que quand je m'en suis avisé elle ne m'a point embarassé *.*

Enfin je peux demander à M. Moivre pourquoi il affecte de faire les mêmes reproches à M. Huyguens, en supposant comme une chose certaine qu'il est le premier qui ait donné des regles pour cette espece de calcul, & que je n'ai fait autre chose que d'en faire des applications.

En toute autre matiere que celle-ci M. Moivre me feroit un honneur que je ne merite point, de me mettre à côté de M. Huyguens; mais comme il ne le fait que pour nous

* Voyés ma Lettre du premier Mars 1712.

attribuer les mêmes défauts, & pour dire que je me suis borné à faire des applications des regles que donne M. Huyguens, je crois être dispensé de le remercier ; qu'il me permette au contraire d'appeller de son jugement, & de croire que j'ai mieux employé mon temps qu'il ne le dit.

Je suis persuadé que je n'ai tiré aucun secours ou que j'en ai tiré très peu des regles prétendues de M. Huyguens, par la raison que je n'y en trouve aucune, ni aucun exemple qui puisse en fournir, si ce n'est peut être la derniere Proposition ; car la solution du Problême où l'on cherche en combien de coups on peut parier à but d'amener sonnés, ne procedant que par saut & en tâtonnant, ne peut servir de modele. Celle qui lui donne le parti des Joueurs à qui il manque un nombre inégal de points sur la partie, a le même défaut. Sa methode, quoique naturelle, ne donne point de solution generale, quoique l'on en puisse trouver en suivant une autre route ; & c'est à ces deux Problêmes que se borne le Traité de M. Huyguens : son Lemme, quoique fort utile, est presque un Axiome, n'étant qu'une regle de sens commun.

Je n'ose rechercher quelles raisons peut avoir eu M. Moivre pour m'envier le petit honneur d'avoir en quelque sorte approfondi une matiere à peine effleurée, & entierement oubliée depuis soixante ans. Je me bornerai à justifier ici ce que j'ai avancé dans ma Preface touchant la nouveauté de la matiere que je traite. Comme il plaît à M. Moivre d'en douter, quelques Lecteurs pourroient prendre de-là occasion de croire que j'ai voulu en imposer au Public, en donnant pour nouveau ce qui ne l'est point, & ce qui se trouve ailleurs.

Comme c'est principalement cet attrait de la nouveauté

qui m'a engagé à écrire, je me propose d'entrer dans un détail exact de tout ce qui s'est fait sur cette matiere, ou qui peut y avoir rapport, afin que l'on soit en état d'en juger; & comme on pourroit croire que M. Moivre, mieux instruit que moi, a eu raison d'attribuer les premieres vûes qu'on a eu sur cette matiere à M. Huyguens plûtôt qu'à M. Pascal, je mettrai encore le Lecteur en état de prononcer là-dessus.

Ces faits n'étant point tout à fait personnels, & ayant quelque rapport à l'Histoire des Mathematiques, dont le calcul des probabilités & des hazards va peut être devenir une partie considerable, je me flate que cette dissertation ne sera point desagreable.

En 1654 on proposa à M. Pascal ces deux Problêmes. 1°. Il manque à deux Joueurs un certain nombre de points on demande leurs sorts. 2°. On demande en combien de coups on peut entreprendre d'amener sonnés avec deux dés: je ne sçai par quelle voye M. Pascal résolut ce dernier Problême; mais sa solution fut juste, car il trouva qu'il y a de l'avantage à l'entreprendre en vingt-cinq coups, mais qu'il y a du desavantage à l'entreprendre en 24 coups, ce qui est vrai, & donna pourtant bien du scandale à M. le Chevalier de Meré, ami de M. Pascal, & bel esprit de ce temps-là, qui ne pouvoit en convenir. Voici les termes de M. Pascal dans sa Lettre à M. Fermat du 29 Juillet 1654.

Il me disoit donc qu'il avoit trouvé fausseté dans les nombres par cette raison; si on entreprend de faire un 6 avec un dé, il y a de l'avantage à l'entreprendre en quatre coups, comme de 671 à 625. Si on entreprend de faire sonnés avec deux dés, il y a desavantage de l'entreprendre en 24 coups ; neanmoins 24 est à 36, qui est le nombre des faces de deux dés, comme 4 est à 6 qui est le nombre des faces d'un dé. Voilà quel étoit son grand scandale, qui lui faisoit dire hautement que les propositions n'étoient pas constantes, & que l'Arithmetique se démentoit.

C'est de ce Chevalier & aussi de cette difficulté que M. Pascal veut sans doute parler dans cette même Lettre, page 181 des Oeuvres posthumes de M. Fermat, où l'on trouve ces paroles remarquables d'un homme tel que M. Pascal.

Je n'ai pas le temps de vous envoyer la démonstration d'une difficulté qui étonnoit fort M. N... il est très bon esprit, mais il n'est pas Geometre ; c'est, comme vous sçavés, un grand défaut.

Il y a lieu de croire que M. Pascal avoit résolu ce Problême de la même maniere que M. Huyguens a fait depuis. Si sa solution eût été generale, il l'auroit apparemment donné, & d'ailleurs on ignoroit alors le secret d'employer les logarithmes pour la résolution des égalités, ce qui est neanmoins absolument necessaire pour résoudre ce Problême generalement & methodiquement. Celui des partis lui parut plus difficile, & lui plut si fort, qu'il le proposa à ses amis Messieurs Fermat & Roberval. Il ne paroît pas que ce dernier, fort inferieur à M. Fermat, l'ait résolu : pour M. Fermat il en vint à bout en se servant des Combinaisons. M. Pascal qui n'avoit point suivi cette route en fut tout étonné, & soutint quelque temps qu'elle ne pouvoit conduire à la solution dans le cas de trois ou de plusieurs Joueurs. Cette dispute leur donna lieu de faire

faire diverses recherches sur la matiere des Combinaisons, ils trouverent l'un & l'autre sur ce sujet de très beaux Theorêmes. On en voit quelques-uns dans les Oeuvres posthumes que je viens de citer ; mais M. Pascal y pénetra le plus avant, c'est ce qui paroît par son Traité intitulé Triangle Arithmetique, *tout rempli de réflexions & de découvertes sur les nombres figurés dont je le crois l'inventeur, parcequ'il ne cite personne. Comme ce petit Livre est assés rare, & qu'on y trouve tout ce qu'on sçavoit avant nous sur le calcul des hazards & sur les Combinaisons, je vais en faire un extrait.*

Ce Livre est un Recueil de plusieurs petits Traités qui furent trouvés imprimés à la mort de M. Pascal parmi ses papiers ; entre plusieurs matieres qu'il y traite, voici celles qui ont le plus de rapport avec la nôtre.

Le premier Traité est sur les nombres figurés en general, il enseigne leur generation, & en découvre quelques proprietés.

On trouve dans celui qui suit, intitulé : des Ordres Numeriques, *tout ce que l'on voit dans la premiere partie de notre Essai jusqu'à la page 16. Comme M. Pascal n'employoit point les expressions algebriques, ce sont des canons où nous donnons des formules : le tour de démonstration est aussi fort different. J'oubliois de dire qu'à l'égard de ce beau Theorême :* Un nombre de quelque ordre que ce soit étant multiplié par la racine precedente, & divisé par l'exposant de son ordre, donne pour quotient le nombre de l'ordre suivant qui précede cette racine. *M. Pascal associe M. Fermat à l'honneur de l'invention.*

Entre tous ces petits Traités il s'en voit deux fort courts sur les Combinaisons, un Latin, l'autre François; presque tout s'y reduit à résoudre en plusieurs façons qui reviennent toutes à la même chose le Problême qui suit, Datis duobus numeris inæqualibus invenire quot modis minor in majore contineatur. *On voit aussi un petit Traité qui a pour titre :* Usage du Triangle Arithmetique, pour trouver les puissances des binomes & apotomes. *Ce Problême est fort curieux, l'Auteur y ajoûte la solution de ce beau Problême*, Datis quotcumque numeris in progressione à quovis numero inchoante invenire quarumvis potestatum eorum summam. *On peut comparer sa solution avec celles que l'on trouve ici pages 19, 21 & 63.*

Enfin l'Auteur y résout de trois manieres differentes le Problême des partis entre deux Joueurs qui ont un nombre inégal de points. Ce Problême est le premier de cette nature auquel je sçache qu'aucun Geometre ait jamais pensé : voici sa premiere methode. Il commence par le cas où un des deux Joueurs joueroit pour un point, l'autre pour deux. Il détermine ensuite le cas où chacun des Joueurs joueroit pour deux points, ensuite le cas où l'un joueroit pour trois points, & l'autre pour deux, & ainsi de suite pied à pied, ne pouvant trouver chaque cas que par le moyen de tous les précedens, à commencer par le cas le plus simple où il manque à chacun des Joueurs un égal nombre de points, ce qui leur donne à chacun la moitié de ce qui est au jeu. Il se sert ensuite pour résoudre ce même Problême, des Combinaisons & de son Triangle Arithmetique; mais il me semble que ces deux methodes n'en font qu'une, les nombres que donnent les Combinaisons appartenans aux nombres figurés dont le Triangle Arithmetique est une espece.

Depuis ce temps-là plusieurs personnes ont donné des Traités de Combinaisons, & ont parlé des nombres figurés ; mais je n'en connois aucun qui ait poussé ces matieres plus loin que M. Pascal. Les Auteurs qui en ont écrit sont, ce me semble, le P. Prestet, le P. Tacquet, M. Wallis. On peut les consulter. Je ne crois pas qu'on y trouve rien de considerable qui aille au de-là des découvertes de M. Pascal. Il est vrai que M. Wallis a fait un sçavant usage des nombres figurés pour la quadrature des courbes dans son Arithmetique des infinis ; mais cela même lui est encore commun avec M. Pascal qui en a fait un usage admirable dans son Traité de la Roulette. La plus belle Proposition de l'Arithmetique des infinis, & qui s'exprime ainsi en Latin : Invenire rationem quam habet summa seriei cujusvis numerorum figuratorum ab unitate incipientium ad summam totidem ultimo æqualium, *n'est démontrée que par induction par M. Wallis : on la trouvera ici comme Corollaire d'une Proposition très utile que nous avons résolu, &, je crois, bien démontrée, page 63. Je dirai par occasion, ne l'ayant pû dire ailleurs, que dans la solution de ce Problême je n'ai fait que suivre sans le sçavoir, les vûes que l'illustre M. de Leibnitz a eu il y a longtemps, pour trouver les sommes d'une suite de nombre qui aura une derniere difference constante : c'est ce que j'ai appris par le Livre intitulé :* Commercium Epistolicum, &c. *imprimé par ordre de Messieurs de la Societé Royale d'Angleterre, qui m'ont fait l'honneur de m'en envoyer un Exemplaire au mois d'Avril de cette année. La premiere partie de ce Livre étoit alors imprimée.*

En 1657 M. Huyguens donna son Traité intitulé : Ratiocinia de Ludo Aleæ. *On le trouve à la fin du Livre de M. Chotten, intitulé:* Exercitationes Geometricæ. *Je n'ai rien à ajoûter à ce que j'en ai déja dit, je ferai seulement observer que M. Huyguens lui-même reconnoît qu'il n'a pensé à ces Problêmes qu'à l'occasion des solutions que des Geometres François en avoient déja donné : Voici ses termes :* Sciendum verò quod jampridem inter præstantissimos tota Gallia Geometras calculus hic fuerit agitatus, ne quis indebitam mihi primæ inventionis gloriam hæc in re tribuat.

Mais outre qu'il est constant que M. Pascal est le premier qui ait écrit sur cette matiere, je ne doute point que ceux qui liront le Traité de M. Huyguens d'une part, & de l'autre les Traités & Lettres de M. Pascal que j'ai indiquées, ne conviennent que Monsieur Pascal a poussé le plus loin cette matiere, puisqu'ayant résolus l'un & l'autre les mêmes Problêmes, M. Pascal, outre la methode de M. Huyguens qu'il a employée pour les partis, a encore mis en usage celle des Combinaisons qui est beaucoup meilleure, & a donné lieu à de très grandes découvertes.

En 1685 M. Jacques Bernoulli proposa dans le Journal des Sçavans de France les deux Problêmes qui suivent. Deux Joueurs *A* & *B* jouent à qui amenera le premier un certain point. *A* joue d'abord un coup, *B* un coup ; ensuite *A* en joue deux, & *B* deux ; ensuite *A* en joue trois & *B* trois, & ainsi de suite alternativement : ou bien *A* joue d'abord un coup & *B* en joue deux ; ensuite *A* en joue trois, ensuite *B* en joue quatre, & ainsi de suite jusqu'à ce qu'un des deux Joueurs ait gagné, on demande leur sort.

M. Bernoulli voyant que personne pendant l'intervale

de cinq années n'avoit entrepris de les résoudre, en donna la solution dans les Journaux de Leipsic au mois de May 1690, mais sans analyse & sans démonstration. Peu de temps après M. de Leibnitz, vicem reddens, *comme il dit, pour rendre la pareille à M. Bernoulli qui avoit donné dans ces Journaux l'Analyse de la courbe* descensus æquabilis, *en se servant du calcul integral, entreprit de découvrir le fondement de la solution de M. Bernoulli, ce qu'il fit très bien, mais d'une maniere succincte, & qui laisse, ce me semble, beaucoup à deviner.*

Ce seroit peut être ici l'occasion de faire remarquer que la matiere que je traite ne devoit pas être fort familiere aux Geometres, puisque des Problêmes assés faciles en comparaison de la plus grande partie de ceux que l'on trouve ici, restent tant d'années sans solution, quoique proposés par des Geometres tels que M. Huyguens & M. Bernoulli. Je pourrois peut-être encore tirer avantage contre M. Moivre de la bonté même de son propre Ouvrage, si superieur à tout ce que Messieurs Huyguens & Pascal ont donné dans ce genre; mais j'aime mieux laisser faire ces réflexions au Lecteur, que de les faire moi-même.

J'ai trouvé dans les Transactions Philosophiques un Memoire dans lequel on se propose d'estimer la probabilité que donne le témoignage des hommes, soit qu'il soit transmis par la voye orale ou par l'écriture; mais que peut-on trouver là-dessus? Que si un oui-dire donne $\frac{a}{b}$ de vraisemblance, un oui-dire de oui-dire donnera $\frac{a}{b}\times\frac{c}{d}$ de vraisemblance, si le témoignage du deuxiéme n'est pas de même force, & $\frac{aa}{bb}$ s'il a autant d'autant d'autorité, & autres choses de cette nature, cela est vrai & même évident; mais qu'en peut-on conclure, & comment faire l'applica-

tion de ces Theories? Je crois que cela est impossible, c'est pourtant ce qu'a entrepris, & infiniment au de-là, un sçavant Geometre Anglois, dont les manieres honnestes & obligeantes pour moi m'ont prévenu en faveur de son cœur, autant que ses excellens Ouvrages m'ont donné d'estime pour son esprit. Le Livre dont je veux parler a pour titre : Philosophiæ Christianæ Principia Mathematica : *M. Craige en est l'Auteur. Cet Ouvrage est trop curieux & a trop de rapport à nos matieres pour n'en pas dire ici quelquelque chose. L'Auteur s'y propose principalement de prouver contre les Juifs la verité de l'Histoire de* JESUS-CHRIST, *& de démontrer aux Libertins que le parti qu'ils prennent de préferer les plaisirs de ce monde si minces & de si courte durée, à l'esperance même incertaine des biens promis à ceux qui suivront la Loi de l'Evangile, n'est pas un parti raisonnable ni conforme à leurs veritables interests.*

Cette derniere partie me paroît bien prouvée ; mais comme elle étoit trop facile, l'Auteur l'a ornée de quantité de beaux & sçavans Theorêmes, dans lesquels il compare la durée des plaisirs avec leur intensité ; mais tout cela n'est qu'un jeu de sçavant Geometre, qui se forme des difficultés pour avoir le plaisir de les surmonter.

L'execution de ce que l'Auteur s'est proposé dans la premiere partie est certainement impossible, & je ne puis croire que l'Auteur ne l'ait bien senti, quand de ses hypoteses il tire ces consequences étonnantes. Tanta itaque est hodie probabilitas Historiæ Christi quantam habuisset ille qui ipsius Christi temporibus viva tantum voce eandem à 28 Discipulis acciperet. *Et cette autre :* Ergo necesse est ut veniat Christus antequam elabantur anni 1454 à nostro tempore, &c.

M. Craige a bien vû sans doute que toutes ces consequences n'étoient vrayes qu'en vertu de suppositions arbitraires éloignées de la verité peut-être de moitié, du tiers ou du quart, &c. Je dis peut-être, car quel moyen de le sçavoir? il auroit pû en faisant d'autres hypoteses, également vraisemblables, trouver des nombres fort differens.

Pour moi je trouve le dessein de M. Craige louable & pieux, & l'execution aussi heureuse qu'elle pouvoit l'être; mais je crois cet Ouvrage beaucoup plus propre à exercer des Geometres, qu'à convertir des Juifs ou des incredules. Ce que l'on peut conclure de plus certain après la lecture de cet Ouvrage, c'est que l'Auteur est très subtil, qu'il est grand Geometre, & qu'il a beaucoup d'esprit. La clarté des Mathematiques & la sainte obscurité de la foi sont des choses trop opposées : je ne crois pas que personne réussisse à en faire jamais l'alliage.

En 1679 lorsque le Jeu de la Bassette étoit en regne en France, & sur-tout à la Cour, M. Sauveur sçavant Geometre chercha les hazards de ce Jeu, & en donna des Tables que l'on trouve dans le Journal des Sçavans de cette année : je n'en ai point parlé dans ma premiere Edition, parceque je n'en étois pas instruit. Je répare maintenant avec beaucoup de plaisir la faute que je fis alors involontairement : on ne trouve dans ce Journal que des formules seches sans analyse & sans démonstration. M. Sauveur m'a fait le plaisir de me les communiquer peu de temps après que notre analyse eût été rendue publique, & il y joignit une démonstration de mes formules sur le Treize : tout cela étoit excellent & digne de la réputation qu'il s'est acquise par ses belles découvertes sur la Theorie de la Musique.

Jerôme Cardan a donné un Traité De Ludo Aleæ ; *mais on n'y trouve que de l'érudition & des réflexions morales.*

J'ai appris que M. Hudde & le fameux M. Wit, Pensionnaire de Hollande, avoient donné des calculs pour les interests de rentes viageres qui conviennent à des personnes de differens âges. Il y a apparence que ce qu'ils ont donné est peu different de ce que j'ai rapporté de M. Halley, & suppose qu'on sçache les differens degrés de la mortalité du genre humain. Au reste cette matiere n'a qu'un rapport fort éloigné avec celle-ci : ce qu'il y a de calcul est fort aisé, & dépend presque uniquement de la solution de ce Problême que M. de Leibnitz a résolu en 1683 d'une maniere très élegante. Trouver la valeur présente d'une somme quelconque payable au bout d'un nombre quelconque d'années. *La grande difficulté est d'avoir des Tables exactes pareilles à celle dont M. Halley s'est servi pour fondement de ses calculs. Il seroit à souhaiter que les observations fussent continuées pour un plus grand nombre d'années, & qu'on en fist de pareilles dans plusieurs grandes Villes de l'Europe.*

Caramuel a travaillé sur le calcul des hazards, mais avec peu de succès ; j'ai lû son Traité, intitulé : ΚΥΒΕΙΑ, *& je suis du sentiment de Monsieur N. Bernoulli qui dit * que cet Ouvrage n'est qu'un tissu de paralogismes.*

*Je finirai cette Dissertation par une reflexion de l'illustre M. de Leibnitz ; elle est tirée de sa Theodicée, ** & confirme ce que nous avons dit dans notre Preface de la nouveauté & de l'importance de la matiere que l'on traite ici.*

L'on ne s'est point encore avisé de cette espece

* Voyés page 387.

** Voyés page 411. Discours de la Conformité de la Foi avec la raison.

de

de Logique qui doit regler le poids des vraisemblances, & qui seroit si necessaire dans les déliberations d'importance. *Et plus bas :* Il n'y a rien de plus imparfait que notre Logique lorsqu'on va au de-là des argumens necessaires ; & les plus excellens Philosophes de notre temps, tels que les Auteurs de l'Art de penser, de la Recherche de la verité, & de l'Essai sur l'Entendement, ont été fort éloignés de nous marquer les vrais moyens propres à aider cette faculté qui nous doit faire peser les apparences du vrai & du faux, sans parler de l'Art d'inventer, où il est encore plus difficile d'atteindre, & dont on n'a que des échantillons fort imparfaits dans les Mathematiques.

L'autorité de M. Leibnitz est en ces matieres une preuve presque complette ; on sçait qu'il est parfaitement instruit de l'état des Sciences, & que personne ne travaille plus utilement que lui à les perfectionner.

J'ai trouvé dans le premier volume de l'Academie Royale de Berlin, qui parut il y a deux ou trois ans une Dissertation où ce Sçavant homme parle d'un jeu Chinois qui a beaucoup de rapport avec nos Echets ; il propose ensuite des Problêmes sur un jeu qui a été à la mode en France il y a douze ou quinze ans, qui se nomme LE SOLITAIRE. Sœpe notavimus, *dit M. de Leibnitz*, nusquam homines ingeniosiores esse quam in ludicris, atque ideo Ludos Mathematicorum curam mereri non per se, sed artis inveniendi causâ. Ludi casus fortuiti inter alia prosunt ad æstimandos probabilitates, &c. *Et il ajoûte à l'occasion des vûes qu'il donne pour* LE SOLITAIRE. Sed ego ad profectum inventricis artis ludendi artificia detexisse non ludum valde exercuisse laudarem.

Je souscris en tout à ces réflexions qui me paroissent très judicieuses ; je les ai rapporté à cause de l'autorité que M. de Leibnitz s'est acquise parmi les Gens de Lettres, & qu'il a si justement merité.

TRAITE'

TRAITÉ DES COMBINAISONS.

PREMIERE PARTIE.

DEFINITION.

ON entend quelquefois par ce terme combinaison, la maniere dont plusieurs choses peuvent être prises differemment deux à deux. Je lui donnerai ici une signification plus étendue, & j'entendrai par ce mot la maniere de trouver generalement toutes les dispositions que peuvent avoir soit deux, soit plusieurs choses, selon qu'on les voudra prendre, ou deux à deux, ou trois à trois, ou quatre à quatre, ou cinq à cinq, ou enfin de toutes les manieres possibles.

PROPOSITION I.

Un nombre de choses quelconque étant proposé, par exemple, les lettres a, b, c, d, e, f, g, h, &c. *on demande combien il y a de façons differentes de les prendre, ou une à une, ou deux à deux, ou trois à trois, ou enfin de toutes les manieres possibles.*

1. POUR résoudre ce Problême, je me servirai de la Table ci-jointe, dont je vais expliquer la formation, & dont je démontrerai ensuite l'usage par rapport aux combinaisons.

Table de M. Pascal pour les combinaisons.

1	1	1	1	1	1	1	1	1	1	1	1	1	1
	1	2	3	4	5	6	7	8	9	10	11	12	13
		1	3	6	10	15	21	28	36	45	55	66	78
			1	4	10	20	35	56	84	120	165	220	286
				1	5	15	35	70	126	210	330	495	715
					1	6	21	56	126	252	462	792	1287
						1	7	28	84	210	462	924	1716
							1	8	36	120	330	792	1716
								1	9	45	165	495	1287
									1	10	55	220	715
										1	11	66	286
											1	12	78
												1	13
													1

J'appelle bandes horizontales celles où les chiffres vont de gauche à droite, & bandes perpendiculaires celles où les chiffres vont de haut en bas; j'appelle cellule la position d'un chiffre renfermé entre deux points.

La seconde bande horisontale est la suite des nombres naturels un, deux, trois, quatre, &c.

La troisiéme bande horizontale est formée sur la seconde en cette maniere; 1°, je rétrograde de gauche à droite d'une celule : 2°, pour former le chiffre de chaque celule de cette bande, j'ajoute tous les chiffres qui le précedent à gauche dans la bande superieure horizontale. Ainsi le nombre six, troisiéme chiffre de la troisiéme bande horizontale, est égal à la somme du premier, du second & du troisiéme chiffre de la seconde bande horizontale.

La quatriéme bande horizontale se forme sur la troisiéme en la même maniere que la troisiéme se forme sur la seconde: Ainsi on trouvera que le nombre 20 qui est le quatriéme de la quatriéme bande horizontale, est égal à la somme des quatre chiffres qui le précedent dans la bande superieure horizontale qui est la troisiéme. Il en seroit de même de tous les autres chiffres de cette quatriéme bande.

On formera les chiffres qui composent les autres bandes horizontales de la même maniere que l'on a formé la seconde sur la premiere, & la troisiéme sur la seconde, observant toujours de retrograder chaque bande d'une celule avançant vers la droite; c'est ce qu'on pourra aisément découvrir en considerant la table qu'on pourra continuer à l'infini.

Les nombres qui composent la premiere bande horizontale sont appellés nombres du premier ordre, ceux qui composent la seconde bande horizontale sont appellés nombres du second ordre, ceux qui composent la troisiéme bande sont appellés nombres du troisiéme ordre, &c.

Ces nombres à qui on donne aussi les noms d'unités, de nombres naturels, nombres triangulaires, pyramidaux, triangulo-pyramidaux, &c. à cause de certains rapports qu'ils ont aux triangles, aux pyramides, &c. ont des proprietés fort singulieres, que Mrs Fermat, Descartes, Pascal, & plusieurs autres grands Geometres François & Etrangers ont recherchés avec grand soin. Une des principales, & dont il s'agit ici, est que par leur moyen on peut trouver tout d'un coup en combien de manieres differentes un nombre quelconque de jettons ou de cartes ou de toute autre chose, peut être combiné, c'est à dire pris ou un à un, ou deux à deux, ou trois à trois, ou quatre à quatre, &c. dans un plus grand nombre de jettons & de cartes.

Par exemple, si l'on demande en combien de façons differentes six choses differentes peuvent être prises deux à deux ; on trouvera que le nombre quinze qui répond à la troisiéme bande horizontale, & à la septiéme bande perpendiculaire, est le nombre que l'on cherche : & de même si l'on veut sçavoir en combien de façons differentes onze choses peuvent être prises quatre à quatre, on trouvera que le nombre 330 qui répond à la cinquiéme bande horizontale & à la douziéme bande perpendiculaire, est le nombre que l'on demande. On trouvera de même toutes les autres combinaisons imaginables, en cherchant le nombre qui répond à une colonne perpendiculaire, dont le quantiéme surpasse de l'unité le nombre de choses proposé, & à une colonne horizontale qui soit la troisiéme si les choses se combinent deux à deux, la quatriéme si les choses se combinent trois à trois, &c.

Mr Pascal est le premier qui ait découvert cet usage des nombres de differents ordres, & on peut en voir la démonstration dans le Traité qu'il a fait intitulé *Triangle Arithmetique*, où il applique ces nombres tant aux combinaisons, qu'à trouver les partis que doivent faire deux Joueurs, qui jouant en un certain nombre de points à un jeu égal, ont plus ou moins de points.

DEMONSTRATION.

POUR me faire plus facilement entendre, je prens un exemple, & je suppose que l'on veuille sçavoir en combien de façons differentes six choses peuvent être prises ; ou une à une, ou deux à deux, ou trois à trois, ou quatre à quatre, ou cinq à cinq, ou six à six, soient ces six choses quelconques exprimées par les six lettres *a*, *b*, *c*, *d*, *f*, *g*.

Premierement il est évident que si l'on cherche en combien de façons ces six lettres peuvent être prises à une à une, le nombre six sera celui qui satisfait au Problême. Or il est évident que les termes de la premiere bande horizontale qui précedent le nombre six de la seconde, étant ajoutés en une somme font le nombre six.

Supposons ensuite que l'on veuille sçavoir en combien de façons differentes ces mêmes lettres peuvent être prises deux à deux. Pour le trouver on observera, 1°, que la lettre *a* peut se combiner avec les cinq suivantes *b*, *c*, *d*, *f*, *g*. 2°. Que la lettre *b* peut se combiner differemment avec les quatre lettres suivantes *c*, *d*, *f*, *g*, ce qui donne quatre combinaisons differentes *bc*, *bd*, *bg*, *bf*; car *ba* feroit bien un arrangement different de *ab*; mais non pas une combinaison differente. 3°. Que *c* ne se combine qu'avec les lettres *d*, *g*, *f*; car *ca*, *cb*, ne feroient point de combinaisons differentes. 4°. Que *d* ne se combine qu'avec les deux lettres *f* & *g*; car *da*, *dc*, *db*, ne feroient point de combinaisons differentes. 5°. Que *f* ne se combine qu'une fois avec *g*; car *fa*, *fb*, *fc*, *fd*, seroient des repetions des combinaisons précedentes, ce qu'il faut observer avec soin; car c'est là le principal fondement de la démonstration.

Toutes ces combinaisons ensemble de six lettres prises deux à deux, sont

ab, *ac*, *ad*, *ag*, *af*
bc, *bd*, *bg*, *bf*
cd, *cg*, *cf*
dg, *df*
fg

dont la somme $5 + 4 + 3 + 2 + 1 = 15$.

Et par consequent le nombre 15 qui se trouve dans la septiéme bande perpendiculaire & dans la troisiéme bande horizontale, est la somme des nombres qui le précedent à gauche dans la bande superieure horizontale, & est en même temps le nombre qui exprime en combien de façons differentes six lettres peuvent être prises deux à deux.

Supposons maintenant que l'on veuille trouver en combien de façons differentes ces six lettres peuvent être prises trois à trois.

On remarquera, 1°, que *ab* peut se combiner en quatre façons avec les lettres *c*, *d*, *f*, *g*; *ac* en trois façons, *ad* en deux façons, & *af* seulement d'une façon.

2°. Que *bc* se combine en trois façons avec les lettres *d*, *f*, *g*;

bd en deux façons avec les lettres *f* & *g*, & *bf* seulement d'une façon avec *g*.

3°. Que *cd* se combine en deux façons avec les lettres *f* & *g*, & *cf* seulement d'une façon avec *g*.

4°. Il est évident que *df* ne peut se combiner que d'une façon avec *g*. Toutes ces combinaisons ensemble de six choses prises trois à trois, sont

abc, *abd*, *abf*, *abg*, *acd*, *acf*, *acg*, *adf*, *adg*, *afg*
bcd, *bcf*, *bcg*, *bdf*, *bdg*, *bfg*
cdf, *cdg*, *cfg*
dfg

dont la somme $10 + 6 + 3 + 1 = 20$.

Et par consequent le nombre 20 qui se trouve dans la septiéme bande perpendiculaire, & dans la quatriéme bande horizontale, est la somme des nombres qui le précedent à gauche dans la bande superieure horizontale, & en même temps le nombre qui exprime en combien de façons differentes six lettres peuvent être prises trois à trois. Donc, &c.

Supposons encore que l'on veuille sçavoir en combien de façons differentes ces six lettres peuvent être prises quatre à quatre.

On observera, 1°, que *abc* peut se combiner en trois façons differentes avec les lettres *d*, *f*, *g*; *abd* en deux façons avec *f* & *g*; *abf* seulement avec *g*; que *acd* peut se combiner en deux façons avec les lettres *f* & *g*; que *acf* & *adf* se combinent seulement d'une façon.

2°. Que *bcd* se combine en deux façons avec les lettres *f* & *g*, & que *bcf*, *bdf*, & *cdf* ne se combinent que d'une façon avec *g*.

Toutes ces combinaisons ensemble sont

abcd, *abcf*, *abcg*, *abdf*, *abdg*, *abfg*, *acdf*, *acdg*, *acfg*, *adfg*
bcdf, *bcdg*, *bcfg*, *bdfg*
cdfg

dont la somme $10 + 4 + 1 = 15$.

Et par consequent le nombre 15 qui est dans la septiéme

bande perpendiculaire & dans la cinquiéme bande horizontale, eſt la ſomme des nombres qui le précedent à gauche dans la bande ſuperieure, & en même temps le nombre qui exprime en combien de façons differentes ſix lettres peuvent être priſes quatre à quatre.

Si l'on veut encore ſçavoir en combien de façons differentes ces ſix lettres peuvent être priſes cinq à cinq, on remarquera, 1°, que *abcd* ne peut ſe combiner differemment qu'avec les deux lettres *f* & *g* ; *abcf* qu'en une ſeule façon avec *g* ; *abdf* en une ſeule façon avec *g* ; & *acdf* qu'en une façon avec *g*. 2°. Que *bcdf* ne ſe combine que d'une façon avec *g*.

La ſomme de ces combinaiſons de ſix choſes priſes cinq à cinq, ſera donc *abcdf*, *abcdg*, *abcfg*, *abdfg*, *acdfg*, *bcdfg* = 6.

Et par conſequent le nombre 6 qui eſt dans la ſeptiéme bande perpendiculaire & dans la ſixiéme bande horizontale, eſt la ſomme des nombres qui le précedent dans la bande ſuperieure horizontale, qui eſt celle des nombres du cinquiéme ordre, & eſt en même temps le nombre qui exprime en combien de façons differentes ſix lettres peuvent être priſes cinq à cinq.

Enfin il eſt évident que ſix lettres ne peuvent être priſes que d'une façon de ſix à ſix.

De tout cela il faut conclure que la ſeptiéme colonne perpendiculaire exprime toutes les manieres poſſibles, dont ſix choſes peuvent être priſes ou une à une, ou deux à deux, ou trois à trois, ou quatre à quatre, ou cinq à cinq, ou ſix à ſix.

On trouvera de même que la huitiéme colonne perpendiculaire exprime toutes les manieres poſſibles dont ſept choſes peuvent être priſes ou une à une, ou deux à deux, ou trois à trois, ou quatre à quatre, ou cinq à cinq &c. Et enfin que cette Table étant continuée à l'infini, donneroit toutes les manieres poſſibles dont un nombre quelconque de jettons ou de cartes pourroit être pris un un à un, ou deux à deux, ou trois à trois, &c. dans un nombre plus grand de jettons ou de cartes. *Ce qu'il falloit démontrer.*

On tire de la démonstration précedente une maniere aisée & courte de former la Table, c'est à sçavoir d'ajouter en une somme le chiffre qui précede le nombre cherché à gauche dans la même bande horizontale, & le chiffre qui est superieur à celui qui est à gauche ; ainsi pour former la troisiéme bande horizontale, j'ajoute le nombre qui est à gauche (c'est zero) & le nombre au dessus, cela me donne un pour le premier terme de cette bande. Pour avoir le second, j'ajoute le nombre 1 qui est à la gauche du nombre cherché avec le nombre 2 qui lui est superieur, la somme $2 + 1 = 3$ sera le second de la troisiéme bande horizontale ; le troisiéme terme de cette bande sera $3 + 3 = 6$; le quatriéme sera $6 + 4 = 10$, & ainsi de suite. Si l'on veut, par exemple, trouver le nombre qui répond à la neuviéme bande perpendiculaire & à la sixiéme bande horizontale, j'ajoute 35 à 21, la somme qui est 56 est le nombre cherché.

Cette maniere de considerer la formation de cette Table, présente une nouvelle démonstration de son usage pour les combinaisons, qui est plus simple & plus courte que la précedente.

AUTRE DÉMONSTRATION.

2. SOIT supposé que l'on veuille prendre cinq choses par exemple de toutes les manieres possibles, ou deux à deux, ou trois à trois, ou quatre à quatre, ou cinq à cinq. Il est clair 1°. que cinq choses *a*, *b*, *c*, *d*, *e* peuvent être prises deux à deux en autant de façons que quatre choses ont été prises en cette maniere, (or les lettres *a*, *b*, *c*, *d*, ont pû être mises deux à deux en six façons, sçavoir *ab*, *ac*, *ad*, *bc*, *bd*, *cd*) & qu'elles peuvent être prises outre cela en autant de façons que quatre choses peuvent être prises une à une, sçavoir *ae*, *be*, *ce*, *de*, ce qui donne dix combinaisons de cinq choses prises deux à deux. 2°. Cinq choses peuvent être prises trois à trois en autant de façons que quatre choses ont été prises trois à trois & deux à deux. Or quatre choses peuvent être prises trois à trois en quatre façons,

façons *abc*, *acb*, *abd*, *bcd*; & deux à deux en six façons, *ab*, *ac*, *ad*, *bc*, *bd*, *cd*; donc si l'on ajoute la lettre *e* à ces six dernieres façons differentes, on trouvera que le nombre 10 exprime en combien de façons differentes cinq choses peuvent être prises trois à trois, & est en même temps la somme du nombre qui le précede à gauche, & de celui qui est au dessus de ce nombre. Cette démonstration s'étend à tous les nombres de la table, & est fondée sur ce qu'un nombre quelconque p peut être pris dans un autre nombre quelconque, mais plus grand, q, en autant de façons que p & $p-1$ peuvent être pris dans $q-1$. Or cette proposition est évidente à l'égard du nombre qui est à gauche, puisque le petit est contenu dans le plus grand; elle est vraie aussi à l'égard de celui qui est superieur au nombre de la gauche, puisqu'en y joignant la lettre qui n'est point entrée dans les combinaisons qu'exprime le nombre de la gauche, il en fournit de nouvelles, & supplée à celles qui manquent au nombre de la gauche. Donc, &c.

REMARQUE.

3. Pour épargner la peine au Lecteur de former des Tables qui puissent servir à trouver toutes les combinaisons dont on aura besoin dans la suite, ce qui est d'une longueur excessive lorsque les combinaisons que l'on cherche sont entre de grands nombres. Par exemple, lorsqu'un des nombres étant 49, l'autre est 100, il est utile & même necessaire de trouver quelque formule qui puisse donner le nombre cherché sans avoir besoin de connoître toutes les combinaisons possibles entre de moindres nombres. C'est ce que l'on apprendra par le Lemme qui suit.

PROPOSITION II.

LEMME.

4. *POUR trouver tout d'un coup tel terme que l'on voudra d'une colonne perpendiculaire quelconque de la Table page 2, continuée à discretion, on multipliera celui qui est immédiatement au dessus par l'exposant de la bande perpendiculaire, moins l'exposant de la bande horizontale plus un. Ce produit divisé par l'exposant de la colonne horizontale moins un donnera le nombre cherché; en sorte que nommant, par exemple, le premier terme d'une colonne perpendiculaire quelconque* 1, *le second* p, *le troisiéme* B, *le quatriéme* C, *le cinquiéme* D, &c. *on aura le premier* $= 1$, *le second* $p = 1 \times \frac{p+1-2+1}{2-1}$, *le troisiéme* $B = p \times \frac{p+1-3+1}{3-1} = p \times \frac{p-1}{2}$, *le quatriéme* $C = B \times \frac{p+1-4+1}{4-1} = B \times \frac{p-2}{3} = p \times \frac{p-1}{2} \times \frac{p-2}{3}$, *le cinquiéme* $D = C \times \frac{p+1-5+1}{5-1} = C \times \frac{p-3}{4} = p \times \frac{p-1}{2} \times \frac{p-2}{3} \times \frac{p-3}{4}$, &c.

Pour démontrer ce Lemme, j'en ferai d'abord appercevoir la verité sur une des colonnes perpendiculaires de la Table prise à discretion, & après cette induction je prouverai que toutes les autres à l'infini doivent suivre cette même loi.

Il est visible en examinant, par exemple, la sixiéme où $p = 5$, que l'on aura $B = \frac{5 \times 4}{2} = 10$, $C = \frac{10 \times 3}{3} = 10$, $D = \frac{10 \times 2}{4} = 5$, $E = \frac{5 \times 1}{5} = 1$; & qu'ainsi en suivant la regle du Lemme, on trouve chaque terme de cette colonne tel que le donne la formation de la Table.

Il faut maintenant prouver que cette regle ayant lieu comme par hazard pour cette colonne, elle a lieu par necessité à l'égard des autres.

Soit la colonne septiéme celle que l'on veut examiner, & dont on doit trouver par le Lemme tous les termes conformes à ceux que donne la formation de la Table.

Il est clair que le premier de cette bande sera 1, & que le second sera $p + 1$, on trouvera par le Lemme que le troisiéme est $\frac{\overline{p+1}\times p}{2} = 15$, & par la formation de la Table qu'il est $p \times \frac{p-1}{2} + p = \frac{pp-p+2p}{2} = \frac{pp+p}{2}$, ce qu'il falloit premierement trouver. Si l'on suppose maintenant que $p+1$ de la quantité que l'on vient de trouver soit changée en p; on trouvera en substituant p pour $p+1$ dans la quantité $p \times \frac{p+1}{2}$ qu'elle se change en celle-ci $p \times \frac{p-1}{2}$ d'où il suit qu'on trouvera par ce moyen le troisiéme terme de la huitiéme bande perpendiculaire $= p \times \frac{p+1}{2} = 21$; & qu'employant toujours le même artifice, on trouveroit ainsi de suite, conformément au Lemme, tous les termes de la troisiéme bande horizontale, tels que les donne la formation de la Table. L'on trouvera aussi par le Lemme le 4ᵉ terme de cette septiéme bande horizontale $= \frac{\overline{p+1}\times p}{2} \times \frac{p-1}{3} = \frac{p^3-p}{6} = 20$, & par la formation cet autre $\frac{p\times\overline{p-1}}{2} \times \frac{p-2}{3} + \frac{p\times\overline{p-1}}{2} = \frac{p^3-3pp+2p+3pp-3p}{1\times 2\times 3} = \frac{p^3-p}{6}$ qui lui est égal. Maintenant si l'on substitue dans cette quantité, p pour $p+1$, elle se changera en celle-ci, $p \times \frac{p-1}{2} \times \frac{p-2}{3}$, & en vertu de cette supposition on trouveroit le quatriéme terme de la huitiéme bande perpendiculaire $= \frac{p^3-p}{6} = 35$, & ainsi on s'assurera de la verité du Lemme à l'égard de tous les termes de cette quatriéme bande horizontale.

On trouvera encore par le Lemme le cinquiéme terme de la septiéme bande perpendiculaire $= \frac{\frac{p^3-p}{6}\times\overline{p-2}}{4} = \frac{p^4-2p^3-pp+2p}{24} = 15$, & par la formation le même terme sous cette forme $p \times \frac{p-1}{2} \times \frac{p-2}{3} \times \frac{p-3}{4} + p \times \frac{p-1}{2} \times \frac{p-2}{3}$ qui se réduit à celle-ci $\frac{p^4-2p^3-pp+2p}{24}$.

Maintenant si l'on substitue dans cette quantité, p à la place de $p+1$, elle se changera en celle-ci $p \times \frac{p-1}{2} \times \frac{p-2}{3} \times \frac{p-3}{4}$, qui servira à trouver tous les termes de la cinquiéme bande horizontale, ainsi qu'on l'a enseigné ci-devant.

On trouvera enfin par le Lemme le sixiéme terme de la septiéme bande perpendiculaire $= \frac{\frac{p^4 - 2p^3 - pp + 2p}{24} \times p - 3}{5}$ $= \frac{p^5 - 5p^4 + 5p^3 + 5pp - 6p}{120} = 6$, & par la formation ce même terme $= \frac{p \times p-1 \times p-2 \times p-3 \times p-4}{1 \times 2 \times 3 \times 4 \times 5} + \frac{p \times p-1 \times p-2 \times p-3}{1 \times 2 \times 3 \times 4} = \frac{p^5 - 5p^4 + 5p^5 + 5pp - 6p}{120}$; & en substituant comme on a fait ci-devant p à la place de $p+1$, on s'assurera que le terme suivant, & tous les autres de cette sixiéme colonne horizontale doivent suivre l'ordre qu'enseigne le Lemme.

COROLLAIRE I.

5. Il suit du Lemme précedent que si l'on cherche en combien de façons le nombre q peut être pris dans un autre nombre plus grand qui soit appellé p, le nombre cherché sera exprimé par une fraction dont le numerateur sera égal à autant de produits de p, $p-1$, $p-2$, $p-3$, $p-4$, &c. que q exprime d'unités, & dont le dénominateur sera composé d'un égal nombre de produits des nombres naturels 1, 2, 3, 4, 5, 6, &c.

COROLLAIRE II.

6. Si l'on veut prendre p ou q dans un nombre exprimé par m, je dis que si $p + q = m$, le nombre qui exprimera en combien de façons on peut prendre p dans m sera le même que celui qui exprime en combien de façons on peut y prendre q. Ainsi, par exemple m étant $= 7$, le nombre qui exprimera en combien de façons on peut prendre trois choses dans sept, sera le même que celui qui exprime en combien de façons on y en peut prendre quatre; & de même le nombre qui exprimera en combien de façons on peut prendre deux choses dans sept, sera le même que celui qui exprime en combien de façons on y en peut prendre cinq; & le nombre qui exprimera en combien de façons on peut prendre une chose dans sept, exprimera en combien de façons on y en peut prendre six.

Il suit de-là, 1°, que si m exprime un nombre impair, les deux nombres de la colonne perpendiculaire qui sont les plus éloignés des extremités sont égaux, & les plus grands entre tous ceux de la colonne ; & que si m exprime un nombre pair, celui du milieu sera le plus grand d'entre tous les nombres de cette colonne. 2°. Que les nombres qui sont à égale distance, ou de celui du milieu si m est un nombre pair, ou des deux moyens s'il est impair, seront égaux l'un à l'autre. 3°. On peut observer que la somme de tous les termes d'une bande perpendiculaire quelconque est égale au terme correspondant d'une progression geometrique double, dont le premier terme soit l'unité.

Ainsi, par exemple, on trouvera que le huitiéme terme d'une progression geometrique double qui est 128, sera égal à la somme de tous les nombres que contient la huitiéme bande perpendiculaire.

COROLLAIRE III.

7. Le nombre p exprimant la suite des nombres naturels, la formule des nombres triangulaires sera $p \times \frac{p+1}{2}$, celle des nombres pyramidaux sera $p \times \frac{p+1}{2} \times \frac{p+2}{3}$, celle des nombres triangulopyramidaux sera $p \times \frac{p+1}{2} \times \frac{p+2}{3} \times \frac{p+3}{4}$, &c. En sorte que si l'on range les nombres de differens ordres de telle maniere que ne rétrogradant point d'un chiffre, comme dans la Table page 2, d'une bande superieure horizontale à la suivante, ils fassent une figure quarrée à la place de la figure triangulaire qu'ils ont dans la Table page 2, si l'on veut trouver dans cette nouvelle Table tel nombre figuré que l'on voudra, son ordre étant donné avec le quantiéme qu'il y occupe, il n'y aura qu'à substituer dans cette formule pour p le quantiéme du nombre figuré que l'on cherche, c'est ce que je vois démontré fort au long & très sçavament dans un Livre posthume de M^r le Marquis de l'Hôpital qui paroît depuis quelque temps, il employe ce Theorême à établir plusieurs propositions curieuses & nouvelles en Geometrie ; mais la voye qu'il

prend pour démontrer ce Lemme est tout à fait differente de celle-ci.

En donnant au triangle arithmetique une forme quarrée on a cette table

TABLE II.

1.	1.	1.	1,	1.	1.	1.	1
1.	2.	3.	4.	5.	6.	7.	8
1.	3.	6.	10.	15.	21.	28.	36
1.	4.	10.	20.	35.	56.	84.	120
1.	5.	15.	35.	70.	126.	210.	330
1.	6.	21.	56.	126.	252.	462.	792

où l'on voit que tout ce qui a été dit ci-devant convient aux nombres renfermés dans ce quarré, & qu'il n'y a point de difference, si ce n'est que dans cette forme chaque nombre est égal à la somme de celui qui est immédiatement au dessus & de celui qui est à la gauche, ce qui fait que chaque bande perpendiculaire de cette Table est la même que la bande transversale correspondante du triangle arithmetique.

COROLLAIRE IV.

8. DANS l'une & l'autre de ces Tables le generateur est l'unité, on peut rendre les proprietés des nombres figurés plus generales, en substituant des lettres à la place des nombres. Ainsi l'on aura la Table qui suit,

TABLE III.

a	a	a	a	a	a	a	a
	b,	$a+b$,	$2a+b$,	$3a+b$,	$4a+b$,	$5a+b$,	$6a+b$
		b,	$a+2b$,	$3a+3b$,	$6a+4b$,	$10a+5b$,	$15a+6b$
			b,	$a+3b$,	$4a+6b$,	$10a+10b$,	$20a+15b$
				b,	$a+4b$,	$5a+10b$,	$15a+20b$
					b,	$a+5b$,	$6a+15b$
						b,	$a+6b$
							b

dont la formation est la même, & qui a précisément les mêmes proprietés, excepté que a n'étant point $= b$, le premier terme de la seconde bande horizontale n'est point égal à la somme de celui qui le précede à gauche, & du chiffre superieur.

Si l'on veut avoir l'expression de chaque terme d'une bande horizontale quelconque p, ou, ce qui est la même chose, la somme de chaque rang horizontal, on aura cette suite a, $\overline{p-1}\,a + b$, $\frac{p-1.p}{1.2}a + pb$, $\frac{p-1.p.p+1}{1.2.3}a + \frac{p.p+1}{1.2}b$, $\frac{p-1.p.p+1.p+2}{1.2.3.4}a + \frac{p.p+1.p+2}{1.2.3}b$, &c. dans laquelle a désigne le premier terme de la bande transversale p. $\overline{p-1}\,a + b$ désigne le second terme, $\frac{p-1.p}{1.2}a + pb$. Le troisiéme, $\frac{p-1.p.p+1}{1.2.3}a + \frac{p.p+1}{1.2}b$. Le quatriéme, &c.

On trouve cette suite en ajoutant séparément la somme des a & celle des b.

Ainsi supposant $a = 3$ & $b = 1$ on trouvera que la quatriéme bande transversale de la troisiéme Table est 3, 10, 22, 40, 65, & que la Table troisiéme se transforme en celle-ci.

TABLE IV.

3	3	3	3	3	3	3	3
	1	4	7	10	13	16	19
		1	5	12	22	35	51
			1	6	18	40	75
				1	7	25	65
					1	8	33
						1	9
							1

COROLLAIRE V.

9. En observant la Table III on s'apperçoit aisément que la somme de chaque bande perpendiculaire est double de la précedente : en voici la démonstration.

Soit supposé que les lettres $a, c, d, e, f, g, \ldots b$ représentent les chiffres qui composent une colonne perpendiculaire quelconque, il eſt certain par la formation de la Table que la colonne perpendiculaire ſuivante ſera a, $a+c$, $c+d$, $d+e$, $e+f$, $f+g$, $g+b$. Or il eſt évident que cette colonne ſera double de la précedente, & il n'en faut excepter que la ſeconde qui n'eſt double de la premiere que lorſque $a=b$; & par conſequent la ſomme d'une bande perpendiculaire, dont le quantiéme eſt n, ſera $2^{n-2}a+2^{n-2}b$.

Corollaire VI.

10. Lorsque $a=b$, la Table III donne les nombres naturels triangulaires, pyramidaux, triangulo-pyramidaux, &c. mais lorſque a ſurpaſſe b d'une ou de pluſieurs unités, les bandes horizontales forment d'autres ſuites qui peuvent donner lieu à pluſieurs obſervations curieuſes. Voici une des principales.

Lorſque b, étant 1, $a=2$, le troiſiéme rang horizontal eſt une ſuite de nombres quarrés; lorſque $b=1$, & $a=3$, le troiſiéme rang horizontal eſt une ſuite de nombres pentagones 1, 5, 12, 22, 35, 51, &c. lorſque $b=1$, & $a=4$, le troiſiéme rang eſt une ſuite de nombres exagones 1, 6, 15, 28, 45, &c. en ſorte que le troiſiéme rang fournit tous les nombres polygones imaginables, & toujours tels que le nombre des angles du polygone ſoit égal à $a+2$: cela poſé on a une voye fort abregée de démontrer par ce qui précede tout ce que l'on peut déſirer touchant ces nombres polygones. Car, 1°, étant donné le côté, c'eſt à dire le nombre des termes du ſecond rang dont il eſt la ſomme, on trouvera tout d'un coup le polygone correſpondant. On trouvera auſſi la ſomme des nombres polygones, dont le nombre ſoit p, à commencer par l'unité. Ainſi, par exemple, ſi l'on veut avoir le ſixiéme nombre pentagone, on trouvera par la formule $\frac{p-1\times p}{1.2}a+pb$ que ce nombre eſt 51; & ſi l'on demande la ſomme des ſix premiers nombres pentagones, on trouvera par la formule $\frac{p-1\times p\times p+1}{1.2.3}a+\frac{p\times p+1}{1.2}b$ que cette ſomme eſt 126, en ſubſtituant dans ces deux formules pour p, 6, pour a, 3, & pour b, 1.

Ce

Ce que l'on vient de dire de ce troisiéme rang horisontal convient à tous les autres ; mais celui-ci paroît plus remarquable, à cause des proprietez de ces nombres polygones. Voici la principale.

Tous les nombres polygones ont un certain rapport aux nombres quarrés. Mrs Descartes, Fermat, & autres Sçavans Geometres ont trouvé autrefois que tout nombre triangulaire ou exagone (car les nombres exagones sont les mêmes que les nombres triangulaires pris de deux en deux) étant multiplié par 8, en ajoutant l'unité, devenoit un nombre quarré. J'ai lû dans les Memoires de l'Academie de l'année 1701, page 268, que les nombres pentagones étant multipliés par 24, devenoient nombres quarrés, en y ajoutant l'unité ; & que les nombres eptagones étant multipliés par 40, devenoient nombres quarrés en y ajouant 9.

Quoique cette recherche n'ait apparemment aucune utilité, & soit de pure curiosité, j'ai cherché *la Regle pour tous les autres nombres polygones à l'infini.*

	Nombres polygones.	Formules des nomb. polyg.	Formules des quarrés.	Formules des racines.
Nomb. triangulaires	1. 3. 6. 10. 15. 21	$\frac{pp + p}{2}$	$\frac{pp + p}{2} \times 8 + 1$	$2p + 1$
Nomb. quarrés	1. 4. 9. 16. 25. 36	$\frac{2pp + 0p}{2}$	$\frac{2pp + 0}{2}$	$\frac{2p + 0}{2}$
Nomb. pentagones	1. 5. 12. 22. 35. 51	$\frac{3pp - 1p}{2}$	$\frac{3pp - p}{2} \times 24 + 1$	$6p - 1$
Nomb. exagones	1. 6. 15. 28. 45. 66	$\frac{4pp - 2p}{2}$	$\frac{4pp - 2p}{2} \times 8 + 1$	$\frac{8p - 2}{2}$
Nomb. eptagones	1. 7. 18. 34. 55. 81	$\frac{5pp - 3p}{2}$	$\frac{5pp - 3p}{2} \times 40 + 9$	$10p + 3$
Nomb. octogones	1. 8. 21. 40. 65. 96	$\frac{6pp - 4p}{2}$	$\frac{6pp - 4p}{2} \times 12 + 4$	$\frac{12p - 4}{2}$
Nomb. enneagones	1. 9. 24. 46. 75. 111	$\frac{7pp - 5p}{2}$	$\frac{7pp - 5p}{2} \times 56 + 25$	$14p - 5$
Nomb. décagones	1. 10. 27. 52. 85. 126	$\frac{8pp - 6p}{2}$	$\frac{8pp - 6p}{2} \times 16 + 9$	$\frac{16p - 6}{2}$
Nomb. endécagones	1. 11. 30. 58. 95. 141	$\frac{9pp - 7p}{2}$	$\frac{9pp - 7p}{2} \times 72 + 49$	$18p - 7$
Nomb. dodécagones	1. 12. 33. 64. 105. 156	$\frac{10pp - 8p}{2}$	$\frac{10pp - 8p}{2} \times 20 + 16$	$\frac{20p - 8}{2}$

La premiere de ces quatre colonnes représente les nombres polygones jusques & compris les dodécagones.

La ſeconde repréſente les formules de ces nombres. La troiſiéme fait voir par quels nombres il faut multiplier chacune de ces formules, & ce qu'il y faut ajouter pour les rendre quarrées. La quatriéme repréſente les racines de la troiſiéme.

Rien n'eſt plus aiſé que d'appercevoir l'ordre de la troiſiéme & de la quatriéme. Il ſuffit de remarquer que dans la troiſiéme la difference qui regne dans les nombres 8, 12, 16, 20, &c. qui doivent multiplier les polygones pairs eſt 4, & qu'il faut y ajouter la ſuite des quarrés 1, 4, 9, 16, 25, &c. & que la difference qui regne dans les nombres 24, 40, 56, 72, &c. qui doivent multiplier les polygones impairs eſt 16, & que l'on y doit ajouter la ſuite des nombres quarrés impairs 1, 9, 25, 49, &c. par là on peut continuer ces Tables à l'infini.

REMARQUE I.

11. LA difference qui regne entre les nombres du premier rang perpendiculaire eſt zero. Entre les nombres du ſecond rang, 1. Entre les nombres du troiſiéme, 3. Entre les les nombres du quatriéme, 6. Entre les nombres du cinquiéme, 10. Entre les nombres du ſixiéme, 15. Entre les nombres du ſeptiéme, 21. Et ainſi de ſuite tous les nombres triangulaires. C'eſt cette proprieté qui m'a fourni la regle que je donne pour les rendre nombres quarrés.

REMARQUE II.

12. IL eſt aiſé de s'appercevoir, en conſiderant le triangle arithmetique, article premier, qu'on peut ayant la ſomme d'une ſuite de nombres triangulaires, trouver la ſomme d'une ſuite de nombres quarrés; car l'on voit que les ajoutant deux à deux, 1 & 3, 3 & 6, 6 & 10, 10 & 15, 15 & 21, 21 & 28, &c. on a la ſuite des nombres quarrés 1, 4, 9, 16, 25, 36, 49, &c. d'où il ſuit que pour avoir la ſomme d'une certaine quantité de nombres quarrés, par exemple, des 8 premiers, il faut multiplier par 2 la ſomme des ſept premiers nombres triangulaires, & à ce produit

ajouter le huitiéme, & que generalement nommant p le nombre des quarrés, la formule qui en donne la somme est $\frac{\overline{p-1}\times p\times\overline{p+1}}{1.2.3}\times 2+\frac{p\times\overline{p+1}}{1.2}$, ou $\frac{2p^3+3pp+p}{6}$.

On voit encore que le quarré de chaque nombre triangulaire est égal à la somme des cubes des nombres naturels précedents; que 9, par exemple, quarré du second nombre triangulaire est égal à la somme des cubes des deux premiers nombres naturels 1 & 8; & de même que le quarré 36 du troisiéme nombre triangulaire est égal à la somme de ces trois nombres 1, 8, 27, qui sont les cubes des trois premiers nombres naturels, & ainsi de suite; en sorte que la formule qui donne la somme des cubes des nombres naturels pris de suite est $\frac{\overline{p+1}^2}{4}\times pp$. On pourroit en cette sorte trouver des regles pour la somme des autres puissances des nombres naturels; mais il vaut mieux proceder à cette recherche d'une maniere generale reglée & methodique comme dans le Problême suivant, dont la solution a été inserée dans le Journal des Sçavans au mois de Mars de l'année 1711.

PROPOSITION III.

13. *TROUVER la somme d'une suite de nombres naturels élevés aux exposans quelconques.*

Soit B la somme d'une suite d'autant de nombres naturels élevés au quarré, qu'il y a d'unités dans p, & A la somme d'une suite d'autant de nombres naturels qu'il y a d'unités dans p, on a par les art. 1, 2, 4, $\frac{B}{2}+\frac{A}{2}=\frac{p\times\overline{p+1}\times\overline{p+2}}{1.2.3}=\frac{p^3+3pp+2p}{6}$: donc $\frac{B}{2}=\frac{p^3+3pp+2p}{6}-\frac{A}{2}$, & en substituant pour A sa valeur $\frac{pp+p}{2}$, on a $B=\frac{2p^3+3pp+p}{6}$ formule des quarrés.

Soit maintenant C la somme d'une suite d'autant de nombres naturels élevés au cube, qu'il y a d'unités dans p, on a par les mêmes articles 1, 2, 4, $\frac{C}{6}+\frac{3B}{6}+\frac{2A}{6}=\frac{p^4+6p^3+11pp+6p}{1.2.3.4}$, ou $C=\frac{p^4+6p^3+11pp+6p}{4}-3B-2A$, &

en substituant pour B sa valeur $\frac{2p^3+3pp+p}{6}$, & pour A sa valeur $\frac{pp+p}{2}$, on a $C = \frac{\overline{p+1}^2 \times pp}{4}$ formule des cubes.

Soit encore D la somme d'une suite d'autant de nombres naturels élevez à la quatriéme puissance, qu'il y a d'unités dans p, on aura $\frac{D+6C+11B+6A}{24} = \frac{p \times p+1 \times p+2 \times p+3 \times p+4}{1.2.3.4.5}$ & en substituant pour C sa valeur $\frac{\overline{p+1}^2}{4} \times pp$, pour B sa valeur $\frac{2p^3+3pp+p}{6}$, pour A sa valeur $\frac{pp+p}{2}$, on trouvera $\frac{6p^5+15p^4+10p^3-p}{30}$ pour la formule des quarrés quarrés, & ainsi de suite pour toutes les autres puissances.

COROLLAIRE I.

14. SI l'on sçait trouver par quelque methode differente de celle dont on vient de se servir, la somme d'une suite de nombres naturels dont tous les termes soient élevés à un exposant quelconque, *on pourra trouver par la methode ci-dessus les formules des nombres figurés qui servent aux combinaisons, & que nous avons déja démontrés article 4.*

Ainsi étant supposé que l'on sçache que la formule des nombres quarrés est $\frac{2p^3+3pp+p}{6}$, & celle des nombres naturels $\frac{pp+p}{2}$, on trouvera, en faisant les mêmes raisonnemens que dans l'article 13, $\frac{A}{2} + \frac{B}{2}$, c'est à dire la somme des nombres triangulaires, ou la formule des nombres pyramidaux $= \frac{2p^3+3pp+p}{2\times6} + \frac{pp+p}{2\times2} = \frac{p^3+3pp+2p}{6} = \frac{p.\overline{p+1}.\overline{p+2}}{1.2.3}$ comme dans l'article 7. *C.Q.F.T.* On aura de la même maniere toutes les autres formules des nombres figurés.

M. Johnes, sçavant Geometre Anglois, employe pour trouver ces formules une methode peu differente de celleci dans son Traité intitulé : *New Introduction to the Mathematics*, qui m'est tombé depuis peu entre les mains.

COROLLAIRE II.

15. LA solution précedente conduit sans peine à une formule très generale & très simple, pour avoir *la somme des*

termes du second ordre ou rang horizontal de la Table 3, article 8, élevés à un exposant quelconque, la voici.

Soit n la dimension à laquelle sont élevés tous les termes de la suite, $p + 1$ le nombre des termes, la somme cherchée de la suite

$b, b + a, b + 2a, b + 3a, b + 4a, b + 5a$, &c. dont chaque terme sera élevé à l'exposant n, sera exprimée par cette formule $\overline{p+1} \times b^n + n \times \frac{pp+p}{2} \times a \times b^{n-1} + \frac{n.\overline{n-1}}{1.2} \times \frac{2p^3+3pp+p}{6} \times a^2 b^{n-2} + \frac{n.\overline{n-1}.\overline{n-2}}{1.2.3} \times \frac{\overline{p+1}^2 \times pp}{4} \times a^3 b^{n-3} + \frac{n.\overline{n-1}.\overline{n-2}.\overline{n-3}}{1.2.3.4} \times \frac{6p^5+15p^4+10p^3-p}{30} \times a^4 b^{n-4} +$, &c. observant que $\frac{pp+p}{2}$, est la somme des nombres naturels, $\frac{2p^3+3pp+p}{6}$, la somme des quarrés, $\frac{\overline{p+1}^2}{4} \times pp$, la somme des cubes, &c.

PROPOSITION IV.

16. *TROUVER en combien de façons un nombre de choses quelconque exprimé par les lettres* a, b, c, d, e, &c. *peut être arrangé differemment.*

Pour découvrir ces arrangemens differens, il faut observer que deux lettres a & b peuvent s'arranger en deux façons differentes ab, ba; que trois lettres a, b, c peuvent s'arranger de six façons differentes, c'est à dire, que trois lettres donnent trois fois plus d'arrangemens que deux lettres, ce qui se voit en mettant c dans ab & dans ba à toutes les places qu'il peut avoir, sçavoir à la premiere, à à la seconde & à la troisiéme : ces six arrangemens sont :

abc	*bac*	*cab*
acb	*bca*	*cba*

On voit de même que quatre lettres a, b, c, d donnent quatre fois plus d'arrangemens possibles que les trois a, b, c; puisque d peut occuper quatre places differentes dans chacun des six arrangemens précedens, comme il paroît par la Table suivante,

abcd	*bacd*	*cabd*	*dabc*
abdc	*badc*	*cadb*	*dacb*
acdb	*bcad*	*cbad*	*dbac*
acbd	*bcda*	*cbda*	*dbca*
adbc	*bdac*	*cdab*	*dcab*
adcb	*bdca*	*cdba*	*dcba*

& que generalement si l'on nomme p le nombre des lettres qu'on veut arranger de toutes les manieres possibles, q, le nombre de tous les divers arrangemens d'un nombre de lettres exprimé par $p-1$; $pq = p.p-1.p-2.p-3.p-4$, *&c.* jusqu'à $p-p$, exprimera en combien de façons differentes on peut arranger des lettres dont le nombre soit exprimé par p; par exemple, si l'on veut sçavoir en combien de façons six choses peuvent être arrangées differemment, on trouvera $pq = 120 \times 6 = 1.2.3.4.5.6.$

REMARQUE.

17. On peut tirer de la proposition précedente les formules des nombres figurés qui servent aux combinaisons, *articles* 4 & 14.

Pour me faire plus facilement entendre, je me sers d'un exemple, soit supposé que l'on cherche combien il y a à parier que tirant quatre cartes au hazard dans quarante, par exemple dans un Jeu d'Ombre, je tirerai les 4 as. Il est évident qu'il m'est permis de supposer que ces 4 as se trouveront dans les quatre cartes de dessus; puisque j'ai la liberté de les choisir par tout où je voudrai. Or il est clair que nommant m le nombre de tous les arrangemens possibles de 40 cartes, j'aurai $\frac{1}{m} \times \frac{m}{40} = \frac{1}{40}$ pour tirer l'as de cœur; puisque cet as étant à la premiere place, les 39 autres cartes peuvent avoir tous les differens arrangemens imaginables, & de même j'aurai $\frac{1}{m} \times \frac{m}{40} \times \frac{1}{39} = \frac{1}{40.39}$; pour que l'as de cœur se trouvant à la premiere place, l'as de carreau soit à la seconde, puisque l'as de cœur étant à la premiere place, & l'as de carreau à la seconde, les 38 autres cartes peuvent être arrangées diversement en autant de façons qu'exprime d'unités un nombre composé de 38 produits des nombres 1, 2, 3, 4, 5, 6, &c. & pour les mêmes raisons j'ai $\frac{1}{m} \times \frac{m}{40} \times \frac{1}{39} \times \frac{1}{38} = \frac{1}{40.39.38}$ pour amener l'as de trefle à la troisiéme place; l'as de cœur étant à la premiere, & l'as de carreau à la seconde, & $\frac{1}{40.39.38.37}$ pour amener l'as de pic à la quatriéme place, l'as de trefle étant à la troisiéme, l'as de carreau à la seconde, & l'as de cœur à la premiere.

Il est encore certain par la proposition ci-dessus que le produit des quatre nombres $1.2.3.4 = 24$, exprime tous les divers arrangemens possibles des 4 as aux quatre premieres places, j'ai donc $\frac{1.2.3.4}{40.39.38.37}$, pour que les 4 as se trouvent être les quatre premieres cartes.

Maintenant si je suppose que la lettre p exprime le nombre de toutes les manieres possibles de prendre quatre choses dans 40. Il est évident que j'aurai $\frac{1}{p}$ pour prendre quatre choses déterminées dans quarante : donc $\frac{1}{p} = \frac{40.39.38.37}{1.2.3.4}$: donc $p = \frac{40.39.38.37}{1.2.3.4}$.

Cet exemple fait voir que si je me propose de tirer un nombre quelconque exprimé par q de choses déterminées dans un nombre plus grand appellé p, j'aurai une fraction dont le numerateur sera composé d'autant de produits des nombres naturels 1, 2, 3, 4, 5, 6, &c. & le dénominateur d'autant de produits des quantités $p.p-1.p-2.p-3.p-4$, &c. que q exprime d'unités; en sorte qu'appellant g le nombre de toutes les manieres possibles de prendre q dans p, on a $\frac{1}{g} = \frac{1.2.3.4.5.6, \&c.}{p.p-1.p-2.p-3.p-4.p-5 \&c.}$ d'où je tire $g = \frac{p.p-1.p-2.p-3.p-4.p-5 \&c.}{1.2.3.4.5.6 \&c.}$. *Ce qu'il falloit trouver*; & par consequent me voilà retombé par la methode des changemens d'ordre dans celle des combinaisons, & dans la formule que nous avons ci-devant démontré, en tenant des routes fort differentes de celle-ci, &c.

PROPOSITION V.

SOIT donné un certain nombre p *de carreaux, & un certain nombre* q *de cœurs. Soit supposé que toutes ces cartes dont le nombre est* p + q *soient bien mêlées, & mises en un tas; on demande combien il y a de hazards pour qu'elles se trouvent arrangées en sorte qu'il se rencontre dessus le tas un certain nombre* n *de carreaux avant qu'il se présente aucun cœur.*

SOLUTION.

18. IL est clair par la proposition précedente que le nombre de tous les divers arrangemens possibles de ces cartes, est $p+q \,.\, p+q-1 \,.\, p+q-2 \,.\, p+q-3 \,.\, p+q-4 \,.\, p+q-5$, &c. Maintenant si l'on veut qu'une de ces cartes, par exemple un carreau, se trouve à la premiere place dessus le tas, le nombre des arrangemens differens où cette disposition pourra se trouver, est $p \times p+q-1 \,.\, p+q-2 \,.\, p+q-3 \,.\, p+q-4 \,.\, p+q-5$, &c. puisqu'un des carreaux étant assujetti à se trouver à la premiere place, les autres carreaux & cœurs ont une place de moins à remplir; mais peuvent encore être arrangés diversement entr'eux de toutes les façons $p+q-1 \,.\, p+q-2 \,.\, p+q-3 \,.\, p+q-4 \,.\, p+q-5$, &c. & de même si l'on veut que deux carreaux au moins se trouvent placés sur le tas avant les cœurs, le nombre de tous les arrangemens differens où cette disposition se trouvera, est $p \,.\, p-1 \times p+q-2 \,.\, p+q-3 \,.\, p+q-4 \,.\, p+q-5$, &c. puisque deux carreaux étant assujettis à se trouver à la premiere & à la seconde place, les autres cartes peuvent encore être arrangées diversement de toutes les façons $p+q-2 \,.\, p+q-3 \,.\, p+q-4 \,.\, p+q-5$, &c. on trouvera par les mêmes raisonnemens que si l'on veut que trois carreaux au moins se trouvent placés sur le tas avant les cœurs; la formule $p \,.\, p-1 \,.\, p-2 \times p+q-3 \,.\, p+q-4 \,.\, p+q-5$, &c. donnera le nombre cherché, & ainsi des autres.

PROPOSITION

PROPOSITION VI.

ÉTANT posé ce que dessus, on demande combien il y a d'arrangemens de ces cartes où il ne se trouvera dessus le tas qu'un certain nombre déterminé de carreaux, la carte d'après étant un cœur.

SOLUTION.

19. Si l'on veut, 1°, que la premiere ne soit point un carreau. 2°. ou que la premiere étant un carreau, la seconde soit un cœur. 3°. ou que les deux premieres étant des carreaux, la troisiéme soit un cœur, ou que les trois premieres étant des carreaux, la quatriéme soit un cœur, &c. on aura les formules qui suivent.

$$q \times p+q-1 \,.\, p+q-2 \,.\, p+q-3 \,.\, p+q-4 \,.\, p+q-5, \text{ \&c.}$$

$$p \times q \times p+q-2 \,.\, p+q-3 \,.\, p+q-4 \,.\, p+q-5, \text{ \&c.}$$

$$p \times p-1 \times q \,.\, p+q-3 \,.\, p+q-4 \,.\, p+q-5, \text{ \&c.}$$

$$p \,.\, p-1 \,.\, p-2 \,.\, \times q \,.\, p+q-4 \,.\, p+q-5, \text{ \&c.}$$

$$p \,.\, p-1 \,.\, p-2 \times p-5 \times q \times p+q-5, \text{ \&c.}$$

On voit aisément la suite de ces formules qui doivent toutes être composées d'autant de produits qu'il y a d'unités dans $p+q$.

Il suffit d'en démontrer une. Supposons, par exemple, qu'on veuille sçavoir combien il y a de hazards, pour que les deux premieres cartes de dessus soient des carreaux, la troisiéme étant un cœur. Il est clair qu'il y aura autant d'arrangemens pour ce cas, qu'on en a trouvé ci-dessus pour celui où deux carreaux se trouvent placés sur le tas avant les cœurs, moins celui où trois carreaux se trouvent placés avant les cœurs. On a donc pour le cas cherché $p \,.\, p-1 \times p+q-2 \,.\, p+q-3 \,.\, p+q-4 \,.\, p+q-5$, &c.

$-p.p-1..p-2\times p+q-3\times p+q-4.p+q-5,$ &c. $=p.p-1\times q\times p+q-3.p+q-4.p+q-5,$ &c. C'est le même raisonnement pour tous les autres cas.

PROPOSITION VII.

PIERRE tenant entre ses mains un nombre quelconque de jettons de toutes couleurs, blancs, noirs, rouges, verts, &c. parie contre Paul, que tirant au hazard un nombre quelconque déterminé de jettons, il en tirera tant de blancs, tant de noirs, tant de rouges, tant de verts, &c. On demande combien Pierre a de hazards pour faire ce qu'il se propose.

SOLUTION.

20. IL faut multiplier le nombre qui exprime en combien de façons les jettons blancs que Pierre doit prendre au hazard, peuvent être pris differemment dans le nombre de jettons blancs proposés, par le nombre qui exprime en combien de façons les jettons noirs que Pierre doit prendre au hazard, peuvent être pris differemment dans le nombre entier de jettons noirs proposés; multiplier ensuite ce produit par le nombre qui exprime en combien de façons differentes les jettons rouges que Pierre se propose de tirer, peuvent être pris dans les jettons rouges proposés, multiplier de nouveau ce produit par le nombre qui exprime en combien de façons differentes les jettons verts que l'on demande peuvent être pris dans tous les verts, & ainsi de suite, l'on aura le nombre cherché.

Cette solution porte avec elle la démonstration, & n'a aucune difficulté; mais comme ce Theorême sera dans la suite d'un grand usage, je vais en faire ici l'application sur un exemple.

EXEMPLE.

Pierre tient cinquante-deux jettons entre ses mains, sçavoir treize blancs, treize noirs, treize rouges, treize bleus, ou, ce qui revient au même, un jeu entier composé de cinquante-deux cartes. On demande en combien de façons differentes il peut tirant quatre cartes au hazard dans ces cinquante-deux, en tirer un carreau, un cœur, un pic & un trefle.

21. S'IL n'y avoit que treize carreaux & treize cœurs, il y auroit cent soixante-neuf façons differentes de prendre dans ces vingt-six cartes deux cartes de ces deux especes; car chacun des treize carreaux pourroit être pris avec l'as de cœur, ce qui fait treize, ou avec le deux de cœur, ce qui fait encore treize, & ainsi de suite chacun des treize carreaux pourroit être pris avec chacun des treize cœurs, ce qui fait 13×13, c'est à dire cent soixante-neuf façons de prendre un carreau & un cœur dans vingt-six cartes.

Présentement si à ces treize carreaux & à ces treize cœurs on ajoute treize trefles, il faudra pour avoir toutes les façons possibles de prendre un carreau, un cœur & un trefle dans ces trente-neuf cartes, multiplier par 13 les cent soixante-neuf façons précedentes; car chacune de ces cent soixante-neuf façons differentes se pourra trouver avec l'as de trefle, ce qui fait $13 \times 13 \times 1$, & avec le deux, ce qui fait $13 \times 13 \times 2$, c'est à dire trois cens trente-huit façons differentes, & avec le trois, ce qui fait cinq cens sept façons differentes, & ainsi successivement chacune des cent soixante-neuf façons précedentes se pourra trouver avec chacun des treize trefles, ce qui fait $13 \times 13 \times 13$, c'est à dire deux mil cent quatre-vingt-dix-sept façons differentes de prendre un carreau, un cœur & un trefle dans ces trente-neuf cartes. On observera de même que la quatriéme puissance de treize exprimera en combien de façons differentes quatre cartes de differentes especes, sçavoir un carreau, un cœur, un pic & un trefle peuvent être prises dans les cinquante-deux cartes : Ce seroit le même raisonnement dans toute autre espece. Donc, &c.

DEFINITION.

22. J'APPELLERAI cartes simples les cartes de differentes especes ; carte double, deux cartes de même espece ; par exemple, deux Rois, deux Dames, deux Valets, &c. carte triple, trois cartes d'une même espece ; par exemple, trois as, trois valets, trois dix, &c. carte quadruple, quatre cartes d'une même espece, carte quintuple, cinq cartes d'une même espece, &c.

PROPOSITION VIII.

Soit un nombre de cartes quelconque composé d'un nombre égal d'as, de deux, de trois, de quatre, &c. On demande combien il y a de hazards pour que Pierre tirant entre ces cartes un certain nombre de cartes à volonté, il en tire tant de simples, tant de doubles, tant de triples, tant de quadruples, tant de quintuples, &c.

23. POUR faire entendre plus facilement la solution de ce Problême, j'appellerai m le nombre des cartes dans lesquelles on en veut prendre un certain nombre ; q le nombre de fois que chaque espece de cartes est repetée dans m ; p le nombre des differentes especes de cartes ; en sorte que $q \times p$ soit $= m$: b l'exposant de la carte qui a la plus haute dimension entre celles que l'on se propose de prendre c, d, e, f, &c. l'exposant des autres cartes que l'on veut prendre, dont la dimension est moindre ; en sorte que c exprime un nombre plus petit que b, & d un nombre plus petit que c, & e un nombre plus petit que d, &c.

Je nommerai aussi B le nombre des cartes que l'on demande de la dimension exprimée par b, C le nombre des cartes que l'on demande de la dimension exprimée par c, D le nombre des cartes que l'on demande de la dimension exprimée par d, &c.

J'exprimerai auſſi par cette marque $\overset{q}{\underset{b}{\boxed{}}}$ le nombre qui exprime en combien de façons *b* peut être pris dans *q*, mettant le plus petit nombre deſſous, & le plus grand deſſus, & entre deux cette marque arbitraire $\boxed{}$. Tout cela poſé, voici la methode.

Il faut chercher en combien de façons *b* peut être pris dans *q*, élever ce nombre à l'expoſant *B*, multiplier ce produit par le nombre qui exprime en combien de façons *B* peut être pris dans *p*. 2°. Multiplier ce produit par le nombre qui exprime en combien de façons *c* peut être pris dans *q*, élever ce nombre à l'expoſant *C*, & multiplier ce produit par le nombre qui exprime en combien de façons *C* peut être pris dans *p* — *B*. 3°. Multiplier les produits précedens par le nombre qui exprime en combien de façons *d* peut être pris dans *q*, élever ce nombre à l'expoſant *D*, & le multiplier par celui qui exprime en combien de façons *D* peut être pris dans *p* — *B* — *C*. 4°. Multiplier tous les produits précedens par le nombre qui exprime en combien de façons *e* peut être pris dans *q*, élever ce nombre à l'expoſant *E*, & le multiplier par celui qui exprime en combien de façons *E* peut être pris dans *p* — *B* — *C* — *D*, & ainſi de ſuite.

La formule qui donne generalement le nombre cherché, ſera

$$\overset{q}{\underset{b}{\boxed{}}}^{B} \times \overset{q}{\underset{c}{\boxed{}}}^{C} \times \overset{q}{\underset{d}{\boxed{}}}^{D} \times \overset{q}{\underset{e}{\boxed{}}}^{E} \times \overset{q}{\underset{f}{\boxed{}}}^{F} \times \&c. \times$$

$$\overset{p}{\underset{B}{\boxed{}}} \times \overset{p-B}{\underset{C}{\boxed{}}} \times \overset{p-B-C}{\underset{D}{\boxed{}}} \times \overset{p-B-C-D}{\underset{E}{\boxed{}}} \times \overset{p-B-C-D-E}{\underset{F}{\boxed{}}} \times \&c.$$

Il faut remarquer que cette formule étant appliquée à un cas particulier, ne doit être compoſée que d'autant de produits de chacune de ces deux ſuites, qu'il y a de cartes de differentes dimenſions entre celles que l'on veut prendre.

Exemple I. Si Pierre ſe propoſe de tirer ſept cartes dans cinquante-deux; en ſorte qu'il y en ait trois doubles &

une simple, on aura par la formule le nombre cherché

$$=\overset{4}{\underset{2}{\boxed{}}}^{3}\times\overset{4}{\underset{1}{\boxed{}}}^{1}\times\overset{13}{\underset{3}{\boxed{}}}\times\overset{10}{\underset{1}{\boxed{}}}=6^{3}\times 4\times 286\times 10=2471040$$

Exemple II. Si Pierre se proposoit de tirer huit cartes dans cinquante-deux, en sorte qu'il y en eût une triple, deux doubles & une simple, on auroit le nombre cherché

$$=\overset{4}{\underset{3}{\boxed{}}}^{1}\times\overset{4}{\underset{2}{\boxed{}}}^{2}\times\overset{4}{\underset{1}{\boxed{}}}^{1}\times\overset{13}{\underset{1}{\boxed{}}}\times\overset{12}{\underset{2}{\boxed{}}}\times\overset{10}{\underset{1}{\boxed{}}}=4\times 36\times 4\times 13\times 66\times 10=4942080.$$

Exemple III. Si Pierre se proposoit de tirer treize cartes dans deux Jeux entiers composés de 104 cartes, en sorte qu'il y en eût deux quadruples, deux doubles & un simple, on auroit pour le nombre cherché

$$\overset{8}{\underset{4}{\boxed{}}}^{2}\times\overset{8}{\underset{2}{\boxed{}}}^{2}\times\overset{8}{\underset{1}{\boxed{}}}^{1}\times\overset{13}{\underset{2}{\boxed{}}}\times\overset{11}{\underset{2}{\boxed{}}}\times\overset{9}{\underset{1}{\boxed{}}}=70^{2}\times 28^{2}\times 8\times 78\times 55\times 9=5814307699200000$$

DEMONSTRATION.

24. Les produits $\overset{q}{\underset{b}{\boxed{}}}^{B}\times\overset{q}{\underset{c}{\boxed{}}}^{C}\times\overset{q}{\underset{d}{\boxed{}}}^{D}\times\overset{q}{\underset{e}{\boxed{}}}^{E}\times$ &c. sont démontrés par la *Propos. 7, art.* 20; car il est clair que cette Proposition n'est differente de celle-ci, qu'en ce que dans celle-là les simples, les doubles, les triples, &c. sont déterminés à être ou des as, ou des deux, ou des trois, &c. au lieu qu'ils sont ici indéterminés. A l'égard des autres quantités $\overset{p}{\underset{B}{\boxed{}}}\times\overset{p-B}{\underset{C}{\boxed{}}}\times\overset{p-B-C}{\underset{D}{\boxed{}}}\times$ &c. pour voir qu'ils doivent multiplier les produits précedens, il suffit d'observer que dans un Jeu de cartes entier où il se trouve quatre cartes de chaque espece, & des cartes de treize especes differentes. Si l'on demande, par exemple, trois quadruples, cinq doubles & quatre simples, il faut multiplier $\overset{q}{\underset{b}{\boxed{}}}^{E}$ ($\overset{4}{\underset{4}{\boxed{}}}^{3}$) par $\overset{p}{\underset{B}{\boxed{}}}$ ($\overset{13}{\underset{3}{\boxed{}}}$) puisque ces

trois quadruples peuvent être pris de differentes eſpeces en autant de façons que trois peut être pris dans treize, & qu'enſuite il faut multiplier $\overset{q}{\underset{x}{\boxed{\quad}}}^{D}$ $\left(\overset{4}{\underset{2}{\boxed{\quad}}}^{5}\right)$ par $\overset{p-B}{\underset{C}{\boxed{\quad}}}$ $\left(\overset{10}{\underset{5}{\boxed{\quad}}}\right)$ puiſqu'il ne reſte plus que dix eſpeces, parmi leſquelles on puiſſe prendre les cinq doubles, & que ces doubles peuvent être pris en autant de façons que cinq choſes peuvent être priſes dans dix, & ainſi de ſuite; car il eſt clair que le même raiſonnement peut s'appliquer à tous les cas renfermés dans l'énoncé du Problême.

COROLLAIRE.

25. On a ſuppoſé dans le Problême précedent que le nombre des Rois, Dames, Valets, &c. étoit le même. La methode ſerviroit encore ſi ce nombre étoit different, ainſi qu'il paroîtra par cet exemple. J'ai cinq Rois, quatre Dames, deux valets, deux dix, & un as; je parie que tirant quatre cartes au hazard dans ces quatorze, je tirerai deux doubles; le nombre des hazards ſera

$$\overset{2}{\underset{2}{\boxed{\quad}}} \times \overset{2}{\underset{2}{\boxed{\quad}}} + 2 \times \overset{2}{\underset{2}{\boxed{\quad}}} \times \overset{4}{\underset{2}{\boxed{\quad}}} + 2 \times \overset{2}{\underset{2}{\boxed{\quad}}} \times \overset{5}{\underset{7}{\boxed{\quad}}} + \overset{4}{\underset{2}{\boxed{\quad}}} \times \overset{5}{\underset{2}{\boxed{\quad}}} = 93.$$

On pourroit donner une formule pour ce Problême ainſi generaliſé; mais elle ſeroit trop obſcure, & trop embaraſſante dans l'application. Il ſuffit d'avoir fait connoître, par un exemple particulier, comment il s'y faudroit prendre dans toutes les eſpeces ſemblables.

PROPOSITION IX.

Les coefficiens d'un binome a + b, *élevé à l'exposant* p, *sont les mêmes que les bandes perpendiculaires du triangle arithmetique*, art. 1, *& ceux-là même qui expriment les diverses combinaisons d'un nombre quelconque de jettons ou de dés qui ont deux faces differentes, l'une appellée* a, *l'autre appellée* b.

27. L'ON voit en considerant les bandes perpendiculaires de la Table, *art. 1*, & la Table suivante qui représente les differentes puissances de $a + b$.

$a + b$

$aa + 2ab + bb$

$a^3 + 3aab + 3abb + b^3$

$a^4 + 4a^3b + 6a^2b^2 + 4ab^3 + b^4$

$a^5 + 5a^4b + 10a^3bb + 10aab^3 + 5ab^4 + b^5$

$a^6 + 6a^5b + 15a^4bb + 20a^3b^3 + 15a^2b^4 + 6ab^5 + b^6$

$a^7 + 7a^6b + 21a^5bb + 35a^4b^3 + 35a^3b^4 + 21aab^5 + 7ab^6 + b^7$

que les nombres dont ses bandes perpendiculaires du triangle arithmetique, *art. 1*, sont composés, sont les mêmes que donne ici la formation des puissances d'un binome.

DÉMONSTRATION.

28. ON peut démontrer cette proprieté en plusieurs façons, en faisant observer, par exemple, que la somme d'une bande perpendiculaire quelconque, *art. 1*, étant un terme d'une progression geometrique double. Si l'on appelle le quantiéme de la bande perpendiculaire, *n*, & si l'on met pour 2 le binome 1 + 1, on aura toujours la somme de tous les termes de cette bande perpendiculaire, égale

égale à tous les termes que donne le binome $1 + 1$, lorsqu'il est élevé à la puissance $n - 1$; mais il vaut mieux tirer de la nature & de la generation de ces nombres le rapport que l'on veut démontrer. Pour cela soit imaginé un nombre quelconque de jettons, 4, par exemple, qui ayent chacun deux faces, l'une blanche, l'autre noire. Il est clair par les articles 5 & 20 que le nombre 1, qui est le premier de la quatriéme bande perpendiculaire, exprime combien il y a de hazards, pour que jettant ces quatre jettons il se trouve quatre blancs. 2°. Que le nombre 4, qui est le second de la quatriéme bande perpendiculaire, exprime combien il y a de hazards pour qu'il se trouve trois blancs & un noir. 3°. Que le nombre 6, qui est le troisiéme de la quatriéme bande perpendiculaire, exprime combien il y a de hazards pour qu'il se trouve deux blancs & deux noirs. 4°. Que le nombre 4, qui est le quatriéme de la quatriéme bande perpendiculaire, exprime combien il y a de hazards pour qu'il se trouve un blanc & trois noirs. Et enfin que le dernier nombre 1 de cette bande exprime combien il y a de hazards pour qu'il se trouve quatre noirs.

Or l'on sçait que conformément aux regles que prescrit l'arithmetique pour la multiplication, il faut pour élever $a + b$ à la quatriéme puissance, 1°, prendre la quatriéme puissance de a & celle de b, (ce qui est la même chose que prendre les quatre blancs & les quatre noirs,) en autant de façons qu'il est possible. 2°. Qu'il faut prendre le cube de a avec b, & le cube de b avec a en autant de manieres qu'il est possible; c'est encore la même chose que de prendre trois blancs avec un noir, & trois noirs avec un blanc. 3°. Qu'il faut prendre le quarré de a avec le quarré de b, (ce qui est la même chose que de prendre les deux blancs & les deux noirs,) en autant de façons qu'il est possible. Enfin il est évident que ce rapport qu'on vient de trouver, se doit necessairement rencontrer, quelque soit le degré du binome, & le nombre des jettons que nous supposons avoir deux faces; & par consequent il est certain que les bandes perpendiculaires du triangle arithmetique donnent les coefficiens de la formation des puissances d'un binome, & qu'ainsi la formule de $\overline{a+b}^p$ sera $a^p + p \times a^{p-1}b + \frac{p.p-1}{1.2} a^{p-2}bb + \frac{p.p-1.p-2}{1.2.3} a^{p-3}b^3 + \frac{p.p-1.p-2.p-3}{1.2.3.4} a^{p-4}b^4 +$ &c. les coefficiens de cette suite étant toujours, & par ordre, les mêmes que les termes d'une bande perpendiculaire dont le quantiéme soit p, *art. 1. Ce qu'il falloit démontrer.*

REMARQUE.

29. On trouvera en faisant les mêmes raisonnemens que ci-dessus, que generalement *les coefficiens d'un multinome quelconque* q, *élevé à l'exposant* p, *sont les mêmes qui expriment les diverses combinaisons d'un nombre quelconque* p *de dés, qui ont un nombre quelconque de faces désigné par* q, ce qui est un Theorême nouveau & très important, dont je tirerai dans toute la suite de cette premiere Partie de grands usages pour le calcul des hazards des dés, & pour la theorie des Combinaisons & des multinomes élevés à des exposans quelconques.

PROPOSITION X.

Trouver combien on peut amener de coups avec un nombre quelconque p *de dés, dont le nombre de faces* f *soit aussi quelconque.*

SOLUTION.

30. Chacune des faces d'un dé pouvant se prendre avec toutes les faces du second dé, cela fait le quarré du nombre des faces; & ce dernier nombre, quarré des faces pouvant se joindre à chacune des faces du troisiéme dé, cela fait le cube du nombre des faces, & ainsi de suite; ainsi la formule qui donne le nombre cherché est f^p.

COROLLAIRE I.

31. Il suit de cette Proposition & de l'*art.* 29, que dans un multinome q élevé à l'exposant p, la somme de tous les coefficiens est q^p.

COROLLAIRE II.

32. Si l'on veut prendre dans un nombre de lettres quelconque a, b, c, d, e, f, *&c.* toutes les lettres ou une à une, ou deux à deux, ou trois à trois, ou quatre à quatre, &c. mais en telle sorte que chacune puisse ou se prendre simple, ou se répeter deux fois, trois fois, &c. nommant q le nombre des lettres, & p le nombre de fois que chaque lettre peut être repetée. Le nombre de toutes les combinaisons possibles sera q^p.

Si l'on demande, par exemple, combien on peut faire de mots avec les quatre lettres a, b, c, d, en les prenant trois à trois, & pouvant les répeter chacune jusqu'à trois fois, on trouvera $4^3 = 64$ pour le nombre cherché. L'on voit que l'on fait ici précisément la même chose, qu'en élevant le quadrinome $a+b+c+d$ à la troisiéme puissance, & que c'est toujours le même rapport dans toute autre espece.

De-là il est clair que si l'on demande tous les differens mots qu'on peut faire avec un nombre quelconque de lettres q, en les prenant ou une à une, ou deux à deux, ou trois à trois, &c. ou enfin p à p en la maniere qu'on a expliqué dans l'exemple ci-dessus. On aura la somme de toutes les puissances de q, depuis q jusqu'à q^p, qui sera $\frac{q^{p+1}-q}{q-1}$.

PROPOSITION XI.

Trouver combien on peut amener de coups differens avec un nombre quelconque p *de dés, dont le nombre des faces* f *soit aussi quelconque.*

33. On a vû par la Proposition précédente que chaque dé ayant, par exemple, six faces, deux dés produisent

nécessairement 36 coups, ce qui est le quarré de 6, & trois dés 216 coups, ce qui est le cube de 6; & quatre dés 1296 coups, ce qui est le quarré quarré de 6, &c. mais il faut observer que dans les 36 coups que donnent deux dés, il y en a 6 qui ne peuvent arriver que d'une façon, sçavoir les six doublets, & qu'il y en a quinze, sçavoir, 6 & as, 6 & 2, 6 & 3, 6 & 4, 6 & 5; 5 & as, 5 & 2, 5 & 3, 5 & 4; 4 & as, 4 & 2, 4 & 3; 3 & as, 3 & 2; 2 & as, qui peuvent arriver chacun en deux manieres; car celui des deux dés qui a donné un as, l'autre dé étant un six, peut être un six, l'autre étant un as, & ainsi des autres. Il est donc certain qu'il n'y a que 21 coups differens dans deux dés, quoique réellement il y en ait 36.

On peut remarquer la même chose pour trois dés. Par ex. as, as & 2 peut arriver en trois façons; car chacun des trois dés pourra être un 2, les deux autres étant des as; & de même as, 2, 3 peut arriver en six façons; car l'un des trois dés marquant un as, chacun des deux autres peut être un 2 ou un 3, & l'un des trois dés étant un 2, chacun des deux autres peut être ou un as ou un 3; & enfin l'un des trois dés étant un 3, chacun des deux autres peut être ou un as ou un 2. On voit donc que si dans les 216 coups possibles de trois dés on ne veut compter as, 2, & 3, as, as, 2, & chacun des autres de cette espece, que pour un coup; c'est à dire, ne compter qu'une fois tous ceux qui arrivent, ou en trois ou en six façons; ce nombre de 216, réduit aux seuls coups qui sont differens les uns des autres, sera beaucoup moindre. Il s'agit de trouver une formule qui détermine ce nombre de coups differens les uns des autres pour quelque nombre de dés que ce soit : la voici.

En nommant f le nombre des faces de chaque dé, on aura le nombre cherché de coups pour un dé $= f$ pour deux dés $= \frac{f.\overline{f+1}}{1.2}$, pour trois dés $\frac{f.\overline{f+1}.\overline{f+2}}{1.2.3}$, pour quatre dés $= \frac{f.\overline{f+1}.\overline{f+2}.\overline{f+3}}{1.2.3.4}$, pour cinq dés $= \frac{f.\overline{f+1}.\overline{f+2}.\overline{f+3}.\overline{f+4}}{1.2.3.4.5}$, & ainsi des autres; en sorte que dans deux dés on aura 21 coups differens, dans trois dés 56 coups, dans quatre dés 126 coups, dans cinq dés 252 coups, &c.

Ces nombres 6, 21, 56, 126, 252, 462, 792, 1287, & les autres ſuivans compoſent la ſixiéme bande tranſverſale de la Table, *art. 1.* L'on auroit les nombres de la ſeptiéme bande tranſverſale, ſi f étoit $= 7$; & les nombres de la huitiéme bande tranſverſale, ſi f étoit $= 8$, &c.

DE'MONSTRATION.

Il eſt clair que pour ſçavoir combien il y a de coups differens avec un dé, il n'y a qu'à ajouter en une ſomme les ſix premiers nombres de la premiere bande horizontale, *art. 1*, qui eſt compoſée d'unités; & que pour ſçavoir combien il y a de coups differens avec deux dés, il faut ajouter en une ſomme les ſix premiers nombres de la ſeconde bande horizontale; puiſqu'il eſt évident qu'en joignant l'as du deuxiéme dé avec les ſix faces du premier dé on a 6, & le 2 du deuxiéme dé avec les cinq faces du premier où l'as n'eſt point, on a 5; & qu'en joignant le 3 du deuxiéme dé avec les quatre faces du premier où l'as ni le 2 ne ſe trouvent point, on a 4, &c. En ſorte qu'il y a en tout $6 + 5 + 4 + 3 + 2 + 1 = 21$ coups differens où chacune des faces peut entrer. $5 + 4 + 3 + 2 + 1 = 15$, où chacune des faces peut entrer, à l'exception de l'as. $4 + 3 + 2 + 1 = 10$, où chacune des faces peut entrer, à l'exception de l'as & du 2, &c. & qu'ainſi ces nombres qui repréſentent les differens coups poſſibles avec deux dés, ſe forment en la même maniere que les nombres de la ſeconde bande horizontale, *art. 1.*

On remarquera de même pour trois dés, en conſiderant la Table ci-jointe, que l'as du troiſiéme dé ſe joignant

11, 12, 13, 14, 15, 16 = 6
22, 23, 24, 25, 26 = 5
33, 34, 35, 36 = 4
44, 45, 46 = 3
55, 56 = 2
66 = 1

aux 21 coups differens de deux dés, donnera 21 coups differens, & que le 2 du troiſiéme dé ſe joignant aux 15 coups de la Table où il n'entre point d'as, donne 15 coups; & que le 3 du troiſiéme dé ſe joignant aux 10 coups de la Table où il n'entre point d'as ni de 2, donne 10 coups, & ainſi du reſte.

En ſorte que la ſomme de tous les differens coups poſſibles avec trois dés eſt $21 + 15 + 10 + 6 + 3 + 1 = 56$, & que ces nombres ſe forment en la maniere que les nombres de la ſeconde bande horizontale du triangle arithmetique, *art. 1.*

Et de même qu'avec quatre dés il y aura 56 coups differens ou chacune des faces pourra entrer. $56 - 21 = 35$ où il n'y aura point d'as, $56 - 21 - 15 = 20$ où il n'y aura ni as ni 2, $56 - 21 - 15 - 10$ où il n'y aura ni as, ni 2, ni 3, &c. en ſorte qu'avec quatre dés la ſomme de tous les differens coups poſſibles ſera $= 56 + 35 + 20 + 10 + 4 + 1 = 126$.

Et que ces nombres ſe forment en la même maniere que les nombres de la quatriéme bande horizontale, *art. 1.* C'eſt la même choſe pour tout autre nombre de dés & de faces. Or l'on ſçait que chaque terme d'une bande tranſverſale f eſt égale à la ſomme des f premiers nombres de la bande ſuperieure horizontale : Donc, &c.

COROLLAIRE.

34. Il ſuit de cette Propoſition & de l'*art. 29*, que dans un multinome q élevé à l'expoſant p, le nombre des termes ſera exprimé par cette formule $\frac{q \cdot q+1 \cdot q+2 \cdot q+3 \cdot q+4 \cdot q+5}{1 \cdot 2 \cdot 3 \cdot 4 \cdot 5 \cdot 6}$, &c. dont il faudra prendre autant de produits qu'il y a d'unités dans p, & qu'ainſi, par ex. dans le ſextinome $a + b + c + d + e + f$ élevé à la ſeconde puiſſance, le nombre 21 exprimera le nombre des termes; que ce même ſextinome élevé à la troiſiéme puiſſance, en donnera 56; qu'étant élevé à la quatriéme puiſſance il en donnera 126, & ainſi de ſuite tous les nombres de la ſixiéme bande tranſverſale, *art. 1.*

PROPOSITION XII.

Jettant au hazard un nombre quelconque p *de dés dont le nombre des faces* f *soit aussi quelconque; trouver combien il y a de coups pour amener un certain nombre fixé & déterminé* q, *d'as.*

SOLUTION.

35. LA formule qui donne le nombre cherché est $\overline{f-1}^{p-q} \times \frac{p}{1} \times \frac{p-1}{2} \times \frac{p-2}{3} \times \frac{p-3}{4} \times \frac{p-4}{5} \times \frac{p-5}{6}$, &c. En sorte qu'il y ait autant de ces produits qu'il y a d'unités dans q.

Par exemple, si l'on veut sçavoir combien il y a de hazards pour amener précisément trois as, ni plus ni moins, avec 9 dés ordinaires, on trouvera en substituant dans la formule pour f, 6, pour p, 9, pour q, 3. $5^6 \times \frac{9}{1} \times \frac{8}{2} \times \frac{7}{3} =$ 1312500.

DE'MONSTRATION.

1°. $\overline{f-1}$ doit être élevé à l'exposant $p-q$; car un certain nombre de dés q étant déterminé à marquer des as, par exemple, à l'exclusion de tous les autres dés, ces autres dés ne peuvent marquer que des deux, des trois, des quatre, &c. ce qui donne $f-1$, ou $\overline{f-1}^2$, ou $\overline{f-1}^3$, ou $\overline{f-1}^4$, &c. selon qu'il y aura ou un dé, ou deux dés, ou trois dés, ou quatre dés de reste, &c. qui par la supposition ne devront point marquer l'as, puisque les autres dés peuvent être regardés comme des dés qui auroient seulement $\overline{f-1}$ faces, & que l'exposant $p-q$ désigne combien il y a de dés qui sont déterminés à ne point marquer d'as.

Maintenant pour voir que $\overline{f-1}^{p-q}$ doit être multiplié par autant de produits des quantités p, $\frac{p-1}{2}$, $\frac{p-2}{3}$, $\frac{p-3}{4}$, &c. qu'il y a d'unités dans q, il faut observer que si jettant p dés au hazard, on veut qu'il y en ait q qui marquent des as, les autres dés marquants d'autres points quelconques;

on pourra déterminer p dés à marquer des as, en autant de façons que q peut être pris dans p. Or par l'*art.* 5, la formule $\frac{p}{1} \cdot \frac{p-1}{2} \cdot \frac{p-2}{3} \cdot \frac{p-3}{4} \cdot \frac{p-4}{5}$, &c. exprime en combien de façons on peut prendre p, ou une à une, ou deux à deux, ou trois à trois, ou quatre à quatre, &c. Donc, &c.

COROLLAIRE.

36. Il suit de cette Proposition & de l'*art.* 29 que dans un multinome q élevé à l'exposant p, si l'on demande la somme des coefficiens de tous les termes où la lettre a, par exemple, monte à un certain exposant m, on trouvera la somme que l'on cherche, en prenant autant de produits de cette formule $\overline{q-1}^{p-m} \times p \cdot \frac{p-1}{2} \cdot \frac{p-2}{3} \cdot \frac{p-3}{4} \cdot \frac{p-4}{5}$, &c. qu'il y a d'unités dans m.

Si l'on veut sçavoir, par exemple, quelle sera la somme des coefficiens des termes où la lettre a montera à la troisiéme puissance dans le sextinome $a+b+c+d+e+f$ élevé à neuviéme dimension, on trouvera par la formule que le nombre cherché est 1312500.

PROPOSITION XIII.

Jettant au hazard un nombre quelconque p *de dés, dont le nombre de faces* f *soit aussi quelconque, trouver combien il y a de façons d'amener un certain nombre* q *d'as au moins.*

SOLUTION.

37. La formule pour amener un as au moins avec p dés est $\overline{f-1}^{p-1} \times p + \overline{f-1}^{p-2} \times \frac{p \cdot p-1}{1 \cdot 2} + \overline{f-1}^{p-3} \times \frac{p \cdot p-1 \cdot p-2}{1 \cdot 2 \cdot 3} + \overline{f-1}^{p-4} \times \frac{p \cdot p-1 \cdot p-2 \cdot p-3}{1 \cdot 2 \cdot 3 \cdot 4}$ + &c.

La formule pour amener deux as ou davantage, trois as ou davantage, quatre as ou davantage, &c. est la même, en observant de retrancher le premier terme de la formule dans le cas de deux as, les deux premiers dans le

cas

cas de trois as, les trois premiers termes dans le cas de quatre as, &c.

Si l'on demande, par exemple, combien il y a de hazards pour amener un as au moins avec cinq dés ordinaires, c'est à dire à six faces, on trouvera par la formule 23255 pour le nombre cherché.

Et si l'on demande combien il y a de hazards pour amener au moins deux as, on trouvera 7630 pour le nombre cherché.

La démonstration de ces formules dépend de la Proposition précedente; car le premier terme de cette suite exprime le nombre des hazards qu'il y a pour amener un as précisément, & le deuxiéme exprime combien il y a de hazards pour amener précisément deux as, &c. Donc, toute la somme exprime combien il y a de hazards pour amener un as au moins, & toute la somme moins le premier, combien il y a de hazards pour amener au moins deux as; & toute la somme moins les deux premiers, combien il y a de hazards pour amener au moins trois as, &c. Donc, &c.

COROLLAIRE.

38 Il suit de cette Proposition & de l'*art.* 29, que dans un multinome q élevé à l'exposant p, si l'on cherche la somme des coefficiens de tous les termes où la lettre a se trouve à la premiere puissance ou à une puissance plus élevée, à la seconde puissance ou à une puissance plus élevée, à la troisiéme puissance ou à une puissance plus élevée, &c. la formule ci-dessus en mettant pour f, q, donnera le nombre cherché.

Ainsi, par exemple, si l'on demande la somme des coefficiens de tous les termes où il se trouvera quelque a, dans le sextinome $a+b+c+d+e+f$ élevé à la cinquiéme puissance, on trouvera par la formule le nombre cherché $=23255$. Et si l'on demande la somme des coefficiens de tous les termes où la lettre a se trouvera, ou à la seconde dimension, ou à une plus haute dimension; on aura 7630.

PROPOSITION XIV.

Soit un nombre quelconque p *de dés, dont le nombre de faces* f *soit aussi quelconque, on demande combien il y a de hazards pour que les jettant à volonté, il se trouve ensemble tant d'as, tant de deux, tant de trois, &c.*

SOLUTION.

39. SOIT b le nombre des as que l'on se propose d'amener c, d, e, f, g, &c. le nombre des deux, des trois, des quatre, &c. respectivement que l'on se propose d'amener. J'entendrai ici & dans la suite par cette expression abregée $\underset{b}{\overset{p}{\boxed{}}}$ le nombre qui exprime en combien de façons b peut être pris dans p. La formule qui donne le nombre cherché est

$$\underset{b}{\overset{p}{\boxed{}}} \times \underset{c}{\overset{p-b}{\boxed{}}} \times \underset{d}{\overset{p-b-c}{\boxed{}}} \times \underset{e}{\overset{p-b-c-d}{\boxed{}}} \times \underset{f}{\overset{p-b-c-d-e}{\boxed{}}} \times \&c.$$

Par exemple, si l'on demande combien il y a de hazards ou de façons d'amener avec neuf dés ordinaires un triple, un double & deux simples déterminés; par exemple, trois as, deux deux, deux trois, un quatre & un cinq, la formule donne.

$$\underset{3}{\overset{9}{\boxed{}}} \times \underset{2}{\overset{9-3}{\boxed{}}} \times \underset{2}{\overset{9-5}{\boxed{}}} \times \underset{1}{\overset{9-7}{\boxed{}}} \times \underset{1}{\overset{9-8}{\boxed{}}} = 84 \times 15 \times 6 \times 2 \times 1$$

$= 15120$.

DEMONSTRATION.

POUR sçavoir en jettant p dés au hazard, combien il y a de coups pour amener b as; il faut chercher en combien de façons b peut être pris dans p, & ensuite b d'entre les p dés, étant déterminés à être des as, pour sçavoir combien il y a de hazards pour amener c deux, il faut chercher en combien de façons c peut être pris dans le nombre de dés qui reste, c'est à dire dans $p - b$; & puisque des p dés en voilà $b + d$ déterminés à être des as ou des deux, il faudra encore multiplier ces produits par le nombre qui exprime en combien de façons d trois, peuvent être pris dans $p - b - c$ dés, & ainsi de suite. Donc, &c.

COROLLAIRE I.

40. Il suit de cette Proposition & de l'*art.* 29, que dans un multinome $q = A + B + C + D + E + F + \&c.$ élevé à l'exposant p, si l'on veut avoir le coefficient d'un terme quelconque, & que l'on nomme b le nombre des A qui doivent entrer dans le terme dont on cherche le coefficient, c le nombre des B, d le nombre des C, &c. La formule ci-dessus donnera le nombre cherché.

Si l'on demande, par exemple, le coefficient du terme $AAABBCCDE$ pris dans un quintinome élevé à la neuviéme puissance, on trouvera par la formule que ce coefficient est 15120.

COROLLAIRE II.

41. Le Corollaire précedent donne la solution de ce Problême : *Etant donné un nombre de lettres quelconque* a, b, c, d, e, f, &c. *dont certaines soient repétées à volonté, trouver en combien de façons differentes elles peuvent être arrangées.* Ainsi, par exemple, si l'on demande le nombre des arrangemens differens de ces lettres *aaabbccde*, la formule précedente donnera 15120 pour le nombre cherché.

Ce rapport, assez curieux ce me semble, que l'on rencontre ici entre ce dernier Problême, *art.* 41, notre Problême des dés, *art.* 39, & celui où l'on cherche les coefficiens d'un terme quelconque d'un multinome q élevé à l'exposant p, *art.* 40, fournit une démonstration complete de la regle qu'on trouve ailleurs pour les Anagrammes.

PROPOSITION XV.

Soit un nombre quelconque p de dés, dont le nombre des faces f soit aussi quelconque. On demande combien il y a de hazards pour qu'il se trouve tant de simples, tant de doubles, tant de triples &c. indéterminés. J'appelle dés simples, les dés de differente espece, ou qui marquent differens points, dé double deux dés de même espece, ou qui marquent les mêmes points; par exemple, double deux ou ternes, &c. dé triple, trois dés de même espece, par exemple, trois as ou trois deux, &c. & ainsi dé quadruple, quintuple, sextuple, &c. quatre, ou cinq, ou six dés de même espece.

SOLUTION.

42. COMME dans cette supposition il peut y avoir plusieurs multiples également hauts; c'est à dire, que plusieurs d'entre les lettres *b*, *c*, *d*, *e*, &c, du Problême précedent qui expriment les noms ou les exposans des multiples, peuvent ici être égales. Soit nommé *B* le nombre qui exprime combien il y a de multiples du premier exposant donné, *C* le nombre qui exprime combien il y a de multiples du second exposant, *D* le nombre qui exprime combien il y en a du troisiéme, &c. La formule qui donne le nombre cherché est.

$$\overset{p}{\underset{b}{\boxed{}}} \times \overset{p-b}{\underset{c}{\boxed{}}} \times \overset{p-b-c}{\underset{d}{\boxed{}}} \times \overset{p-b-c-d}{\underset{e}{\boxed{}}} \times \&c. \times \overset{f}{\underset{B}{\boxed{}}} \times \overset{f-B}{\underset{C}{\boxed{}}}$$

$$\times \overset{f-B-C}{\underset{D}{\boxed{}}} \times \overset{f-B-C-D}{\underset{E}{\boxed{}}} \times \&c.$$

Par exemple, si jettant neuf dés au hazard on demande combien il y a de manieres differentes d'amener un quadruple, deux doubles & un simple, on aura $b = 4$, $c = 2$, $d =$ encore 2, parcequ'on demande deux doubles, & $e = 1$, on aura aussi $B = 1$, $C = 2$, & $D = 1$, & partant la formule donnera

$$\overset{9}{\underset{4}{\square}} \times \overset{9-4}{\underset{2}{\square}} \times \overset{9-4-2}{\underset{2}{\square}} \times \overset{9-4-2-2}{\underset{1}{\square}} \times \overset{6}{\underset{1}{\square}} \times \overset{6-1}{\underset{2}{\square}} \times \overset{6-1-2}{\underset{1}{\square}} =$$

$$126 \times 10 \times 3 \times 1 \times 6 \times 10 \times 3 = 680400.$$

Il faut obſerver que la premiere partie de la formule doit avoir autant de termes qu'il y a de multiples, & la ſeconde autant de termes qu'il y de differens multiples.

Cette formule peut encore recevoir une autre forme q

$$\frac{\times \overset{f}{\underset{B}{\square}} \times \overset{f-B}{\underset{C}{\square}} \times \overset{f-B-C}{\underset{D}{\square}} \times \overset{f-B-C-D}{\underset{E}{\square}} \,.\quad \times \,\&c.}{k \times l \times m \times n \times \,\&c.}$$

J'entens par q le nombre de tous les arrangemens poſſibles de p & par k, l, m, n, &c. les nombres qui expriment tous les divers arrangemens poſſibles, de b, c, d, e, &c.

DÉMONSTRATION.

La premiere partie de la formule eſt démontrée dans la Propoſition précedente. La démonſtration de la ſeconde partie eſt à peu près la même; car l'on voit bien que le nombre des cas déterminés de la Propoſition précedente doit être multiplié par le nombre des differentes combinaiſons que les multiples peuvent recevoir dans le nombre des faces f. Or quand certaines faces ſont employées par un nombre B de multiples, il ne reſte plus que $f - B$ de faces; & lorſque les autres faces ſont employées par les C, il ne reſte plus que $f - B - C$ de faces, & ainſi du reſte. Donc, &c.

COROLLAIRE.

43. Il ſuit de cette Propoſition & de l'*art.* 29, que dans un multinome $q = A + B + C + D + E + F +$ &c. élevé à l'expoſant p, la formule ci-deſſus donnera la ſomme des coefficiens de tous les termes où les expoſans d'une ou de pluſieurs lettres indéterminément ſeront élevés à la

premiere, ou seconde, ou troisiéme puissance, &c. Si l'on demande, par exemple, la somme des coefficiens de tous les termes où il y aura une lettre quelconque à la quatriéme puissance, deux quelconque à la seconde, & une enfin quelconque à la premiere, on trouvera par la formule ci-dessus la somme cherchée = 680400.

PROPOSITION XVI.

Jettant au hazard un nombre quelconque d *de dés, dont le nombre des faces,* f, *soit aussi quelconque, trouver combien il y a de hazards pour amener tel ou tel point,* p, *à volonté.*

SOLUTION.

44. SOIT $p - d + 1 = q$, & soit désigné par cette marque arbitraire $[q]$ le nombre figuré de l'ordre d, qui correspond à q, c'est à dire, le premier nombre de l'ordre d, si $q = 1$; & le second de l'ordre d, si $q = 2$; & le troisiéme, si $q = 3$, &c. la formule $[q] - d \times [q - f] + \frac{d \cdot d-1}{1 \cdot 2} \times [q - 2f]$ $- \frac{d \cdot d-1 \cdot d-2}{1 \cdot 2 \cdot 3} \times [q - 3f] + \frac{d \cdot d-1 \cdot d-2 \cdot d-3}{1 \cdot 2 \cdot 3 \cdot 4} \times [q - 4f] -$ &c. exprimera le nombre cherché.

Pour faire mieux entendre cette formule, je vais en faire l'application, en donnant dans la Table suivante le nombre des hazards qu'il y a pour amener chaque point possible avec 8 dés.

nombres à amener.		maniere de les amener.
	8 ou 48	1
	9 ou 47	8
	10 ou 46	36
	11 ou 45	120
	12 ou 44	330
	13 ou 43	792
	14 ou 42	1716 — 8×1
	15 ou 41	3432 — 8×8
	16 ou 40	6435 — 8×36
	17 ou 39	11440 — 8×120
	18 ou 38	19448 — 8×330
	19 ou 37	31824 — 8×792
	20 ou 36	50388 — 8×1716 + 28×1
	21 ou 35	77520 — 8×3432 + 28×8
	22 ou 34	116280 — 8×6435 + 28×36
	23 ou 33	170544 — 8×11440 + 28×120
	24 ou 32	245157 — 8×19448 + 28×330
	25 ou 31	346104 — 8×31824 + 28×792
	26 ou 30	480700 — 8×50388 + 28×1716 — 56×1
	27 ou 29	657800 — 8×77520 + 28×3432 — 56×8
	28	885[illegible] — 8×116280 + 28×6435 — 56×36

On voit par cette Table qu'il y a, par exemple, 1708 façons d'amener 14 ou 42 avec 8 dés, & 133288 façons d'amener 27 ou 29, &c.

DÉMONSTRATION.

LORSQUE le nombre des faces de chaque dé n'est pas moindre que $p-d+1$ les nombres figurés de l'ordre d, Table premiere, *art. 1.* donnent toujours le nombre des hazards differens pour amener tel ou tel point.

Pour s'en assûrer, il faut considerer le rapport qui se trouve entre la maniere dont se forment les differens points avec un, deux, trois dés, &c. & la maniere dont se forment les nombres du premier, second, troisiéme, &c. rang horizontal, *art. 1.* on trouvera aisément ce rapport dans les Tables suivantes.

Premiere Table pour amener avec un dé,

ou 1	ou 2	ou 3	ou 4	ou 5	ou 6	
1	2	3	4	5	6	formation des points.
1	1	1	1	1	1	façons d'amener ces points.

Seconde Table pour amener avec deux dés

ou 2	ou 3	ou 4	ou 5	ou 6	ou 7	ou 8	ou 9	ou 10	ou 11	ou 12	
11	12	13	14	15	16	17	18	19	1,10	1,11	
		22	23	24	25	26	27	28	29	2,10	
				33	34	35	36	37	38	39	
						44	45	46	47	48	
			Formation des points,					55	56	57	
										66	
1	2	3	4	5	6	7	8	9	10	11	Façons d'amener ces points.

Troisiéme Table, pour amener avec trois dés

	ou 3	ou 4	ou 5	ou 6	ou 7	ou 8	ou 9	ou 10	ou 11	ou 12	ou 13	ou 14
	111	112	113	114	115	116	117	118	119	11,10	11,11	11,12
			122	123	124	125	126	127	128	129	12,10	12,11
					133	134	135	136	137	138	139	13,10
							144	145	146	147	148	149
									155	156	157	158
											166	167
				222	223	224	225	226	227	228	229	22,10
						233	234	235	236	237	238	239
								244	245	246	247	248
										255	256	257
Formation des points.												266
							333	334	335	336	337	338
									344	345	346	347
											355	356
Façons d'amener ces points.	1	3	6	10	15	21	28	36	45	55	66	78

L'on voit, 1°, par la premiere Table, que le rang des unités exprime toutes les façons d'amener avec un dé ou un as, ou un deux, ou un trois, &c. 2°. Par la seconde Table, que les nombres naturels 1, 2, 3, 4, 5, 6, &c. expriment toutes les façons d'amener avec deux dés ou deux, ou trois, ou quatre, ou &c. points, dont la raison est que pour former ces points, on joint l'as du deuxiéme dé avec tous les points qu'on peut amener avec le premier dé, & ensuite le deux

deux du deuxiéme dé, avec tous les points qu'on peut amener avec tous les points du premier, excepté l'as ; & ensuite le trois du deuxiéme dé, avec tous les points du premier dé, excepté l'as & le deux, &c. 3°. Par la troisiéme Table, que les nombres triangulaires 1, 3, 6, 10, 15, &c. expriment toutes les façons d'amener avec trois dés, ou trois, ou quatre, ou cinq, &c. par cette raison, que pour former ces points on joint l'as du troisiéme dé à tous les points de la Table précedente pour deux dés, & ensuite le deux du troisiéme dé avec tous les points de la Table précedente où l'as ne se trouve point, & ensuite le trois du troisiéme dé, avec tous les points de la Table précedente où il ne se trouve ni l'as, ni le deux, & ainsi du reste.

D'où il est évident que cette formation des differens points étant la même que celle des nombres figurés, *art. 1.* c'est à dire, dans l'une & dans l'autre une addition réiterée, ces derniers nombres exprimeront toujours toutes les façons d'amener tous les points possibles, lorsque les faces des dés seront marquées des chifres qui peuvent servir à marquer ces points ; car dans les dés ordinaires à six faces, on voit que cette regle n'a pas lieu, & qu'il n'y a pas, par exemple, sept façons d'amener 8 avec 2 dés ; puisque n'y ayant point de faces marquées d'un 7, il en faut retrancher 17, & qu'il n'y a pas 8 façons d'amener 9, puisqu'il en faut retrancher les points 18, 27, &c. c'est ce que l'on a voulu faire observer par les traits qu'on a tiré dans ces Tables, pour faire entendre les coups qu'il faut retrancher dans les dés ordinaires, ce qui se peut aussi appliquer à toute autre supposition du nombre des faces de chaque dé, comme on le fera voir dans les Corollaires que l'on donnera dans la suite.

Il nous reste donc maintenant, pour achever de démontrer la formule, de faire voir generalement ce qu'il faut retrancher du nombre qui répond au rang perpendiculaire de l'ordre p, & au rang horizontal d : ce nombre est le premier terme de notre formule.

Il faut soustraire de ce nombre, le nombre des cas par lesquels il peut arriver que pour la formation du point donné il faille faire entrer un nombre plus grand que le nombre des faces d'un dé. Or il y a d fois autant de cas pour cela, qu'il y en a pour amener un point exprimé par $p - f$ avec le même nombre de dés; car soient exprimés les dés par les lettres A, B, C, D, E, *&c.* & qu'un de ces dés, par exemple A, soit déterminé à porter un point plus haut que le nombre des faces f, il est évident que ce dé A, avec les autres dés B, C, D, *&c.* doit faire outre f, points qui sont certainement compris dans une des faces du dé A, encore $p - f$ points: donc il faut prendre le nombre de cas qui exprime en combien de manieres on peut amener $p - f$ points, & le multiplier par le nombre des dés; puisque ce peut être ou le dé A, ou le dé B, ou le dé C, &c. qui soit déterminé à porter un point plus haut que le nombre des faces. Or il peut arriver qu'on ait retranché trop, sçavoir dans les cas où deux dés sont déterminés à porter chacun un point plus haut que le nombre des faces; & alors il faudra ajouter le nombre des cas pour amener $p - 2f$ points multiplié par $\frac{d.d-1}{1.2}$, puisque deux dés, par exemple, A & B étant déterminés à porter des points plus hauts que f, il ne leur reste à faire avec les autres dés C, D, E, &c. que $p - 2f$ points; & comme on peut prendre d dés en $\frac{d.d-1}{1.2}$ manieres deux à deux, il faut multiplier le nombre des cas pour amener $p - 2f$ points par $\frac{d.d-1}{1.2}$. Par la même raison quand il pourra arriver que trois dés soient déterminés à porter chacun des points plus hauts que f, il faudra encore retrancher le nombre des cas pour amener $p - 3f$ points multiplié par $\frac{d.d-1.d-2}{1.2.3}$, & encore ajouter le nombre des cas pour amener $p - 4f$ points multiplié par $\frac{d.d-1.d-2.d-3}{1.2.3.4}$, en cas que quatre dés puissent, pour former le point donné, porter chacun un point plus haut que le nombre des faces f: & en continuant ainsi alternativement cette addition & cette soustraction, on aura enfin le vrai nombre qui exprime en combien de façons le point donné peut être amené. *C. Q. F. D.*

COROLLAIRE I.

45. On tire des Tables & de la démonstration précedente la maniere qui suit de former ces nombres.

TABLE.

1 1 1 1 1 1
1 1 1 1 1 1
1 1 1 1 1 1
1 1 1 1 1 1
1 1 1 1 1 1
1 1 1 1 1 1

---

1 2 3 4 5 6 5 4 3 2 1
1 2 3 4 5 6 5 4 3 2 1
1 2 3 4 5 6 5 4 3 2 1
1 2 3 4 5 6 5 4 3 2 1
1 2 3 4 5 6 5 4 3 2 1
1 2 3 4 5 6 5 4 3 2 1

---

1 3 6 10 15 21 25 27 27 25 21 15 10 6 3 1
1 3 6 10 15 21 25 27 27 25 21 15 10 6 3 1
1 3 6 10 15 21 25 27 27 25 21 15 10 6 3 1
1 3 6 10 15 21 25 27 27 25 21 15 10 6 3 1
1 3 6 10 15 21 25 27 27 25 21 15 10 6 3 1
1 3 6 10 15 21 25 27 27 25 21 15 10 6 3 1

---

1 4 10 20 35 56 80 104 125 140 146 140 125 104 80 56 35 20 10 4 1
1 4 10 20 35 56 80 104 125 140 146 140 125 104, &c.
1 4 10 20 35 56 80 104 125 140 146 140 125, &c.
1 4 10 20 35 56 80 104 125 140 146 140, &c.
1 4 10 20 35 56 80 104 125 140 146, &c.
1 4 10 20 35 56 80 104 125 140, &c.

---

1 5 15 35 70 126 205 305 420 540 651 735 780 780 735, &c.

On voit que dans la construction de ces dernieres Tables, l'on fait précisément la même chose que ce que l'on a fait dans les précedentes, lorsqu'on les a échancré par des points pour en retrancher tous les coups où il se trouve des 7, 8, 9, &c. & par conséquent les autres étant démontrées, on voit l'usage de celle-ci pour trouver par ordre toutes les façons d'amener tel ou tel point avec 3 dès, après avoir trouvé toutes les façons d'amener tel ou tel point avec deux dés, & de même pour trouver toutes les façons d'amener tel ou tel point avec quatre dés, après avoir trouvé toutes les façons dont on peut avoir tous les divers points avec trois dés, &c.

COROLLAIRE II.

46. On voit par les Tables & la démonstration précedente, qu'il y a un égal nombre de hazards pour amener les points qui sont également distans du plus grand & du plus petit qu'on puisse amener.

COROLLAIRE III.

47. Si l'on demande *en combien de façons on peut amener tel ou tel point avec un certain nombre de dés, dont le nombre de faces soit inégal, & tel que l'on voudra*, on trouvera encore le nombre cherché en la même maniere que dans le Corollaire premier. Voici la regle.

Il faut former une Table dont le premier rang horizontal soit composé d'autant d'unitez que le premier dé a de faces, mettre au dessous autant de pareils rangs d'unités, en avançant toujours d'une place vers la droite, qu'il y a d'unités dans le nombre des faces du deuxiéme dé. Prendre les sommes des nombres qui forment les bandes perpendiculaires de cette premiere Table, on aura toutes les façons d'amener tous les divers points possibles avec les deux premiers dés. Placer ensuite au dessous cette somme que l'on vient de trouver autant de fois qu'il y a d'unités dans le nombre des faces du troisiéme dé, en observant de rang en rang de rétrograder d'une place vers la droite. La somme des bandes perpendiculaires de cette deuxiéme Table donnera toutes les manieres d'amener les divers points possibles avec les trois premiers dés, & ainsi de suite.

Par exemple, si l'on demande toutes les façons d'amener chacun des points possibles avec cinq dés, dont l'un ait six faces marquées à l'ordinaire, le deuxiéme ait quatre faces seulement marquées d'un as, d'un deux, d'un trois & d'un quatre; le troisiéme, trois faces marquées d'un as, d'un deux & d'un trois; le quatriéme & le cinquième deux faces seulement marquées chacun d'un as & d'un deux. On aura cette Table *A*.

a	1	1	1	1	1	1							
		1	1	1	1	1	1						
			1	1	1	1	1	1					
				1	1	1	1	1	1				
b	1	2	3	4	4	4	3	2	1				
		1	2	3	4	4	4	3	2	1			
			1	2	3	4	4	4	3	2	1		
c	1	3	6	9	11	12	11	9	6	3	1		
		1	3	6	9	11	12	11	9	6	3	1	
d	1	4	9	15	20	23	23	20	15	9	4	1	
		1	4	9	15	20	23	23	20	15	9	4	1
e	1	5	13	24	35	43	46	43	35	24	13	5	1

On voit par cette Table qu'il y a 1. 2. 3. 4. 4. &c. façons d'amener avec les deux premiers dés ou deux, ou trois, ou quatre, ou cinq . . . ou 10.

Et de même avec les trois premiers dés, qu'il y a 1. 3. 6. 9. 11. 12. &c. façons d'amener ou trois, ou quatre, ou cinq, ou six . . . ou 13.

Et avec les quatre premiers dés, qu'il y a 1. 4. 9. 15. 20. 23. &c. façons d'amener ou quatre, ou cinq, ou six, ou sept . . . . ou 15.

Et enfin, qu'avec les cinq dés il y a 1. 5. 13. 24. 35. &c. façons d'amener ou cinq, ou six, ou sept . . . . ou 17.

La ſomme des nombres de ce dernier rang *e* eſt 288. nombre de tous les coups poſſibles, avec ces cinq dés.

Pour démontrer cette regle, il ſuffit d'obſerver la formation des points dans cet exemple. Or il eſt clair que chaque face du deuxiéme dé pouvant ſe joindre à chacune des ſix faces du premier dé, j'ai pour tous les coups qu'on peut amener avec les deux premiers dés cette Table *B*.

11	12	13	14	15	16			
	21	22	23	24	25	26		
		31	32	33	34	35	36	
			41	42	43	44	45	46
1	2	3	4	4	4	3	2	1

2°. Que chacune des faces du premier & du troiſiéme dé pouvant ſe joindre avec chacun des coups de la Table *B*, on a encore cette Table *C* qui repréſente tous les points qu'on peut amener avec les trois premiers dés.

Points à amener.	3	4	5	6	7	8	9	10	11	12	13
	111	112	113	114	115	116					
		121	122	123	124	125	126				
			131	132	133	134	135	136			
				141	142	143	144	145	146		
		211	212	213	214	215	216				
			221	222	223	224	225	226			
Formation de ces points.				231	232	233	234	235	236		
					241	242	243	244	245	246	
			311	312	313	314	315	316			
				321	322	323	324	325	326		
					331	332	333	334	335	336	
						341	342	343	344	345	346
Maniere de les amener	1	3	6	9	11	12	11	9	6	3	1

puiſqu'il faut prendre trois fois la valeur de *b* dans la

Table *A*, en avançant toujours d'une place vers la droite.

On fera les mêmes raisonnemens pour trouver toutes les façons d'amener les divers points qu'on peut former avec le quatriéme dé joint aux trois premiers, & ensuite avec le cinquiéme dé joint aux quatre autres; car c'est toujours la même chose; & l'on verra que cette regle que nous donnons ici est fondée sur la formation des points, & qu'elle est generale pour quelque nombre de faces que ce soit: il seroit trop long, & à ce que je crois inutile de s'étendre davantage.

COROLLAIRE IV.

48. LA regle que nous avons donné dans le Corollaire précedent, sert aussi à *trouver tous les diviseurs, ou, ce qui est la même chose, toutes les parties aliquotes d'un produit litteral quelconque.*

Ainsi supposé que l'on demande le nombre des diviseurs de cette quantité litterale a^5b^3ccde, en comptant l'unité pour un diviseur, on trouvera conformément à la regle ordinaire, qui est de multiplier entr'eux tous les exposans augmentés chacun de l'unité, que ce nombre est 288 = au produit de toutes les faces de nos cinq dés dans l'exemple du Corollaire précedent; & si l'on demande en détail le nombre de ces diviseurs, on les trouvera dans le dernier rang de la Table *A* Coroll. 3. En sorte que le nombre 1 qui exprime dans cette Table combien il y a de façons d'amener cinq avec les cinq dés, exprime ici combien il y a de diviseurs qui n'ayent aucune dimension; & le nombre 5 qui exprime dans le Corollaire précedent combien il y a de façons d'amener six avec les cinq dés, exprime ici combien dans la quantité a^5b^3ccde il y a de diviseurs d'une dimension; & le nombre 13 qui exprime dans la Table *A* combien il y a de façons d'amener sept avec les cinq dés, exprime ici combien il y a de diviseurs de deux dimensions, &c. Et enfin, que ces nombres 1, 5, 13, 24, 35, 43, 46, 43, 35, 24, 13, 5, expriment tous les diviseurs de differentes dimensions que donne la quantité a^5b^3ccde.

COROLLAIRE V.

49. Il eſt encore évident par ce qui précede, que les nombres 1, 5, 13, 24, &c. *Tab. A, Coroll 3.* expriment toutes les differentes manieres dont on peut ne prendre en aucune façon les lettres de cette quantité a^5b^3ccde, ou les prendre une à une, ou les prendre deux à deux, ou les prendre trois à trois, ou les prendre quatre à quatre, &c. & qu'ainſi la methode enſeignée dans le Corollaire 3, donne la maniere de trouver toutes les combinaiſons qu'on peut faire avec un certain nombre de lettres, parmi leſquelles ou toutes ou pluſieurs ſont répetées un certain nombre de fois. Mais il faut obſerver que dans ces combinaiſons les varietés qui proviennent par les changemens de place n'y ſont point comptées; que l'on ne compte, par exemple, *ab* que pour une combinaiſon, quoique lorſqu'il s'agit de les tirer on puiſſe prendre *a* devant *b*, ou *b* devant *a*, ce qui fait deux évenemens.

Si l'on veut avoir égard à la multitude d'évenemens que peuvent produire les arrangemens differens des lettres: on trouvera la Table qui ſuit pour le même exemple.

a^5	1	1	1	1	1	1							
		1	2	3	4	5	6						
			1	3	6	10	15	21					
				1	4	10	20	35	56				
a^5b^3	1	2	4	8	15	26	41	56	56				
		1	4	12	32	75	156	287	448	504			
			1	6	24	80	225	546	1148	1950	3156		
a^5b^3cc	1	3	9	26	71	181	422	889	1652	2464	3136		
		1	6	27	104	355	1086	2954	7112	14868	24640	34496	
a^5b^3ccd	1	4	15	53	175	536	1508	3845	8764	17332	27776	34496	
		1	8	45	212	875	3216	10556	30744	78876	173320	305536	413952
a^5b^3ccde	1	5	25	98	387	1411	4724	14399	39508	96208	201096	340032	413952

On

On voit aisément la formation de cette Table, elle n'est differente de la Table du Corollaire 3, qu'en ce que dans celle là chaque bande horizontale est la même que la premiere; au lieu que dans celle-ci il faut, pour former le deuxiéme rang, multiplier le premier par une suite de nombres naturels, c'est à dire le premier terme par 1, le deuxiéme par 2, le troisiéme par 3, &c. & pour former le troisiéme rang multiplier le premier par une suite de nombres triangulaires; c'est à dire le premier terme du premier rang par 1, le deuxiéme par 3, le troisiéme par 6, le quatriéme par 10, &c. & pour former le quatriéme rang, multiplier le premier par une suite de nombres pyramidaux; c'est à dire le premier terme du premier rang par 1, le deuxiéme par 4, le troisiéme par 10, le quatriéme par 20, &c. On remarquera ce rapport, en comparant la table ci-dessus avec la Table du Corollaire 3. La démonstration de celle-ci se tire de ce que les differens ordres des nombres figurés expriment les divers arrangemens possibles d'une suite des puissances de *a* combinées avec les differentes puissances de *b*, ce qui est aisé à déduire des art. 17 & 41. Il est clair que lorsqu'on a trouvé tous les differens arrangemens que peut former chacune des puissances de *a* combinée avec chacune des puissances de *b*, & que l'on y veut introduire les differentes puissances de *c*, il faut operer sur les puissances de *a* & de *b* prises ensemble, comme on a fait auparavant pour introduire les puissances de *b* dans les puissances de *a*, & ainsi de suite. On voit dans la Table de ce Coroll. 5, qu'il y a 23 façons de prendre dans la quantité a^5b^3ccde les lettres deux à deux, ayant égard aux arrangemens, 98 façons de les prendre trois à trois, 387 façons de les prendre quatre à quatre, & enfin 1111844 façons de les prendre de toutes les manieres possibles.

COROLLAIRE VI.

50. Si l'on veut imaginer que dans notre Problême general, *art.* 44 & 47, les dés ayent un certain nombre *n* de faces blanches, c'est à dire qui ne soient point marquées,

on trouvera toujours de la même maniere que ci-devant le nombre de façons d'amener tel ou tel point, en observant de multiplier toutes les façons d'amener tel ou tel point par une puissance de n qui soit égale au nombre de dés qui ne sont pas employés pour former ce point ; par exemple, si l'on suppose quatre dés, l'un marqué d'un as, l'autre d'un deux, l'autre d'un trois, & l'autre d'un quatre, les cinq autres faces de ces quatre dés étant blanches, & que l'on demande combien il y a de façons d'amener zero, c'est à dire de n'amener aucun point, on trouvera $5^4 = 625$ pour le nombre cherché ; & si l'on demande combien il y a de façons d'amener quatre, on trouvera que ce nombre se peut former par un trois & un as, auquel cas il ne reste que deux dés inutiles, & aussi par un quatre, auquel cas il en reste trois inutiles. Le nombre des façons pour amener quatre est donc $1 \times 5^2 + 1 \times 5^3 = 150$. Voici une Table qui contient tous les autres cas de cet exemple.

Points à amener.		Façons d'amener ces points.
	zero	5^4
	1	1×5^3
	2	1×5^3
	3	$1 \times 5^3 + 1 \times 5^2$
	4	$1 \times 5^3 + 1 \times 5^2$
	5	..... 2×5^2
	6	..... $1 \times 5^2 + 1 \times 5$
	7	..... $1 \times 5^2 + 1 \times 5$
	8	.... 1×5
	9	.... 1×5
	10	 1
		1296

Cet exemple, quoique simple, suffit pour faire voir comment il faudroit s'y prendre dans tous les autres cas pareils.

REMARQUE.

51. ON pourroit croire que ce seroit la même chose de parier qu'on amenera bezet avec deux dés ordinaires, ou deux as en tirant deux cartes dans douze, qui seroient l'as, le 2, le 3, le 4, le 5 & le 6 de carreau; l'as, le 2, le 3, le 4, le 5 & le 6 de cœur; mais cela n'est pas ainsi. Dans le cas des dés on a un contre trente-cinq; & dans le cas des douze cartes on a un contre soixante & cinq, dont la raison est que dans ce dernier cas outre les 36 combinaisons des cœurs avec les carreaux, il y en a 15 des carreaux entr'eux, & quinze des cœurs entr'eux, ce qui fait en tout 66. Cette consideration nous apprend que pour réduire les Problêmes des cartes aux Problêmes des dés, il ne tient plus qu'à résoudre le Problême qui suit.

PROPOSITION XVII.

Etant donnée une suite de cartes l'as, le deux, le trois, le quatre, &c. de cœur, trouver combien il y a de façons d'amener tel ou tel point en tirant ou une, ou deux, ou trois, ou quatre, &c. cœurs.

SOLUTION.

52. VOICI de quelle maniere je procede par ordre.

Je commence par chercher en la maniere qui suit tous les cas où l'on prend deux cartes.

points à amener.	3	4	5	6	7	8	9	10	11	12	13	14	15	16	17	18	19
	1.2	13	14	15	16	17	18	19	1.10								
			23	24	25	26	27	28	29	2.10							
					34	35	36	37	38	39	3.10						
							45	46	47	48	49	4.10					
									56	57	58	59	5.10				
											67	68	69	6.10			
Formation des points.													78	79	7.10		
															89	8.10	
																	9.10
maniere de les amener	1	1	2	2	3	3	4	4	5	4	4	3	3	2	2	1	1

Ceci une fois trouvé, j'aurai methodiquement toutes les façons d'amener les divers points possibles que trois cartes peuvent donner; car je vois que pour avoir tous les divers coups où il y aura un as, je n'ai qu'à retrancher de la somme trouvée toutes les façons du cas précedent où il y avoit un as; & que pour avoir tous les coups où il y aura un deux & point d'as, il faut retrancher de cette difference tous les coups où il y aura un trois sans as ni deux, & ainsi de suite jusqu'à la fin. Alors ajoutant les termes de ces differences qui répondent aux differens points, on aura le nombre des hazards pour amener chaque point en particulier. Voici l'operation pour le cas où l'on prend trois cœurs. Nous avons supposé ici qu'il y en a seulement dix; mais il est clair que ce seroit la même chose, s'il y en avoit davantage.

	1	1	2	2	3	3	4	4	5	4	4	3	3	2	2	1	1
—	1	1	1	1	1	1	1	1	1								
a	0	0	1	1	2	2	3	3	4	4	4	3	3	2	2	1	1
—			1	1	1	1	1	1	1	1							
b			0	0	1	1	2	2	3	3	4	3	3	2	2	1	1
—					1	1	1	1	1	1	1						
c					0	0	1	1	2	2	3	3	3	2	2	1	1
—							1	1	1	1	1	1					
d							0	0	1	1	2	2	3	2	2	1	1
—									1	1	1	1	1				
e									0	0	1	1	2	2	2	1	1
—											1	1	1	1			
f											0	0	1	1	2	1	1
—													1	1	1		
g													0	0	1	1	1
—															1	1	
h															0	0	1

Ajoutant donc toutes ces differences, j'ai la Table qui suit.

Points à amener. 6 7 8 9 10 11 12 13 14 15 16 17 18 19 20 21 22 23 24 25 29 27

1 1 2 2 3 3 4 4 4 3 3 2 2 1 1 = *a*
1 1 2 2 3 3 4 3 3 2 2 1 1 = *b*
1 1 2 2 3 3 3 2 2 1 1 = *c*
1 1 2 2 3 2 2 1 1 = *d*
1 1 2 2 2 1 1 = *e*
Formation des points. 1 1 2 1 1 = *f*
· · · — *g*
1 = *h*

Façons d'amener ces points. 1 1 2 3 4 5 7 8 9 10 10 10 10 9 8 7 5 4 3 2 1 1 = *A*

Nombre de toutes les diverſes manieres poſſibles d'amener tel ou tel point avec trois cœurs.

Et de même pour quatre cartes, en formant la Table ſuivante des ſuites de *A* — *a*, *A* — *a* — *b*, *A* — *a* — *b* — *c*, *A* — *a* — *b* — *c* — *d*, &c. on trouvera en combien de manieres chacun des points poſſibles peut être amené en tirant quatre cœurs dans les dix ſuppoſés. Voici cette Table.

Points à amener. 10 11 12 13 14 15 16 17 18 19 20 21 22 23 24 25 26 27 28 29 30 31 32 33 34

1 1 2 3 4 5 7 7 8 8 8 7 7 5 4 3 2 1 1
1 1 2 3 4 5 6 6 6 6 5 4 3 2 1 1
1 1 2 3 4 4 5 4 4 3 2 1 1
1 1 2 3 3 3 3 2 1 1
Formation des points. 1 1 2 2 2 1 1
1 1 1 1
1

Façons de les amener 1 1 2 3 5 6 9 10 13 14 16 16 18 16 16 14 13 10 9 6 5 3 2 1 1

On trouvera de la même maniere combien il y a de façons d'amener tel ou tel point, en tirant ou cinq cœurs, ou six cœurs, ou enfin un nombre de cœurs donné.

COROLLAIRE I.

53. CETTE solution jointe à celle de l'*art.* 44 fournit une maniere facile de *trouver toutes les façons d'amener tel ou tel point avec un nombre de cartes donné.* Si l'on demande, par exemple, les differentes façons qu'il y a d'amener tous les divers points possibles avec trente cartes, sçavoir [illegible] l'as jusqu'au dix, autant de cœurs, autant de trefles. Je cherche d'abord par l'*art.* 44 toutes les manieres dont chaque point peut arriver, chacune des trois couleurs fournissant quelque point; & ensuite par le Problême précedent je cherche combien en fourniront deux cartes quelconques d'une même couleur avec une autre carte d'une autre couleur; & enfin par ce même Problême on aura toutes les diverses façons dont peuvent arriver les points que trois cartes d'une même couleur peuvent donner, ainsi qu'il paroît par la Table suivante, qui fait voir conformément aux regles ci-dessus, toutes les manieres dont on peut amener tel ou tel point avec trente cartes, dix carreaux, dix cœurs & dix pics, depuis l'as jusqu'au dix.

nombres à amener.		Façons d'amener ces points.
3 ou 30	1	= 1
4 ou 29	3 + 6 × 1	= 9
5 ou 28	6 + 6 × 2	= 18
6 ou 27	10 + 6 × 4 + 3 × 1	= 37
7 ou 26	15 + 6 × 6 + 3 × 1	= 54
8 ou 25	21 + 6 × 9 + 3 × 2	= 81
9 ou 24	28 + 6 × 12 + 3 × 3	= 109
10 ou 23	36 + 6 × 16 + 3 × 4	= 144
11 ou 22	45 + 6 × 20 + 3 × 5	= 180
12 ou 21	55 + 6 × 25 + 3 × 7	= 226
13 ou 20	66 − 3 × 1 + 6 × 29 + 3 × 8	= 261
14 ou 19	78 − 3 × 3 + 6 × 32 + 3 × 9	= 288
15 ou 18	91 − 3 × 6 + 6 × 34 + 3 × 10	= 307
16 ou 17	150 − 3 × 10 + 6 × 35 + 3 × 10	= 315

Cette methode est un peu longue, mais j'ai de la peine à croire qu'on puisse en trouver une plus courte.

PROPOSITION XVIII.

Trouver la somme d'une suite de nombres figurés quelconque, dont tous les termes soient élevés à un exposant quelconque, soit que ces termes soient pris de suite ou interrompus par des distances égales ; ou ce qui est la même chose, trouver la somme d'une suite des nombres qui ayent leur derniere difference constante.

PAR nombres figurés je n'entens pas ici seulement ceux qui composent le triangle arithmetique, *art.* 1, ou ceux de la Table 3, *art.* 8, dans laquelle la lettre b est toujours la même, mais plus generalement les nombres exprimés par cette Table.

$$
\begin{array}{llllllll}
a & a & a & a & a & a & a \\
b & a+b & 2a+b & 3a+b & 4a+b & 5a+b & 6a+b \\
 & c & a+b+c, & 3a+2b+c, & 6a+3b+c, & 10a+4b+c, & 15a+5b+c \\
 & & d & a+b+c+d, & 4a+3b+2c+d, & 10a+6b+3c+d, & 20a+10b+4c+d \\
 & & & e, \text{ \&c.} & & &
\end{array}
$$

où les generateurs a, b, c, d, e, &c. peuvent avoir des valeurs quelconques.

SOLUTION I.

54. SOIT p le nombre des termes dont on veut avoir la somme, a le premier terme de la suite dont on cherche la somme, b le second, c le troisiéme, d le quatriéme, e le cinquiéme, f le sixiéme, &c.

Soit aussi $\overline{b - a} = C$, $\overline{c - a + 2C} = D$, $\overline{d - a + 3C + 3D} = E$, $\overline{e - a + 4C + 6D + 4E} = F$, $\overline{f - a + 5C + 10D + 10E + 5F} = G$, &c. les coefficiens des nombres a, C, D, E, F, G, étant toujours les mêmes que ceux qui se trouvent par la formation des puissances, ou par les bandes perpendiculaires du triangle arithmetique, *art.* 1 ; soit encore m l'exposant des termes de la suite, n le quantiéme de l'ordre qu'occuperoit la suite dont on cherche la somme dans la Table ci-dessus. On aura la somme cherchée. $= a^p + \frac{p.\overline{p-1}}{1.2} C + \frac{p.\overline{p-1}.\overline{p-2}}{1.2.3} D + \frac{p.\overline{p-1}.\overline{p-2}.\overline{p-3}}{1.2.3.4} E + \frac{p.\overline{p-1}.\overline{p-2}.\overline{p-3}.\overline{p-4}}{1.2.3.4.5} F + \frac{p.\overline{p-1}.\overline{p-2}.\overline{p-3}.\overline{p-4}.\overline{p-5}}{1.2.3.4.5.6} \times G +$ &c. il faut prendre autant de termes de cette formule, que $m \times \overline{n-1} + 1$ exprime d'unités.

Supposé, par exemple, qu'on demande la somme des cent premiers nombres triangulaires ou du troisiéme ordre élevés au quarré, ce qui suppose dans la Table ci-dessus $a = b = c = 1$. On a $m = 2$, $n = 3$, $m \times \overline{n-1} + 1 = 5$. Les cinq premiers termes de la suite sont $1 + 9 + 36 + 100 + 225$: donc $a = 1$, $b = 9$, $c = 36$, $d = 100$, $e = 225$. Ces lettres ne désignent pas ici la même que dans la Table ci-dessus, & expriment dans la valeur des lettres C, D, E, F, &c. le premier, le deuxiéme, le troisiéme, le quatriéme terme de la suite dont on cherche la somme.

Donc $C = b - a = 15$, $D = c - \overline{a + 2C} = 81 - 31 = 50$.
$E = d - \overline{a + 3C + 3D} = 256 - 196 = 60$.
$F = e - \overline{a + 4C + 6D + 4E} = 625 - 601 = 24$.

Ajoutant donc en une somme les cinq premiers termes de la formule, & y substituant pour les lettres C, D, E, F leurs valeurs 15, 50, 60, 24, qui sont la premiere, deuxiéme, troisiéme & derniere difference; substituant encore pour p 100, on trouve 2050333330 pour la valeur cherchée.

Si l'on vouloit avoir une expression algebrique pour ce cas particulier, on trouveroit $\frac{6p^5 + 15p^4 + 10p^3 - p}{30}$, & ce seroit une formule pour avoir la somme d'un nombre quelconque p de nombres triangulaires élevés au quarré.

On trouveroit de même pour la somme des nombres triangulaires élevés au cube, cette formule

$$\frac{15p^7 + 105p^6 + 273p^5 + 315p^4 + 140p^3 - 8p}{1.2.3.4.5.6.7}$$

Et

Et si l'on demande une formule qui donne la somme d'une suite de nombres pyramidaux élevés au quarré, mais pris de deux en deux. 1^2, 10^2, 35^2, 84^2, 165^2, &c. on aura

$$\frac{1280p^7 + 4480p^6 + 3584p^5 - 2240p^4 - 2800p^3 + 280pp + 456p}{1.2.3.5.6.7}$$

Ce Problême a, comme l'on voit, toute l'étendue & toute l'universalité possible, & semble ne rien laisser à désirer sur cette matiere, qui n'a encore été traitée par personne, que je sçache : j'en avois obmis la démonstration dans le Journal des Sçavans du mois de Mars 1711. La voici.

DEMONSTRATION.

SOIENT les quantités $a + b + c + d + e + f + g$, &c. dont on veut avoir la somme. J'en cherche en la maniere qui suit les premieres, deuxiémes, troisiémes, quatriémes, &c. differences, jusqu'à ce que j'en vienne à une difference qui sera constante, si l'on peut avoir la somme de la suite.

a, b, c, d, e, &c.

1. diff.

$b - a$
$c - b$
$d - c$
$e - d$

secondes differences.

$c - b - 1 \times \overline{b - a}$
$d - c - 1 \times \overline{c - b}$
$e - d - 1 \times \overline{d - c}$
&c.

troisiémes differences.

$d - c - 1 \times \overline{c - b} - 1 \times \overline{c - b - 1 \times \overline{b - a}}$
$e - d - 1 \times \overline{d - c} - 1 \times \overline{d - c - 1 \times \overline{c - b}}$
&c.

quatriémes differences.

$e - d - 1 \times \overline{d - c} - 1 \times \overline{d - c - 1 \times \overline{c - b}}$
$\overline{- d - c - 1 \times \overline{c - b} - 1 \times \overline{c - b - 1 \times \overline{b - a}}}$
&c.

Et réduisant ces termes dont l'ordre & la suite est aisée à appercevoir, avec les égards qu'il faut avoir aux produits des + & des −, on trouve que les premiers termes des premieres, secondes, troisiémes, &c. differences sont :

premiere difference, $b - a$
seconde, $c - 2b + a$
troisiéme, $d - 3c + 3b - a$
quatriéme, $e - 4d + 6c - 4b + a$
cinquiéme, $f - 5e + 10d - 10c + 5b - a$
sixiéme, $g - 6f + 15e - 20d + 15c - 6b + a$

L'on voit que les coefficiens suivent par leur formation le même ordre qu'on a ci-devant observé dans la formation des puissances, & que les signes sont & doivent toujours être alternativement + & —.

Maintenant si l'on nomme la premiere difference cherchée C, la deuxiéme D, la troisiéme E, la quatriéme F, la cinquiéme G, &c. on tirera en faisant des égalités.

$$b = a + C$$
$$c = a + 2C + D$$
$$d = a + 3C + 3D + 1E$$
$$e = a + 4C + 6D + 4E + 1F$$
$$f = a + 5C + 10D + 10E + 5F + G$$

D'où il suit que pour avoir la somme de la suite $a + b + c + d + e + f + g$, &c. il faut prendre a autant de fois qu'il y a de quantités dont ont cherche la somme, c'est à dire multiplier a par p. 2°. Qu'il faut multiplier C par la somme d'autant de nombres naturels qu'il y a d'unités dans $p - 1$. 3°. Qu'il faut multiplier D par la somme d'autant de nombres triangulaires, qu'il y a d'unités dans $p - 2$. 4°. Multiplier E par la somme d'autant de nombres pyramidaux qu'il y a d'unités dans $p - 3$, ou ce qui est la même chose, *art.* 4, a par p, C par $\frac{p.p-1}{1.2}$, D par $\frac{p.p-1.p-2}{1.2.3}$, E par $\frac{p.p-1.p-2.p-3}{1.2.3.4}$, &c.

Il ne s'agit plus maintenant que de découvrir combien il faut employer de termes de cette suite pour avoir la somme que l'on cherche, & de faire voir qu'il en faut prendre autant que $m \times \overline{n-1} + 1$ exprime d'unités.

Pour cela il suffit d'observer que dans les formules des nombres figurés d'un ordre quelconque n, la lettre p qui exprime le quantiéme du nombre figuré, monte jusqu'à une dimension exprimée par $n - 1$, & que ces nombres figurés de l'ordre n étant élevés encore à une puissance quelconque m, la lettre p aura $m \times n - 1$ pour l'exposant le plus haut. Or le terme qui a l'exposant le plus haut s'en va par la premiere difference, & ensuite le terme qui a pour exposant $m \times n - 2$ par la deuxiéme difference, & ainsi de suite.

Et parconsequent le nombre des termes de la formule qu'il faut employer, étant le même que celui des differences plus le premier, ce nombre est bien exprimé par $m \times \overline{n - 1} + 1$.

AUTRE SOLUTION.

55. TOUTE suite de nombres telle qu'en la décomposant on puisse enfin parvenir à une difference constante, est une certaine bande horizontale de la Table, *art. 54*, dont le quantiéme est toujours égal au nombre des differences plus un; c'est à dire, par exemple, que si la suite donnée à six differences, cette suite formera la septiéme bande horizontale: cela est évident par la formation des nombres figurés.

Or la valeur des generateurs a, b, c, d, e, f, *&c.* de la Table, *art. 54*, étant donnée, on sçait trouver la somme des nombres quelconque d'une bande horizontale quelconque, puisque cette somme par la generation des nombres figurés est toujours exprimée par le nombre qui est à droite dans le rang horizontal inferieur, & par consequent on à la solution de ces deux Problêmes, *étant donné la proprieté d'une suite, c'est à dire la valeur des generateurs* a, b, c, d, e, &c. *Tab.* art. 54, *trouver la somme de cette suite*, aut vice versa, *étant donné autant de termes plus un, que la suite a de differences; trouver les generateurs ou former le triangle arithmetique auquel cette suite convient.*

Pour résoudre le premier de ces deux Problêmes, soit p le nombre des termes de la suite dont on demande la somme, q le nombre des differences, on aura cette somme dans le $q + 2$ terme d'une bande perpendiculaire, dont le quantiéme soit $p + q + 1$, & l'on trouvera l'expression de ce terme, en prenant la somme des a, celle des b, des c, &c. en la maniere qu'on l'a enseigné, *art. 8*.

EXEMPLES.

56. Soit une suite de termes exprimée par cette formule algebrique $\frac{9p^4+6p^3+pp}{4}$, qui est tirée de celle-ci $\frac{p+2.p+1.p.p-1}{1.2.3.4}a+\frac{p+1.p.p-1}{1.2.3}b+\frac{p.p-1}{1.2}c+\frac{p-1}{1}d+e.$ dans laquelle $a=54$, $b=-18$, $c=5$, $d=e=4$.

Si l'on substitue dans l'une ou l'autre de ces deux formules successivement pour p, 1, 2, 3, 4, 5, 6, &c. on formera cette suite,

$4+49+225+676+1600+3249$, &c.

On demande une formule qui exprime la somme d'un nombre quelconque de termes de cette suite.

Cette formule, par l'*art.* 8, est $\frac{p+3.p+2.p+1.p.p-1}{1.2.3.4.5}a+\frac{p+2.p+1.p.p-1}{1.2.3.4}b+\frac{p+1.p.p-1}{1.2.3}c+\frac{p.p-1}{1.2}d+\frac{p-1}{1}e+f$.

Et en réduisant & substituant pour a, b, c, d, e, *&c.* leurs valeurs, sçavoir pour a 54, pour b, -18, pour c, 5, pour $d=e=f$, 4, on a la formule cherchée $=\frac{27p^5+90p^4+95p^3+30pp-2p}{60}$.

Si l'on demande la somme de 10000 premiers termes de la suite ci-dessus $4+49+225+$ &c. on trouvera tout d'un coup, en substituant dans cette formule pour p, 10000, la somme cherchée $=450150015833833333000$.

Si l'on demandoit la somme d'une suite quelconque des termes $4+53+278+954+2554+5803+$ &c. tirés de cette formule $\frac{27p^5+90p^4+95p^3+30pp-2p}{60}$, par la supposition de p ou $=1$, ou $=2$, ou $=3$, ou $=4$, &c. on trouveroit cette somme en substituant dans cette formule $\frac{p+4.p+3.p+2.p+1.p.p-1}{1.2.3.4.5.6}\times 54+\frac{p+3.p+2.p+1.p.p-1}{1.2.3.4.5}\times -18+\frac{p+2.p+1.p.p-1}{1.2.3.4}\times 5+\frac{p+1.p.p-1}{1.2.3}\times 4+\frac{p.p-1}{1.2}\times 4+\frac{p-1}{1}\times 4+4$ pour p le nombre des termes dont on veut avoir la somme; & generalement l'exposant de la plus haute dimension dans la formule donnée qui exprime tous les termes dont on veut avoir la somme étant q, on aura la somme cherchée dans celle qui suit.

$$\frac{p+q-1.p+q-2.p+q-3.p+q-4.p+q-5\,\&c.}{1.2.3.4.5.\,\&c.}\times a+\frac{p+q-2.p+q-3.p+q-4.p+q-5\,\&c.}{1.2.3.4.\,\&c.}\,b\times$$
$$+\frac{p+q-3.p+q-4.p+q-5\,\&c.}{1.2.3\,\&c.}\,c+\frac{p+q-4.p+q-5\,\&c.}{1.2\,\&c.}\,d+\frac{p+q-5\,\&c.}{1\,\&c.}\,e+\frac{\&c.}{\&c.}\,f.$$

En obſervant que le premier terme de cette formule doit avoir autant de produits qu'il y a d'unités dans $q+1$.

57. A l'égard du deuxiéme Problême, *étant donné autant de premiers termes d'une ſuite que la ſuite a de differences, trouver les generateurs, ou former le triangle arithmetique auquel cette ſuite convient.* J'en ferai entendre la ſolution en me ſervant encore de l'exemple précedent.

Soit la ſuite $4+49+225+676+1600$, &c. dont la proprieté eſt renfermée dans cette expreſſion algebrique $\frac{9p^4+6p^3+pp}{4}$. Je ſuppoſe $a+b+c+d+e=4$, ou (à cauſe de $e=d=4$) $a+b+c+8=49$, $5a+4b$ $3c+12=225$, $15a+10b+6c+16=676$, & de ces trois égalités je tire par les regles ordinaires $c=5$, $b=-18$, $a=54$.

Ces generateurs étant déterminés, on formera en la maniere ordinaire le triangle arithmetique qui ſuit.

54	54	54	54	54	54	54	54	54	54	54
	−18	36	90	144	198	252	306	360	414	468
		5	41	131	275	473	725	1031	1391	1805
			4	45	176	451	924	1649	2680	4071
				4	49	225	676	1600	3249	5939

où l'on voit que le quatriéme rang horizontal contient toutes les premieres differences, à commencer par 45. Le troiſiéme rang horizontal, toutes les deuxiémes differences, à commencer par 131. Le troiſiéme, toutes les troiſiémes differences, à commencer par 144. En enfin, que le premier rang contient la difference conſtante 54. D'où il ſuit qu'une ſuite quelconque étant donnée de termes qui ayent leur quatriéme difference conſtante, la colonne perpendiculaire $q+1$ fournit toutes les differences que l'on cherche dans la ſolution précedente, *art.* 54.

COROLLAIRE I.

58. TOUTE suite arithmetique ou litterale composée de produits qui seront dans une progression arithmetique, peut être sommée par les methodes qui précedent, & souvent d'une maniere abregée, comme il paroîtra par les deux exemples suivans. 1°. Soit à trouver la somme de cette suite 1. 2. 3. 4 + 3. 4. 5. 6 + 5. 6. 7. 8 + 7. 8. 9. 10 + 9. 10. 11. 12 + &c. on la trouvera après avoir divisé chaque terme par 24 en la décomposant en cette maniere.

1
1 + 1 . 14
1 + 4 × 14 + 1 . 13
1 + 10 × 14 + 5 . 13 + 1 . 4
1 + 20 . 14 + 15 . 13 + 4 . 4 + 1 . 3
1 + 35 . 14 + 35 . 13 + 10 . 4 + 5 . 3

Ou plus régulierement en cette sorte.

1
1 + 1 . 14
1 + 2 . 14 + 1 . 41
1 + 3 . 14 + 3 . 41 + 1 . 44
1 + 4 . 14 + 6 . 41 + 4 . 44 + 1 . 16
1 + 5 . 14 + 10 . 41 + 10 . 44 + 5 . 16

Et de même si l'on vouloit avoir la somme de cette suite $p . p - 1 . p - 2 + p - 3 . p - 4 . p - 5 + p - 6 . p - 7 . p - 8 + p - 9 . p - 10 . p - 11 +$ &c. On pourroit la disposer de la maniere suivante.

$$p^3 - 3pp + 2p$$
$$p^3 - 12pp + 47p - 60$$
$$p^3 - 21pp + 146p - 336$$
$$p^3 - 30pp + 299p - 990$$
$$p^3 - 39pp + 506p - 2184$$
&c.

& trouver la ſomme des coefficiens des p^3, des p^2, des p^1, des p^0, en les décompoſant comme dans l'exemple précedent.

COROLLAIRE II.

59. On ſçait depuis long-temps que les nombres naturels 1, 2, 3, 4, &c. élevés à un expoſant qui ſoit l'unité, ont pour difference conſtante l'unité; que ces nombres élevés au quarré ont pour difference conſtante 1×2. Que ces nombres élevés au cube ont pour difference conſtante $1.2.3 = 6$. M. de Lagny a obſervé plus generalement dans les Memoires de l'Académie de l'année 1705, que les nombres en progreſſion arithmetique quelconque a, $a+b$, $a+2b$, $a+3b$, &c. élevés à la puiſſance p, ont pour difference conſtante $1.2.3.4\ldots p \times b$. J'ai cherché une regle abregée pour trouver cette derniere difference indépendamment des autres, pour le cas de toutes les diverſes ſuites de la Table 3, *art.* 8, en ſuppoſant chaque terme de la ſuite élevé à un expoſant quelconque. La voici.

Soit d le nombre des differences, q le quantiéme de l'ordre figuré moins 1, p l'expoſant des termes de la ſuite donnée. La difference conſtante ſera $\frac{\overline{1.2.3.4.5.6\ldots d \times a}^p}{\overline{1.2.3\ldots\ldots q}^p}$

Par exemple, ſi l'on demande la difference conſtante des termes du quatriéme ordre élevés au cube. Cette difference ſera $\frac{1.2.3.4.5.6.7.8.9\,a^3}{\overline{1.2.3}^3} = 1680$, lorſque $a = 1$.

REMARQUE.

60. LE Problême general que nous avons ici reſolu, peut avoir des uſages pour la quadrature des courbes, & pour la réſolution des égalités. Comme ce n'eſt point ici la place de s'étendre à ces matieres, il ſuffit d'en avertir.

PROBLÊMES SUR LES JEUX DE HAZARD.

SECONDE PARTIE.

DEFINITION I.

DANS les Jeux, les Gageures & les Loteries, l'argent que risque un Joueur est censé ne lui plus appartenir, car il en a quitté la proprieté; mais en revanche il acquiert un certain droit sur le fond du Jeu, c'est à dire, sur l'argent de la gageure.

Lorsque les conditions du jeu sont également avantageuses aux Joueurs, comme dans le Passe-dix, & un petit nombre d'autres Jeux, ce droit ou l'esperance qu'il fournit est équivalent à la mise de chacun des Joueurs. Mais dans les Jeux, dont les conditions sont inégalement avantageuſes aux Joueurs, tels que ſont le plus grand nombre, ce droit ne répond plus exactement à la miſe des Joueurs; & en ce cas, s'ils veulent ſe retirer & quitter la partie, pour rentrer en la proprieté de quelque choſe, en renonçant à ce que le hazard leur auroit donné, ils ne doivent plus partager également l'argent du jeu, mais ils en doivent prendre une partie plus ou moins grande, ſelon qu'il y a plus ou moins de probabilité que les uns ou les autres gagneront la ſomme entiere dont on eſt convenu.

Cela poſé, ſi l'on nomme a l'argent du jeu, je dirai que le *ſort* de chaque Joueur eſt le juſte degré d'eſperance qu'il a d'obtenir a; & j'appellerai, *parti*, la convention ou le reglement que des Joueurs doivent faire entr'eux, lorſqu'ils veulent ſe retirer ſans courir le riſque de l'évenement du jeu; en ſorte qu'il leur ſoit entierement égal, ou de continuer la partie, ou de la rompre.

Ainſi, en ſuppoſant que deux Joueurs ſoient convenus de hazarder chacun une demie piſtole à croix ou pile, ſi l'on nomme la piſtole a, je dirai que le ſort de chacun des Joueurs eſt $\frac{1}{2}a$; & que ſi changeant d'avis ils veulent quitter le jeu, le parti qu'ils ſe doivent faire l'un à l'autre, c'eſt de retirer chacun leur demie piſtole.

DEFINITION II.

Si deux Joueurs veulent jouer ſans avantage ni deſavantage à un jeu dont les conditions ſoient inégales, il faut que celui à qui elles ſont favorables, mette au Jeu plus que l'autre; & pour parler avec préciſion, il faut que ſa miſe ſoit à celle de l'autre Joueur dans la même raiſon que les divers degrés d'eſperance qu'ils ont de gagner. S'ils jouent but à but, il eſt clair que l'avantage eſt pour l'un de ces Joueurs, & qu'il faut entendre par ce mot, *avantage*, l'excès de ce qu'il attend du hazard ſur ce qu'il met au Jeu. Par exemple, ſi l'on ſuppoſe que Paul pariant but à but un écu contre Pierre, d'amener un doublet du premier coup avec deux dés, on ait trouvé pour le ſort de Pierre $A+\frac{2}{3}A$, A déſignant un écu, cette fraction $\frac{2}{3}A$

qui est l'excès de l'esperance ou du sort de Pierre sur sa mise qui est *A*, exprimera son avantage, ou ce que Paul devroit donner à Pierre, si après avoir fait cette convention avec lui, il vouloit rompre la gageure ; puisqu'en vertu de la condition de cette gageure, Pierre n'a pas moins de droit sur les deux tiers de l'écu de Paul, qu'il en a sur l'écu qu'il a mis au jeu.

Car il faut remarquer que quoiqu'il soit très incertain si Paul gagnera ou ne gagnera pas, & qu'il n'y ait point de contradiction qu'il gagne mille fois de suite, il est neanmoins très certain que pour acheter le droit de Pierre, il faudroit lui donner quarante sols ; & que si Paul s'obligeoit de jouer trois coups aux conditions précedentes, Pierre pourroit aussi-bien compter sur deux écus de profit comme sur deux écus que Paul lui auroit donné en pur don, à condition qu'il voulût jouer trois fois de suite un écu contre lui à croix ou pile.

Quoique ces termes *avantage* & *desavantage* semblent être clairs, parcequ'ils sont communs & familiers, j'ai cru qu'il étoit à propos, pour ôter toute équivoque, d'expliquer de quelle maniere je les entends ; il m'a paru que presque tout le monde y attachoit de fausses idées.

PROPOSITION I.

LEMME.

Le nombre des hazards qui peuvent faire gagner Pierre, & lui donner A, *étant* m ; *& le nombre des hazards qui peuvent le faire perdre ou lui donner zero, étant* n, *je dis que s'il n'y a que ces deux sortes de hazards, & qu'on entende par* A *l'argent du jeu, on aura le sort de Pierre* $= \frac{mA + n \times 0}{m + n}$.

61. POUR le prouver, soit x le sort de Pierre, y celui de l'autre Joueur qu'on nommera Paul, on aura $x + y = A$. On aura aussi $x . y :: m . n$, car le sort de chacun de ces Joueurs est comme leur esperance, & cette esperance est proportionnée aux facilités ou aux moyens qu'ils ont de

gagner, c'eſt à dire au nombre de coups qui leur donneront A. De ces deux équations $y = \frac{nx}{m}$ & $x + y = A$, on tirera $x = \frac{Am}{m+n}$ C. Q. f. D.

Ainſi ſuppoſant, par exemple, que Pierre parie contre Paul d'amener un 6 du premier coup avec un dé, ſon ſort ſera $\frac{1 \times A + 5 \times 0}{1+5} = \frac{1}{6}A$, & le ſort de Paul ſera $\frac{5}{6}A$: D'où il ſuit que pour parier également, Pierre devroit mettre un écu au jeu, contre Paul cinq écus, puiſque dans une gageure égale les miſes de deux Joueurs doivent avoir le même rapport que les divers degrés de probabilité ou d'eſperance que chacun des Joueurs a de gagner.

J'aurois pu énoncer ce Lemme plus generalement, la démonſtration eût été la même; mais j'ai apprehendé de rendre obſcure une choſe qui me paroît de la derniere évidence, ſçavoir que le ſort de Pierre eſt le rapport de tous les coups qui lui ſont favorables au nombre de tous les coups poſſibles; ou, ſi l'on veut, que ſon ſort eſt le rapport du degré d'eſperance ou de facilité qu'il a de gagner, au riſque qu'il court de perdre.

REMARQUE.

62. DANS toutes ſortes de Jeux generalement pour avoir le ſort d'un Joueur, il faut diviſer tout ce que chacun des differens hazards lui peut donner de gain ou de perte par la ſomme de tous les hazards poſſibles, l'expoſant de cette diviſion exprimera ſon ſort. Cette regle eſt évidente, mais l'application en eſt ſouvent très difficile, & toujours d'autant plus que les conditions du jeu rendent les hazards favorables & contraires, ou plus compoſés, ou plus difficiles à découvrir.

Comme ces conditions peuvent varier en une infinité de façons, on ne doit pas s'attendre à trouver ici une methode generale qui puiſſe ſervir à réſoudre tous les divers Problêmes qu'on peut imaginer; mais nous pouvons aſſurer que la plus grande partie des Problêmes, même des plus difficiles, pourra être réſolue par les Theorêmes que l'on a donné dans le précedent Traité, & qu'il y en a très peu qui ne puisse se transformer en quelque Problême de Combinaisons sur les cartes ou les dés dépendant de ceux que l'on a résolus, ce qui est fort à remarquer. Les Problêmes qui ne peuvent se résoudre par les méthodes des Combinaisons, peuvent l'être ordinairemenr par l'Analyse. On employera dans la suite l'une ou l'autre de ces methodes, & quelquefois toutes deux ensemble.

PROBLÊME SUR LE PHARAON.

Déterminer generalement l'avantage du Banquier par rapport aux Pontes.

63. Les principales regles de ce Jeu sont, 1°, que le Banquier taille avec un Jeu entier composé de cinquante-deux cartes. 2°. Que le Banquier tire toutes les cartes de suite, mettant les unes à sa droite, & les autres à sa gauche, en commençant par la droite. 3°. Qu'à chaque main, ou à chaque taille, c'est à dire de deux en deux cartes, le Ponte a la liberté de prendre une ou plusieurs cartes, & de hazarder dessus une certaine somme. 4°. Que le Banquier gagne la mise du Ponte, lorsque la carte du Ponte arrive à la main droite dans un rang impair, & qu'il perd, lorsque la carte du Ponte tombe à la main gauche & dans un rang pair. 5°. Que le Banquier prend la moitié de ce que le Ponte a mis sur sa carte, lorsque dans une même taille la carte du Ponte vient deux fois, ce qui fait une partie de l'avantage du Banquier. Et enfin, que la derniere carte qui devroit être pour le Ponte, n'est ni pour lui ni pour le Banquier, ce qui est encore un avantage pour le Banquier.

Il est évident que les conditions de ce Jeu sont avantageuses au Banquier. La difficulté est de déterminer cet avantage, car il change, & selon le nombre des cartes que tient le Banquier, & aussi selon que la carte du Ponte ou n'a point passé, ou a passé une ou plusieurs fois.

1°. La carte du Ponte n'étant qu'une fois dans le talon, la difference du sort du Banquier & du Ponte est fondée sur ce que entre tous les divers arrangemens possibles des cartes du Banquier, il y en a un plus grand nombre qui le font gagner, qu'il n'y en a qui le font perdre, la derniere carte étant considerée comme nulle; & dans ce cas il est aisé de s'appercevoir que l'avantage du Banquier augmente à mesure que le nombre des cartes du Banquier diminue.

2°. La carte du Ponte étant deux fois dans le talon, l'avantage du Banquier se tire de la probabilité qu'il y a, que la carte du Ponte viendra deux fois dans une même taille: car alors le Banquier gagne la moitié de la mise du Ponte, excepté le seul cas où la carte du Ponte viendroit en doublet dans la derniere taille, ce qui donneroit au Banquier la mise entiere du Ponte.

3°. La carte du Ponte étant ou trois ou quatre fois dans la main du Banquier, l'avantage du Banquier est fondée sur la possibilité qu'il y a, que la carte du Ponte se trouve deux fois dans une même taille, avant qu'elle soit venue en pur gain ou en pure perte pour le Banquier. Or cette possibilité augmente ou diminue, & selon qu'il y a plus ou moins de cartes dans la main du Banquier, & selon que la carte du Ponte s'y trouve plus ou moins de fois. De tout cela il suit que pour connoître l'avantage du Banquier par rapport aux Pontes dans toutes les differentes circonstances de ce Jeu, il faut découvrir dans tous les differens arrangemens possibles des cartes que tient le Banquier, & dans la supposition que la carte du Ponte s'y trouve, ou une, ou deux, ou trois, ou quatre fois, quels sont ceux qui le font entierement gagner, quels sont ceux qui lui donnent la moitié de la mise du Ponte, quels sont ceux qui le font perdre, & enfin quels sont les arrangemens qui ne font ni perdre ni gagner.

Pour resoudre ce Problême, il est à propos de commencer par les cas les plus simples, & ensuite passant à des cas plus composés, il faut chercher quelque loi uniforme, &

quelque analogie qui puisse servir à démêler dans tous les cas possibles, les arrangemens qui sont avantageux au Banquier, ceux qui lui sont indifferens, & enfin ceux qui lui sont défavorables.

Cette voye n'est pas toujours la plus courte ; mais comme on l'employe souvent avec succès, & qu'elle se présente la premiere à l'esprit, je la suivrai ici en détail pour la rendre familiere au Lecteur : il pourra cependant la passer si elle n'est pas de son goût. Je donnerai ensuite une autre methode plus recherchée, plus analytique, & d'un usage infiniment plus étendu.

PREMIERE METHODE.

PREMIER CAS.

On suppose qu'il reste quatre cartes entre les mains du Banquier, & que celle du Ponte y est un certain nombre de fois. Il s'agit de déterminer quel est le sort du Banquier & celui du Ponte : Par exemple, s'il y a un écu sur la carte du Ponte, on demande quelle partie de l'écu le Ponte devroit donner au Banquier pour acheter le droit de se retirer, & de ne point courir le risque du jeu ; ou, ce qui revient au même, quel est dans ce cas le desavantage du Ponte, en jouant but à but contre le Banquier.

64. SI l'on veut exprimer les quatre cartes du Banquier par les lettres *a*, *b*, *c*, *d*, on aura tous les arrangemens differens de quatre cartes représentés dans la Table suivante.

abcd	*bacd*	*cabd*	*dabc*
abdc	*badc*	*cadb*	*dacb*
acbd	*bcad*	*cbad*	*dbac*
acdb	*bcda*	*cbda*	*dbca*
adbc	*bdac*	*cdab*	*dcab*
adcb	*bdca*	*cdba*	*dcba*

1°. Si l'on suppose que la carte du Ponte désignée par

la lettre a, soit une fois dans les quatre cartes du Banquier; & que le Ponte ait mis sur sa carte une somme d'argent exprimée par A, on remarquera en considerant la Table précedente, qu'il y a douze arrangemens qui donnent $2A$ au Banquier, six qui le font perdre ou lui donnent o, & six qui lui sont indifferens.

Ceux qui le font gagner sont :

abcd	bcad
abdc	bdac
acbd	cbad
acdb	cdab
adbc	dbac
adcb	dcab

Ceux qui le font perdre sont :

bacd	cabd	dabc
badc	cadb	dacb

Ainsi exprimant le sort cherché par la lettre s, on aura $s = \frac{12 \times 2A + 6 \times 0 + 6 \times A}{24} = \frac{5}{4}A = A + \frac{1}{4}A$.

2°. Si l'on suppose que la carte du Ponte se trouve deux fois entre les quatre cartes du Banquier, & que les deux lettres a & b expriment celle du Ponte, on trouvera que des vingt-quatre arrangemens de la Table, il y en a douze qui donnent $2A$ au Banquier :

acbd	bcad	cdba
acdb	bcda	cdab
adbc	bdac	dcba
adcb	bdca	dcab

Quatre qui lui donnent $\frac{1}{2}A$, c'est à dire, son écu & la moitié de celui du Ponte :

abcd	bacd
abdc	badc

Huit

Huit qui le font perdre :

cabd	*dabc*
cadb	*dacb*
cbad	*dbac*
cbda	*dbca*

Ainsi l'on aura $s = \frac{12 \times 2A + 4 \times \frac{3}{2}A + 8 \times 0}{24} = \frac{5}{4}A = A + \frac{1}{4}A.$

3°. Si l'on suppose que la carte du Ponte se trouve trois fois entre les quatre cartes du Banquier, & que les trois lettres a, b, c, expriment celle du Ponte, on trouvera encore le sort du Banquier $= A + \frac{1}{4}A$; car il y a douze arrangemens qui lui donnent $\frac{3}{2}A$.

abcd	*bacd*	*cabd*
abdc	*badc*	*cadb*
acbd	*bcad*	*cbad*
acdb	*bcda*	*cbda*

Six qui lui donnent $2A$:

adbc	*bdac*	*cdab*
adcb	*bdca*	*cdba*

Six qui le font perdre :

dabc	*dbac*	*dcba*
dacb	*dbca*	*dcab*

On aura donc $s = \frac{12 \times \frac{3}{2}A + 6 \times 2A + 6 \times 0}{24} = A + \frac{1}{4}A.$

4°. Enfin il est évident que si la carte du Ponte se trouvoit quatre fois dans les quatre cartes du Banquier, le sort du Banquier seroit $= A + \frac{1}{2}A.$

COROLLAIRE I.

65. Il paroît par la ſolution de ce premier cas, que ſi la miſe du Ponte eſt un écu, il doit donner quinze ſols qui en eſt le quart au Banquier, pour acheter le droit de ſe retirer, ſoit que ſa carte ſoit une fois, ou deux fois, ou trois fois dans les quatre cartes du Banquier.

COROLLAIRE II.

66. Ce ſeroit un travail infini de chercher les autres cas de la maniere qu'on a réſolu celui-ci en cherchant dans des Tables les arrangemens favorables & contraires; car ce nombre devient immenſe dans un plus grand nombre de cartes; auſſi n'ai-je mis la ſolution précedente, que pour me faire plus facilement entendre dans la ſuite.

Pour réſoudre le cas précedent d'une maniere methodique, & pour en découvrir les hazards par la vûë de l'eſprit, il faut remarquer,

Que ſi la carte du Ponte étoit une fois dans deux cartes, le ſort du Banquier ſeroit $\frac{3}{2}A$: Car des deux arrangemens poſſibles de deux lettres, il y en a un qui donne $2A$, & un qui lui donne A; & que la carte du Ponte y étant plus d'une fois, le ſort du Banquier ſeroit $2A$, ce qui eſt évident.

Il faut obſerver enſuite que la carte du Ponte étant une fois dans quatre cartes, ſi l'on place les vingt-quatre arrangemens poſſibles de quatre lettres ſur quatre colonnes, dont la premiere commence toute par a, la ſeconde par b, la troiſiéme par c, la quatriéme par d, la premiere colonne donnera $2A$ au Banquier dans tous ſes arrangemens.

Et que partageant chacune des trois autres colonnes en trois colonnes de deux arrangemens, l'une de ces trois dernieres, ſçavoir celle où a occupe la ſeconde place, donnera deux fois zero au Banquier, & chacune des deux autres dernieres donnera au Banquier le même ſort qu'il auroit dans le cas que le Banquier tenant deux cartes, celle du Ponte s'y trouvât une fois, c'est à dire $\frac{3}{2}A$, ce qui donne le sort du Banquier, comme ci-devant $= \frac{1 \times 6 \times 2A + 3 \times 2 \times 2 \times \frac{3}{2}A}{24}$ $= \frac{30}{24}A = A + \frac{1}{4}A$.

On observera de même que la carte du Ponte exprimée par les lettres a & b étant deux fois dans quatre cartes, si l'on conçoit les vingt-quatre arrangemens differens que les quatre cartes peuvent recevoir, posés sur quatre colonnes, comme ci-devant, les deux colonnes qui commencent par les lettres a & b, contiendront chacune quatre arrangemens qui donneront $2A$ au Banquier, & deux arrangemens qui lui donneront $\frac{3}{2}A$: Car dans l'une il y a deux arrangemens où a est suivie de b, & dans l'autre il y a deux arrangemens où b est suivie de a; & partageant chacune des deux autres colonnes de six arrangemens en trois autres de deux arrangemens, il y en aura deux de ces trois qui donneront deux fois zero au Banquier, a & b y occupant la seconde place, & la troisiéme donnera au Banquier le même sort qu'il auroit, si la carte du Ponte se trouvoit deux fois dans deux cartes; & par consequent on auroit encore, selon cette idée, le sort du Banquier, $= \frac{2 \times \overline{4 \times 2A + 2 \times \frac{3}{2}A} + 2 \times 2 \times 2A}{24} = A + \frac{1}{4}A$.

On remarquera encore que la carte du Ponte exprimée par les lettres a, b, c, étant trois fois dans quatre cartes, les trois colonnes qui commencent par les lettres a, b, c, contiendront chacune deux arrangemens qui donneront $2A$ au Banquier, & quatre arrangemens qui lui donneront $\frac{3}{2}A$, deux quelconques des trois lettres a, b, c, étant de suite, & que partageant la derniere colonne qui commence par d en trois colonnes de deux arrangemens, chacune des trois donnera deux fois zero au Banquier, en sorte que son sort sera encore $\frac{3 \times \overline{2 \times 2A + 4 \times \frac{3}{2}A} + 1 \times 0}{24}$ $= A + \frac{1}{4}A$.

Enfin il est évident que la carte du Ponte exprimée par les lettres a, b, c, d, étant quatre fois dans les quatre cartes, les quatre colonnes qui commencent par les lettres a, b, c, d, contiendront chacune six arrangemens, qui donneront au Banquier $\frac{1}{2}A$, puisque tous ces differens arrangemens produiront necessairement un doublet; doù il suit que le sort du Banquier sera $A + \frac{1}{2}A$.

Tout cela est fondé sur l'ordre des arrangemens, & s'éclaircira par l'application que j'en ferai aux cas suivans.

COROLLAIRE III.

67. QUELQUE nombre de cartes que tienne le Banquier, si celle du Ponte ne s'y trouve qu'une fois, l'avantage du Banquier sera exprimé par une fraction qui aura l'unité pour numerateur, & pour dénominateur le nombre des cartes que tient le Banquier: car six cartes, par exemple, pouvant être rangées en 720 façons differentes, il est clair que si l'on conçoit tous ces arrangemens differens posés sur six colonnes de cent-vingt arrangemens chacune, en sorte que dans la premiere la lettre a soit par-tout à la premiere place, que dans la seconde elle soit par-tout à la deuxiéme place, que dans la troisiéme elle soit par-tout à la troisiéme place, & ainsi de suite, la premiere, la troisiéme & la cinquiéme colonnes donneront $2A$ au Banquier dans tous leurs arrangemens; la seconde & la quatriéme lui donneront zero, & la sixiéme lui donnera A. On auroit donc $s = \frac{3 \times 120 \times 2A + 2 \times 120 \times 0 + 1 \times 120 \times A}{720}$ $= \frac{840}{720}A = A + \frac{1}{6}A$.

Et generalement, si l'on nomme p le nombre des cartes du Banquier; m le nombre de tous les arrangemens possibles de ces cartes, on aura toujours le sort du Banquier exprimé par cette formule $s = \frac{\frac{1}{2}p \times \frac{m}{p} \times 2A + \frac{m}{p} \times A}{m}$ $= A + \frac{A}{p}$.

SECOND CAS.

L'on suppose que le Banquier tient six cartes, & que celle du Ponte y est un certain nombre de fois. On demande quel est le sort du Banquier dans toutes les variations de ce second cas.

68. SOIT supposé que la carte du Ponte se trouve deux fois dans les six cartes.

Si ces six cartes sont représentées par les six lettres *a*, *b*, *c*, *d*, *f*, *g*, en sorte que deux quelconques, par exemple, *a* & *g* expriment celle du Ponte.

On remarquera, 1°, qu'on peut mettre les sept cens vingt arrangemens differens que six cartes peuvent recevoir sur six colonnes, dont chacune sera composée de six vingt rangs perpendiculaires; en sorte que la premiere colonne commence toute par la lettre *a*, la seconde par la lettre *b*, la troisiéme par la lettre *c*, & ainsi de suite.

2°. Que les deux colonnes qui commencent par *a* & par *g*, ont chacune quatre-vingt-seize rangs perpendiculaires, qui donnent au Banquier $2A$, & vingt-quatre qui lui donnent $\frac{3}{2}A$: car chaque rang de ces deux colonnes donne $2A$ au Banquier, à l'exception de ceux où *a* est suivie de *g* dans la premiere, & où *g* est suivie de *a* dans la derniere. Or cinq lettres pouvant recevoir 120 differens arrangemens, & chacune se trouvant necessairement un égal nombre de fois aprés *a* dans la premiere colonne, & aprés *g* dans la derniere, il est évident qu'il faut diviser 120 par 5, pour avoir tous les doublets dans chacune des deux colonnes qui commencent ou par *a*, ou par *g*. Cette remarque est importante pour la solution de ce Problême, & il faut s'en souvenir dans la suite.

La plus grande difficulté, c'est de découvrir ce que donnent au Banquier les quatre autres colonnes. Pour le démêler, il faut remarquer d'abord que chacune de ces quatre colonnes donne un sort égal au Banquier (ce qui est évident,) & qu'ainsi il suffit d'en examiner une. Soit la colonne qui commence par *b*, celle que l'on veut examiner ; & pour plus de facilité, je la partage en cinq colonnes de vingt-quatre arrangemens chacune.

1	2	3	4	5
bacdfg	*bcadfg*	*bdacfg*	*bfacdg*	*bgacdf*
bacdgf	*bcadgf*	*bdacgf*	*bfacgd*	*bgacfd*
bacfdg	*bcafdg*	*bdafcg*	*bfadcg*	*bgadcf*
bacfgd	*bcafgd*	*bdafgc*	*bfadgc*	*bgadfc*
bacgdf	*bcagfd*	*bdagcf*	*bfagcd*	*bgafcd*
bacgfd	*bcagdf*	*bdagfc*	*bfagdc*	*bgafdc*
badcfg	*bcdafg*	*bdcafg*	*bfcadg*	*bgcadf*
badcgf	*bcdagf*	*bdcagf*	*bfcagd*	*bgcafd*
badfcg	*bcdfag*	*bdcfag*	*bfcdag*	*bgcdaf*
badfgc	*bcdfga*	*bdcfga*	*bfcdga*	*bgcdfa*
badgfc	*bcdgaf*	*bdcgaf*	*bfcgad*	*bgcfad*
badgcf	*bcdgfa*	*bdcgfa*	*bfcgda*	*bgcfda*
bafcdg	*bcfadg*	*bdfacg*	*bfdacg*	*bgdacf*
bafcgd	*bcfagd*	*bdfagc*	*bfdagc*	*bgdafc*
bafdcg	*bcfdag*	*bdfcag*	*bfdcag*	*bgdcaf*
bafdgc	*bcfdga*	*bdfcga*	*bfdcga*	*bgdcfa*
bafgdc	*bcfgad*	*bdfgac*	*bfdgac*	*bgdfac*
bafgcd	*bcfgda*	*bdfgca*	*bfdgca*	*bgdfca*
bagcdf	*bcgadf*	*bdgacf*	*bfgacd*	*bgfacd*
bagcfd	*bcgafd*	*bdgafc*	*bfgadc*	*bgfadc*
bagdcf	*bcgdaf*	*bdgcaf*	*bfgcad*	*bgfcad*
bagdfc	*bcgdfa*	*bdgcfa*	*bfgcda*	*bgfcda*
bagfcd	*bcgfad*	*bdgfac*	*bfgdac*	*bgfdac*
bagfdc	*bcgfda*	*bdgfca*	*bfgdca*	*bgfdca*

Il est aisé de voir, en consultant cette Table, que la premiere & la cinquiéme colonnes donnent zero au Banquier, puisque dans la premiere la lettre *a*, & dans la cinquiéme la lettre g y tiennent la seconde place, & que chacune des trois autres colonnes contient douze arrangemens qui donnent 2*A* au Banquier, huit qui lui donnent zero, & quatre qui lui donnent $\frac{3}{2}A$, c'est à dire, que chacune de ces trois colonnes donne les mêmes hazards qu'on a trouvés pour le Banquier dans le cas précedent, lorsqu'on a supposé qu'il tenoit quatre cartes, parmi lesquelles celle du Ponte se trouvoit deux fois, dont la raison est que les deux premieres lettres de la seconde, troisiéme & quatriéme colonne de la Table ci-dessus n'étant point celle du Ponte, il reste quatre lettres, parmi lesquelles celle qui qui exprime la carte du Ponte se trouve deux fois : ce qui se réduit manifestement à l'article second du cas précedent, où la carte du Ponte se trouve deux fois dans quatre cartes.

Ainsi la colonne qui commence par la lettre b donnera au Banquier $2 \times 24 \times 0 + \overline{3 \times 8 \times 0 + 12 \times 2A + 4 \times \frac{3}{2}A} = 90A$. Or les colonnes de 120 arrangemens qui commencent par c, par d, & par f, donnent la même valeur, & par conséquent pour avoir tous les coups favorables que donnent les quatre colonnes qui ne commencent ni par a, ni par g, il faut multiplier $90A$ par 4, ce qui fait $360A$; à quoi ajoutant $\overline{2 \times 96 \times 2A + 24 \times \frac{3}{2}A} = 456A$ pour les coups favorables que donnent les colonnes qui commencent par a & par g, on aura $\frac{360A + 456A}{720} = \frac{816}{720}A = A + \frac{2}{15}A$ pour le sort du Banquer dans le cas proposé.

COROLLAIRE.

69. QUELQUE nombre de cartes que tienne le Banquier, si celle du Ponte s'y rencontre deux fois, pour trouver le sort du Banquier, il faut concevoir tous les arrangemens possibles des cartes qu'il tient posés sur autant de colonnes qu'il a de cartes ; & remarquer ensuite que les deux colonnes qui commencent par les lettres qui expriment la carte du Ponte, donnent chacune $2A$ au Banquier, à l'exception des rangs, où une des lettres qui exprime la carte du Ponte est suivie de l'autre, lesquels arrangemens donnent $\frac{3}{2}A$.

Pour trouver combien il y a de ces rangs dans chacune des deux colonnes, il faut diviser tous les arrangemens qui les composent par le nombre des cartes moins un ; l'exposant de cette division exprimera le nombre des arrangemens qui donnent $\frac{1}{2}A$ dans chacune de ces deux colonnes. Pour déterminer ce que donnent les autres colonnes, on les concevra chacune partagées en autant de colonnes moins une qu'il y a de cartes ; & observant un arrangement pareil à celui des deux Tables précedentes, on trouvera qu'il y a toujours deux de ces dernieres colonnes qui donnent zero au Banquier, les deux lettres qui expriment la carte du Ponte y occupant la seconde place ; & que chacune des autres égales à celle-ci donnera au Banquier le même sort qu'il avoit dans le cas précedent, c'est à dire dans le cas où le nombre des cartes du Banquier étant moindre de deux, celle du Ponte y étoit deux fois.

C'est dans les Remarques de ce Corollaire que consiste la solution du Problême pour le cas où la carte du Ponte se trouve deux fois parmi les cartes du Banquier. J'aurois eu de la peine à bien faire entendre cette methode, sans en faire l'application à des cas particuliers, & sans me servir de la Table qui se trouve, *art. 68*.

GENERALEMENT.

70. QUELQUE nombre de cartes que tienne le Banquier, & quelque nombre de fois que la carte du Ponte soit parmi celles du Banquier, on trouvera toujours son sort en cette sorte: 1°. On cherchera par la méthode de l'*art. 64*, le nombre de tous les differens arrangemens possibles des cartes du Banquier. 2°. On se représentera ces cartes par les lettres *a*, *b*, *c*, *d*, *f*, &c. & on supposera que certaines à volonté désignent celle du Ponte. 3°. On concevra tous ces arrangemens differens distribués sur autant de colonnes qu'il y aura de cartes ; en sorte que la premiere commence toute par la lettre *a*, la seconde par la lettre *b*, la troisiéme par la lettre *c*, &c. 4°. On remarquera que les colonnes qui commencent par les lettres qui désignent la carte du Ponte, donnent $2A$ au Banquier dans tous leurs arrangemens, à l'exception de ceux où deux quelconques d'entre les lettres qui expriment la carte du Ponte, se trouvent de suite à la premiere & à la seconde place ; ceux-ci donneront $\frac{3}{2}A$.

Pour

Pour trouver le nombre de ces arrangemens dans chacune de ces colonnes, on divisera le nombre des arrangemens dont est composée chaque colonne par le nombre des cartes du Banquier moins un, & on multipliera l'exposant par le nombre de fois moins un que la carte du Ponte se trouve dans celles du Banquier; ce produit donnera tous les arrangemens de ces colonnes, qui donnent $\frac{3}{2}A$.

A l'égard des autres colonnes qui commencent par des lettres differentes de celles qui expriment la carte du Ponte, il faut, pour y découvrir les arrangemens favorables, les concevoir chacune partagée & subdivisée en autant de colonnes moins une, qu'il y a de cartes, & avoir égard à l'ordre marqué dans les Tables des pages 80 & 86; observer que de ces dernieres colonnes il y en a toujours autant qui donnent zero au Banquier, que la carte du Ponte se trouve de fois dans celles du Banquier; & que chacune des autres petites colonnes donne au Banquier le même sort qu'on a trouvé dans le cas qui a précedé; c'est à dire dans le cas où le nombre des cartes du Banquier étant moindre de deux, la carte du Ponte s'y trouve un égal nombre de fois.

Ainsi l'on trouvera entre tous les differens arrangemens possibles des cartes que tient le Banquier, quels sont ceux qui lui donnent ou A, ou $2A$, ou $\frac{3}{2}A$, ou zero; par consequent on aura par cette methode le sort du Banquier dans tous les cas possibles; ce qu'il falloit trouver.

En suivant l'esprit de cette methode, si l'on nomme p le nombre des cartes que tient le Banquier, q le nombre de fois que la carte du Ponte est dans celles du Banquier, g le sort du Banquier dans un nombre de cartes exprimé par $p-2$, S le sort cherché: on aura le sort du Banquier exprimé par cette formule.

$$S = \frac{\overline{pq-qq} \times 2A + \overline{qq-q} \times \frac{3}{2}A + g \times \overline{p-q} \times \overline{p-q-1}}{p \times \overline{p-1}}$$

On peut trouver par cette formule le sort du Banquier, quelque nombre de cartes qu'il ait entre les mains, &

quelque nombre de fois que la carte du Ponte y soit comprise. Mais cette formule a cet inconvenient fort grand de ne donner l'avantage du Banquier pour un certain nombre de cartes désigné par p, que lorsqu'on sçait déja son avantage pour un nombre de cartes qui soit $p - 2$. Ainsi cette formule ne peut être utile que pour trouver tous les differens cas les uns après les autres, en commençant par les plus simples. En voici une autre, qui donne sans beaucoup de calcul tous les differens cas en general, & chaque cas en particulier indépendamment les uns des autres.

SECONDE METHODE.

71. SOIT B l'avantage du Banquier à la premiere taille, lorsque le Ponte vient de mettre une carte au jeu, y son avantage à la seconde, z son avantage à la troisiéme, u son avantage à la quatriéme, &c. p & q signifiant les mêmes choses que dans la methode précedente, on trouve $B = \frac{q \cdot q-1}{p \cdot p-1} \times \frac{1}{2}A + \frac{p-q \cdot p-q-1}{p \cdot p-1} y$, $y = \frac{q \cdot q-1}{p-2 \cdot p-3} \times \frac{1}{2}A + \frac{p-q-2 \cdot p-q-3}{p-2 \cdot p-3} z$, $z = \frac{q \cdot q-1}{p-4 \cdot p-5} \times \frac{1}{2}A + \frac{p-q-4 \cdot p-q-5}{p-4 \cdot p-5} u$, $u = \frac{q \cdot q-1}{p-6 \cdot p-7} \times \frac{1}{2}A + \frac{p-q-6 \cdot p-q-7}{p-6 \cdot p-7} s$, &c.

Si l'on substitue pour y, z, u, s leurs valeurs, on aura cette formule indéfinie $B = 1 + \frac{p-q \cdot p-q-1}{p-2 \cdot p-3} + \frac{p-q \cdot p-q-1 \cdot p-q-2 \cdot p-q-3}{p-2 \cdot p-3 \cdot p-4 \cdot p-5} + \frac{p-q \cdot p-q-1 \cdot p-q-2 \cdot p-q-3 \cdot p-q-4 \cdot p-q-5}{p-2 \cdot p-3 \cdot p-4 \cdot p-5 \cdot p-6 \cdot p-7} + \frac{p-q \cdot p-q-1 \cdot p-q-2 \cdot p-q-3 \cdot p-q-4 \cdot p-q-5 \cdot p-q-6 \cdot p-q-7}{p-2 \cdot p-3 \cdot p-4 \cdot p-5 \cdot p-6 \cdot p-7 \cdot p-8 \cdot p-9}$ &c.
le tout multiplié par $\frac{q \cdot q-1}{p \cdot p-1} \times \frac{1}{2}A$.
qui donne l'avantage du Banquier, quelque soit la valeur de p & de q. Ainsi, par exemple, si $p = 12$, & $q = 3$, la formule donne $B = \frac{10+8+6+4+2}{12 \cdot 11 \cdot 10} \times 3 \times 2 \times \frac{1}{2}A = \frac{3}{44}A$; & si $p = 12$, & $q = 4$, la formule donne $B = \frac{45+28+15+6+1}{10 \cdot 9} \times \frac{4 \cdot 3 \cdot 2 \cdot 1}{12 \cdot 11} \times \frac{1}{2}A = \frac{19}{198}A$; & si $p = 12$, & $q = 5$, la formule donne $B = \frac{120+56+20+4}{10 \cdot 9 \cdot 8} \times \frac{5 \cdot 4 \cdot 3 \cdot 2 \cdot 1}{12 \cdot 11} \times \frac{1}{2}A = \frac{25}{198}A$.

En examinant cette formule on trouve,

1°. Que q étant $= 1$, elle devient $=$ zero ; mais que par les conditions du jeu, à cause de la derniere carte qui est nulle, il faut ajouter $\frac{A}{p}$.

2°. Que q étant $= 2$, elle devient $1 + 1 + 1 + 1 + 1$ &c. $\times \frac{2 \times 1}{p \cdot p - 1} \times \frac{1}{2} A$. Mais que par les conditions du jeu il faut multiplier la derniere de ces unités par $\frac{2 \cdot 1}{p \cdot p - 1}$ par A, & non par $\frac{1}{2} A$.

3°. Que q étant $= 3$, elle devient

$$\frac{p - 2 + p - 4 + p - 6 + p - 8 + p - 10}{p - 2} + \text{\&c.} \times \frac{3 \times 2}{p \cdot p - 1} \times \frac{1}{2} A.$$

4°. Que q étant $= 4$, elle devient

$$\frac{p - 2 \cdot p - 3 + p - 4 \cdot p - 5 + p - 6 \cdot p - 7 + p - 8 \cdot p - 9}{p - 2 \cdot p - 3} \text{\&c.} \times \frac{4 \times 3}{p \cdot p - 1} \times \frac{1}{2} A, \text{\&c.}$$

5°, Que q étant $= 5$, elle devient

$$\frac{p - 2 \cdot p - 3 \cdot p - 4 + p - 4 \cdot p - 5 \cdot p - 6 \cdot + p - 6 \cdot p - 7 \cdot p - 8 + p - 8 \cdot p - 9 \cdot p - 10}{p - 2 \cdot p - 3 \cdot p - 4} + \text{\&c.} \times \frac{5 \cdot 4}{p \cdot p - 1} \times \frac{1}{2} A.$$

En sorte que dans chaque suite tous les termes sont composés d'autant de produits qu'il y a d'unités dans $q - 2$.

6°. Que ces produits fournissent les multiples des nombres figurés de l'ordre $q - 1$, interposés de deux en deux, qui correspondent à des nombres naturels pairs, à commencer par celui qui correspond à $p - 2$: D'où il suit que pour trouver la fraction qui exprime l'avantage du Banquier, on peut se faire cette regle.

Le dénominateur contiendra autant de produits des quantités $p \cdot p - 1 \cdot p - 2 \cdot p - 3$, &c. qu'il y a d'unités dans q. Pour avoir le numerateur il faudra prendre dans le triangle arithmetique, *art. 11*, un rang horizontal, dont le quantiéme soit $q - 1$, ajouter en une somme tous les termes de ce rang pris de deux en deux, à commencer par celui qui correspond à $p - 2$; multiplier cette somme par autant de produits des nombres naturels 1, 2, 3, 4, 5, 6, &c. qu'il y a d'unités dans q, & la multiplier encore par $\frac{1}{2} A$, ayant égard aux deux exceptions marquées ci-dessus, l'une pour le cas de $q = 1$, l'autre pour le cas de $q = 2$.

Pour réduire cette regle à des formules qui déterminent tout d'un coup, en substituant pour p sa valeur, l'avantage du Banquier pour quelque nombre de cartes que ce ſoit, lorſque la carte du Ponte s'y trouve un certain nombre de fois exprimé par q. Il ſuffira dans le cas de $q = 3$ de trouver la ſomme d'une progreſſion arithmetique; ainſi les trois premiers cas où $q = 1 = 2 = 3$ n'ont nulle difficulté. A l'égard des autres, on a beſoin de la ſolution generale du Problême qui ſuit.

Trouver la ſomme d'une progreſſion dont chaque terme ſoit formé d'autant de produits de quantités qui décroiſſent de l'unité qu'il y a d'unités dans q — 2.

72. Si $q = 5$, par exemple, il faut trouver la ſomme de cette progreſſion $p - 2 . p - 3 . p - 4 + p - 4 . p - 5$ $p - 6 + p - 6 . p - 7 . p - 8 + p - 8 . p - 9 . p$ $- 10 +$ &c. Et ſi $q = 6$, il faut trouver la ſomme de cette ſuite $p - 2 . p - 3 . p - 4 . p - 5 + p - 4 . p$ $- 5 . p - 6 . p - 7 + p - 6 . p - 7 . p - 8 . p - 9$ $+$ &c. & ainſi de ſuite, par rapport aux differentes valeurs de q; ce qui eſt la même choſe que de trouver generalement la ſomme des nombres interpoſés de deux en deux dans le triangle arithmetique.

On pourroit en venir à bout aſſés facilement par la methode generale de l'*art.* 54. J'employerai ici une methode plus directe, fondée ſur une proprieté curieuſe des nombres figurés.

LEMME.

Si l'on prend un nombre pair à volonté de nombres figurés d'un ordre quelconque, la ſomme de ceux qui ſe trouvent pairs, c'eſt à dire ceux qui dans la Table 2, art. 7, *ſe trouvent à la ſeconde, quatriéme, ſixiéme, huitiéme, &c. place, eſt égale à l'excès de ceux qui dans le rang ſuivant ſe trouvent correſpondans aux pairs du rang ſuperieur ſur ceux qui ſe trouvent correſpondans aux impairs.*

73. COMME cet expoſé pourroit paroître obſcur, je vais l'éclaircir par un exemple. Soient pris les huit premiers nombres du quatriéme ordre 1, 4, 10, 20, 35, 56, 84, 120; je dis que la ſomme de ces quatre 4, 20, 56, 120, qui ſont pris à la deuxiéme, quatriéme, ſixiéme, hui-

tiéme place eſt égale à l'excès de ceux-ci 5 . 35 . 126 . 330, qui ſont pris à la 2e, 4e, 6e & 8e place du rang inferieur immediatement ſur ceux-ci, 1, 15, 70, 210, qui ſont à la 1re, 3e, 5e & 7e place de ce même rang.

On peut démontrer ainſi en peu de mots cette proprieté.

Soient les nombres d'un ordre quelconque repréſentés par les lettres a, b, c, d, e, f, g, h. Les nombres de l'ordre immédiatement inferieur ſeront par la nature & la formation de ces nombres a, $a+b$, $a+b+c$, $a+b+c+d$, $a+b+c+d+e$, $a+b+c+d+e+f$, $a+b+c+d+e+f+g$, $a+b+c+d+e+f+g+h$. Or il eſt évident que retranchant dans ce deuxiéme rang le premier du deuxiéme, il reſte b; & que retranchant le troiſiéme du quatriéme, il reſte d; & que retranchant le cinquiéme du ſixiéme, il reſte f; & que retranchant le ſeptiéme du huitiéme, il reſte h; & ainſi de ſuite, par la neceſſité du rapport qui eſt entre un ordre quelconque & celui qui le ſuit immédiatement.

Pour faire l'application de ce Lemme,

Soit propoſé de trouver la ſomme des nombres du deuxiéme rang pris de deux en deux $2+4+6+8+10$, en nommant g le nombre des termes compris les pairs & les impairs : voici la ſuite de l'operation.

$2+4+6+8+10$ &c. $=\frac{g\cdot\overline{g+1}}{1\cdot 2}-1-3-5-7-9$ &c. $=\frac{g\cdot\overline{g+1}}{1\cdot 2}+\frac{1}{2}g\,\underline{-2-4-6-8-10}$ &c. Donc en tranſpoſant, $2\times\overline{2+4+6+8+10+}$ &c. $=\frac{1}{2}g+\frac{g\cdot\overline{g+1}}{1\cdot 2}$. Donc $2+4+6+8+10$ &c. $=\frac{1}{4}g+\frac{1}{2}\times\frac{g\cdot\overline{g+1}}{1\cdot 2}$.

Soit encore propoſé de trouver la ſomme de ces nombres du troiſiéme ordre $3+10+21+36+55$, &c.

On a $3+10+21+36+55$ &c. $=2+4+6+8+10$ &c. $+1+6+15+28+45$ &c. $=\frac{1}{4}g+\frac{1}{2}\times\frac{g\cdot\overline{g+1}}{1\cdot 2}+1+6+15+28+45$ &c. $=\frac{g\cdot\overline{g+1}\cdot\overline{g+2}}{1\cdot 2\cdot 3}-1-6-15-28-45$ &c. $=\frac{g\cdot\overline{g+1}\cdot\overline{g+2}}{1\cdot 2\cdot 3}+\frac{1}{2}\times\frac{g\cdot\overline{g+1}}{1\cdot 2}+\frac{1}{4}g-3-10-21-36-55$ &c. Donc en tranſpoſant & diviſant par 2. On a $3+10+21+36+55$ &c. $=\frac{1}{2}\times\frac{g\cdot\overline{g+1}\cdot\overline{g+2}}{1\cdot 2\cdot 3}+\frac{1}{4}\times\frac{g\cdot\overline{g+1}}{1\cdot 2}+\frac{1}{8}g$.

On trouvera de la même maniere la ſomme des nom-

bres du quatriéme ordre correſpondans aux nombres naturels pairs $4 + 20 + 56 + 120 + 220$ &c.
$= \frac{1}{2} \times \frac{g \cdot g+1 \cdot g+2 \cdot g+3}{1 \cdot 2 \cdot 3 \cdot 4} + \frac{1}{4} \times \frac{g \cdot g+1 \cdot g+2}{1 \cdot 2 \cdot 3} + \frac{1}{8} \times \frac{g \cdot g+1}{1 \cdot 2} + \frac{1}{16} g.$
Et la ſomme des nombres du cinquiéme ordre.
$5 + 35 + 126 + 330 + 715$ &c. $= \frac{1}{2} \times \frac{g \cdot g+1 \cdot g+2 \cdot g+3 \cdot g+4}{1 \cdot 2 \cdot 3 \cdot 4 \cdot 5} + \frac{1}{4} \times \frac{g \cdot g+1 \cdot g+2 \cdot g+3}{1 \cdot 2 \cdot 3 \cdot 4} + \frac{1}{8} \times \frac{g \cdot g+1 \cdot g+2}{1 \cdot 2 \cdot 3} + \frac{1}{16} \times \frac{g \cdot g+1}{1 \cdot 2} + \frac{1}{32} \times g$, & ainſi du reſte, l'on voit aſſés l'ordre de ces ſuites.

Etant poſé ce que deſſus, on trouvera par ce qui précede, que la ſomme de cette ſuite $g + g - 2 + g - 4 + g - 6 + g - 8 +$ &c. eſt $\frac{1}{2} \frac{g \times g+1}{1 \cdot 2} + \frac{1}{4} g$.

Et que la ſomme de cette ſuite $\frac{g \cdot g-1}{1 \cdot 2} + \frac{g-2 \cdot g-3}{1 \cdot 2} + \frac{g-4 \cdot g-5}{1 \cdot 2} + \frac{g-6 \cdot g-7}{1 \cdot 2} +$ &c. $= \frac{1}{2} \times \frac{g+1 \cdot g \cdot g-1}{1 \cdot 2 \cdot 3} + \frac{1}{4} \times \frac{g \cdot g-1}{1 \cdot 2} + \frac{1}{8} g - 1 + \frac{1}{8}$.

On trouvera de la même maniere que la ſomme de cette ſuite $\frac{g \cdot g-1 \cdot g-2}{1 \cdot 2 \cdot 3} + \frac{g-2 \cdot g-3 \cdot g-4}{1 \cdot 2 \cdot 3} + \frac{g-4 \cdot g-5 \cdot g-6}{1 \cdot 2 \cdot 3} + \frac{g-6 \cdot g-7 \cdot g-8}{1 \cdot 2 \cdot 3}$, + &c. eſt $= \frac{1}{2} \times \frac{g+1 \cdot g \cdot g-1 \cdot g-2}{1 \cdot 2 \cdot 3 \cdot 4} + \frac{1}{4} \times \frac{g \cdot g-1 \cdot g-2}{1 \cdot 2 \cdot 3} + \frac{1}{8} \times \frac{g-1 \cdot g-2}{1 \cdot 2} + \frac{1}{16} \times g - 2$.

Et encore la ſomme de cette ſuite $\frac{g \cdot g-1 \cdot g-2 \cdot g-3}{1 \cdot 2 \cdot 3 \cdot 4} + \frac{g-2 \cdot g-3 \cdot g-4 \cdot g-5}{1 \cdot 2 \cdot 3 \cdot 4} + \frac{g-4 \cdot g-5 \cdot g-6 \cdot g-7}{1 \cdot 2 \cdot 3 \cdot 4} + \frac{g-6 \cdot g-7 \cdot g-8 \cdot g-9}{1 \cdot 2 \cdot 3 \cdot 4 \cdot 5}$ + &c. $= \frac{1}{2} \times \frac{g+1 \cdot g \cdot g-1 \cdot g-2 \cdot g-3}{1 \cdot 2 \cdot 3 \cdot 4 \cdot 5} + \frac{1}{4} \times \frac{g \cdot g-1 \cdot g-2 \cdot g-3}{1 \cdot 2 \cdot 3 \cdot 4} + \frac{1}{8} \times \frac{g-1 \cdot g-2 \cdot g-3}{1 \cdot 2 \cdot 3} + \frac{1}{16} \times \frac{g-2 \cdot g-3}{1 \cdot 2} + \frac{1}{32} \times g - 3 + \frac{1}{32}$.
& ainſi de tous les autres. On voit ſans peine l'ordre de ces ſuites.

Il eſt évident par le Lemme ci-deſſus qu'ayant la ſomme des nombres interrompus de deux en deux, & correſpondans aux nombres naturels pairs, on aura auſſi la ſomme de ceux qui correſpondent aux impairs ; puiſqu'ayant le tout & une des parties du tout, on a l'autre partie.

Mais en general, voici la regle pour avoir la ſomme des nombres figurés pris de deux en deux, qui correſpondront aux nombres naturels ou pairs ou impairs, & en même temps la démonſtration de la regle.

Si l'on demande la ſomme des termes d'un ordre quelconque m pris de deux en deux, dont le premier correſpond à g qui déſigne ici un nombre pair ou impair à volonté. L'on ſçait que dans le rang horizontal inferieur, qui eſt $m + 1$, le terme qui correſpond à $g + 1$ eſt égal à tous les termes de l'ordre m pris de ſuite, depuis la colonne perpendiculaire où ſe trouve g, juſqu'à zero. Concevant donc tous les termes du rang m, à commencer par le terme qui correſpond à g, diviſés en deux parties inégales, dont la plus grande eſt celle que l'on cherche, & dont le premier terme correſpond à g, on a cette plus grande partie $= \frac{1}{2}$ par le terme de l'ordre $m + 1$, qui correſpond à $g + 1$ plus $\frac{1}{2}$ par la difference des deux parties inégales; & par le Lemme, cette difference eſt la ſomme de tous les termes de l'ordre $m - 1$ pris de deux en deux, à commencer par celui qui correſpond à $g - 1$. Pour avoir la ſomme de ces termes, en faiſant comme ci-deſſus, il faut prendre $\frac{1}{2}$ par le terme de l'ordre m qui correſpond à g, $+ \frac{1}{2}$ par la difference qui eſt la ſomme de tous les termes de l'ordre $m - 2$ pris de deux en deux, à commencer toujours par celui qui eſt $g - 2$, ou correſpond à $g - 2$, en continuant juſqu'à la derniere difference.

Comme cette démonſtration peut paroître un peu abſtraite, je vais tâcher de l'éclaircir par les deux exemples qui ſuivent.

Soit propoſé de trouver dans le quatriéme rang, *Tab. 1.* la ſomme de ces termes.... $120 + 56 + 20 + 4$ qui correſpondent aux nombres naturels.... $10 + 8 + 6 + 4$. Je remarque que cette ſuite eſt plus grande que celle-ci .... $84 + 35 + 10 + 1$, & qu'elle la ſurpaſſe de la ſomme de ces autres nombres.... $36 + 21 + 10 + 3$ qui en eſt la difference. Or l'on ſçait que la plus grande des deux quantités eſt égale à la moitié de la toute, plus à la moitié de leur difference. Concevant donc la ſomme entiere .... $120 + 84 + 56 + 35 + 20 + 10 + 4 + 1 = 330$ partagée en ces deux parties inégales. Je dis que la plus grande, qui eſt celle dont on cherche la ſomme, eſt $= \frac{1}{2} \times 330 + \frac{1}{2} \times \overline{36 + 21 + 10 + 3}$; & cherchant de la même maniere la somme de cette suite $36 + 21 + 10 + 3$, qui surpasse cette autre $28 + 15 + 6 + 1$ de la suite $8 + 6 + 4 + 2$.

On la trouvera $= \frac{1}{2} \times 120 + \frac{1}{2} \times \overline{8 + 6 + 4 + 2}$; & cherchant encore la somme de cette suite $8 + 6 + 4 + 2$ plus grande que celle-ci $7 + 5 + 3 + 1$ de la suite $1 + 1 + 1 + 1$, on la trouvera $= \frac{1}{2} \times 36 + \frac{1}{2} \times \overline{1 + 1 + 1 + 1}$, & cherchant encore la somme de cette derniere suite, on la trouve $= \frac{1}{2} \times 8 + \frac{1}{2} \times 0$, car la difference est zero. On aura donc la somme cherchée $= \frac{1}{2} \times 330 + \frac{1}{2} \times \overline{36 + 21 + 10 + 3} = \frac{1}{2} \times 330 + \frac{1}{4} \times 120 + \frac{1}{4} \times \overline{8 + 6 + 4 + 2} = \frac{1}{2} \times 330 + \frac{1}{4} \times 120 + \frac{1}{8} \times 36 + \frac{1}{8} \times \overline{1 + 1 + 1 + 1} = \frac{1}{2} \times 330 + \frac{1}{4} \times 120 + \frac{1}{8} 36 + \frac{1}{16} \times 8$, conformément à la formule donnée ci-dessus $\frac{1}{2} \frac{g+1.g.g-1.g-2}{1.2.3.4} + \frac{1}{4} \times \frac{g.g-1.g-2}{1.2.3} + \frac{1}{8} \times \frac{g-1.g-2}{1.2} + \frac{1}{16} \times g - 2$.

Soit encore proposé de trouver dans le cinquiéme rang la somme de ces termes $210 + 70 + 15 + 1$, & supposant pour abreger le discours la difference de cette suite à cette autre $126 + 35 + 5 + 0$, qui est $84 + 35 + 10 + 1 = b$; & la difference de cette suite $84 + 35 + 10 + 1$ à cette autre $56 + 20 + 4 + 0$, qui est $28 + 15 + 6 + 1 = c$. Et la difference de cette suite $28 + 15 + 6 + 1$ à cette autre $21 + 10 + 3 + 0$, qui est $7 + 5 + 3 + 1 = d$. Et la difference de cette suite $7 + 5 + 3 + 1$ à cette autre $6 + 4 + 2 + 0$, qui est $1 + 1 + 1 + 1 = e$; & la difference de cette suite $1 + 1 + 1 + 1$ à cette autre $1 + 1 + 1 + 0 = 1$, on aura la somme cherchée $= \frac{1}{2} \times 462 + \frac{1}{2} b = \frac{1}{2} \times 462 + \frac{1}{4} \times 210 + \frac{1}{4} c = \frac{1}{2} \times 462 + \frac{1}{4} \times 210 + \frac{1}{8} \times 84 + \frac{1}{8} d = \frac{1}{2} \times 462 + \frac{1}{4} \times 210 + \frac{1}{8} \times 84 + \frac{1}{16} \times 28 + \frac{1}{16} e = \frac{1}{2} \times 462 + \frac{1}{4} \times 210 + \frac{1}{8} \times 84 + \frac{1}{16} \times 28 + \frac{1}{32} \times 7 + \frac{1}{32} \times 1$, conformément à la formule donnée ci-dessus

$$\frac{1}{2} \times \frac{g+1.g.g-1.g-2.g-3}{1.2.3.4.5} + \frac{1}{4} \times \frac{g.g-1.g-2.g-3}{1.2.3.4} + \frac{1}{8} \times \frac{g-1.g-2.g-3}{1.2.3} + \frac{1}{16} \times \frac{g-2.g-3}{1.2} + \frac{1}{32} \times g - 3 + \frac{1}{32} \times 1.$$

Il est à propos d'observer que tous les nombres de ces suites

suites, qui sont divisées par differentes puissances de 2, se trouvent dans la bande transversale, dont le quantiéme est $g - m + 2$, & que le premier qui est divisé par la plus petite puissance de 2, se trouve toujours dans la bande perpendiculaire qui correspond à $g + 1$, c'est à dire, dont le quantiéme est $g + 2$.

SUITE DE LA SOLUTION.

74. Il est clair par tout ce qui précede, que pour avoir des formules qui expriment l'avantage du Banquier au Pharaon pour toutes les differentes valeurs de q. Il suffit de mettre par-tout $p - 2$ à la place de g dans les formules de l'*art.* 73, de les multiplier par autant de nombres naturels 1, 2, 3, 4, 5, 6, &c. qu'il y a d'unités dans q, & encore par $\frac{1}{2}A$, & de les diviser par $p \,.\, \overline{p-1} \,.\, \overline{p-2} \,.\, \overline{p-3}$, &c.

Si l'on veut avoir, par exemple, la formule pour le cas de $q = 3$, en mettant $p - 2$ à la place de g dans la formule $\frac{1}{2} \times \frac{g \cdot \overline{g+1}}{1 \cdot 2} + \frac{1}{4}g$, on trouvera pour la formule cherchée $\frac{\frac{1}{2}\frac{\overline{p-2} \cdot \overline{p-1}}{1 \cdot 2} + \frac{1}{4}\overline{p-2}}{p \cdot \overline{p-1} \cdot \overline{p-2}} \times 1 \,.\, 2 \,.\, 3 \times \frac{1}{2}A = \frac{3 \times A}{4 \times \overline{p-1}}$, & de même si l'on veut avoir la formule pour le cas de $q = 4$, en mettant $p - 2$ à la place de g dans la formule $\frac{1}{2} \times \frac{\overline{g+1} \cdot g \cdot \overline{g-1}}{1 \cdot 2 \cdot 3} + \frac{1}{4} \times \frac{g \cdot \overline{g-1}}{1 \cdot 2} + \frac{1}{8} \times \overline{g-1} + \frac{1}{8} \times 1$, on aura pour la formule cherchée

$$\frac{\frac{1}{2} \times \frac{\overline{p-1} \cdot \overline{p-2} \cdot \overline{p-3}}{1 \cdot 2 \cdot 3} + \frac{1}{4} \times \frac{\overline{p-2} \cdot \overline{p-3}}{1 \cdot 2} + \frac{1}{8} \times \overline{p-3} + \frac{1}{8}}{p \cdot \overline{p-1} \cdot \overline{p-2} \cdot \overline{p-3}} \times 1 \,.\, 2 \,.\, 3 \,.\, 4 \times \frac{1}{2}A = \frac{\overline{2p-5} \times A}{2 \times \overline{pp - 4p + 3}}.$$

Voici les principaux cas que j'ai mis en formule $B \overset{1}{=} \frac{1}{p}$ $C \overset{2}{=} \frac{p+2}{2 \times \overline{pp - p}}$ $D \overset{3}{=} \frac{3}{4 \times \overline{p-1}}$ $E \overset{4}{=} \frac{2p-5}{2 \times \overline{pp - 4p + 3}}$ $F \overset{5}{=} \frac{5}{4} \times \frac{p-2}{pp - 4p + 3}$ $G \overset{6}{=} \frac{3}{4} \times \frac{2pp - 13p + 16}{p^3 - 9pp + 23p - 15}$ $H \overset{7}{=} \frac{7}{8} \times \frac{2pp - 12p + 13}{p^3 - 9pp + 23p - 15}$ $K \overset{8}{=} \frac{1}{2} \times \frac{4p^3 - 50pp + 176p - 151}{p^4 - 16p^3 + 86pp - 176p + 105}$.

La premiere de ces formules exprime l'avantage du Banquier, quand la carte du Ponte se trouve une fois dans sa main. La 2e C exprime son avantage lorsqu'elle s'y trouve deux fois. La 3e D exprime son avantage lorsqu'elle s'y trouve trois fois, & ainsi des autres.

Si l'on veut avoir une ſuite qui donne l'avantage du Banquier, les valeurs de p & de q étant quelconques, on aura en multipliant le premier terme des ſuites que j'ai donné dans l'*art.* 73, par autant de produits des nombres naturels qu'il y a d'unités dans q; ou, ce qui eſt la même choſe, par $q \cdot q - 1 \cdot q - 2 \cdot q - 3 \ldots q - q$, & encore par $\frac{1}{2}A$; & diviſant par autant de produits des quantités $p \cdot p - 1 \cdot p - 2 \cdot p - 3 \cdot p - 4$, &c. qu'il y a d'unités dans q, on aura, dis-je, en réduiſant terme à terme, & effaçant ce qui ſe trouve de commun au numerateur & au dénominateur, cette formule generale & très ſimple, $\frac{1}{4} \times \frac{q}{p} + \frac{1}{8} \times \frac{q \cdot q - 1}{p \cdot p - 1} + \frac{1}{16} \times \frac{q \cdot q - 1 \cdot q - 2}{p \cdot p - 1 \cdot p - 2} + \frac{1}{32} \times \frac{q \cdot q - 1 \cdot q - 2 \cdot q - 3}{p \cdot p - 1 \cdot p - 2 \cdot p - 3} + \frac{1}{64} \times \frac{q \cdot q - 1 \cdot q - 2 \cdot q - 3 \cdot q - 4}{p \cdot p - 1 \cdot p - 2 \cdot p - 3 \cdot p - 4} +$ &c. dans laquelle il faut remarquer que lorſque q eſt un nombre impair, il faut prendre autant de termes que $q - 1$ exprime d'unités; mais que q étant un nombre pair, il faut prendre autant de termes qu'il y a d'unités dans q, & multiplier le dernier terme par 2.

REMARQUE.

75. On peut obſerver que dans la methode que nous avons ſuivie, nous avons toujours conſideré les termes pris de deux en deux dont on cherche la ſomme, comme faiſant la plus grande des deux parties inégales qui compoſent le tout; & par conſequent il a toujours fallu y ajouter la moitié de la difference. Maintenant ſi on vouloit conſiderer la ſomme cherchée comme faiſant la plus petite partie de la ſuite non interrompue, il faudroit concevoir cette ſuite entiere augmentée du terme qui correſpond à $g + 1$, & ainſi de ſuite de rang en rang; alors on auroit toujours la ſomme que l'on cherche égale à la moitié de la toute, moins la moitié de la difference; & cette toute ſe trouveroit dans le rang horizontal inferieur, celui qui correſpond à $p + 2$; en continuant toujours de cette maniere au lieu des termes de la bande tranſverſale dont le quantiéme eſt $g - m + 2$, on auroit les termes de la bande perpendiculaire $g + 3$, avec les ſignes plus & moins alter-

nativement. Cette remarque découvre le fondement de la difference que l'on trouve entre ma formule ci-dessus, & celle qui suit, dont M. Nicolas Bernoulli m'a fait part dans sa Lettre du 26 Février 1711, qu'on trouvera à la fin de ce Livre.

$$\frac{1}{4} \times \frac{q}{p-q+1} - \frac{1}{8} \frac{q \cdot q-1}{p-q+1 \cdot p-q+2} + \frac{1}{16} \times \frac{q \cdot q-1 \cdot q-2}{p-q+1 \cdot p-q+2 \cdot p-q+3}$$
$$- \frac{1}{32} \times \frac{q \cdot q-1 \cdot q-2 \cdot q-3}{p-q+1 \cdot p-q+2 \cdot p-q+3 \cdot p-q+4} + \&c.$$

Cette derniere paroît préferable, en ce qu'on n'y employe qu'autant de termes qu'il y a d'unités dans $q - 1$, au lieu que dans la mienne, lorsque q est un nombre pair, il faut prendre autant de termes de la suite qu'il y a d'unités dans q; & dans ce cas multiplier le dernier terme par 2 : cette exception ôte en quelque façon l'uniformité de la formule. Mais cet avantage est peut-être compensé par les signes alternatifs & les q qui se trouvent au dénominateur dans la formule de M. Bernoulli, & principalement parceque l'on y opere sur de plus grands nombres. Pour en faire la comparaison, soit proposé de trouver la somme de ces nombres, par exemple qui sont du quatriéme ordre, 120 + 56 + 20 + 4 = 200. On a par ma formule $\frac{1}{2} \times 330 + \frac{1}{4} \times 120 + \frac{1}{8} \times 36 + \frac{1}{16} \times 8$. Et selon celle de M. Bernoulli, $\frac{1}{2} \times 495 - \frac{1}{4} \times 220 + \frac{1}{8} \times 66 - \frac{1}{16} \times 12$.

REMARQUE II.

76. J'AI dressé deux Tables sur les quatre premieres formules, *art. 74*, dans le dessein de faire plaisir aux Joueurs, & de satisfaire leur curiosité. Pour en connoître l'usage, il faut sçavoir que dans la premiere le chifre renfermé dans la cellule ☐ exprime le nombre de cartes que tient le Banquier; & que le nombre qui suit, ou la cellule dans la premiere colonne, ou deux points dans les autres colonnes, exprime le nombre de fois que la carte du Ponte est supposée se trouver dans la main du Banquier. L'usage de la seconde Table est de donner des expressions à la verité moins exactes, mais plus simples & plus intelligibles aux Joueurs, des fractions qui dans la premiere desi-

gnent avec précision l'avantage du Banquier. Il faut sçavoir pour entendre cette Table, que cette marque > signifie excès, & cette autre < défaut; en sorte que j'entens par $> \frac{1}{4} < \frac{1}{3}$ une quantité plus grande que $\frac{1}{4}$, & plus petite que $\frac{1}{3}$.

On peut faire, par rapport aux nombres de la premiere Table, plusieurs observations assés curieuses. Voici les principales.

Corollaire I.

77. Dans la premiere Table l'avantage du Banquier est exprimé dans la premiere colonne par une fraction, dont le numerateur étant toujours l'unité, le dénominateur est le nombre des cartes que tient le Banquier.

Dans la seconde colonne cet avantage est exprimé par une fraction, dont le numerateur étant selon la suite des nombres naturels 1, 2, 3, 4, &c. le dénominateur a pour difference entre ces termes les nombres 18, 26, 34, 42, 50, 58, dont la difference est 8.

Dans la troisiéme colonne le numerateur étant toujours 3, la difference qui regne dans le dénominateur est 8.

Dans la quatriéme colonne la difference étant toujours 4 dans le numerateur, le dénominateur a pour difference entre ses termes les nombres 24, 40, 56, 72, 88, &c. dont la difference est 16.

On peut encore observer une autre uniformité assés singuliere entre les derniers chiffres du dénominateur de chaque terme d'une colonne.

Dans la premiere les derniers chiffres du dénominateur sont selon cet ordre 4, 6, 8, 0, 2 | 4, 6, 8, 0, 2 | &c. Dans la seconde ils sont selon cet ordre 2, 0, 6, 0, 2 | 2, 0, 6, 0, 2 | &c. Dans la troisiéme ils sont selon cet ordre 2, 0, 8, 6, 4 | 2, 0, 8, 6, 4 | &c. Dans la quatriéme ils sont selon cet ordre 6, 0, 0, 6, 8 | 6, 0, 0, 6, 8 | &c. On recherchera avec plaisir la cause de cette uniformité.

COROLLAIRE II.

78. On pourra par le moyen de ces Tables trouver tout d'un coup combien un Banquier a d'avantage sur chaque carte. On pourra pareillement sçavoir combien chaque taille complette aura dû, à fortune égale, apporter de profit au Banquier, si l'on se souvient du nombre de cartes qui ont été prises par les Pontes, des diverses circonstances dans lesquelles on les a mises au jeu, & enfin de la quantité d'argent qu'on a hazardé dessus. On trouvera apparemment que cet avantage est trop considerable. On lui donneroit de justes bornes en établissant que les doublets fussent indifferens pour le Banquier & pour le Ponte, ou du moins qu'ils valussent seulement le tiers ou le quart de la mise du Ponte. Ainsi ce qui resteroit d'avantage au Banquier, seroit suffisant pour faire préferer aux Joueurs qui entendent leur interest, la place de Banquier à celle de Ponte, & ne seroit pas assés considerable, pour que les Pontes en souffrissent beaucoup de préjudice.

COROLLAIRE III.

79. Afin que le Ponte prenant une carte ait le moins de desavantage qu'il est possible, il faut qu'il en choisisse une qui ait passé deux fois; car il y auroit plus de desavantage pour lui, s'il prenoit une carte qui eût passé une fois; & plus de desavantage encore, s'il prenoit une carte qui eût passé trois fois; & enfin le plus mauvais choix que puisse faire un Ponte, c'est de prendre une carte qui n'ait point encore passé.

Ainsi l'on trouvera, par exemple, que supposant *A* égal à une pistole, l'avantage du Banquier qui seroit dix-neuf sols deux deniers, dans la supposition que la carte du Ponte fût quatre fois dans douze cartes; & seize sols huit deniers, dans la supposition qu'elle y fût une fois, n'est plus que treize sols sept deniers, lorsque dans ces douze cartes celle du Ponte s'y trouve trois fois,

& dix sols sept deniers lorsqu'elle n'y est que deux fois.

On remarquera la même chose par rapport à tout autre nombre de cartes.

REMARQUE I.

80. Les personnes qui n'ont point examiné à fond le Jeu du Pharaon & de la Bassette, pourroient trouver à redire, que je ne parlasse point des masses, des parolis, de la paix, des sept & le *va*, &c. car la plûpart des Joueurs s'imaginent qu'il y a en tout cela bien du mystere. J'en ai connu qui croyoient avoir de bonnes raisons pour préferer de mettre quatre Louis sur une carte simple à faire le paroli de deux Louis, ou le sept & le *va* d'un Louis. J'en ai vû d'autres qui s'étoient persuadés qu'il étoit très avantageux de faire souvent des paix : neanmoins il est évident que, puisque le Ponte a la liberté de prendre à chaque fois qu'il perd ou qu'il gagne une nouvelle carte telle qu'il lui plaît, il ne doit point s'embarrasser si c'est ou un sept & le *va*, ou un paroli, ou une paix, ou une double paix, &c. Car faire le paroli d'un Louis n'est autre chose que de mettre deux Louis sur une carte, après avoir gagné un Louis ; & faire le sept & le *va* d'un Louis n'est autre chose que de mettre quatre Louis sur une carte, après en avoir gagné trois ; & de même faire la paix d'un Louis n'est autre chose que de mettre un Louis sur une carte, après avoir gagné un Louis sur cette même carte.

L'on n'a apparemment inventé les parolis, les sept & le *va*, &c. que pour épargner au Banquier la peine de payer ceux qui ont dessein de mettre sur leurs cartes le double de ce qu'ils viennent de gagner : neanmoins il seroit plus utile aux Banquiers de prendre ce soin, que d'être exposés, comme ils le sont, à ce qu'on nomme Alpiou de Campagne.

Pour moi je crois que si les Banquiers n'ont point aboli l'usage de faire ces cornes, dont le grand nombre cause dans le Jeu une confusion qui est souvent préjudiciable au Banquier, & qui favorise les tromperies des Pontes ;

c'eſt que les Banquiers ont bien vû que la plûpart des hommes ne jugeant point des choſes par raiſon, tel Ponte qui feroit ſans peine le ſept & le *va* d'un Louis, croyant ne hazarder qu'un Louis, ne pourroit ſe réſoudre à mettre quatre Louis ſur une carte ſimple. Outre que pour l'ordinaire c'eſt dans les dernieres cartes, lorſque l'avantage du Banquier eſt le plus conſiderable, que les Pontes ſe picquent & font les parolis, les ſept & le *va*, &c. ce qui les dédommage avec uſure des tromperies auſquelles ils ſont par là expoſés, mais dont ils n'eſt pas d'ailleurs impoſſible de ſe garantir avec beaucoup d'application, & avec l'aide d'un croupier.

REMARQUE II.

81. Il étoit facile aux Joueurs de s'appercevoir que l'avantage du Banquier augmente à proportion que le nombre de ſes cartes diminue; mais il étoit impoſſible de découvrir ſans Analyſe la loi de cette diminution, & ce qui eſt le plus important, de ſçavoir comment cet avantage varie ſelon que la carte du Ponte ſe trouve plus ou moins de fois dans la main du Banquier. Les Joueurs n'euſſent aſſurément jamais pû imaginer que l'avantage du Banquier, par rapport à une carte qui n'a point paſſé, eſt preſque double de celui qu'il a ſur une carte qui a paſſé deux fois, & beaucoup moins encore que ſon avantage, par rapport à une carte qui a paſſé trois fois, eſt à ſon avantage par rapport à une carte qui a paſſé deux fois dans un plus grand rapport que de trois à deux. Les Joueurs trouveront tout cela ſans peine, & peut-être avec quelque ſurpriſe dans les Tables ci-jointes; ils y verront, par exemple, que l'avantage du Banquier qui ne ſeroit qu'environ vingt-quatre ſols ſi le Ponte mettoit ſix piſtoles ou à la premiere taille du jeu, ou ſur une carte qui auroit paſſé deux fois lorſqu'il n'en reſteroit plus que vingt-huit dans la main du Banquier (ces deux cas reviennent à peu près à la même choſe) ſera ſept livres deux ſols, ſi le Ponte met ſix piſtoles ſur une carte qui n'ait point encore paſſé, le talon n'étant plus compoſé que de dix cartes, & que ſon

avantage seroit précisément de six livres, si la carte du Ponte avoit dans ce dernier cas passé trois fois. Ainsi toute la science de ce Jeu se réduit pour les Pontes à observer les deux regles qui suivent.

1°. Ne prendre des cartes que dans les premieres tailles, & hazarder sur le jeu d'autant moins qu'il y un plus grand nombre de tailles passées.

2°. Regarder comme les plus mauvaises cartes celles qui n'ont point encore passé, ou qui ont passé trois fois, & préferer à toutes, celles qui ont passé deux fois.

En suivant ces deux regles, le desavantage du Ponte sera le moindre qu'il sera possible.

PROBLEME

TABLE II. POUR LE PHARAON.

	:1	:2	:3	:4
52	$1 = $ * * *	$:2 = $ * * *	$:3 = $ * * *	$:4 = a + > \frac{1}{51} < \frac{1}{50}$
50	$1 = $ * * *	$:2 = a + > \frac{1}{95} < \frac{1}{94}$	$:3 = a + > \frac{1}{66} < \frac{1}{65}$	$:4 = a + > \frac{1}{49} < \frac{1}{48}$
48	$1 = a + \frac{1}{48}\ a$	$:2 = a + > \frac{1}{91} < \frac{1}{90}$	$:3 = a + > \frac{1}{63} < \frac{1}{62}$	$:4 = a + > \frac{1}{47} < \frac{1}{46}$
46	$1 = a + \frac{1}{46}\ a$	$:2 = a + > \frac{1}{87} < \frac{1}{86}$	$:3 = a + \frac{1}{60}$	$:4 = a + > \frac{1}{45} < \frac{1}{44}$
44	$1 = a + \frac{1}{44}\ a$	$:2 = a + > \frac{1}{83} < \frac{1}{82}$	$:3 = a + > \frac{1}{58} < \frac{1}{57}$	$:4 = a + > \frac{1}{43} < \frac{1}{42}$
42	$1 = a + \frac{1}{42}\ a$	$:2 = a + > \frac{1}{79} < \frac{1}{78}$	$:3 = a + > \frac{1}{55} < \frac{1}{54}$	$:4 = a + > \frac{1}{41} < \frac{1}{40}$
40	$1 = a + \frac{1}{40}\ a$	$:2 = a + > \frac{1}{75} < \frac{1}{74}$	$:3 = a + \frac{1}{52}$	$:4 = a + > \frac{1}{39} < \frac{1}{38}$
38	$1 = a + \frac{1}{38}\ a$	$:2 = a + > \frac{1}{71} < \frac{1}{70}$	$:3 = a + > \frac{1}{50} < \frac{1}{49}$	$:4 = a + > \frac{1}{37} < \frac{1}{36}$
36	$1 = a + \frac{1}{36}\ a$	$:2 = a + > \frac{1}{67} < \frac{1}{66}$	$:3 = a + > \frac{1}{47} < \frac{1}{46}$	$:4 = a + > \frac{1}{35} < \frac{1}{34}$
34	$1 = a + \frac{1}{34}\ a$	$:2 = a + > \frac{1}{63} < \frac{1}{62}$	$:3 = a + \frac{1}{44}$	$:4 = a + > \frac{1}{33} < \frac{1}{32}$
32	$1 = a + \frac{1}{32}\ a$	$:2 = a + > \frac{1}{59} < \frac{1}{58}$	$:3 = a + > \frac{1}{42} < \frac{1}{41}$	$:4 = a + > \frac{1}{31} < \frac{1}{30}$
30	$1 = a + \frac{1}{30}\ a$	$:2 = a + > \frac{1}{55} < \frac{1}{54}$	$:3 = a + > \frac{1}{39} < \frac{1}{48}$	$:4 = a + > \frac{1}{29} < \frac{1}{28}$
28	$1 = a + \frac{1}{28}\ a$	$:2 = a + > \frac{1}{51} < \frac{1}{50}$	$:3 = a + \frac{1}{36}$	$:4 = a + > \frac{1}{27} < \frac{1}{26}$
26	$1 = a + \frac{1}{26}\ a$	$:2 = a + > \frac{1}{47} < \frac{1}{46}$	$:3 = a + > \frac{1}{34} < \frac{1}{33}$	$:4 = a + > \frac{1}{25} < \frac{1}{24}$
24	$1 = a + \frac{1}{24}\ a$	$:2 = a + > \frac{1}{43} < \frac{1}{42}$	$:3 = a + > \frac{1}{31} < \frac{1}{30}$	$:4 = a + > \frac{1}{23} < \frac{1}{22}$
22	$1 = a + \frac{1}{22}\ a$	$:2 = a + > \frac{1}{39} < \frac{1}{38}$	$:3 = a + \frac{1}{28}$	$:4 = a + > \frac{1}{21} < \frac{1}{20}$
20	$1 = a + \frac{1}{20}\ a$	$:2 = a + > \frac{1}{35} < \frac{1}{34}$	$:3 = a + > \frac{1}{26} < \frac{1}{25}$	$:4 = a + > \frac{1}{19} < \frac{1}{18}$
18	$1 = a + \frac{1}{18}\ a$	$:2 = a + > \frac{1}{31} < \frac{1}{30}$	$:3 = a + > \frac{1}{23} < \frac{1}{22}$	$:4 = a + > \frac{1}{17} < \frac{1}{16}$
16	$1 = a + \frac{1}{16}\ a$	$:2 = a + > \frac{1}{27} < \frac{1}{26}$	$:3 = a + \frac{1}{20}$	$:4 = a + > \frac{1}{15} < \frac{1}{14}$
14	$1 = a + \frac{1}{14}\ a$	$:2 = a + > \frac{1}{23} < \frac{1}{22}$	$:3 = a + > \frac{1}{18} < \frac{1}{17}$	$:4 = a + > \frac{1}{13} < \frac{1}{12}$
12	$1 = a + \frac{1}{12}\ a$	$:2 = a + > \frac{1}{19} < \frac{1}{18}$	$:3 = a + > \frac{1}{15} < \frac{1}{14}$	$:4 = a + > \frac{1}{11} < \frac{1}{10}$
10	$1 = a + \frac{1}{10}\ a$	$:2 = a + \frac{1}{15}$	$:3 = a + \frac{1}{12}$	$:4 = a + > \frac{1}{9} < \frac{1}{8}$
8	$1 = a + \frac{1}{8}\ a$	$:2 = a + > \frac{1}{12} < \frac{1}{11}$	$:3 = a + > \frac{1}{10} < \frac{1}{9}$	$:4 = a + > \frac{1}{7} < \frac{1}{6}$
6	$1 = a + \frac{1}{6}\ a$	$:2 = a + > \frac{1}{8} < \frac{1}{7}$	$:3 = a + > \frac{1}{7} < \frac{1}{6}$	$:4 = a + > \frac{1}{5} < \frac{1}{4}$
4	$1 = a + \frac{1}{4}\ a$	$:2 = a + \frac{1}{4}$	$:3 = a + \frac{1}{4}\ a$	$:4 = a + \frac{1}{2}\ a$

TABLE POUR LE PHARAON.

	:1	:2	:3	:4
52	$1 =$ * * *	$:2 =$ * * *	$:3 =$ * * *	$:4 = a + \frac{2295086253}{115890841950}$
50	$1 =$ * * *	$:2 = a + \frac{3117}{350350} a$	$:3 = a + \frac{3}{196} a$	$:4 = a + \frac{7208829}{349595300}$
48	$1 = a + \frac{1}{48} a$	$:2 = a + \frac{1787}{161304} a$	$:3 = a + \frac{3}{188} a$	$:4 = a + \frac{276199}{12842280}$
46	$1 = a + \frac{1}{46} a$	$:2 = a + \frac{3431}{296010} a$	$:3 = a + \frac{3}{180} a$	$:4 = a + \frac{11002}{489555}$
44	$1 = a + \frac{1}{44} a$	$:2 = a + \frac{822}{67639} a$	$:3 = a + \frac{3}{172} a$	$:4 = a + \frac{913}{38786}$
42	$1 = a + \frac{1}{42} a$	$:2 = a + \frac{3145}{246246} a$	$:3 = a + \frac{3}{164} a$	$:4 = a + \frac{79}{3196}$
40	$1 = a + \frac{1}{40} a$	$:2 = a + \frac{1501}{111540} a$	$:3 = a + \frac{3}{156} a$	$:4 = a + \frac{25}{962}$
38	$1 = a + \frac{1}{38} a$	$:2 = a + \frac{2849}{201068} a$	$:3 = a + \frac{3}{148} a$	$:4 = a + \frac{1349}{49210}$
36	$1 = a + \frac{1}{36} a$	$:2 = a + \frac{679}{45045} a$	$:3 = a + \frac{3}{140} a$	$:4 = a + \frac{1139}{39270}$
34	$1 = a + \frac{1}{34} a$	$:2 = a + \frac{2573}{160446} a$	$:3 = a + \frac{3}{132} a$	$:4 = a + \frac{357}{11594}$
32	$1 = a + \frac{1}{32} a$	$:2 = a + \frac{1215}{70928} a$	$:3 = a + \frac{3}{124} a$	$:4 = a + \frac{177}{5394}$
30	$1 = a + \frac{1}{30} a$	$:2 = a + \frac{2287}{124410} a$	$:3 = a + \frac{3}{116} a$	$:4 = a + \frac{55}{1566}$
28	$1 = a + \frac{1}{28} a$	$:2 = a + \frac{536}{27027} a$	$:3 = a + \frac{3}{108} a$	$:4 = a + \frac{221}{5850}$
26	$1 = a + \frac{1}{26} a$	$:2 = a + \frac{2001}{92950} a$	$:3 = a + \frac{3}{100} a$	$:4 = a + \frac{611}{14910}$
24	$1 = a + \frac{1}{24} a$	$:2 = a + \frac{929}{39468} a$	$:3 = a + \frac{3}{92} a$	$:4 = a + \frac{473}{10626}$
22	$1 = a + \frac{1}{22} a$	$:2 = a + \frac{1715}{66066} a$	$:3 = a + \frac{3}{84} a$	$:4 = a + \frac{143}{2926}$
20	$1 = a + \frac{1}{20} a$	$:2 = a + \frac{1572}{54340} a$	$:3 = a + \frac{3}{76} a$	$:4 = a + \frac{3[illegible]}{646}$
18	$1 = a + \frac{1}{18} a$	$:2 = a + \frac{1429}{43758} a$	$:3 = a + \frac{3}{68} a$	$:4 = a + \frac{31}{510}$
16	$1 = a + \frac{1}{16} a$	$:2 = a + \frac{429}{11440} a$	$:3 = a + \frac{3}{60} a$	$:4 = a + \frac{9}{130}$
14	$1 = a + \frac{1}{14} a$	$:2 = a + \frac{44}{1001} a$	$:3 = a + \frac{3}{52} a$	$:4 = a +$ [illegible]
12	$1 = a + \frac{1}{12} a$	$:2 = a + \frac{7}{132} a$	$:3 = a + \frac{3}{44} a$	$:4 = a + \frac{19}{198}$
10	$1 = a + \frac{1}{10} a$	$:2 = a + \frac{1}{15} a$	$:3 = a + \frac{3}{36} a$	$:4 = a + \frac{5}{4[illegible]}$
8	$1 = a + \frac{1}{8} a$	$:2 = a + \frac{5}{56} a$	$:3 = a + \frac{3}{28} a$	$:4 = a + \frac{11}{[illegible]}$
6	$1 = a + \frac{1}{6} a$	$:2 = a + \frac{2}{15} a$	$:3 = a + \frac{3}{20} a$	$:4 = a + \frac{[illegible]}{30}$
4	$1 = a + \frac{1}{4} a$	$:2 = a + \frac{1}{4} a$	$:3 = a + \frac{3}{12} a$	$:4 = a +$ [illegible]

PROBLÊME SUR LE JEU DU LANSQUENET.

Déterminer generalement l'avantage de celui qui a la main, & le sort des autres coupeurs par rapport aux differentes places qu'ils occupent.

82. On nomme coupeurs ceux qui prennent cartes dans le tour, avant que celui qui a la main se donne la sienne; & carabineurs, ceux qui prennent carte, après que celle de celui qui a la main est tirée. On appelle la réjouissance la carte qui vient immédiatement après la carte de celui qui a la main. Tout le monde y peut mettre avant que la carte de celui qui a la main soit tirée; mais il dépend de lui de tenir ce qu'il veut, pourvû qu'il s'en explique avant que de tirer sa carte: car s'il la tire sans rien dire, il est obligé de tenir tout ce qu'on y a mis.

Après qu'on a reglé le fond du jeu, celui qui a la main donne des cartes aux coupeurs à commencer par sa droite, & ces cartes se nomment cartes droites, pour les distinguer des cartes de reprise & de réjouissance; il se donne une carte, & ensuite il tire la réjouissance. Cela étant fait, il continue de tirer toutes les cartes de suite; il gagne ce qui est sur la carte d'un coupeur, lorsqu'il amene la carte de ce coupeur; & il perd tout ce qui est au jeu, lorsqu'il amene la sienne. Enfin s'il amene toutes les cartes droites des coupeurs avant que d'amener la sienne, il recommence & continue d'avoir la main, soit qu'il ait gagné ou perdu la réjouissance. Voilà les regles les plus generales de ce Jeu : En voici quelqu'autres particulieres qui ont rapport au Problême proposé.

1°. Lorſque celui qui a la main, que je nommerai toujours Pierre, donne une carte double à un coupeur, c'eſt à dire une carte de même eſpece qu'une autre carte qu'il a déja donnée à un autre coupeur qui eſt plus à la droite, il gagne le fond du jeu ſur la carte perdante, & il eſt obligé de tenir le double ſur la carte double.

2°. Lorſque Pierre donne une carte triple à un coupeur, il gagne ce qui eſt ſur la carte perdante, & il eſt tenu de mettre quatre fois le fond du jeu ſur la carte triple.

3°. Lorſque Pierre donne une carte quadruple à un coupeur, il reprend ce qu'il a mis ſur les cartes ſimples ou doubles ; s'il y en a, il perd ce qui eſt ſur la carte triple de même eſpece que la quadruple qu'il amene, & il quitte la main ſur le champ, ſans donner d'autres cartes.

4°. S'il ſe donne à lui-même une carte quadruple, il prend tout ce qu'il y a ſur les cartes des coupeurs, &, ſans donner d'autres cartes, il recommence la main.

5°. Lorſque la carte de la réjouiſſance eſt quadruple, elle ne va point.

6°. C'eſt encore un loi du jeu, qu'un coupeur, dont la carte eſt priſe, eſt obligé de payer le fond du jeu à chaque coupeur qui a une carte devant lui, ce qui s'appelle arroſer ; mais il y a cette diſtinction à faire, que quand c'eſt une carte droite, celui qui perd paye aux autres cartes droites le fond du jeu, ſans avoir égard à ce que la ſienne ou la carte droite des autres coupeurs ſoit ſimple, double ou triple ; au lieu que quand c'eſt une carte de repriſe, on ne paye & on ne reçoit que ſelon les regles du parti. Or dans ce Jeu les partis ſont de mettre trois contre deux, lorſqu'on a carte double contre carte ſimple ; deux contre un, lorſqu'on a carte triple contre carte double ; & trois contre un, lorſqu'on a carte triple contre carte ſimple.

Ces regles étant bien conçues, ſi l'on veut ſçavoir en quoi conſiſte la difficulté de la premiere partie de ce Problême, qui est de déterminer l'avantage de celui qui a la main, il faut observer :

1°. Que l'avantage d'avoir la main en renferme un autre fort considerable, qui est de conserver à Pierre le droit de tenir les cartes autant de fois qu'il aura amené toutes les cartes droites des coupeurs avant que d'amener la sienne. Or comme cela peut arriver plusieurs fois de suite, quelque nombre de coupeurs qu'il y ait, il faut, en examinant l'avantage de celui qui tient les cartes, avoir égard à l'esperance qu'il a de faire la main un nombre de fois quelconque indéterminément. D'où il suit qu'on ne peut exprimer l'avantage de Pierre que par une suite composée d'un nombre infini de termes qui iront toujours en diminuant.

2°. Que Pierre a d'autant moins d'esperance de faire la main, qu'il y a plus de coupeurs & plus de cartes simples parmi les cartes droites.

3°. Que l'obligation où est Pierre de mettre le double du fond du jeu sur les cartes doubles, & le quadruple sur les cartes triples, diminue l'avantage qu'il auroit en amenant des cartes doubles ou triples avant que de se donner la sienne ; & que son avantage est augmenté par cette autre condition du jeu, qui lui permet de reprendre en entier ce qu'il a mis sur les cartes doubles & triples, lorsqu'il donne à un des coupeurs une carte quadruple.

Ces remarques & quelqu'autres pareilles que j'obmets, peuvent faire connoître que ce Problême est plus composé qu'il ne paroît d'abord.

Pour le résoudre, voici la route que je tiens. J'examine d'abord toutes les dispositions differentes que le jeu peut avoir, avant que Pierre se soit donné sa carte, & je détermine combien il y a de probabilité que chacune des dispositions possibles se trouvera à l'exclusion des autres. Ensuite je cherche quelle est l'esperance de Pierre dans chacune de ces dispositions differentes de se donner une carte ou simple, ou double, ou triple, ou quadruple. En troisiéme lieu, j'examine en particulier ce que chacun des differens rapports de la carte de Pierre à celles des coupeurs lui peut donner de gain ou de perte. Enfin après ces recherches, il ne reste qu'à operer selon les regles ordinaires de l'Analyse. Il seroit long & difficile de faire entendre la methode, sans en faire l'application sur des cas particuliers : ainsi, sans m'étendre davantage, je commence comme dans le Problême précedent par le cas le plus simple.

PROPOSITION III.

PREMIER CAS.

L'on suppose qu'il y ait trois coupeurs, Pierre, Paul & Jacques. Paul est le premier à la droite, & Jacques le second. On demande combien il y a d'avantage pour Pierre à avoir la main.

83. SOIT le fond du jeu apppellé A.

On remarquera :

1°. Qu'il y a à parier seize contre un, que les cartes de Paul & de Jacques se trouveront simples, lorsque Pierre sera sur le point de tirer sa carte, & un contre seize que la carte de Jacques se trouvera double.

2°. Que les cartes de Paul & de Jacques étant simples, Pierre a six coups sur cinquante pour amener carte double, & par consequent quarante-quatre sur cinquante, pour amener carte simple.

3°. Que la carte de Jacques étant double, Pierre a deux coups sur cinquante pour gagner tout, en amenant carte triple, & par consequent quarante-huit sur cinquante, pour amener carte simple.

4°. Que si Pierre amene carte simple, les cartes de Paul & de Jacques étant simples, son sort est $2A$; ce qui est évident; mais que si Pierre amene carte double, son sort est $3A + \frac{1}{5}A$. Car amenant carte double, il prend d'abord $2A$, c'est à dire la mise de celui qui perd & la sienne propre; & outre cela il a sa mise sur la carte du Joueur qui reste, & l'avantage d'avoir carte double contre carte simple : or cet avantage eſt $\frac{1}{5}A$, en voici la preuve. Pierre ayant carte double contre carte ſimple, a trois coups pour gagner, & ſeulement deux coups pour perdre ; ſon ſort ſera donc en ce cas $3 \times 2A + 2 \times 0$ diviſé par 5. Donc ſon ſort ſera $A + \frac{1}{5}A$, & ſon avantage $\frac{1}{5}A$.

5°. Que ſi Pierre amene carte ſimple, la carte de Jacques étant double, ſon ſort eſt $2A - \frac{2}{5}A$. Car c'eſt une loi du jeu, que Jacques ayant carte double eſt en droit de mettre $2A$ ſur ſa carte, & d'obliger Pierre à en mettre autant quoiqu'à ſon deſavantage. On a vû ci-devant que l'avantage de celui qui a carte double contre carte ſimple eſt la cinquiéme partie de la miſe de chacun : or ici la miſe de Jacques étant $2A$, ſon avantage & le deſavantage de Pierre ſera $\frac{2}{5}A$. Il eſt évident que ſi Pierre amenoit carte triple, ſon ſort ſeroit $4A$.

6°. Il faut encore obſerver que Pierre hazarde $2A$, lorſque les cartes de Paul & de Jacques ſont ſimples ; mais qu'il hazarde ſeulement A, lorſque la carte de Jacques eſt double : De tout cela il ſuit que l'avantage qu'a Pierre dans un tour eſt $\frac{16}{17} \times \frac{18}{125}A + \frac{1}{17} \times \frac{87}{125}A = \frac{375}{2125}A = \frac{3}{17}A$.

Maintenant pour ſçavoir ce qu'il faut ajouter à cet avantage pour avoir égard à l'eſperance qu'a Pierre de faire la main, il faut déterminer quel eſt le nombre qui exprime cette eſperance, & le multiplier par l'avantage déja trouvé $\frac{3}{17}A$.

Il eſt clair que cette eſperance eſt differente ſelon toutes les differentes diſpoſitions que peuvent avoir les cartes des trois coupeurs. Ainſi il faut chercher quel degré de probabilité il y a que chacune de ces diſpoſitions poſſibles ſe trouvera, & multiplier chacun des nombres qui les expriment par le degré de probabilité qu'il y a que dans telle & telle diſpoſition Pierre fera la main.

Or je trouve que ſur vingt-deux mille cent differentes diſpoſitions poſſibles des trois cartes de Pierre, Paul & Jacques, il y en a dix-huit mille trois cens quatre, pour que les trois cartes ſoient ſimples ; deux mille quatre cens quatre-vingt-ſeize, pour que la carte de Pierre ſoit double ; mille deux cens quarante-huit, pour que la carte de

Jacques ſoit double; & cinquante-deux pour que celle de Pierre ſoit triple.

Il faut encore obſerver, 1°, que lorſque les trois cartes de Pierre, Paul & Jacques ſont ſimples, il y a à parier un contre deux que Pierre fera la main.

2°. Qu'il y a à parier trois contre deux, lorſque la carte de Pierre eſt double; & deux contre trois, lorſque la carte de Jacques eſt double.

De tout cela il ſuit que ſi l'on ſuppoſe, pour abreger, $\frac{3}{17}A = b$, l'eſperance qu'a Pierre de faire la main ſera exprimée par cette quantité,

$$\frac{18304 \times \frac{1}{3}b + 2496 \times \frac{3}{5}b + 1248 \times \frac{2}{5}b + 52 \times b}{22100} = \frac{2351}{6375}b.$$

Et par conſequent il eſt clair que ſi la regle du jeu étoit que Pierre continuera d'avoir la main encore une fois ſeulement, lorſqu'il aura gagné toutes les cartes droites. L'avantage de celui qui a la main ſeroit $\frac{3}{17}A + \frac{2351}{6375} \times \frac{3}{17}A$; & que ſi la regle étoit que faiſant les cartes droites une ſeconde fois, il continueroit d'avoir encore une fois la main, ſon avantage ſeroit $\frac{3}{17}A + \frac{2351}{6375} \times \frac{3}{17}A + \frac{2351}{6375} \times \frac{2351}{6375} \times \frac{3}{17}a$; & que generalement la regle du Lanſquenet étant que celui qui a la main continuera de tenir les cartes autant de fois qu'il continuera de faire la main, on aura l'avantage de celui qui a la main exprimé par cette ſuite $\frac{3}{17}A + \frac{2351}{6375} \times \frac{3}{17}A + \frac{2351}{6375} \times \frac{2351}{6375} \times \frac{3}{17}A + \overline{\frac{2351}{6375}}^3 \times \frac{3}{17}A +$ &c. dont la ſomme eſt $\frac{19125}{68408}A$. En ſorte que ſi le jeu eſt aux piſtoles, l'avantage de celui qui a la main ſera de 2 l. 15 ſ. & environ 10 deniers.

REMARQUE.

84. DANS tous les jeux où le Banquier continue d'avoir la même place tant qu'une certaine choſe arrive, après quoi il la perd, l'avantage du Banquier eſt toujours exprimé par une ſuite de termes qui forment une progreſſion geometrique. En ſorte que ſon avantage au 1er coup étant b, & la probabilité qu'il y a qu'il conſervera ſa même place étant c, ſon avantage conſideré generalement par rapport aux

hazards qu'il a de conſerver ou de perdre ſa place au bout d'un certain nombre de coups indéterminément, ſera $b + bc + bc^2 + bc^3 + bc^4 + bc^5 +$ &c. dont on ſçait que la ſomme eſt $\frac{b}{1-c}$.

Au reſte cette conſideration n'eſt entierement juſte que dans la ſuppoſition que celui qui a la main aura toujours le même nombre de coupeurs, ce qui n'arrive pas toujours dans la pratique; mais l'erreur qui peut venir de cette ſuppoſition eſt très petite & peut être nulle, parcequ'il y en peut avoir plus ou moins, & que cela ſe compenſe; cependant ſi l'on veut abſolument l'éviter, l'on peut s'en tenir à chercher l'avantage du Banquier, par rapport à chaque main, & dire dans l'exemple ci-deſſus que l'avantage de Pierre dans chaque main eſt $\frac{3}{17}A =$ 1 liv. 15 ſ. $3\frac{9}{17}$ deniers.

SECOND CAS.

Je ſuppoſe qu'il y ait quatre coupeurs, le quatriéme ſe nomme Jean.

85. POUR découvrir en combien de manieres differentes les cartes des trois coupeurs, Paul, Jacques & Jean peuvent arriver ou ſimples, ou doubles, ou triples, il faut ſe ſouvenir que dans le cas précedent on a trouvé qu'il y a ſeize contre un à parier que la carte du premier coupeur étant ſimple, celle du ſecond le ſera auſſi; & que les cartes de deux coupeurs étant ſimples, il y a vingt-deux contre trois à parier que la carte ſuivante ſera ſimple. 2°. Que les cartes des deux premiers coupeurs étant ſimples, il y a ſix contre quarante-quatre à parier que la troiſiéme ſera double. 3°. Qu'il y a un contre ſeize à parier que la carte du ſecond coupeur ſera double; & que la carte du ſecond coupeur étant double, il y a deux ſur cinquante pour amener une carte triple, & par conſéquent quarante-huit ſur cinquante pour amener carte ſimple.

De tout cela il ſuit:

1°. Que pour déterminer combien il y a à parier que

dans ce cas-ci les cartes des trois coupeurs ſeront ſimples, il faut multiplier le nombre $\frac{22}{25}$ qui exprime le degré de probabilité qu'il y a que les cartes de Paul & de Jacques étant ſimples, celle de Jean le ſera auſſi, par le nombre $\frac{16}{17}$ qui exprime combien il y a de probabilité que celle de Jacques ſera ſimple; ainſi il y a à parier trois cens cinquante deux contre ſoixante & treize, que les cartes des trois coupeurs, Paul, Jacques & Jean ſeront ſimples. 2°. Que pour avoir le nombre qui exprime combien il y a à parier que la carte de Jean ſera double, il faut multiplier $\frac{6}{50}$ par le nombre $\frac{16}{17}$. 3°. Que pour avoir le nombre qui exprime combien il y a de probabilité que celle de Jacques ſera double, & celle de Jean ſimple, il faut multiplier $\frac{1}{17}$ par le nombre $\frac{24}{25}$. 4°. Que la fraction $\frac{1}{17} \times \frac{1}{25}$ exprime combien il y auroit à parier que la carte de Jean ſeroit triple.

Maintenant il faut déterminer quel eſt le ſort de Pierre dans chacune de ces quatre diſpoſitions differentes des cartes des trois Joueurs.

L'on trouvera, 1°, que les cartes de Paul, Jacques & Jean étant ſimples, Pierre ſur quarante-neuf cartes qui reſtent, en a quarante à tirer qui peuvent lui donner carte ſimple, & neuf qui peuvent lui donner carte double. Or le ſort de Pierre lorſqu'il a carte ſimple, les cartes des trois autres coupeurs étant ſimples auſſi, eſt $3A$; & ſon ſort, lorſqu'il a carte double, deux quelconques d'entre les coupeurs ayant carte ſimple, eſt $4A + \frac{2}{5}A$. On aura donc le ſort de Pierre, lorſque les cartes des trois autres coupeurs ſont ſimples, $= \frac{40}{49} \times 3A + \frac{9}{49} \times \overline{4A + \frac{2}{5}A} = \frac{798}{245}A = 3A + \frac{63}{245}A$.

2°. Que la carte de Jean étant double, Pierre a ſur quarante-neuf cartes qui reſtent, quarante-quatre cartes à tirer qui lui peuvent donner carte ſimple, trois cartes qui lui peuvent donner carte double, & enfin deux cartes qui lui peuvent donner carte triple. Or le ſort de Pierre, lorſque ſa carte eſt ſimple, eſt $2A + \frac{3}{5}A$; & ſon ſort, lorſque ſa carte eſt double, eſt $4A$. Enfin ſon ſort, lorſque

ſa

sa carte est triple, est $4A + \frac{3}{2}A$. Car Pierre ayant carte triple contre une autre carte simple, devroit parier trois contre un pour parier également; & par consequent il a trois contre un sur la somme qui est couchée sur la carte qui reste : Donc, si la carte de Jean est double, le sort de Pierre sera $= \frac{44}{49} \times \overline{2A + \frac{3}{5}A} + \frac{3}{49} \times 4A + \frac{2}{49} \times \overline{4A + \frac{3}{2}A}$ $= \frac{687}{245}A = 2A + \frac{197}{245}A$.

On trouvera que le sort de Pierre sera le même, c'est à dire $2A + \frac{197}{245}A$, lorsque la carte de Jacques sera double.

3°. On observera que la carte de Jean étant triple, Pierre sur quarante-neuf cartes en a quarante-huit, qui lui donnent carte simple contre carte triple, & une seulement qui lui donne carte quadruple.

Or le sort de Pierre, lorsque sa carte est simple, est $2A$; car il a un coup pour avoir $8A$, & trois coups pour avoir zero. Son sort, lorsque sa carte est quadruple, est $8A$. Donc si la carte de Jean est triple, le sort de Pierre sera $= \frac{48}{49} \times 2A + \frac{1}{49} \times 8A = \frac{104}{49}A = 2A + \frac{6}{49}$.

Il faut encore remarquer que Pierre ne hazarde $3A$ que dans le cas où les cartes de Paul, Jacques & Jean sont simples; qu'il hazarde seulement $2A$ dans le cas où la carte, soit de Jacques soit de Jean est double, & seulement A dans le cas où la carte de Jean est triple.

Tout cela supposé, l'avantage qu'a Pierre dans chaque main, sera exprimé par cette quantité,

$$\frac{\overline{352 \times 63 + 72 \times 197 + 55 \times 5} \times A}{425 \times 245} = \frac{7327}{17 \times 25 \times 49}A = \frac{7327}{20825}A.$$

Il s'agit maintenant de découvrir combien il y a de probabilité que Pierre fera la main. Pour en venir à bout, il faut s'y prendre comme l'on a fait dans le cas précedent; examiner quel est le nombre qui exprime chacune des dispositions suivantes des quatre cartes. Sçavoir, 1°, que toutes les cartes soient simples; 2°, que la carte de Pierre soit simple, l'une des trois autres étant double; 3°, que la carte de Pierre soit double, deux autres quelconques étant simples ; 4°, que la carte de Pierre ſoit double, une des autres étant double ; 5°, que la carte de Jean ſoit triple, celle de Pierre étant ſimple ; 6°, que la carte de Pierre ſoit triple, l'une quelconque des trois autres étant ſimple ; 7°, que la carte de Pierre ſoit quadruple, & enſuite chercher quelle eſt l'eſperance de Pierre de faire la main dans chacune de ces ſept diſpoſitions differentes des quatre cartes.

Or je trouve qu'exprimant l'eſperance qu'a Pierre de faire la main dans les ſept diſpoſitions differentes ci-deſſus marquées par les inconnues x, y, z, u, t, p, l, ſelon l'ordre qu'on vient de leur donner, & déſignant par la lettre b ce qui revient à Pierre de cette eſperance, & par la lettre g, l'avantage de Pierre lorſqu'on ſuppoſe qu'il recommencera une ſeconde fois à tenir les cartes, en cas qu'il faſſe la main dans le premier tour, on aura

$$g = b + \frac{14080x + \overline{2112 + 1056} \times y + 3168z + \overline{72 + 144} \times u}{20825}$$

$$+ \frac{48t + \overline{48 + 96} \times p + 1 \times l}{20825}.$$

On trouvera auſſi $x = \frac{1}{4}b$, $y = \frac{11}{40}b$, $z = \frac{9}{20}b$, $u = \frac{1}{2}b$, $t = \frac{1}{4}b$, $p = \frac{3}{4}b$, $l = b$; & ſubſtituant ces valeurs, on aura

$$g = b + \frac{14080 \times \frac{1}{4}b + 3168 \times \frac{29}{40}b + 216 \times \frac{1}{2}b + 48 \times \frac{1}{4}b + 144 \times \frac{3}{4}b + b}{20825}$$

$= b + - \frac{30229}{104125} = \frac{7327}{20825}A + \frac{30229}{104125} \times \frac{7327}{20825}A$. Donc ſi l'on nomme h l'avantage de Pierre, lorſqu'on ſuppoſe indéterminément qu'il continuera de tenir les cartes juſqu'à ce qu'il ait manqué de faire la main, on aura $h = \frac{7327}{20825}A + \frac{30229}{104125} \times \frac{7327}{20825}A + \overline{\frac{30229}{104125}}^{2} \times \frac{7327}{20825}A + \overline{\frac{30229}{104125}}^{3} \times \frac{7327}{20825}A$ + &c.

TROISIÈME CAS.

L'on suppose qu'il y ait cinq coupeurs, je nomme le cinquième Thomas, & le reste comme ci-devant.

86. LORSQUE Pierre va tirer sa carte, voici toutes les dispositions differentes où se peuvent trouver les cartes des quatre autres coupeurs.

1°. Les cartes de Paul, Jacques, Jean, Thomas, peuvent se trouver simples, & le nombre qui exprime combien il y auroit à parier que cette disposition se trouvera, est $\frac{40}{49} \times \frac{22}{25} \times \frac{16}{17}$.

2°. La carte de Thomas peut se trouver simple, celle de Jean étant double, & le nombre qui exprime combien il y auroit à parier que cette disposition de cartes se trouvera, est $\frac{44}{49} \times \frac{3}{25} \times \frac{16}{17}$.

3°. La carte de Thomas peut se trouver simple, celle de Jacques étant double, & le nombre qui exprime combien il y auroit à parier que cette disposition de cartes se trouvera, est $\frac{44}{49} \times \frac{24}{25} \times \frac{1}{17}$.

4°. La carte de Thomas peut se trouver simple, celle de Jean étant triple, & le nombre qui exprime combien il y auroit à parier que cette disposition de cartes se trouvera, est $\frac{48}{49} \times \frac{1}{25} \times \frac{1}{17}$.

5°. La carte de Thomas peut se trouver double, les cartes des deux autres quelconques étant simples, & le nombre qui exprime combien il y auroit à parier que cette disposition se trouvera, est $\frac{9}{49} \times \frac{22}{25} \times \frac{16}{17}$.

6°. La carte de Thomas peut se trouver double, celle de Jacques étant double, & le nombre qui exprime combien il y auroit à parier que cette disposition se trouvera, est $\frac{3}{49} \times \frac{24}{25} \times \frac{1}{17}$.

7°. La carte de Thomas peut se trouver double, celle de Jean étant double, & le nombre qui exprime combien il y auroit à parier que cette disposition se trouvera, est $\frac{3}{49} \times \frac{3}{25} \times \frac{16}{17}$.

8°. La carte de Thomas peut se trouver triple, la carte de Jean étant simple, & le nombre qui exprime combien il y auroit à parier que cette disposition se trouvera, est $\frac{2}{49} \times \frac{24}{25} \times \frac{1}{17}$.

9°. La carte de Thomas peut se trouver triple, la carte de Paul ou de Jacques étant simple, & le nombre qui exprime combien il y auroit à parier que cette disposition se trouvera, est $\frac{2}{49} \times \frac{1}{25} \times \frac{16}{17}$.

10°. La carte de Thomas peut se trouver quadruple, & le nombre qui exprime combien il y auroit à parier que cette disposition arrivera, est $\frac{1}{49} \times \frac{1}{25} \times \frac{1}{17}$.

Il est à propos de remarquer qu'il n'est pas toujours necessaire de connoître toutes les variations qui peuvent se trouver dans la disposition des cartes des coupeurs, car suivant la nature du Problême, on peut en confondre certaines, & négliger de les considerer séparément, ce qui dans certaines rencontres diminue extrêmement le travail de l'esprit, & abrege la solution. Cette remarque est très importante pour le Problême qui suivra, elle a aussi lieu dans celui-ci, où il faut observer qu'on peut comprendre dans une même fraction le 2e, le 3e & le 5e article; le 6e & le 7e; le 4e, le 8e & le 9e; d'où il suit que de toutes les variations qui se peuvent trouver entre les dispositions des cartes des quatre coupeurs, il n'y en a que cinq qu'il soit à propos de considerer : on en déterminera les coefficiens par la *Propos. 8, art. 23.* Ainsi nommant x le sort de Pierre lorsque les cartes des quatre autres coupeurs sont simples,

y son sort, lorsqu'il y en a une double, les deux autres quelconques étant simples,

t son sort, lorqu'il y en a deux doubles,

z son sort, lorsqu'il y en a une triple & une simple,

p son sort, lorsque la carte de Thomas est quadruple,

On aura, par l'*art. 23*, le sort de Pierre dans chaque main.

$$= \frac{14080x + 6336y + 192z + 216t + p}{20825}$$

Pour connoître la valeur de x, on remarquera que Pierre

en tirant dans quarante-huit cartes en a trente-six qui lui peuvent donner carte ſimple, & douze qui lui peuvent donner carte double. Or le ſort de Pierre, lorſqu'il a carte ſimple, eſt $4A$; & ſon ſort, lorſqu'il a carte double, eſt $2A + \frac{3}{5} \times 6A$. De là il ſuit que $x = \frac{36}{48} \times 4A + \frac{12}{48} \times \overline{5A + \frac{3}{5}A} = \frac{1056}{240}A = 4A + \frac{2}{5}A$.

Pour déterminer la valeur de y, on remarquera que ſur quarante-huit cartes qui reſtent, il y en a deux qui peuvent donner carte triple à Pierre, ſix qui lui peuvent donner carte double, & par conſequent quarante qui peuvent lui donner carte ſimple. Or le ſort de Pierre, lorſque ſa carte eſt triple, eſt $4A + \frac{3}{4} \times 4A = 7A$; & ſon ſort, lorſque ſa carte eſt double, eſt $5A + \frac{1}{5}A$; & ſon ſort, lorſque ſa carte eſt ſimple, eſt $3A + \frac{3}{5}A$. De tout cela il ſuit que $y = \frac{2}{48} \times 7A + \frac{6}{48} \times \overline{5A + \frac{1}{5}A} + \frac{40}{48} \times \overline{3A + \frac{3}{5}A} = 3A + \frac{113}{120}A$.

On trouvera par de ſemblables raiſonnemens

$$z = \frac{1}{48} \times 10A + \frac{3}{48} \times \overline{4A + \frac{2}{5}A} + \frac{44}{48} \times 3A = 3A + \frac{1}{4}A.$$

$$t = \frac{4}{48} \times 4A + \frac{8}{3}A + \frac{44}{48} \times \frac{2}{6} \times 8A = 3A + \frac{22}{45}A.$$

$$p = 0.$$

De tout cela on peut conclure que l'avantage de Pierre dans chaque main eſt

$$14080 \times \frac{2}{5}A + 6336 \times \frac{113}{120}A + 192 \times \frac{5}{4}A + 216 \times \overline{A + \frac{22}{45}A} - A = \frac{12159}{20825}A.$$

Pour determiner l'eſperance qu'a Pierre de faire la main, on fera des raiſonnemens pareils à ceux des deux cas précedens, & l'on trouvera que cette eſperance eſt exprimée par la fraction $\frac{106994}{437325}$. Cela poſé, l'avantage cherché de Pierre ſera $\frac{12159}{20825}A + \frac{106994}{437325} \times \frac{12159}{20825}A + \overline{\frac{106994}{437325}}^2 \times \frac{12159}{20825}A + \overline{\frac{106994}{437325}}^3 \times \frac{12159}{20225}A +$ &c.

QUATRIÈME CAS;

L'on ſuppoſe qu'il y ait ſix coupeurs, je nomme le ſixiéme André, & le reſte comme ci-devant.

87. SI l'on nomme x le ſort de Pierre, lorſque les cartes des cinq coupeurs ſont ſimples.

y son sort, quand l'une des cinq est double, les autres étant simples.

z son sort, quand il y en a une triple & deux simples.

t son sort, quand il y en a deux doubles.

q son sort, quand il y en a une triple & une double.

p son sort, quand le dernier Joueur, qui est ici André, a une carte quadruple.

f son sort, quand Thomas, qui est le penultiéme Joueur, a une carte quadruple.

On aura, par l'*art.* 23, le sort de Pierre dans chaque main

$$= \frac{10560x + 8800y + 440z + 990t + 30q + 4p + f}{20825}.$$

On trouve aussi

$$x = 5A + \frac{27}{47}A$$
$$y = 5A + \frac{26}{235}A$$
$$z = 4A + \frac{96}{235}A$$
$$t = 4A + \frac{92}{141}A$$
$$q = 3A + \frac{227}{235}A$$
$$p = A$$
$$f = 0;$$

ce qui donnera l'avantage de Pierre dans chaque main

$$= \frac{10560 \times \frac{27}{47}A + 8800 \times \overline{A + \frac{26}{235}A} + 440 \times \overline{A + \frac{96}{235}A} + 990 \times \overline{A + \frac{92}{141}A} + 30 \times \overline{A + \frac{227}{235}A} + 5 \times -A}{20825}$$

$$= \frac{170607}{195755}A.$$

On trouvera par des calculs assez longs, mais pareils à ceux des cas precedens, que l'esperance qu'a Pierre de faire la main, est exprimée par la fraction $\frac{1899236042}{1047358288825}$, en sorte qu'on aura l'avantage cherché $= \frac{170607}{195755}A$

$$+ \frac{1899236042}{1047358288825} \times \frac{170607}{195755}A + \overline{\frac{1899236042}{1047358288825}}^2 \times \frac{170607}{195755}A$$
$$+ \overline{\frac{1899236042}{1047358288825}}^3 \times \frac{170607}{195755}A + \&c.$$

CINQUIÈME CAS.

L'on suppose qu'il y ait sept coupeurs.

88. SOIT x l'avantage de Pierre, lorsque les six cartes sont simples.

y, quand il y en a une double & quatre simples.
z, quand il y en a deux doubles & deux simples.
u, quand il y en a trois doubles.
t, quand il y en a une triple & trois simples,
r, quand il y en a une triple, une double & une simple.
p, quand il y en a deux triples.
q, quand il y en a une quadruple & deux simples.
m, quand il y en a une quadruple & une double.

On aura, par l'*art.* 23, l'avantage de Pierre dans chaque main.

$$= \frac{67584x + 95040y + 23760z + 594u + 7040t + 1584r + 12p + 132q + 9m}{195755}$$

$$x = \frac{18}{23}A,\ y = \frac{151}{115}A,\ z = \frac{638}{345}A,\ u = \frac{55}{23}A,\ t = \frac{184}{115}A,$$
$$r = \frac{99}{46}A,\ p = \frac{58}{23}A,\ q = -A,\ m = 0.$$

Donc si l'on substitue ces valeurs de $x, y, z,$ &c. on aura l'avantage de Pierre dans chaque main

$$= \frac{67584 \times \frac{18}{23}A + 95040 \times \frac{151}{115}A + 23760 \times \frac{638}{345}A + 594 \times \frac{55}{23}A + 7040 \times \frac{184}{115}A + 1584 \times \frac{99}{46}A + 12 \times \frac{58}{23}A + 132 \times -A + 9 \times 0}{195755}$$

$$= \frac{5465122}{4502365}A = A + \frac{962757}{4502365}A.$$

L'on trouvera que l'esperance qu'a Pierre de faire la main, est exprimée par la fraction $\frac{9171600302577719}{6102195875135235}$, & par consequent l'avantage cherché sera

$$\frac{5465122}{4502365}A + \frac{9171600302577719}{6102195875135235} \times \frac{5465122}{4502365}A + \overline{\frac{9171600302577719}{6102195875135235}}^{2} \times \frac{5465122}{4502365}A + \overline{\frac{9171600302577719}{6102195875135235}}^{3} \times \frac{5465122}{4502365}A + \&c.$$

On pourra ainsi trouver l'avantage de Pierre, en suppoposant qu'il y ait un plus grand nombre de coupeurs, la methode en seroit la même ; mais les calculs en seroient si longs, & les raisonnemens que supposent les calculs si embarassés, que je crois devoir me dispenser d'aller plus loin ; l'utilité qu'on pourroit tirer d'une Table calculée pour un plus grand nombre de coupeurs ne seroit pas à notre avis assés considerable pour dédommager de la peine qu'elle donneroit.

Je vais présentement donner la solution de l'autre partie du Problême que je me suis proposé sur le Lansquenet, sçavoir de déterminer les divers desavantages des coupeurs qui sont dans des places differentes à la droite & à la gauche de Pierre. La methode que j'employerai aura beaucoup de rapport à la précedente ; ainsi pour la faire entendre je me contenterai d'en faire l'essai & l'application sur un cas particulier tel qu'est celui qui suit.

PROPOSITION LV.

PROBLÊME II.

Déterminer quel est le rapport des differens desavantages de trois coupeurs, Paul, Jacques & Jean, en supposant, comme dans le second cas du Problême précedent, que Pierre quatriéme coupeur tient la main, que Paul est le premier à sa droite, que Jacques suit Paul, & que Jean est à la gauche de Pierre.

89. On a trouvé dans la solution de ce second cas du Problême précedent, *art. 84*, que l'avantage de Pierre dans chaque main étoit exprimé par la fraction $\frac{7327}{20825}$, en sorte que le jeu étant aux pistoles, il doit estimer son avantage trois livres dix sols & quelques deniers. Or il est clair que cet avantage de Pierre tombe en perte sur les autres coupeurs, mais inégalement sur chacun ; en sorte, par exemple, que Paul en porte plus que Jacques, & Jacques plus que Jean.

La difficulté du Problême consiste à découvrir selon quelle

quelle proportion cette perte ou ce desavantage commun se distribue entre chacun des trois coupeurs.

Pour trouver ce rapport je cherche separément le desavantage de chacun des trois joueurs, & pour cela j'examine toutes les dispositions possibles des quatre cartes droites qui varient le sort de chacun des joueurs, & j'observe dans chacune quel est son desavantage, ayant égard à ce que les arrosemens lui donnent ou lui font esperer de gain ou de perte. Je multiplie chacun des nombres qui exprime les differentes dispositions de cartes qui varient la condition du joueur par l'avantage ou le desavantage qu'elles lui donnent; j'ajoute tous ces produits, & je divise leur somme par 20825, qui est le produit de ces trois nombres 17, 25, 49: l'exposant de cette division exprime le desavantage du joueur.

Trouver le desavantage de Paul.

1°. Quand les cartes des quatre coupeurs sont simples, il n'y a ni avantage ni desavantage pour Paul.

2°. Quand la carte de Pierre est double, celle de Jacques & de Jean étant simples, le desavantage de Paul est exprimé par $-3A$.

3°. Quand la carte de Pierre est double, celle de Paul étant simple, l'avantage de Paul est $\frac{4}{5}A$.

4°. Quand la carte de Jacques est double, le desavantage de Paul est exprimé par $-A$

5°. Quand la carte de Jean est double, celle de Paul étant en perte, le desavantage de Paul est exprimé par $-2A$.

6°. Quand la carte de Jean est double, celle de Pierre & de Paul étant simples, l'avantage de Paul est $\frac{4}{5}A$.

7°. Quand la carte de Jean est double de celle de Jacques, & la carte de Pierre double de celle de Paul, le desavantage de Paul est exprimé par $-A$.

8°. Quand la carte de Pierre est triple, celle de Paul étant simple, l'avantage de Paul est $\frac{1}{2}A$.

9°. Quand la carte de Jean est triple, le desavantage de Paul exprimé par $-A$.

Les nombres qui expriment combien il y a de probabilité que chacune de ces dispositions particulieres se trouvera, sont à commencer par la seconde, & en continuant avec ordre.

352×3, 352×6, 24×49, 24×49, 24×44, 24×3, 24×2, 49, & par consequent le desavantage de Paul sera exprimé par cette quantité

$$\frac{352 \times 3 \times 5 \times -3A + 352 \times 6 \times 4A + 24 \times 49 \times 5 \times -3A + 24 \times 44 \times 4A + 72 \times 5 \times -A + 72 \times 5 \times A + 49 \times 5 \times -A}{20825 \times 5}$$

qui étant reduite devient $-\frac{22053}{104125}A$; & cette fraction exprime le desavantage de Paul.

Trouver le desavantage de Jacques.

1°. Quand les cartes des quatre coupeurs sont simples, il n'y a ni avantage ni desavantage pour Jacques.

2°. Quand la carte de Pierre étant double, celles de Paul & de Jean sont simples, le desavantage de Jacques est exprimé par $-3A$.

3°. Quand la carte de Pierre étant double, celle de Jacques est simple, l'avantage de Jacques est $\frac{4}{5}A$.

4°. Quand la carte de Jean étant double, celles de Jacques & de Pierre sont simples, l'avantage de Jacques est $\frac{4}{5}A$.

5°. Quand la carte de Jean étant double de celle de Paul, la carte de Pierre est double de celle de Jacques, le desavantage de Jacques est exprimé par $-A$.

6°. Quand la carte de Jean étant double, celles de Paul & de Pierre sont simples, le desavantage de Jacques est exprimé par $-2A$.

7°. Quand la carte de Jean étant double, celle de Pierre est double de la carte de Paul, le desavantage de Jacques est exprimé par $-2A$.

8°. Quand la carte de Jacques étant simple, celle de Pierre est triple, l'avantage de Jacques est $\frac{3}{2}A$.

9°. Quand la carte de Paul étant simple, celle de Pierre est triple, le desavantage de Jacques est exprimé par $-2A$.

10°. Quand la carte de Jacques étant double, celles de Jean & de Pierre sont simples, son avantage est $\frac{3}{5}A$.

11°. Quand la carte de Jacques étant double, celle de Pierre est double, l'avantage de Jacques est A.

12°. Quand la carte de Jean étant simple, celle de Pierre est triple, le desavantage de Jacques est exprimé par $-3A$.

13°. Quand la carte de Pierre est quadruple, le desavantage de Jacques est exprimé par $-2A$.

14°. Quand la carte de Pierre étant simple, celle de Jean est triple, le desavantage de Jacques est exprimé par $-2A$.

Les nombres qui expriment combien il y a de probabilité, que chacune de ces dispositions particulieres se trouvera, sont à commencer par la seconde, & en connuant avec ordre,

3×352, 6×352, 24×44, 24×3, 24×44, 24×3, 24×2, 24×2, 24×44, 24×3, 24×2, 1, 48,

& par consequent le desavantage de Jacques sera exprimé par cette quantité

$$\frac{3 \times 352 \times -3A + 6 \times 352 \times \frac{4}{5}A + 24 \times 44 \times \frac{4}{5}A + 24 \times 3 \times -A + 24 \times 44 \times -2A + 24 \times 3 \times -2A + 24 \times 2 \times \frac{3}{2}A + 24 \times 2 \times -2A + 24 \times 44 \times \frac{3}{5}A + 24 \times 3A + 24 \times 2 \times -3A + 1 \times -2a + 48 \times -2A.}{20825}$$

Ce qui étant réduit donne cette fraction $-\frac{12610}{104125}A$, qui exprime le desavantage de Jacques.

Trouver le desavantage de Jean.

1°. Quand les cartes des quatre coupeurs sont simples, il n'y a ni avantage ni desavantage pour Jean.

2°. Quand la carte de Jean étant double, celle de Pierre est simple, l'avantage de Jean est $\frac{3}{5}A$

3°. Quand la carte de Pierre & celle de Jean sont simples, celle de Jacques étant double, le desavantage de Jean est exprimé par $-\frac{1}{5}A$.

4°. Quand la carte de Pierre étant simple, celle de Jean est triple, l'avantage de Jean est $2A$.

5°. Quand la carte de Pierre étant double, celles de Paul & de Jacques sont simples, le desavantage de Jean est exprimé par $-3A$.

6°. Quand la carte de Pierre étant double, celle de Jean est simple, l'avantage de Jean est $\frac{4}{5}A$.

7°. Quand la carte de Pierre étant double, celle de Jacques est double, le desavantage de Jean est exprimé par $-2A$.

8°. Quand la carte de Pierre étant double, celle de Jean est double, l'avantage de Jean est A.

9°. Quand la carte de Pierre étant triple, celle de Jean est simple, l'avantage de Jean est $\frac{1}{2}A$.

10°. Quand la carte de Pierre étant triple, celle de Paul ou de Jacques sont simples, le desavantage de Jean est exprimé par $-3A$.

11°. Quand la carte de Pierre est quadruple, le desavantage de Jean est exprimé par $-4A$.

Les nombres qui expriment la probabilité qu'il y a que chacune de ces dispositions particulieres se trouvera, sont à commencer à la seconde, & en continuant avec ordre,

$44 \times 3 \times 16$, $44 \times 24 \times 1$, 48, $3 \times 22 \times 16$, $6 \times 22 \times 16$, 3×24, $3 \times 3 \times 16$, 2×24, $2 \times 3 \times 16$, 1,

Et par conséquent le desavantage de Jean sera

$$\frac{44 \times 3 \times 16 \times \frac{3}{5}A + 44 \times 24 \times -\frac{1}{5}A + 48 \times 2A + 3 \times 22 \times 16 \times -3A + 6 \times 22 \times 16 \times \frac{4}{5}A + 3 \times 24 \times -2A + 3 \times 3 \times 16 \times A + 2 \times 24 \times \frac{1}{2}A + 2 \times 3 \times 16 \times -3A + 1 \times -4A}{20825}$$

ce qui étant réduit devient $-\frac{2972}{104125}A$, & cette fraction exprime le desavantage de Jean.

Maintenant si l'on ajoute en une somme les desavantages trouvés des trois joueurs Paul, Jacques & Jean, $\frac{\overline{-21053-12610-2972} \times A}{20825 \times 5}$, on trouvera que leur somme $= -\frac{7327}{20825}A$.

Or on a vû dans le second cas du Problême précedent, que l'avantage de Pierre dans chaque main étoit $\frac{7327}{20825}A$, & par consequent ces deux termes étant comparés se détruisent.

On a donc la juste proportion du desavantage des trois joueurs, & le total de leur desavantage, ainsi qu'on a dû le trouver.

On n'a fait ici attention qu'au desavantage qu'a dans chaque main chacun des trois joueurs Paul, Jacques & Jean. Maintenant si l'on veut avoir égard à ce qui leur survient de desavantage, lorsque l'on suppose que Pierre recommencera à tenir les cartes autant de fois qu'il fera la main, on trouvera le desavantage de Paul,

$$= -1 \times \frac{21053}{104125}A + \frac{30229}{104125} \times \frac{21053}{104125}A + \overline{\frac{30229}{104125}}^2 \times \frac{21053}{104125}A + \overline{\frac{30229}{104125}}^3 \times \frac{21053}{104125}A + \&c.$$

& celui de Jacques

$$= -1 \times \frac{12610}{104125}A + \frac{30229}{104125} \times \frac{12610}{104125}A + \overline{\frac{30229}{104125}}^2 \times \frac{12610}{104125}A + \overline{\frac{30229}{104125}}^3 \times \frac{12610}{104125}A + \&c.$$

& celui de Jean

$$= -1 \times \frac{2970}{104125}A + \frac{30229}{104125} \times \frac{2972}{104125}A + \overline{\frac{30229}{104125}}^2 \times \frac{2972}{104125}A + \overline{\frac{30229}{104125}}^3 \times \frac{2972}{104125}A + \&c.$$

La somme de ces trois suites infinies sera égale à celle qui exprime l'avantage de Pierre ; & lui étant comparée, elles se détruiront ayant des signes contraires.

COROLLAIRE I.

90. Si l'on veut connoître les valeurs exactes des ſuites infinies qui expriment l'avantage de celui qui a la main, en ſuppoſant que *A* qui exprime le jeu ſoit une piſtole ou dix livres; on les aura dans cette Table.

Pour trois coupeurs ſon avantage ſera 2 l. 15 ſ. 10 d. $\frac{420}{503}$.
Pour quatre coupeurs . . . . 4 l. 19 ſ. 1 d. $\frac{2569}{3079}$.
Pour cinq coupeurs . . . . 7 l. 14 ſ. 7 d. $\frac{4255}{3303331}$.
Pour ſix coupeurs . . . . 10 l. 12 ſ. 10 d. $\frac{328372137818918}{335703882047235}$.
Pour ſept coupeurs . . . . 14 l. 16 ſ. 5 d. $\frac{1276210397023}{7756210003115777}$.

Il ſuit de là que l'avantage de celui qui a la main ne croît pas dans la même raiſon que le nombre des joueurs, puiſque ſon avantage qui eſt environ 2 liv. 16 ſols, lorſqu'il y a trois coupeurs, eſt beaucoup plus grand que 5 liv. 12 ſols lorſqu'il y a ſix coupeurs.

COROLLAIRE II.

91. Si l'on ſuppoſe que le jeu ſoit aux piſtoles, & qu'il y ait quatre coupeurs Pierre, Paul, Jacques & Jean, ainſi que dans le ſecond Problême, ou dans le ſecond cas du premier, le deſavantage de Paul ſera 2 l. 16 ſ. 11 d. $\frac{2343}{3079}$;
le deſavantage de Jacques ſera . . . 1 l. 14 ſ. 1 d. $\frac{1689}{3079}$;
le deſavantage de Jean ſera . . . . 8 ſ. 0 $\frac{1616}{3079}$;

Il faut remarquer, 1°, que la ſomme des trois termes qui expriment les divers deſavantages des joueurs eſt égale à celui-ci 4 liv. 19 ſ. 1 d. $\frac{2569}{3079}$, qui exprime l'avantage de Pierre; 2°, que le rapport des deſavantages de Paul, Jacques & Jean eſt à peu près comme les nombres 7, 4, 1.

COROLLAIRE III.

92. LA probabilité qu'il y a que Pierre fera la main, diminue à mesure qu'il y a un plus grand nombre de coupeurs ; & l'ordre de cette diminution depuis trois coupeurs jusqu'à sept inclusivement, est à peu près comme ces fractions, $\frac{1}{2}$, $\frac{1}{3}$, $\frac{1}{4}$, $\frac{1}{5}$, $\frac{1}{6}$.

COROLLAIRE IV.

93. IL se trouve souvent des coupeurs qui faute de sçavoir leurs interests, ou par une imagination qu'ils ont d'avoir la main malheureuse, ou enfin pour ne point perdre plus d'argent qu'ils n'ont dessein d'en hazarder, passent leur main, sans quitter pour cela le jeu. Chaque coupeur sçaura par le second Problême, combien celui qui renonce à la main lui fait d'avantage.

COROLLAIRE V.

94. IL en est de même quand un coupeur quitte le jeu; chacun des autres coupeurs pourra découvrir par le même Problême, combien cela lui est avantageux ou préjudiciable.

COROLLAIRE VI.

95. ON trouvera aisément par tout ce qui précede combien il y a à parier que Pierre fera la main selon toutes les differentes dispositions des cartes des coupeurs. Voici une Table que j'ai faite pour divers cas où Pierre qui a la main auroit carte triple.

TABLE.

S'il n'y a au jeu qu'une carte ſimple,	Pierre peut parier	3	contre	1
S'il y a deux cartes ſimples,		9	contre	5
S'il y a trois cartes ſimples,		81	contre	59
S'il y a quatre cartes ſimples,		243	contre	212
S'il y a cinq cartes ſimples,		729	contre	727
S'il n'y a qu'une carte double,		2	contre	1
S'il y a une carte ſimple & une double,		7	contre	5
S'il y a deux cartes doubles,		8	contre	7
S'il y a deux ſimples & une double,		67	contre	59
Lorſqu'il y a ſix cartes ſimples,		6561	contre	7271
Lorſqu'il y a une carte ſimple & deux doubles,		59	contre	61

REMARQUE I.

96. C'EST un préjugé commun parmi les Joueurs, que la carte de la réjouiſſance eſt favorable à ceux qui y mettent. Pour ſe deſabuſer de cette opinion, il faut prendre garde que ſi la carte de la réjouiſſance a de l'avantage dans certaines diſpoſitions des cartes des coupeurs, elle a du deſavantage en d'autres, & que cela ſe compenſe toujours exactement.

Suppoſons, par exemple, qu'il y ait trois coupeurs comme dans le premier cas du premier Problême, & que l'argent de la réjouiſſance ſoit nommé $2b$, il eſt bien vrai que l'avantage de la réjouiſſance ſera $\frac{6}{245}b$ lorſque les cartes des trois coupeurs ſeront ſimples, & $\frac{1}{49}b$ lorſque la carte de Jacques ſera double; mais en récompenſe ſon deſavantage ſera $\frac{44}{245}b$ lorſque la carte de Pierre ſera double, & $\frac{24}{49}b$ lorſqu'elle ſera triple.

Multipliant donc ces nombres par ceux qui expriment les differentes probabilités qu'il y a que telle ou telle de ces diſpoſitions ſe rencontrera, on aura $\frac{6 \times 352}{245 \times 425}b + \frac{24}{49 \times 425}b - \frac{44 \times 48}{245 \times 425}b - \frac{24}{49 \times 425}b = 0$; ce qui fait voir qu'il n'y a dans ce cas ni avantage, ni deſavantage pour la carte de la réjouiſſance.

On

On pourra découvrir la même chose par rapport à tout autre nombre de coupeurs.

REMARQUE II.

97. Il y a un Jeu assés connu qu'on nomme la Duppe, c'est une espece de Lansquenet renversé. La difference de ce Jeu à celui du Lansquenet consiste en ce qui suit; 1°, celui qui tient la Duppe se donne la premiere carte; 2°, celui qui a coupé les cartes est obligé de prendre la seconde; 3°, les autres Joueurs peuvent prendre ou refuser la carte qui leur est présentée; 4°, celui qui prend une carte double est obligé d'en faire le parti; 5°, celui qui tient la Duppe ne quitte point les cartes, & conserve toujours la main. La ressemblance qu'il y a de ce Jeu à celui du Lansquenet, a fait imaginer aux Joueurs qu'il y a du desavantage pour celui qui tient la main, & d'autant plus qu'à ce Jeu la main ne change point; au lieu qu'au Lansquenet chacun la tient à son tour. Sur ce fondement ils lui ont donné le nom de la Duppe : mais il ne lui convient nullement; car il est aisé de découvrir que l'égalité est parfaite dans ce Jeu, & pour les Joueurs entr'eux, & pour celui qui tient la main à l'égard des Joueurs. Il me suffit de faire cette remarque, un peu d'attention en convaincra ceux qui voudront prendre la peine de l'examiner.

PROBLÊMES DIVERS SUR LE JEU DU TREIZE.

EXPLICATION DU JEU.

98. Les Joueurs tirent d'abord à qui aura la main. Supposons que ce soit Pierre, & que le nombre des Joueurs soit tel qu'on voudra. Pierre ayant un jeu entier composé de cinquante-deux cartes mêlées à discretion, les tire l'une après l'autre, nommant & prononçant un lorsqu'il tire la premiere carte, deux lorsqu'il tire la seconde, trois lorsqu'il tire la troisiéme, & ainsi de suite jusqu'à la treiziéme qui est un Roy. Alors si dans toute cette suite de cartes il n'en a tiré aucune selon le rang qu'il les a nommées, il paye ce que chacun des Joueurs a mis au jeu, & cede la main à celui qui le suit à la droite.

Mais s'il lui arrive dans la suite des treize cartes, de tirer la carte qu'il nomme, par exemple, de tirer un as dans le temps qu'il nomme un, ou un deux dans le temps qu'il nomme deux, ou un trois dans le temps qu'il nomme trois, &c. il prend tout ce qui est au jeu, & recommence comme auparavant, nommant un, ensuite deux, &c.

Il peut arriver que Pierre ayant gagné plusieurs fois, & recommençant par un, n'ait pas assés de cartes dans sa main pour aller jusqu'à treize, alors il doit, lorsque le jeu lui manque, mêler les cartes, donner à couper, & ensuite tirer du jeu entier le nombre de cartes qui lui est nécessaire pour continuer le jeu, en commençant par celle où il est demeuré dans la précedente main. Par exemple, si en tirant la derniere carte il a nommé sept, il doit en tirant la premiere carte dans le jeu entier, après qu'on a coupé, nommer huit, & ensuite neuf, &c. jusqu'à treize, à moins qu'il ne gagne plûtôt, auquel cas il recommenceroit, nommant d'abord un, ensuite deux, & le reste comme on vient de l'expliquer. D'où il paroît que Pierre peut faire plusieurs mains de suite, & même qu'il peut continuer le jeu à l'infini.

PROBLÊME.

PROPOSITION V.

Pierre a un certain nombre de cartes differentes qui ne sont point repetées, & qui sont mêlées à discretion : il parie contre Paul que s'il les tire de suite, & qu'il les nomme selon l'ordre des cartes, en commençant ou par la plus haute, ou par la plus basse, il lui arrivera au moins une fois de tirer celle qu'il nommera. Par exemple, Pierre ayant en main quatre cartes, sçavoir un as, un deux, un trois & un quatre mêlées à discretion, parie que les tirant de suite, & nommant un lorsqu'il tirera la premiere, deux lorsqu'il tirera la seconde, trois lorsqu'il tirera la troisiéme, il lui arrivera ou de tirer un as lorsqu'il nommera un, ou de tirer un deux quand il nommera deux, ou de tirer un trois quand il nommera trois, ou de tirer un quatre quand il nommera quatre. Soit conçu la même chose de tout autre nombre de cartes. On demande quel est le sort ou l'esperance de Pierre pour quelque nombre de cartes que ce puisse être depuis deux jusqu'à treize.

99. SOIENT les cartes avec lesquelles Pierre fait le parti, représentées par les lettres a, b, c, d, &c. Si l'on nomme m le nombre des cartes qu'il tient, & n le nombre qui exprime tous les arrangemens possibles de ces cartes, la fraction $\frac{n}{m}$ exprimera combien de differentes fois chaque lettre occupera chacune des places. Or il faut

remarquer que ces lettres ne se rencontrent pas toujours à leur place utilement pour le Banquier ; par exemple, *a*, *b*, *c* ne donne qu'un coup pour gagner à celui qui a la main, quoique chacune de ces trois lettres y soit à sa place ; Et de même *b*, *a*, *c*, *d* ne donne qu'un coup à Pierre pour gagner, quoique chacune des lettres *c* & *d* y soit à sa place. La difficulté de ce Problême consiste donc à démêler combien de fois chaque lettre est à sa place utilement pour Pierre, & combien de fois elle y est inutilement.

PREMIER CAS.

Pierre tient un as & un deux, & parie contre Paul, qu'ayant mêlé ces deux cartes, & nommant un lorsqu'il tirera la premiere, & deux lorsqu'il nommera la seconde, il lui arrivera ou de tirer un as pour la premier carte, ou de tirer un deux pour la seconde carte. L'argent du jeu est exprimé par A.

100. DEUX cartes ne peuvent s'arranger que de deux façons differentes : l'une fait gagner Pierre, l'autre le fait perdre : donc son sort sera $\frac{A+0}{2} = \frac{1}{2}A$.

SECOND CAS.

Pierre tient trois cartes.

101. SOIENT ces trois cartes représentées par les lettres *a*, *b*, *c* : on observera que des six arrangemens differens que ces trois lettres peuvent recevoir, il y en a deux où *a* est à la premiere place ; qu'il y en a un où *b* est à la seconde place, *a* n'étant point à la premiere ; & un où *c* est à la troisiéme place, *a* n'étant point à la premiere, & *b* n'étant point à la seconde ; d'où il suit qu'on aura $S = \frac{2}{3}A$; & par consequent que le sort de Pierre est à celui de Paul, comme deux est un.

TROISIE'ME CAS.

Pierre tient quatre cartes.

102. SOIENT les quatre cartes représentées par les lettres a, b, c, d: on observera que des vingt-quatre arrangemens differens que ces quatre lettres peuvent recevoir, il y en a six où a occupe la premiere place; qu'il y en a quatre où b est à la seconde, a n'étant pas à la premiere; trois où c est à la troisiéme, a n'étant pas à la premiere, & b n'étant pas à la seconde; enfin deux où d est à la quatriéme, a n'étant pas à la premiere, b n'étant pas à la seconde, & c n'étant pas à la troisiéme; d'où il suit qu'on aura le sort de Pierre $= S = \frac{6+4+3+2}{24} A = \frac{15}{24} A = \frac{5}{8} A$; & par conséquent que le sort de Pierre est au sort de Paul comme cinq à trois.

QUATRIE'ME CAS.

Pierre tient cinq cartes.

103. SOIENT les cinq cartes représentées par les lettres a, b, c, d, f: on observera que des 120 arrangemens differens que cinq lettres peuvent recevoir, il y en a vingt-quatre où a occupe la premiere place, dix-huit où b occupe la seconde, a n'occupant pas la premiere; quatorze où c est à la troisiéme place, a n'étant pas à la premiere place, ni b à la seconde; onze où d est à la quatriéme place, a n'étant pas à la premiere, ni b à la seconde, ni c à la troisiéme; enfin neuf arrangemens où f est à la cinquiéme place, a n'étant pas à la premiere, ni b à la seconde, ni c à la troisiéme, ni d à la quatriéme; d'où il suit qu'on aura le sort de Pierre $= S = \frac{24+18+14+11+9}{120} A = \frac{76}{120} A = \frac{19}{30} A$; & par consequent que le sort de Pierre est au sort de Paul comme dix-neuf est à onze.

GENERALEMENT.

104. Si l'on nomme S le sort que l'on cherche, le nombre des cartes que Pierre tient étant exprimé par p; g le sort de Pierre, le nombre des cartes étant $p - 1$; d son sort, le nombre des cartes qu'il tient étant $p - 2$, on aura $S = \frac{g \times \overline{p - 1} + d}{p}$. Cette formule donnera tous les cas, ainsi qu'on les voit résolus dans la Table ci-jointe.

TABLE.

Si $p = 1$, on aura $S = A$.
Si $p = 2$, on aura $S = \frac{1}{2}A$.
Si $p = 3$, on aura $S = \frac{2}{3}A = \frac{1}{2}A + \frac{1}{6}A$.
Si $p = 4$, on aura $S = \frac{5}{8}A = \frac{1}{2}A + \frac{1}{8}A$.
Si $p = 5$, on aura $S = \frac{19}{30}A = \frac{1}{2}A + \frac{2}{15}A$.
Si $p = 6$, on aura $S = \frac{21}{144}A = \frac{1}{2}A + \frac{19}{144}A$.
Si $p = 7$, on aura $S = \frac{531}{840}A = \frac{1}{2}A + \frac{111}{840}A$.
Si $p = 8$, on aura $S = \frac{3641}{5760}A = \frac{1}{2}A + \frac{761}{5760}A$.
Si $p = 9$, on aura $S = \frac{28673}{45360}A = \frac{1}{2}A + \frac{5993}{45360}A$.
Si $p = 10$, on aura $S = \frac{28319}{44800}A = \frac{1}{2}A + \frac{5919}{44800}A$.
Si $p = 11$, on aura $S = \frac{2523223}{3991680}A = \frac{1}{2}A + \frac{527383}{3991680}A$.
Si $p = 12$, on aura $S = \frac{302786759}{479001600}A = \frac{1}{2}A + \frac{63285959}{479001600}A$.
Si $p = 13$, on aura $S = \frac{109339663}{172972800}A = \frac{1}{2}A + \frac{22853263}{172972800}A$.

Cette formule donneroit de même l'avantage de Pierre, si l'on supposoit qu'il y eût un plus grand nombre de cartes de differente espece.

REMARQUE I.

105. La solution précedente fournit un usage singulier des nombres figurés, car je trouve en examinant la for-

mule, que le ſort de Pierre eſt exprimé par une ſuite infinie de termes qui ont alternativement + & —, & tels que le numerateur eſt la ſuite des nombres qui compoſent dans la Table, *art. 1*, la colonne perpendiculaire qui répond à p, en commençant par p, & le dénominateur la ſuite des produits $p \times p - 1 \times p - 2 \times p - 3 \times p - 4 \times p - 5$, &c. en ſorte que ces produits qui ſe trouvent dans le numerateur & dans le dénominateur ſe détruiſans, il reſte pour expreſſion du ſort de Pierre cette ſuite très ſimple $\frac{1}{1} - \frac{1}{1 \cdot 2} + \frac{1}{1 \cdot 2 \cdot 3} - \frac{1}{1 \cdot 2 \cdot 3 \cdot 4} + \frac{1}{1 \cdot 2 \cdot 3 \cdot 4 \cdot 5} - \frac{1}{1 \cdot 2 \cdot 3 \cdot 4 \cdot 5 \cdot 6} +$ &c.

Si l'on forme un Logarithmique dont la ſoutangente ſoit l'unité, & que l'on prenne deux ordonnées, dont l'une ſoit l'unité, & l'autre ſoit éloignée de cette premiere d'une quantité égale à la ſoutangente, l'excès de l'ordonnée conſtante ſur la derniere ſera égal à cette ſuite.

Pour le démontrer ſoit la formule generale des ſoutangentes $s = \pm \frac{ydx}{dy}$, la ſoutangente étant nommée s, l'abciſſe x, l'ordonnée y. On ſuppoſera y égale à une ſuite d'expoſans des x affectés de coefficiens indéterminés, par exemple, $= 1 + ax + bxx + cx^3 + dx^4 +$ &c. & prenant de part & d'autre la difference, diviſant enſuite par dx, & multipliant par s, on trouvera $\pm \frac{sdy}{dx} = y = 1 + ax + bxx + cx^3 + dx^4 +$ &c. $= \pm as \pm 2bsx \pm 3csxx \pm 4dsx^3 +$ &c. Si l'on compare les termes omologues de ces deux ſuites, & que l'on tire de cette comparaiſon la valeur des coefficiens a, b, c, d, on auroit $y = 1 \pm \frac{x}{s} + \frac{1xx}{1 \cdot 2ss} \pm \frac{1}{1 \cdot 2 \cdot 3} \frac{x^3}{s^3} + \frac{1}{1 \cdot 2 \cdot 3 \cdot 4} \frac{x^4}{s^4} \pm$ &c. ce qui fait voir que ſi l'on détermine, y, à être l'ordonnée d'un logarithmique dont la ſoutangente conſtante ſoit $= 1$, on aura l'ordonnée qui correſpond à x pris du côté que les ordonnées diminuent, $= 1 - \frac{x}{1} + \frac{xx}{1 \cdot 2} - \frac{x^3}{1 \cdot 2 \cdot 3} + \frac{x^4}{1 \cdot 2 \cdot 3 \cdot 4} -$ &c. on peut voir cette démonſtration dans les Actes de Leipſic de l'année 1693, p. 179, où le celebre Mr de Leibnitz réſout ce Problême: *Un logarithme étant donné, trouver le nombre qui lui correſpond.* Or il eſt clair que ſi dans cette ſuite on ſuppoſe $x = 1$, c'eſt à dire égale à la ſoutangente ou à l'ordonnée conſtante,

& qu'on retranche cette ſuite de l'unité, elle deviendra la ſuite du preſent Problême.

On peut encore le démontrer plus ſimplement en cette ſorte. Soit conçue une logarithmique dont la ſoutangente ſoit l'unité ; on prendra ſur cette courbe une ordonnée conſtante $= 1$, & une autre ordonnée plus petite $= 1 - y$, l'on nommera x l'abciſſe compriſe entre ces deux ordonnées, on aura $dx = \frac{dy}{1-y}$, & $x = y + \frac{1}{2}yy + \frac{1}{3}y^3 + \frac{1}{4}y^4$ + &c. & par la methode pour le retour des ſuites, $y = x - \frac{xx}{1.2} + \frac{x^3}{1.2.3} - \frac{x^4}{1.2.3.4} + \frac{x^5}{1.2.3.4.5}$ — &c. ce qui, en ſuppoſant $x = 1$, devient $= 1 - \frac{1}{1.2} + \frac{1}{1.2.3} - \frac{1}{1.2.3.4} + \frac{1}{1.2.3.4.5}$ — &c. *C. Q. F. D.*

On peut obſerver que la ſuite

B $\frac{1}{1} - \frac{1}{1.2} + \frac{1}{1.2.3} - \frac{1}{1.2.3.4} + \frac{1}{1.2.3.4.5} - \frac{1}{1.2.3.4.5.6}$ + &c.

eſt égale à chacune des trois qui ſuivent *C*, *D*, *F*, leſquelles ſous des formes très differentes ne laiſſent pas d'avoir la même valeur ; en ſorte que tout ce qui convient à la ſuite *B* leur convient auſſi.

C $\frac{1}{1.2} + \frac{4}{1.2.3} + \frac{9}{1.2.3.4} + \frac{16}{1.2.3.4.5} + \frac{25}{1.2.3.4.5.6} + \frac{36}{1.2.3.4.5.6.7}$ + &c. $- 2 \times \frac{1}{2} + \frac{1}{1.2.3.4} + \frac{1}{1.2.3.4.5.6} + \frac{1}{1.2.3.4.5.6.7.8} + \frac{1}{1.2.3.4.5.6.7.8.9.10}$ + &c.

D $\frac{1}{2} + \frac{3}{1.2.3.4} + \frac{5}{1.2.3.4.5.6} + \frac{7}{1.2.3.4.5.6.7.8} + \frac{9}{1.2.3.4.5.6.7.8.9.10}$ + &c.

F $\frac{1}{1.2} + \frac{1}{1.2.3} + \frac{1}{1.2.3.4} + \frac{1}{1.2.3.4.5} + \frac{1}{1.2.3.4.5.6} + \frac{1}{1.2.3.4.5.6.7}$ + &c. $- \frac{1}{3.4} - \frac{1}{3.4.5.6} - \frac{1}{3.4.5.6.7.8} - \frac{1}{3.4.5.6.7.8.9.10} - \frac{1}{3.4.5.6.7.8.9.10.11.12}$ — &c.

On pourroit faire pluſieurs remarques curieuſes par rapport à ces ſuites ; mais cela nous écarteroit de notre ſujet, & nous meneroit trop loin.

REMARQUE II.

106. LES deux formules des *art. 104* & *105* apprennent combien celui qui tient les cartes a de hazards pour gagner par quelque carte que ce ſoit ; mais elles ne ſont point connoître

connoître combien il a de hazards par chaque carte qu'il tire depuis la premiere jusqu'à la derniere. On voit bien que ce nombre des hazards diminue toujours, & qu'il y a, par exemple, plus de hazards pour gagner par l'as que par le deux, & par le trois que par le quatre, &c. Mais on ne tire pas aisément de ce qui précede la loi de cette diminution, on la trouvera dans cette Table.

1 = 1

0. 1 = 1

1. 1. 2 = 4

2. 3. 4. 6 = 15

9. 11. 14. 18. 24 = 76

44. 53. 64. 78. 96. 120 = 455

265. 309. 362. 426. 504. 600. 720 = 3186

1854. 2119. 2428. 2790. 3216. 3720. 4320. 5040 = 25487

Cette Table fait voir qu'avec cinq cartes, par exemple, un as, un deux, un trois, un quatre & un cinq. Pierre a vingt-quatre façons de gagner par l'as; dix-huit de gagner par le deux n'ayant point gagné par l'as; quatorze de gagner par le trois, n'ayant gagné ni par l'as ni par le deux; onze de gagner par le quatre, n'ayant gagné ni par l'as, ni par le deux, ni par le trois; & enfin qu'il n'a que neuf façons de gagner par le cinq, n'ayant gagné ni par l'as, ni par le deux, ni par le trois, ni par le quatre.

Chaque rang de cette Table se forme sur le précedent d'une maniere très facile. Pour la faire entendre, supposons encore qu'il y ait cinq cartes. On voit d'abord qu'il y a vingt-quatre façons de gagner par l'as. Cela est évident, puisque l'as étant déterminé à être à la premiere place, les quatre autres cartes peuvent être rangées de toutes les façons possibles; & en general il est clair que le nombre des cartes étant p, le nombre des hazards pour gagner par l'as est exprimé par autant de produits des nombres naturels 1, 2, 3, 4, 5, &c. qu'il y a d'unités dans $p - 1$. Cela posé, $24 - 6 = 18$ me donne les hazards pour gagner par le deux, $18 - 4 = 14$ me donne les hazards pour gagner par le trois, 14 — 3 = 11 me donne les hazards pour gagner par le quatre ; & enfin 11 — 2 = 9 me donne les hazards pour gagner par le cinq.

Il en est de même pour tout autre nombre de cartes, & generalement chaque nombre de la Table est égal à la difference de celui qui est à sa droite & que l'on a déja trouvé, à celui qui est immédiatement au dessus.

On peut encore trouver un ordre reglé dans les nombres 1, 1, 4, 15, 76, 455, &c. qui expriment toutes les manieres de gagner avec un nombre de cartes quelconque : cet ordre est visible dans la Table suivante.

$$\overline{0 \times 1} + 1 = 1$$
$$\overline{1 \times 2} - 1 = 1$$
$$\overline{1 \times 3} + 1 = 4$$
$$\overline{4 \times 4} - 1 = 15$$
$$\overline{15 \times 5} + 1 = 76$$
$$\overline{76 \times 6} - 1 = 455$$
$$455 \times 7 + 1 = 3186$$
$$3186 \times 8 - 1 = 25487$$

Ces nombres 1, 1, 4, 15, 76, &c. expriment combien il y a de hazards pour que quelqu'une d'entre les p cartes se trouve rangée à sa place ; c'est à dire, par exemple, le 3 à la 3e, ou le 4 à la 4e, ou le 5 à la 5e, &c.

COROLLAIRE I.

107. SOIT p le nombre des cartes, q le nombre des hazards que Pierre a pour gagner lorsque le nombre des cartes est $p - 1$. Le nombre des hazards favorables à Pierre est exprimé dans cette formule très simple $pg \pm 1$; sçavoir + lorsque p est un nombre impair, & — lorsqu'il est pair.

COROLLAIRE II.

108. LES nombres 0, 1, 2, 9, 44, 265, &c. qui composent la 1re bande perpendiculaire de la Table qui est dans la page précedente, expriment le nombre des hazards qu'il y a pour qu'aucune carte ne soit à sa place.

PROPOSITION VI.

PROBLÊME

Pierre tire un certain nombre p *de cartes de suite, par exemple, toute la couleur de carreau, en nommant d'abord as, ensuite deux, ensuite trois jusqu'au Roy, Paul lui donnera une pistole pour chaque carte qu'il amenera à son rang: On demande combien Pierre a de hazards pour gagner ou une, ou deux, ou trois, ou quatre, &c. pistoles.*

SOLUTION.

109. LA formule $1 \times 1 + p \times 0 + \frac{p.\overline{p-1}}{1.2} \times \overline{0+1}$
$+ \frac{p.\overline{p-1}.\overline{p-2}}{1.2.3} \times \overline{0-1+3} + \frac{p.\overline{p-1}.\overline{p-2}.\overline{p-3}}{1.2.3.4} \times \overline{0+1-4+4.3}$
$+ \frac{p.\overline{p-1}.\overline{p-2}.\overline{p-3}.\overline{p-4}}{1.2.3.4.5} \times \overline{0-1+5-5.4+5.4.3}$
$+ \frac{p.\overline{p-1}.\overline{p-2}.\overline{p-3}.\overline{p-4}.\overline{p-5}}{1.2.3.4.5.6} \times \overline{0+1-6+6.5-6.5.4+6.5.4.3}$
+ &c. donnera le nombre des hazards cherché.

L'ordre de cette suite est aisé à appercevoir, & on la peut continuer à l'infini. Le premier terme exprime combien il y a de hazards pour que chaque carte se trouve à sa place. La somme des deux premiers exprime combien il y a de hazards pour qu'il s'en trouve au moins $p - 1$ à leur rang; la somme des trois premiers exprime combien il y a de hazards pour qu'il s'en trouve au moins $p - 2$ à leur rang.

En appliquant cette formule au cas de treize cartes, je trouve que sur les 6227020800 façons differentes dont treize choses peuvent être arrangées, il y en a pour que toutes se trouvent à leurs places. 1

Pour qu'il y en ait douze,		0
Pour qu'il y en ait onze,		78
Pour qu'il y en ait dix,		572
Pour qu'il y en ait neuf,	précisément;	6435
Pour qu'il y en ait huit		56628
Pour qu'il y en ait sept,		454740

Pour qu'il y en ait six,		3181464
Pour qu'il y en ait cinq,		19090071
Pour qu'il y en ait quatre,	précisément	95449640
Pour qu'il y en ait trois,		381798846
Pour qu'il y en ait deux,		1145396460
Pour pour qu'il y en ait une,		2290792935
Pour qu'il y en ait une au moins		3936227868

Et par conséquent si Paul s'oblige de donner à Pierre une pistole pour chaque carte qu'il amenera à sa place, on aura l'avantage de Pierre en multipliant le premier de ces nombres par 13, le 2e par 12, le 3e par 11, &c.

DEMONSTRATION.

110. La loi de ces nombres 1, 0, $0+1$, $0-1+3$, $0+1-4+4.3$, $0-1+5-5.4+5.4.3$, &c. se tire aisément de la formule. $B = {}^{\text{impair}}_{\text{pair}} \pm 1 \mp p \pm p.p-1 \mp p.p-1.p-2 \pm p.p-1.p-2.p-3. \mp$ &c. car cette suite exprimant le nombre des arrangemens où quelqu'une des cartes se trouve rangée à sa place, en employant les signes de dessus lorsque p est un nombre impair, & ceux de dessous quand p est un nombre pair. Cette autre suite $p.p-1.p-2.p-3.p-4$, &c. qui exprime tous les divers arrangemens possibles, moins B, exprimera le nombre des arrangemens où aucune carte ne se trouvera à sa place, & donnera les nombres ci-dessus pour toutes les valeurs de p. Maintenant si l'on nomme q le nombre de cartes que l'on suppose ne devoir point se trouver rangées à leur place, le nombre q doit être multiplié par celui qui exprime en combien de façons q peut être pris dans p, puisqu'étant arrêté qu'il y en aura q qui ne seront point rangées à leur place, il est indéterminé lesquelles d'entre les p cartes ne seront point à leur rang. Or par l'*art.* 5, les formules $p.\frac{p.p-1}{1.2}, \frac{p.p-1.p-2}{1.2.3}, \frac{p.p-1.p-2.p-3}{1.2.3.4}$, &c. expriment en combien de façons differentes p cartes peuvent être prises

ou une à une, ou deux à deux, ou trois à trois, ou quatre à quatre, &c. Donc, &c.

PROPOSITION VII.

Les mêmes choses étant supposées que dans le Problême précedent, on demande l'avantage de Pierre.

SOLUTION.

111. Son avantage est toujours égal à l'unité quelque nombre de cartes qu'il y ait. Cela semble paradoxe, cependant la démonstration en est facile. Car il est évident que Pierre ayant un nombre quelconque p de cartes exprimées par les lettres b, c, d, e, f, &c. Si l'on conçoit ces lettres rangées sur p colonnes de $1, 2, 3, 4, 5 \ldots\ldots p-1$ arrangemens, telles que l'une commence par b, la seconde par c, la troisiéme par d, la quatriéme par e, la cinquiéme par f, &c. La colonne qui commence par b donnera $2 \times \overline{1.2.3.4.5\ldots\ldots p-1} \times A$, & chacune des autres donnera $\overline{1.2.3.4.5\ldots p-1}A - \overline{1.2.3.4.5\ldots\ldots p-2} \times A$.

Et plus simplement encore. Il est clair qu'il y a $1.2.3.4.5\ldots p-1$ arrangemens où b se trouve à sa place, & qu'il y en a autant où c se trouvera à sa place; & ainsi des autres.

Et par consequent nommant C le nombre de tous les differens arrangemens possibles, & D le nombre des hazards qu'il y a pour qu'aucune carte ne se trouve à son rang, A la mise de Paul, B la mise de Pierre, l'avantage de Pierre est exprimé par $\frac{CA-DB}{C}$, ce qui fait voir que B doit être $\frac{C}{D}A$ pour que le jeu soit égal, & que dans le cas de treize cartes & de $B = A$, l'avantage de Pierre est $\frac{6227020800A - 2290792932A}{6227020800} = 61.\ 6\text{ſ}.\ 5\text{d}.\ \frac{6432}{7207}$, en supposant que A exprime une pistole, & que Pierre la paye à Paul, lorsque tirant les treize cartes il n'en amene aucune à son rang.

PROPOSITION VIII.

Pierre joue contre Paul aux mêmes conditions que dans le Problême de la Propos. 5, *excepté que l'on supposera ici que Paul soit obligé de tenir le jeu, & d'y mettre toujours la même somme lorsqu'il a perdu, jusqu'à ce qu'il arrive à Pierre de tirer jusqu'à la derniere carte, sans en nommer aucune à sa place. On suppose aussi que Pierre recommence toujours en nommant as. On demande quel est l'avantage de Pierre.*

PREMIER CAS.

Pierre tient un as & un deux.

112. JE suppose que Pierre & Paul mettent chacun & mettront chaque fois au jeu une certaine somme que je nomme a. J'exprime les deux cartes par deux lettres, sçavoir l'as par la lettre a, & le 2 par la lettre b. Cela posé j'examine ce que les deux arrangemens differens ab, ba donnent à Pierre. Or je vois que l'arrangement ba fait perdre Pierre, & que l'autre arrangement ab le met dans une situation que je vois à la verité lui être favorable, mais qui m'est inconnue ; puisque Pierre, pour achever, est obligé de mêler les cartes, & de retirer. Or en retirant il peut également lui arriver, ou de reperdre ce qu'il auroit déja gagné, si les cartes se trouvent arrangées ainsi que le représente l'arrangement ab ; ou de gagner de nouveau, avec le droit de recommencer, si les cartes sont disposées ainsi que le représente l'arrangement ba ; car dans cette disposition il gagneroit par b, ayant à nommer un deux ; & ensuite par a, ayant à nommer un as ; & il auroit encore le droit de continuer le jeu, après avoir mêlé de nouveau les cartes.

Nommant donc B l'avantage cherché de Pierre, x son avantage lorsqu'il a amené pour premiere carte un as, on a $B = \frac{1}{2} \times \overline{a + x} + \frac{1}{2} \times -a$, & $x = \frac{1}{2} \times \overline{2a + B} + \frac{1}{2} \times -a$: d'où l'on tire $B = \frac{1}{3}a$.

SECOND CAS.

Pierre tient trois cartes, un as, un deux & un trois.

113. On a six arrangemens.

$a + x$	*abc*	$a + B$	*bac*	$-a$	*cab*
$2a + B$	*acb*	$-a$	*bca*	$2a + B$	*cba*

J'appelle x l'avantage de Pierre, lorsqu'en rejouant, après avoir mêlé les cartes, il nomme trois.

Pour le déterminer je fais cette 2e Table.

$-a$	*abc*	$-a$	*bac*	$2a + y$	*cab*
$-a$	*acb*	$-a$	*bca*	$a + x$	*cba*

J'appelle y l'avantage de Pierre, lorsqu'en rejouant, après avoir mêlé les cartes, il nomme deux.

Pour le déterminer je fais cette 3e Table.

$-a$	*abc*	$2a + y$	*bac*	$-a$	*cab*
$a + y$	*acb*	$a + x$	*bca*	$-a$	*cba*

Comparant ces égalités je tire $B = a + \frac{16}{57}a$, $x = -\frac{2}{19}a$, $y = \frac{4}{19}a$.

TROISIÈME CAS.

Pierre tient quatre cartes, un as, un deux, un trois & un quatre.

114. En suivant la même route que ci-devant, on trouvera l'avantage de Pierre $= \frac{130225}{172279}a$.

Cette methode est déja fort longue pour quatre cartes, & devient impraticable pour un plus grand nombre : il faut s'en contenter par provision, en attendant qu'on en ait trouvé une meilleure.

PROBLÊME SUR LE JEU DE LA BASSETE.

EXPLICATION DES REGLES.

115. A Ce Jeu, comme à celui du Pharaon, le Banquier tient un jeu entier composé de cinquante-deux cartes. Après qu'il les a mêlées, & que chaque Joueur ou Ponte a mis une certaine somme sur une carte prise à volonté, le Banquier tourne le jeu, mettant le dessous dessus; en sorte qu'il voit la carte de dessous. Ensuite il tire toutes ses cartes deux à deux jusqu'à la fin du jeu, en commençant par la seconde. Voici les autres regles du jeu.

1°. La premiere carte est pour le Banquier; mais il ne prend que les deux tiers de la mise du Ponte lorsqu'il amene sa carte, & cela s'appelle *facer*. La seconde est entierement pour le Ponte, la troisiéme entierement pour le Banquier, & ainsi de suite alternativement. Il faut remarquer que lorsqu'une carte a gagné ou perdu elle n'appartient plus au jeu, à moins qu'on ne la remette de nouveau. Ainsi, par exemple, la carte du Ponte étant un Roy, si la premiere carte du jeu est une Dame, la seconde un Roy & la troisiéme aussi un Roy, le Banquier qui dit en tirant les cartes, *Roy a gagné, Roy a perdu* (cela s'entend des Pontes) perdra la mise du Ponte, quoique naturellement le second Roy l'eût fait gagner, si la premiere carte de la taille n'eût point été un Roy.

2°. Quand les Pontes veulent prendre une carte dans le cours du jeu, il faut que la taille soit basse, c'est à dire, que

que le Banquier les tirant, comme j'ai dit deux à deux, ait posé sa derniere taille ou couple de cartes sur le tapis, en sorte que la carte qui reste découverte soit perdante pour les Pontes. Alors si un Ponte prend une carte, la premiere carte que tirera le Banquier sera nulle à l'égard de ce Ponte, quoiqu'elle soit favorable aux autres Joueurs; si elle vient la seconde, elle sera facée, c'est à dire que le Banquier prendra les $\frac{2}{3}$ de ce que ce Ponte aura mis sur la carte: si elle vient dans la suite, elle sera en pur gain ou en pure perte pour le Banquier, selon qu'elle viendra, ou la premiere, ou la seconde d'une taille.

3°. La derniere carte, qui devroit être pour le Ponte, est nulle.

PROPOSITION IX.

PREMIERE METHODE.

Premier Cas.

L'on suppose que le Banquier ayant six cartes entre les mains, le Ponte en prenne une qui soit une fois dans ces six cartes, c'est à dire dans les cinq cartes couvertes. On demande quel est le sort du Banquier par rapport à cette carte du Ponte. Par exemple, si le Ponte met un écu sur sa carte, on demande à quelle partie de l'écu peut s'évaluer l'avantage du Banquier.

116. Soit le sort cherché exprimé par S, & la mise de Paul par A.

Si l'on conçoit les cent-vingt arrangemens differens que cinq cartes exprimées par les lettres a, b, c, d, f peuvent recevoir, posés sur cinq colonnes, de vingt-quatre arrangemens chacune; on remarquera, 1°, que celle où la lettre a occupe la premiere place, donne A au Banquier. 2°. Que dans chacune des quatre autres colonnes, la lettre a se trouve six fois à la 2e place, six fois à la 3e place, six fois à la 4e, & six fois à la cinquiéme; d'où il suit qu'on

T

aura $S = \frac{24 \times A + 4 \times \overline{6 \times \frac{5}{3} A + \times 2A + 6 \times 0 + 6 \times A}}{120}$ $= \frac{136}{120} = A + \frac{2}{15} A$; & par consequent si A désigne un écu valant soixante sols, Paul prenant une carte, dans les conditions du présent Problême, feroit à Pierre le même avantage que s'il lui donnoit huit sols en pur don.

On peut encore considerer la chose autrement, en prenant garde que de ces cinq colonnes, la premiere donnera $24A$, la seconde $24 \times \frac{5}{3} A$, la troisiéme 24×0, la quatriéme $24 \times 2A$, & la cinquiéme $24A$.

Si la carte que prend le Ponte n'est qu'une fois parmi les cartes couvertes du Banquier dont le nombre soit exprimé par p, on aura $S = \frac{3Ap + 2A}{3p}$.

SECOND CAS.

L'on suppose que le Banquier tenant six cartes, le Ponte en prend une. Or comme la carte du Ponte se peut trouver ou deux fois, ou trois fois, ou quatre fois dans ces six cartes, & que cela diversifie l'avantage du Banquier, il est à propos de chercher quel est son sort dans toutes les variations de ce second cas. Je commencerai par examiner quel est son sort dans la supposition que la carte du Ponte soit deux fois dans la main du Banquier.

117. SOIENT les cinq cartes couvertes du Banquier désignées par les lettres a, b, c, d, f, dont deux quelconques, par exemple a & f, expriment celle du Ponte. On remarquera, 1°, que les cent-vingt differens arrangemens possibles que les cinq cartes peuvent recevoir, étant posés sur cinq colonnes de vingt-quatre arrangemens chacune, dont la premiere commence par a, la seconde par b, la troisiéme par c, &c. les deux colonnes qui commencent par a & par f donnent A au Banquier, puisqu'elles sont indifferentes pour le Banquier & pour le Ponte. 2°, Que chacune

des trois autres colonnes contient douze arrangemens qui donnent au Banquier $\frac{5}{3}A$, ce sont ceux où *a* & *f* sont à la deuxiéme place ; & quatre arrangemens qui donnent $2A$ au Banquier, c'est à dire qui le font gagner. Cela se découvrira aisément par la Table ci-jointe qui répréſente la seconde colonne, qui est celle où *b* tient la premiere place.

bacdf	*bcadf*	*bdacf*	*bfadc*
bacfd	*bcafd*	*bdafc*	*bfacd*
badcf	*bcdaf*	*bdcaf*	*bfcad*
badfc	*bcdfa*	*bdcfa*	*bfcda*
bafcd	*bcfad*	*bdfac*	*bfdac*
bafdc	*bcfda*	*bdfca*	*bfdca*

Il est clair que la premiere & la derniere de ces quatre colonnes donnent $\frac{5}{3}A$ au Banquier, & que chacune des deux autres contient deux arrangemens qui donnent $2A$ au Banquier ; ce sont ceux-ci, *bcdaf*, *bcdfa*, *bdcaf*, *bdcfa*. On aura donc

$$S = \frac{2 \times 24A + 3 \times 2 \times 6 \times \frac{5}{3}A + 2 \times 2 \times 2A}{120} = \frac{11}{10}A = A + \frac{1}{10}A.$$

2°. Pour trouver quel est le sort du Banquier lorsque la carte que prend le Ponte est trois fois dans les cinq cartes du Banquier. On observera que des cinq colonnes susdites il y en a trois qui donnent A au Banquier, & deux qui contiennent chacune dix-huit arrangemens qui donnent $\frac{5}{3}A$ au Banquier. Cela n'a pas besoin de preuve. On aura donc $S = \frac{3 \times 24A + 2 \times 18 \times \frac{5}{3}A}{120} = \frac{132}{120}A = A + \frac{1}{10}A.$

3°. Pour trouver quel est le sort du Banquier lorsque la carte que prend le Ponte est quatre fois dans les cinq cartes couvertes du Banquier. On observera que des cinq colonnes susdites il y en a quatre qui donnent A au Banquier, & une qui lui donne $\frac{5}{3}A$. On aura donc

$$S = \frac{4 \times 24A + 24 \times \frac{5}{3}A}{120} = A + \frac{2}{15}A.$$

TROISIE'ME CAS.

L'on suppose que le talon étant composé de huit cartes, dont la premiere est découverte, le Ponte en prend une qui soit deux fois dans ces huit cartes. On demande quel est le sort du Banquier par rapport à cette carte.

118. SOIENT exprimées les sept cartes couvertes par les sept lettres *a*, *b*, *c*, *d*, *f*, *g*, *h*, dont deux, sçavoir *a* & *f*, désignent celle du Ponte. Soit aussi, comme ci-devant, *S* le sort cherché, & *A* la mise de Paul. Cela posé,

On observera, 1°, que posant les cinq mil quarante arrangemens differens que les sept lettres peuvent recevoir sur sept colonnes de sept cens vingt arrangemens chacune, la colonne qui commence par *a* & celle qui commence par *f*, donneront chacune *A* au Banquier. 2°. Que si l'on conçoit chacune des cinq autres partagée de nouveau en six autres de cent-vingt arrangemens chacune, les deux d'entre ces six où *a* & *f* occupent la seconde place, donneront $\frac{5}{3}A$ au Banquier. 3°. Que les quatre autres colonnes d'entre ces six ont chacune quarante-huit arrangemens qui donnent 2*A* au Banquier. Pour le voir aisément il faut supposer qu'une des cinq colonnes subdivisée en six autres, est celle qui commence par *b*, & consulter la Table qui a servi à la solution du cas précedent. On remarquera d'abord que la premiere & la derniere colonne de cette Table étant variée autant qu'il est possible avec les deux nouvelles lettres *g* & *h*, *a* restant à la seconde place, elles fourniront chacune cent-vingt arrangemens qui donneront $\frac{5}{3}A$ au Banquier. A l'égard des quatre autres colonnes de cent-vingt arrangemens chacune, dans lesquelles les lettres *c*, *d*, *g*, *h* occuperoient la seconde place après *b*, il est aisé de voir qu'il suffit d'en examiner une, puisque toutes les quatre donnent le même sort au Banquier. Soit la colonne troisiéme de la Table celle que l'on veut examiner. Il faut prendre garde que chacun des quatre arrangemens *bcadf*, *bcafd*, *bcfad*, *bcfda* étant variés avec les deux nouvelles lettres g & h, autant qu'il est possible, en sorte neanmoins que c reste à la seconde place, c'est à dire immédiatement après b, donnent six nouveaux arrangemens qui font gagner le Banquier, & lui donnent $2A$. Par exemple *bcadf* fournit ceux-ci,

bcgadfh	*bchadfg*
bcgadhf	*bchagfd*
bcgahdf	*bchafgd*

Il en est ainsi des trois autres, puisque g étant devant a ou f, se peut trouver en trois differentes places; & que h étant devant a ou f, se peut trouver en trois places differentes, a ou f restant toujours à la quatriéme.

On trouvera de même que les deux arrangemens *bcdaf*, *bcdfa* étant variés autant qu'il est possible avec g & h, en sorte neanmoins que c soit toujours à la seconde place, fournissent chacun douze arrangemens qui donnent $2A$ au Banquier; car dans *bcdaf*, g & h peuvent s'arranger en six façons avec d, & en six façons differentes avec f, a restant à la quatriéme place; & de même dans *bcdfa*, g & h peuvent s'arranger en six façons avec d, & en six façons differentes avec a, f restant toujours à la quatriéme place. De tout cela il suit qu'on aura

$$S = \frac{2 \times 720A + 5 \times 2 \times 120 \times \frac{5}{3}A + 4 \times 48 \times 2A}{5040} = \frac{536}{504}A$$

$= A + \frac{4}{63}A$.

2°. Pour trouver quel est le sort du Banquier lorsque la carte que prend le Ponte est trois fois dans les sept cartes couvertes du Banquier.

Soient exprimées comme ci-devant les sept cartes du Banquier par les lettres a, b, c, d, f, g, h, dont trois quelconques, par exemple a, d, f, désignent la carte du Ponte. Cela posé,

On observera, 1°, que posant les cinq mille quarante arrangemens differens que les sept lettres peuvent recevoir sur sept colonnes de sept cens vingt arrangemens chacune, les trois qui commencent par les lettres *a*, *d*, *f* donnent *A* au Banquier, ce qui est évident. 2°. Que distribuant chacune des quatre autres en sept colonnes de cent-vingt arrangemens chacune, les trois colonnes d'entre ces six où les lettres *a*, *d*, *f* tiendront la seconde place, donnent $\frac{5}{3}A$ au Banquier. 3°. Que chacune des trois autres colonnes contiendra trente-six arrangemens qui donneront $2A$ au Banquier. Pour s'en assurer, on peut consulter la Table de l'*art. 117*, & remarquer que chacun des arrangemens de la seconde colonne de la Table où *b* est à la premiere place, & *c* à la seconde, ne peut par le mélange des deux nouvelles lettres *g* & *h*, recevoir que six arrangemens qui donnent $2A$ au Banquier, les deux premieres restant à leur place. Ce qui paroîtra évident, si l'on considere que dans les six arrangemens

bcadf	*bcdaf*	*bcfad*
bcafd	*bcdfa*	*bcfda*

g ou *h* étant devant l'une des trois lettres *a*, *d*, *f*, *h* ou *g* peuvent s'arranger en trois façons differentes avec les deux dernieres.

Il est visible qu'il en seroit de même des trois autres colonnes de cent-vingt arrangemens où les deux premieres lettres seroient *bd*, *bg*, *bh*. De tout cela il suit qu'on aura

$$S = \frac{3 \times 720 + 4 \times 3 \times 120 \times \frac{5}{3}A + 3 \times 36 \times 2A}{5040} = A + \frac{8}{105}A.$$

3°. Pour trouver quel est le sort du Banquier lorsque le talon étant composé de sept cartes couvertes, le Ponte en prend une qui est quatre fois dans ces sept cartes; on observera, 1°, que concevant les cinq mille quarante arrangemens possibles de sept cartes posés sur sept colonnes de sept cens vingt arrangemens chacune, dont l'une commence par *a*, la seconde par *b*, &c. comme ci-devant, il y en aura quatre de ces sept qui donneront *A* au Banquier. 2°. Que distribuant chacune des trois autres sur six colonnes de cent vingt arrangemens chacune, quatre de ces six fourniront chacune cent vingt arrangemens qui donneront $\frac{5}{3}A$ au Banquier, & les deux autres vingt-quatre arrangemens chacune qui lui donneront $2A$. On aura donc

$$S = \frac{4 \times 720A + 3 \times \overline{4 \times 120 \times \frac{5}{3}A + 2 \times 24 \times 2A}}{5040} = A + \frac{11}{105}A$$

Il seroit inutile de poursuivre en détail la solution d'un plus grand nombre de cas. On voit assés par les réflexions précedentes, quelles seroient celles qu'il faudroit faire dans la supposition que le Banquier ayant neuf cartes couvertes, le Ponte en prît une. Ainsi, 1°, on trouvera que si la carte du Ponte est deux fois dans ces neuf cartes, on aura

$$S = \frac{2 \times 40320A + 7 \times \overline{2 \times 5040 \times \frac{5}{3}A + 6 \times 2160 \times 2A}}{5040 \times 8 \times 9}$$

$$= \frac{379680}{362880} = A + \frac{5}{108}A.$$

2°. Si la carte du Ponte est trois fois dans les neuf cartes du Banquier, on aura

$$S = \frac{3 \times 40320A + 6 \times \overline{3 \times 5040 \times \frac{5}{3}A + 5 \times 9360 \times 2A}}{362880}$$

$$= \frac{284480}{362880}A = A + \frac{5}{84}A.$$

3°. Enfin si la carte du Ponte est quatre fois dans ces neuf cartes, on aura

$$S = \frac{4 \times 40320A + 5 \times \overline{4 \times 5040 \times \frac{5}{3}A + 4 \times 1584 \times 2A}}{362880}$$

$$= \frac{392640}{362880}A = A + \frac{31}{378}A.$$

Il suit de ce qui précede que si l'on nomme g le sort du Banquier dans un nombre de cartes exprimé par $p - 2$, p le nombre des cartes, q le nombre de fois que la carte du Ponte se trouve dans le talon, on a generalement le sort du Banquier

$$= \frac{q}{p}A + \frac{p-q}{p} \times \overline{\frac{q}{p-1} \times \frac{5}{3}A + \frac{q \cdot p-q \cdot p-q-1 \cdot p-q-2}{p \cdot p-1 \cdot p-2 \cdot p-3} \times 2A}$$
$$\overline{+ \frac{p-q \cdot p-q-1}{p \cdot p-1} \times g - 1 \times \frac{q}{p-2}A - \frac{p-q-2}{p-2 \cdot p-3} \times q} \times \frac{5}{3}A.$$

SECONDE METHODE.

119. Soit B le sort du Banquier à la premiere taille, y son sort à la seconde, z son sort à la troisiéme, u son sort à la quatriéme, &c. A, la mise du Ponte, & le reste comme ci-dessus :

On trouve $B = \frac{q}{p}A + \frac{p-q}{p} \times \frac{q}{p-1} \times \frac{5}{3}A + \frac{p-q \cdot p-q-1}{p \cdot p-1} y$.
$y = \frac{p-q-2 \times q}{p-2 \cdot p-3} \times 2A + \frac{p-q-2 \cdot p-q-3}{p-2 \cdot p-3} \times z$, $z = \frac{p-q-4 \times q}{p-4 \cdot p-5} \times 2A + \frac{p-q-4 \cdot p-q-5}{p-4 \cdot p-5} \times u$, $u = \frac{p-q-6 \times q}{p-6 \cdot p-7} \times 2A + \frac{p-q-6 \cdot p-q-7}{p-6 \cdot p-7} \times t$, $t =$ &c.

Si l'on substitue pour y, z, u & t leurs valeurs, on aura cette formule indéfinie :

$$B = \frac{q}{p}A + \frac{q \cdot p-q}{p \cdot p-1} \times \frac{5}{3}A + \frac{q \cdot p-q \cdot p-q-1 \cdot p-q-2}{p \cdot p-1 \cdot p-2 \cdot p-3} \times 2A$$
$$+ \frac{q \cdot p-q \cdot p-q-1 \cdot p-q-2 \cdot p-q-3 \cdot p-q-4}{p \cdot p-1 \cdot p-2 \cdot p-3 \cdot p-4 \cdot p-5} \times 2A + \frac{q \cdot p-q \cdot p-q-1 \cdot p-q-2}{p \cdot p-1 \cdot p-2 \cdot p-3}$$
$$\frac{p-q-3 \cdot p-q-4 \cdot p-q-5 \cdot p-q-6}{p-4 \cdot p-5 \cdot p-6 \cdot p-7} \times 2A + \text{\&c.}$$

qui donne le sort du Banquier, quelques soient les valeurs de p & de q. Et faisant sur cette formule les mêmes réflexions qu'on a déja faites sur celle du Pharaon, *art.* 71, on trouvera la démonstration de la regle qui suit.

Il faut ajouter à ces deux termes $\frac{q}{p}A + \frac{q \cdot p-q}{p \cdot p-1} \times \frac{5}{3}A$ *la somme des nombres figurés, qui dans un rang horizontal, dont le quantiéme est* q, *répondent à des nombres naturels impairs*, Table 1re, art. 1er, *à commencer par* p — 4 ; *multiplier cette somme par autant de produits des nombres naturels* 1, 2, 3, 4, 5, 6, &c. *qu'il y a d'unités dans* q ; *multiplier encore par* 2A, *& diviser par autant de produits des quantités* p, p — 1, p — 2, p — 3, &c. *qu'il y a d'unités dans* q : *l'on aura le sort du Banquier.*

Pour trouver ces sommes, & tirer de cette regle des formules particulieres pareilles à celles que j'ai donné pour le Pharaon, on se servira ou de la proprieté des nombres figurés dont on parle à la page 92, *art.* 73, ou de la methode,

thode, *art.* 54, & l'on aura les formules qui suivent.

$$B \overset{2}{=} \frac{1}{3} \times \frac{p-1}{pp-p} \quad C \overset{3}{=} \frac{pp-2p-3}{2p^3-6pp+4p} \quad D \overset{4}{=} \frac{2pp-3p-11}{3p^3-9pp+6p} \quad E \overset{5}{=} \&c.$$

La premiere B exprime l'avantage du Banquier, lorſque la carte du Ponte ſe trouve deux fois dans le talon; C ſon avantage lorſqu'elle y eſt trois fois; D ſon avantage lorſqu'elle y eſt quatre fois; E ſon avantage ſi elle s'y trouvoit cinq fois, &c.

Si l'on veut une formule generale telle que j'en ai donné une pour le Pharaon, *art.* 74, on aura

$$\frac{q \times \overline{p-q}}{p \cdot \overline{p-1}} \times \frac{2}{3}a - \times \overline{p-q \times p-q-1} \times \frac{1}{2} \times \frac{q}{p \cdot \overline{p-1} \cdot \overline{p-2}}a + \frac{1}{4} \times \frac{q \cdot \overline{q-1}}{p \cdot \overline{p-1} \cdot \overline{p-2} \cdot \overline{p-3}} + \frac{1}{8} \times \frac{q \cdot \overline{q-1} \cdot \overline{q-2}}{p \cdot \overline{p-1} \cdot \overline{p-2} \cdot \overline{p-3} \cdot \overline{p-4}} + \frac{1}{16} \times \frac{q \cdot \overline{q-1} \cdot \overline{q-2} \cdot \overline{q-3}}{p \cdot \overline{p-1} \cdot \overline{p-2} \cdot \overline{p-3} \cdot \overline{p-4} \cdot \overline{p-5}} + \frac{1}{32} \times \frac{q \cdot \overline{q-1} \cdot \overline{q-2} \cdot \overline{q-3} \cdot \overline{q-4}}{p \cdot \overline{p-1} \cdot \overline{p-2} \cdot \overline{p-3} \cdot \overline{p-4} \cdot \overline{p-5} \cdot \overline{p-6}}$$

Pour avoir l'avantage du Banquier, il faut prendre autant de termes de cette ſuite qu'il y a d'unités dans q, avec l'exception qui ſuit; c'eſt à ſçavoir que le dernier terme, au lieu d'être multiplié comme les précedens négatifs par $p-q \cdot p-q-1$, ne doit l'être que par $p-q-1$, lorſque q eſt un nombre pair; & par $p-q$, lorſque q eſt un nombre impair; & qu'il doit avoir au dénominateur les mêmes produits que le terme qui le précede: l'origine & la démonſtration de cette formule ſe découvriront ſans peine dans ce que nous avons donné ſur le Pharaon, *art.* 73.

Il s'agit dans la Baſſete & dans le Pharaon de trouver la ſomme des nombres figurés du triangle arithmetique, *art.* 1, interpoſés de deux en deux, à commencer dans le Pharaon par celui qui correſpond au nombre naturel pair $p-2$; & dans la Baſſete, par celui qui correſpond au nombre naturel impair $p-4$.

Lorſque q n'eſt pas un nombre impair, ce qui arrive ſeulement à la premiere main, lorſque le Banquier tourne le jeu de carte: on eſt dans l'eſpece du Pharaon.

REMARQUE I.

120. L'AVANTAGE du Banquier eſt exprimé dans la 1re colonne de la Table ci-jointe par une fraction dont le numerateur eſt toujours le nombre 2, & dont le dénominateur eſt toujours le produit de ces nombres impairs 5, 7, 9, 11, 13, 15, par 3.

Dans la ſeconde colonne les numerateurs ſuivent l'ordre des nombres naturels 3, 4, 5, 6, &c. & les dénominateurs ſont les mêmes que dans la premiere colonne, à l'exception qu'il les faut concevoir multipliés par la ſuite des nombres 2, 3, 4, 5, 6, &c. en ſorte que ſi les numerateurs de la premiere colonne étoient 4, 6, 8, 10, 12, &c. les dénominateurs des deux colonnes ſeroient les mêmes.

Dans la troiſiéme colonne les numerateurs ont pour differences les nombres impairs 5, 7, 9, 11, 13, &c. dont la difference conſtante eſt 2. Les nombres du dénominateur étant diviſés par 3, ſont des nombres pyramidaux pris de deux en deux, dont la premiere difference eſt 75, la 2e 72, & la 3e qui eſt conſtante, 24. Ces dénominateurs peuvent auſſi être conçus ſe former en cette maniere $2 \times 4 \times \overline{4 - 2}$, $3 \times 6 \times \overline{6 - 3}$, $4 \times 8 \times \overline{8 - 4}$, $5 \times 10 \times \overline{10 - 5}$, $6 \times 12 \times \overline{12 - 6}$, & ainſi de ſuite.

Dans la quatriéme colonne les numerateurs ont pour premiere difference 42, & pour difference conſtante 16. Les dénominateurs ont pour premiere difference 450, pour ſeconde difference 432, & pour difference conſtante 144.

REMARQUE II.

121. IL ſeroit aiſé de tirer de l'ordre marqué ci-deſſus les mêmes formules que nous avons déja trouvé, ſans entrer dans aucun détail des regles de la Baſſete. Ainſi dans le cas de $q = 3$, on auroit le numerateur $3 + \frac{p-5}{2} \times 5 + \frac{p-5 . p-7}{2.2} \times \frac{2}{1.2} = \frac{pp-2p-3}{4}$; & le dénominateur $= 30 + \frac{p-5}{2} \times 75 + \frac{p-5 . p-7}{2.2} \times \frac{72}{1.2} + \frac{p-5 . p-7 . p-9}{2.2.2} \times \frac{24}{1.2.3} = \frac{p^3 - 3pp + 2p}{2}$.

REMARQUE III.

122. A Ce Jeu, comme à celui du Pharaon, le plus grand avantage du Banquier est quand le Ponte prend une carte qui n'a point passé, & son moindre avantage est quand le Ponte en prend une qui a passé deux fois; son avantage est aussi plus grand lorsque la carte du Ponte a passé trois fois, que lorsqu'elle a passé seulement une fois.

REMARQUE IV.

123. Au jeu de la Bassete l'avantage du Banquier est moindre qu'au jeu du Pharaon, ce que l'on reconnoîtra aisément en comparant l'avantage du Banquier au jeu de la Bassete, lorsque tenant douze cartes le Ponte en prend une qui s'y trouve ou une, ou deux, ou trois, ou quatre fois, avec son sort dans ce même cas au jeu du Pharaon.

L'on trouvera que le Ponte mettant une pistole sur sa carte à la Bassete, l'avantage du Banquier sera 13 s. 4 d. lorsque la carte du Ponte sera quatre fois dans les douze cartes du Banquier, 12 s. 1 d. lorsqu'elle y sera une fois, 9 s. 8 d. lorsqu'elle y sera trois fois, & 7 s. 3 d. lorsqu'elle y sera deux fois; au lieu qu'au Pharaon l'avantage est 19 s. 2 d. $\frac{10}{33}$ dans le premier cas, 16 s. 8 d. dans le second, 13 s. 7 $\frac{7}{11}$ d. dans le troisiéme, & 10 s. 7 $\frac{3}{11}$ d. dans le quatriéme, ce qui donne 3 liv. 1 denier d'avantage au Banquier pour les quatre cas; au lieu qu'à la Bassete les quatre ensemble ne donnent que 2 liv. 2 s. 4 den. ce qui n'est à peu près que les deux tiers de l'avantage du Banquier au jeu du Pharaon.

REMARQUE V.

124. Ce jeu est présentement beaucoup moins en usage que le Pharaon. Les cartes qui ne vont pas, font perdre au jeu quelque chose de sa vivacité. D'ailleurs il y a sou-

vent des disputes pour sçavoir si la carte du Ponte va ou ne va pas. On ne peut remedier à ces inconveniens, qui sont fondés sur la nature du jeu; mais on pourroit rendre ce jeu plus égal en convenant que les cartes facées ne payassent que la moitié de la mise du Ponte, alors l'avantage du Banquier seroit fort peu considerable, j'ai trouvé que si le Banquier ne prenoit qu'un tiers pour les faces, ce jeu lui seroit desavantageux. La plûpart des Remarques qu'on a faites sur le jeu du Pharaon, peuvent avoir lieu à l'égard de celui-ci, & il ne sera pas inutile de les consulter.

TABLE POUR LA BASSETE

$\frac{2}{15}$	2 : ==	$\frac{3}{30}$	3 : ==	$\frac{3}{30}$	4 : ==
$\frac{2}{21}$	2 : ==	$\frac{4}{63}$	3 : ==	$\frac{8}{105}$	4 : ==
$\frac{2}{27}$	2 : ==	$\frac{5}{108}$	3 : ==	$\frac{15}{252}$	4 : ==
$\frac{2}{33}$	2 : ==	$\frac{6}{165}$	3 : ==	$\frac{24}{495}$	4 : ==
$\frac{2}{39}$	2 : ==	$\frac{7}{234}$	3 : ==	$\frac{35}{858}$	4 : ==
$\frac{2}{45}$	2 : ==	$\frac{8}{315}$	3 : ==	$\frac{48}{1365}$	4 : ==
$\frac{2}{51}$	2 : ==	$\frac{9}{408}$	3 : ==	$\frac{63}{2040}$	4 : ==
$\frac{2}{57}$	2 : ==	$\frac{10}{513}$	3 : ==	$\frac{80}{2907}$	4 : ==
$\frac{2}{63}$	2 : ==	$\frac{11}{630}$	3 : ==	$\frac{99}{3990}$	4 : ==
$\frac{2}{69}$	2 : ==	$\frac{12}{759}$	3 : ==	$\frac{120}{5313}$	4 : ==
$\frac{2}{75}$	2 : ==	$\frac{13}{900}$	3 : ==	$\frac{143}{6900}$	4 : ==
$\frac{2}{81}$	2 : ==	$\frac{14}{1053}$	3 : ==	$\frac{168}{8775}$	4 : ==
$\frac{2}{87}$	2 : ==	$\frac{15}{1218}$	3 : ==	$\frac{195}{10962}$	4 : ==
$\frac{2}{93}$	2 : ==	$\frac{16}{1395}$	3 : ==	$\frac{224}{13485}$	4 : ==
$\frac{2}{99}$	2 : ==	$\frac{17}{1584}$	3 : ==	$\frac{255}{16368}$	4 : ==
$\frac{2}{105}$	2 : ==	$\frac{18}{1785}$	3 : ==	$\frac{288}{19635}$	4 : ==
$\frac{2}{111}$	2 : ==	$\frac{19}{1998}$	3 : ==	$\frac{323}{23310}$	4 : ==
$\frac{2}{117}$	2 : ==	$\frac{20}{2223}$	3 : ==	$\frac{360}{27417}$	4 : ==
$\frac{2}{123}$	2 : ==	$\frac{21}{2460}$	3 : ==	$\frac{399}{31980}$	4 : ==
$\frac{2}{129}$	2 : ==	$\frac{22}{2709}$	3 : ==	$\frac{440}{37023}$	4 : ==
$\frac{2}{135}$	2 : ==	$\frac{23}{2970}$	3 : ==	$\frac{483}{42570}$	4 : ==
$\frac{2}{141}$	2 : ==	$\frac{24}{3243}$	3 : ==	$\frac{528}{48645}$	4 : ==
$\frac{2}{147}$	2 : ==	$\frac{25}{3528}$	3 : ==	$\frac{575}{55272}$	4 : ==
*	2 : *	*	3 : ==	$\frac{624}{62475}$	4 : ==
*	2 : *	*	3 : *	*	4 : ==

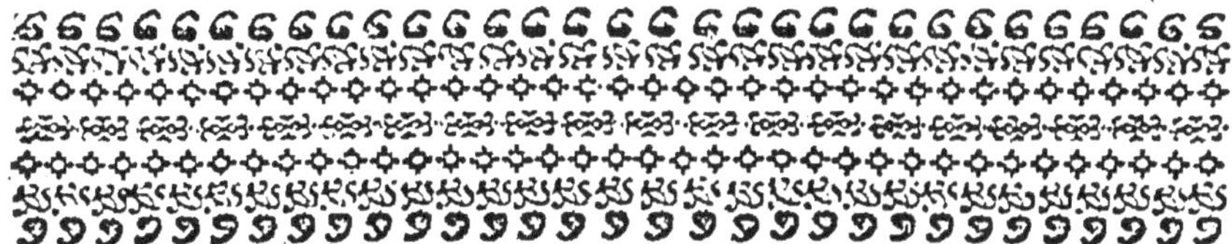

PROBLÊMES SUR LE PIQUET, L'OMBRE, LA TRIOMPHE, LE BRELAN, L'IMPERIALE ET LE QUINZE.

REFLEXIONS

ſur les Jeux qui ne ſont pas de pur hazard.

125. Lorsque le hazard regne abſolument dans un jeu, on peut toujours déterminer l'avantage ou le deſavantage des Joueurs : les Problêmes précedens en peuvent ſervir de preuve ; & ſi l'on fait attention à la varieté des conditions de ces jeux, & au grand nombre de circonſtances auſquelles il a fallu avoir égard, on reconnoîtra que la plûpart des autres jeux de pur hazard, qu'on connoît ou qu'on peut imaginer, ſe détermineront par des methodes ou ſemblables, ou peu differentes de celles qui ont ſervi à réſoudre les Problêmes précedens.

Il n'en eſt pas de même des jeux où la ſcience du Joueur a part à l'évenement auſſi-bien que le ſort ; car cette ſcience, qui n'en merite pas le nom, n'étant fondée que ſur des regles trompeuſes de vrai-ſemblance, & le plus ſouvent ſur le caprice & la fantaiſie des Joueurs, il eſt impoſſible que les conjectures qu'on forme ſur ces regles, ne participent à leur incertitude. Ainſi la lumiere qui nous a conduit juſqu'ici dans les jeux de pur hazard, nous doit manquer dans la plûpart des questions qu'on peut faire sur les jeux dont les évenemens bons ou mauvais pour les Joueurs, ne dépendent point entierement de la fortune. Il est à propos d'éclaircir & de prouver ceci par des exemples.

Un Problême que l'on propose souvent sur le Piquet, c'est de sçavoir combien entre deux Joueurs égaux, un premier en carte peut parier de faire des points. On croit communément que cela peut aller à vingt-huit points, & c'est sur ce pied que j'en ai vû faire le parti à de bons Joueurs. Or afin qu'un premier en carte pût résoudre cette question, il faudroit qu'il sçût non seulement le nombre des dispositions differentes que peuvent recevoir ses douze cartes, & celles du dernier, & qu'il sçut encore l'art de comparer tous les changemens qui peuvent arriver à ses douze cartes lorsqu'il en écartera cinq pour en prendre autant dans le talon, & aux douze cartes du dernier, lorsqu'il en écartera trois pour en prendre trois au talon. Il seroit encore necessaire qu'il sçut ce que le dernier doit écarter dans chacune des differentes dispositions possibles de ses douze cartes. Or c'est là ce que le premier ne peut sçavoir, le dernier ne le sçachant pas lui-même, car il n'y a point de Joueur qui ait des regles fixes & certaines pour toutes les differentes dispositions possibles du jeu. Neanmoins sans cette derniere connoissance, la premiere est presque inutile à celui qui est premier en cartes, & il ne pourra jamais se faire des regles sûres pour écarter à propos, & ensuite pour bien jouer les cartes.

Supposons encore qu'un Joueur veuille examiner ce qui lui est le plus avantageux d'écarter une carte majeure, ou une carte de Roy. Il est vrai qu'il s'appercevra sans peine qu'en gardant la carte de Roy, il y a deux cartes qui lui peuvent donner une quinte, contre une s'il garde la quarte majeure; mais il n'en sçauroit conclure quel parti il doit prendre; car outre que cela dépend de l'état où est sa partie, il faut qu'il ait égard à la disposition du reste de son jeu, qu'il considere ce qu'il a à craindre de son adversaire, il doit penser à faire les cartes ou à les rendre égales, &c.

Or tout cela demande un grand nombre de comparaisons dont chacune seroit la matiere d'un Problême fort composé. Ainsi il faut avouer que dans l'examen du détail de ce jeu, la theorie ne peut mener bien loin.

La premiere regle de l'Analyse, c'est qu'on ne peut découvrir ce qui est inconnu, que par le moyen de ce qui est connu. Or dans les deux questions précedentes ce qui est connu n'est pas suffisant pour découvrir ce qui est à trouver.

Il en est ainsi de la plûpart des questions qu'on peut proposer sur le Jeu de l'Ombre, & d'autant plus, qu'on y joue trois avec quarante cartes, & qu'il reste un plus grand nombre de cartes au talon. C'est pourquoi dans la plus grande partie des difficultés qui se présentent sur ce jeu, il faut se contenter de chercher le vrai-semblable, & borner son étude à approcher de la verité le plus qu'il est possible. Quoique bien des Joueurs entendent l'art de deviner beaucoup mieux que moi, je ne laisserai pas de faire voir par l'exemple qui suit, de quelle maniere il s'y faut prendre.

Soit supposé que Pierre ait fait jouer en pique, qu'il ait quatre mains, & que jouant sa cinquiéme il lui reste encore deux triomphes sûres, & outre cela le Roy de carreau & la Dame de cœur. On demande si Pierre doit tenter de faire la volle.

Pour résoudre exactement ce Problême, il faudroit y faire entrer mille circonstances dont on ne pourroit calculer la valeur précise qu'avec un fort grand travail : mais si l'on veut se contenter de la vrai-semblance, il suffira d'observer quelles sont les rencontres principales ou Pierre entreprenant la volle perdroit ; quelles sont celles qui le feroient certainement gagner ; & quelles sont celles aussi qui rendroient le succès incertain. Ainsi dans le cas présent on remarquera que Pierre gagnera, si le Roy de trefle étant dans une main, le Roy de cœur est dans l'autre main avec la garde à carreau ; ou si les deux Rois étant dans une même main avec la garde à carreau, cette garde n'est point dans l'autre main, ou est moins avantageuse.

2°. Que Pierre perdra si aucun des deux Joueurs n'ayant la garde à carreau, les deux Rois sont en differente main, ou si l'un des deux Joueurs a la garde à carreau & le Roy de trefle, l'autre Joueur ayant le Roy de cœur sans garde à carreau, ou avec une garde moins avantageuse que celle qui accompagne le Roy de trefle.

3°. Que si les deux Rois se trouvent dans une même main, sans qu'aucun des deux Joueurs ait la garde à carreau, il y aura pour Pierre autant d'esperance de gagner, que de risque de perdre.

On pourra en pesant ces raisons pour & contre, & y faisant entrer quelques autres circonstances, par exemple celle-ci, que la garde à carreau peut être si basse que le Joueur se déterminera plûtôt à garder son Roy que cette garde; on pourra, dis-je, en examinant combien l'un de ces cas fournit plus de rencontres qu'un autre, tirer de cette comparaison des raisons fort vrai-semblables pour se déterminer. Pour moi j'avoue que je préfererois de tenter la volle; & quoi qu'apparemment cela n'ait été pratiqué par personne, je suis persuadé que ceux qui feront attention sur ce qui précede, ne seront pas fort éloignés de mon sentiment; il se présente très souvent des difficultés de cette nature, & ce sont autant de Problêmes qu'il faut résoudre, & résoudre sur le champ. C'est pourquoi il faut convenir qu'un homme qui a l'esprit vif & pénétrant, & qui a l'habitude du jeu, a bien plus d'avantage à bien prendre son parti dans la plûpart des rencontres de ce jeu, qu'un autre Joueur qui avec autant d'habitude aura l'imagination moins juste & moins agissante; car il ne faut pas moins d'esprit pour rencontrer le vrai-semblable lorsque l'évidence manque, que pour découvrir la verité lorsqu'il est possible de la trouver.

Le Brelan, & generalement tous les jeux où l'on renvie sont sujets aux mêmes inconveniens que le jeu de l'Ombre, & même à de plus grands. Supposons, par exemple, qu'il y ait trois Joueurs, Pierre, Paul & Jacques; Pierre passe, Paul va du jeu, & Jacques renvie; Paul tient le renvi, & va de tout ce qu'il a devant lui, ce sera

par

par exemple, 30*A*, le jeu étant *A*. On demande si Jacques, que l'on suppose avoir quarante & un en main, & qui est dernier, doit tenir ou abandonner ce qu'il a déja mis au jeu, par exemple 14*A*. Je sçai que bien des personnes n'hesiteroient pas à décider là-dessus pour ou contre, chacun consultant son humeur plûtôt que l'évidence. Pour moi je crois pouvoir assurer qu'il est impossible de déterminer exactement quel parti Jacques doit prendre; & ma raison est qu'il ne suffit pas à Jacques pour se déterminer avec raison, de sçavoir qu'entre 134596 façons differentes dont les cartes de Pierre & de Paul peuvent être disposées, il n'y en a que 3041 qui puissent faire perdre Jacques. Il faudroit qu'il y eût des regles certaines & connues aux deux Joueurs, pour sçavoir à quelle carte il faut tenir le jeu, & jusqu'où il est à propos de tenir ou de pousser pour chaque jeu. Alors Jacques pourroit compter que Paul a l'un des jeux qui ont pû lui permettre d'aller de tout, & sur cela il pourroit à peu près se déterminer; je dis à peu près, car il ne seroit pas sûr que Paul pour lui donner le change, ne poussât à un jeu fort inferieur à celui qu'il devroit avoir pour forcer avec raison, & par là Jacques seroit exposé à manquer de gagner, & même à perdre ses avances, lorsqu'il auroit dû gagner.

Ces réflexions & quelques autres pareilles que tout le monde peut faire, sont suffisantes pour faire connoître qu'il y a en ces matieres des Problêmes qu'il est impossible de résoudre, & qu'on ne doit point par conséquent s'attendre à trouver dans ce Livre. Les exemples suivans feront connoître de quelle nature sont ceux dont la recherche peut être tentée en ces matieres avec esperance de succès. Je n'en ai mis qu'un petit nombre, & j'ai choisi entre ceux qui m'ont paru curieux & de quelque usage pour les Joueurs, ceux que j'ai cru les plus propres à faire connoître l'utilité des Lemmes contenus dans la premiere Partie. Il sera aisé de s'appercevoir qu'on peut les appliquer à des recherches plus importantes que ne sont les nôtres.

PROBLÊMES SUR LE JEU DU PIQUET.

PROPOSITION X.

Pierre eſt dernier au Piquet, & eſt ſuppoſé n'avoir point d'as. On demande quelle eſt ſon eſperance d'en tirer ou un, ou deux, ou trois.

126. On ſçait qu'à ce jeu les Joueurs prennent chacun douze cartes, qu'il en reſte huit au talon, dont le premier prend cinq, & le dernier trois.

Cela poſé, on trouvera par les *art. 17* & *20*, que le ſort de Pierre pour tirer un as dans les trois cartes eſt $\frac{8}{19}$

Que ſon ſort pour en prendre deux eſt $\frac{24}{285}$

Que ſon ſort pour en prendre trois eſt $\frac{1}{285}$

Et par conſequent, que ſon ſort pour en prendre ou un, ou deux, ou trois indéterminément eſt $\frac{29}{57}$

En ſorte qu'il peut parier but à but avec avantage qu'il lui en entrera quelqu'un, puiſque le juſte parti ſeroit 29 contre 28.

Si l'on ſuppoſe que Paul qui eſt premier en carte n'a point de Rois, on trouvera

Que ſon ſort pour en avoir un eſt $\frac{455}{969}$

Que ſon ſort pour en avoir deux eſt $\frac{70}{323}$

Que ſon ſort pour en avoir trois eſt $\frac{10}{323}$

Que ſon ſort pour en avoir quatre eſt $\frac{1}{969}$

Donc ſon ſort pour en avoir quelqu'un indéterminément ſera $\frac{232}{323}$; & par conſéquent il y à parier deux cens trente-deux contre quatre-vingt-onze, environ cinq contre deux, que le premier n'ayant point de Rois, il lui en entrera quelqu'un en cinq cartes.

PROBLÊME.

PROPOSITION XI.

Pierre est dernier, & est supposé ne point porter de carreau. On demande combien il y a à parier qu'il lui rentrera dans ses trois cartes de quoi empêcher que Paul qui est premier, ne puisse avoir de quinte ou au dessus.

127. On trouvera par les *art. 17* & *20*, qu'il y a deux cens vingt coups differens qui donnent la huitiéme à Paul :

Qu'il y en a 132 qui lui donnent une septiéme,

168 qui lui donnent une sixiéme,

Et enfin 208 qui lui donnent une quinte ;

Et par conséquent le juste parti de la gageure seroit 103 contre 182, ce qui seroit un peu moins que trois contre cinq.

Si l'on supposoit que Pierre fût premier en carte, les autres circonstances du Problême restant les mêmes, on trouveroit qu'il y auroit à parier 10433 contre 5071, qu'il rentrera à Pierre dans les cinq cartes de quoi empêcher que Paul ne pût avoir de quinte, ou de sixiéme, ou de septiéme, ou de huitiéme.

Car dans cette seconde supposition il y aura 792 coups qui donneront une huitiéme à Paul,

990 qui lui donneront une septiéme,

1650 qui lui donneront une sixiéme,

1639 qui lui donneront une quinte,

Ce Problême & le précedent pourront être utiles aux Joueurs en quelques occasions, & servir à les déterminer, soit dans la maniere d'écarter, soit à proposer ou à accepter avec raison certains partis, par exemple, de remêler les cartes, de donner des points ou la main. Ils pourront aussi servir de modele pour en résoudre une infinité de pareils, qui seront au moins curieux, s'il ne sont pas tous utiles.

PROBLÊME

SUR LE JEU DE LA TRIOMPHE.

PROPOSITION XII.

Pierre & Paul jouent en cinq points à la Triomphe, ils en ont chacun trois, Pierre est premier, il a le Roy & la Dame troisiéme de triomphe, qui sera, par exemple de trefle, & un Roy de carreau gardé par le valet: lorsqu'il joue son Roy de triomphe pour la premiere carte, Paul lui offre un point. On demande s'il le doit accepter, & quelle est, en le refusant, son esperance de faire la volle.

128. Il faut d'abord examiner en combien de façons differentes il peut arriver que Paul ait la Dame gardée d'un ou de plusieurs carreaux indéterminément, retrancher de ce nombre celui qui exprime en combien de façons il peut arriver que Paul ait la Dame troisiéme en carreau, avec une autre Dame gardée de quelqu'autre couleur, & en retrancher encore la moitié du nombre qui exprime en combien de manieres il peut arriver que Paul ait la Dame gardée de carreau, une autre Dame gardée & une cinquiéme carte quelconque d'une autre espece. Le nombre qui restera, ces soustractions étant faites, sera celui qui exprime combien il y a de coups qui peuvent empêcher que Pierre ne fasse la volle.

On trouvera par les *art.* 17 & 20, qu'il y a 3605 pour le premier cas, 72 pour le second, 240 pour le troisiéme.

On trouvera aussi que le nombre qui exprime en combien de façons differentes on peut prendre cinq cartes dans vingt-deux, est 26334, & par consequent on aura le sort de Pierre dans cette fraction $\frac{22041}{26334}$.

Ainsi l'avantage de Pierre en refusant la proposition de Paul, sera exprimé par cette fraction $\frac{4937}{13167}A$. Donc en supposant que *A* qui exprime l'argent du jeu fût deux pistoles, ſi quelqu'un vouloit acheter les droits de Pierre, & ſe mettre en ſa place, il devroit donner à Pierre ſept livres neuf ſols & onze deniers outre ſa miſe.

Il eſt aiſé de voir par là qu'il eſt plus avantageux à Pierre de tenter la volle, que d'accepter un point; car en l'acceptant ſon ſort ne ſeroit que $\frac{3}{4}A$, & même un peu moins, puiſqu'il y a apparence qu'à ce jeu la primauté donne quelque avantage à un Joueur qui a trois points de cinq contre l'autre quatre. Or il eſt évident que $\frac{3}{4}A$ eſt moindre que $\frac{23041}{26334}A$. Donc, &c. Cette ſolution peut s'appliquer à des cas pareils dans le jeu de l'Ombre, & principalement dans l'Ombre à deux.

PROBLÊMES
SUR LE JEU DE L'OMBRE
PROPOSITION XIII.

Pierre fait jouer en noir, & eſt ſuppoſé avoir un nombre quelconque de triomphes. On demande quelle eſperance il a de tirer un certain nombre de triomphes dans les cartes qu'il prend au talon.

PREMIER CAS.

Pierre a trois triomphes, & prend ſix cartes.

129. L'ESPERANCE qu'il a de tirer une triomphe au moins dans ſix cartes, eſt exprimée par la fraction $\frac{30254}{35061}$; ainſi il pourroit parier 30254 contre 4807, ce qui eſt un peu plus de ſix contre un.

L'eſperance qu'il a d'en tirer au moins deux eſt exprimée par la fraction $\frac{366142}{736281}$, en ſorte qu'il y auroit à parier 366142 contre 370139.

SECOND CAS.

Pierre a quatre triomphes, & prend cinq cartes.

130. L'ESPERANCE qu'a Pierre de tirer au moins une triomphe dans ces cinq cartes est exprimée par la fraction $\frac{18201}{24273}$; ainsi il pourroit parier 18201 contre 6072 à peu près trois contre un.

L'esperance qu'il a de tirer au moins deux triomphes sera exprimée par la fraction $\frac{53025}{169911}$; ainsi il pourroit parier 17675 contre 38962.

TROISIE'ME CAS.

Pierre a cinq triomphes, & prend quatre cartes.

131. L'ESPERANCE qu'a Pierre de tirer au moins une triomphe dans quatre cartes, est exprimée par la fraction $\frac{4123}{6293}$; ainsi il pourroit parier 4123 contre 2170, un peu moins que deux contre un.

Il sera facile de résoudre par les *art. 20* & *23* un grand nombre d'autres Problêmes de même espece que celui-ci, lesquels pourroient servir à fixer des regles pour sçavoir à quel jeu il est à propos de jouer ou de passer, ou de jouer sans prendre. Il suffiroit pour cela de chercher pour les cartes rouges ce que l'on vient de trouver pour les noires, & de faire entrer dans le calcul les Rois, les differens Matadors & les renonces. On pourroit déterminer aussi à quel jeu il est permis de demander gano; mais l'étendue de ces matieres nous oblige à nous donner des bornes. Il suffit de marquer le chemin; ainsi je finirai par le Problême suivant qui est assés facile, & pourra être de quelque usage.

PROBLÊME.

PROPOSITION XIV.

Pierre est premier en cartes, il a trois Matadors en noir, & cinq autres triomphes quelconques. On demande combien il faut qu'il y ait au jeu pour qu'il lui soit plus avantageux de prendre au talon, que de jouer sans prendre.

132. Je suppose que chaque Joueur donne une fiche pour le sans-prendre à celui qui le gagne.

Il faut remarquer que Pierre a trois coups sur trente-un pour tirer une triomphe, & trois coups sur trente-un pour tirer un Roy qui ne soit pas triomphe, & que dans l'un & l'autre cas la volle lui est assurée. Cela posé, si l'on nomme f chaque fiche, p ce que Pierre gagneroit en jouant sans prendre; & b ce qui viendroit à Pierre précisément de la volle.

Il faudra pour que Pierre ait raison de jouer sans prendre que $6 \times \overline{p - 2f + b} + 25 \times \overline{p - 2f}$ soit plus grand que $31\,p$, & si l'on veut sçavoir en quel cas il lui seroit indifferent de prendre ou de jouer sans prendre, il n'y a qu'à former cette égalité $6 \times \overline{p - 2f + b} + 25 \times \overline{p - 2f} = 31p$, & en tirer selon les regles ordinaires $b = \frac{31}{3}f = 10f + \frac{1}{3}f$. D'où il faut conclure que le profit de la volle doit être au moins de dix fiches & six jettons, pour que Pierre puisse prendre sans desavantage; & par consequent s'il n'y a point de bête au jeu, Pierre prendra son parti de prendre ou de ne pas prendre selon que ce qui sera devant chaque Joueur sera ou plus grand ou moindre que 14 jettons, en supposant qu'on donne deux fiches pour la volle.

Si l'on jouoit l'augmentation des Matadors, & que les triomphes de Pierre fussent trois Matadors, la Dame, le valet, le sept, le six & le cinq, l'équation seroit $5 \times \overline{p - 2f + b} + 1 \times \overline{p + 10f + b} + 25 \times \overline{p - 2f} = 31p$, dont on tireroit $b = 8f + \frac{1}{3}f$, c'est à dire, qu'il faudroit pour jouer sans prendre que le profit de la volle fût plus grand que huit fiches & six jettons ; & par consequent si ; n'y ayant point de bête au jeu, il se trouve plus de neuf jettons devant chaque Joueur, Pierre aura raison de prendre, & il jouera sans prendre s'il y en a neuf ou moins que neuf.

Supposons maintenant que Pierre ait quatre Matadors septiémes en pic, & deux fausses qui seront, par exemple, le trois de trefle & le cinq de carreau.

Pour trouver combien il doit y avoir aux tours dans cette supposition, afin qu'il soit plus avantageux à Pierre de prendre pour la volle, que de jouer sans prendre.

Je remarque d'abord qu'il y a 24 coups qui assurent la volle à Pierre ; car il y en a six pour prendre deux triomphes, douze pour prendre une triomphe & un Roy, trois pour prendre deux Rois, & trois pour prendre un Roy gardé de la Dame.

J'observe ensuite qu'il y a 117 coups qui rendent le sort de Pierre incertain pour la volle, sçavoir, quand il lui entre un Roy gardé, ou une triomphe avec une fausse. J'appellerai dans ce cas son esperance x.

On aura $24 \times \overline{p - 2f + b} + 117x + 324 \times \overline{p - 2f} = 465p$

$$\text{ou } b = \frac{465p - 348p + 696f - 117x}{24}$$

$$\text{ou } b = \frac{696f + 117p - 117x}{24}$$

Si l'on suppose $x = p - 2f + \frac{1}{5}b$, on aura $b = \frac{4650}{237}f = 19f + \frac{147}{237}f$. On trouvera ainsi differentes valeurs de b selon toutes les suppositions differentes que l'on fera de la valeur de x. Celle qu'on vient de faire semble approcher assés de la veritable. On pourroit la trouver exactement, mais ce seroit un nouveau Problême qui nous meneroit trop loin. Ce Problême est plus facile, & d'un usage plus frequent à l'égard de l'Ombre à deux.

PROBLEME

PROBLÊME SUR LE BRELAN.

PROPOSITION XV.

Pierre, Paul & Jacques jouent au Brelan, Pierre & Paul tiennent le jeu, & Jacques passe. La carte qui retourne est le Roy de cœur, Pierre est premier, il a l'as & le Roy de carreau, & l'as de cœur. Paul a l'as, le neuf & le huit de trefle. Deux des Spectateurs, qui ont vû chacun les jeux de Pierre & de Paul, & n'ont point vû celui de Jacques, disputent pour sçavoir lequel des deux Joueurs Pierre & Paul a le plus beau jeu, & le plus d'esperance de gagner. L'un des deux, nommé Jean, parie pour Pierre : l'autre, nommé Thomas, parie pour Paul. L'argent de la gageure est nommé A. On demande quel est le sort des deux Spectateurs Jean & Thomas, & ce qu'ils devroient mettre chacun au jeu pour parier sans avantage ni desavantage.

133. IL faut remarquer, 1°, que Jean gagnera, si les trois cartes de Jacques sont ou trois cœurs ou trois carreaux. 2°. Qu'il gagnera encore si l'une des trois étant un pic ou un trefle, les deux autres sont ou deux cœurs ou deux carreaux. 3°. Que si l'une des trois cartes de Jacques est un cœur ou un carreau, les deux autres étant des pics, Jean aura gagné. 4°. Qu'il gagnera encore si les trois cartes de Jacques sont un carreau, un cœur & un pic, & que dans toute autre disposition des cartes de Jacques il a perdu.

Cela posé, il ne reste plus qu'à examiner combien il y a d'hazards differens qui donnent chacune de ces quatre dispositions differentes des trois cartes de Jacques. On trouvera par les *art. 20* & *23* qu'il y en a vingt pour la premiere, deux cens vingt pour la seconde, deux cens dix pour la troisiéme, & cent-soixante-quinze pour la quatriéme, & par conséquent le sort de Jean sera $\frac{125}{266}A = \frac{1}{2}A - \frac{4}{133}A$, ce qui fait voir que la condition de Pierre est moins avantageuse que celle de Paul ; & que Jean pour parier également contre Thomas, devroit mettre au jeu 125 contre 141.

PROBLÊME SUR L'IMPERIALE.

PROPOSITION XVI.

Pour avoir un Imperiale au Jeu qui porte ce nom, il faut avoir ou quatre as, ou quatre Rois, ou quatre Dames, ou quatre valets, ou quatre sept, ou quatriéme majeure, ou carte blanche. On demande combien un Joueur peut parier qu'il lui viendra un Imperiale déterminé, par exemple un Imperiale d'as, ou carte blanche.

134. On connoîtra par les *art. 17*, *20* & *23*, que sur le nombre 225792840, qui exprime en combien de façons on peut prendre douze cartes dans trente-deux, il y en a 310805 pour avoir un Imperiale d'as, & 125970 pour avoir carte blanche.

Le sort d'un Joueur qui pariroit à l'Imperiale ou au Piquet d'avoir carte blanche, seroit donc exprimé par la fraction $\frac{323}{578956}$; ainsi il auroit de l'avantage à parier 1 contre 1792, & du desavantage à parier 1 contre 1791.

PROBLÊME
SUR LE QUINZE.

135. Il faudroit bien du discours pour expliquer les regles de ce jeu qui est une espece de Brelan, mais un jeu plus subtil & plus fin. Il suffira, pour l'intelligence du Problême qui suit, de sçavoir que celui des deux Joueurs qui a le point le plus proche de quinze a gagné; & dans le cas d'égalité, celui qui ne tient pas les cartes. Cela posé, voici l'espece à résoudre.

PROPOSITION XVII.

Pierre tient les cartes, & a donné à Paul un cinq & un neuf, ce qui fait quatorze. Il s'est donné un cinq. Paul a fait, va tout, & Pierre l'a tenu. Paul découvre son jeu, & demande à Pierre s'il veut composer. On demande la regle du parti.

SOLUTION.

136. Pierre a pour gagner par une carte les dix, les Valets, les Dames & les Rois.

Il a pour gagner par deux cartes, as & 9, 2 & 8, 3 & 7, 4 & 6, 5 & 5,

Il a pour gagner par trois cartes 118, 127, 136, 145, 226, 235, 244, 334.

Il a pour gagner par quatre cartes 1117, 1126, 1135, 1144, 1225, 1234, 1333, 2224, 2233.

Il a pour gagner par cinq cartes 11116, 11125, 11134, 11224, 11233, 12223.

Il a pour gagner par six cartes 111124, 111133, 111223, 112222.

Il a pour gagner par sept cartes 1111222.

Le sort de Pierre est donc par les *art.* 20 & 23 $= \frac{715837827}{1803912264}$, ce qui fait voir que le parti de Paul qui a montré 14 est le meilleur, & que son avantage qui est $\frac{186118235}{1803912264}$, est à peu près un dixiéme de ce qui est au jeu. Si c'est dix pistoles, il faut que Paul en prenne 60 livres 6 sols 3 den. & Pierre 39 liv. 13 sols 9 deniers.

Fin de la seconde Partie.

PROBLÊME SUR LE QUINQUENOVE.

TROISIÉME PARTIE.

EXPLICATION DE CE JEU.

137. N tire d'abord entre les Joueurs à qui aura le cornet. Supposons qu'il tombe à Pierre ; & pour faire entendre le Jeu plus facilement, supposons qu'il n'y a que deux Joueurs Pierre & Paul. Celui-ci mettra d'abord au jeu une certaine somme ; alors Pierre poussant les dés voici ce qui arrive. Si Pierre amene cinq ou neuf, il perd, & donne le cornet à Paul. Si Pierre amene ou trois, ou onze, ou un doublet, il tire la mise de Paul. Celui-ci remet au jeu, & Pierre continue de jouer. Si Pierre n'amene aucun des coups préce-

dens, il n'aura ni perdu, ni gagné. Pour expliquer ce qui arrive en ce cas, ſuppoſons, par exemple, que Pierre ait amené ſept du premier coup. On remarquera, 1°, que Pierre rejouant ne pourra gagner cette miſe de Paul qu'en amenant ſept. 2°. Que Paul eſt dans la liberté de riſquer une nouvelle miſe, & que Pierre ſera pareillement dans la liberté de la tenir, ou de ne la pas tenir. 3°. Que Paul pour diſtinguer cette miſe de la précedente, la met deſſous, & qu'elle ſe nomme maſſe. 4°. Que ſi cette maſſe eſt égale à la miſe, elle ſe nomme maſſe au jeu; & que quand elle n'eſt pas la même, elle ſe nomme maſſe aux dés. 5°. Que Pierre ayant accepté cette nouvelle maſſe, il gagnera en amenant le coup ſuivant, ou trois, ou onze, ou doublet, ou bien en amenant dans la ſuite cette chanſe avant que d'amener cinq ou neuf; mais qu'il ne peut gagner la premiere miſe qui eſt dite entrée au jeu, qu'en amenant ſept; & enfin qu'il les perdra toutes deux en amenant ou cinq, ou neuf.

Suppoſons préſentement pour une plus ample explication, que Pierre ayant dit, *Taupe à la maſſe*, amene de ſon ſecond coup huit autrement que par un doublet, c'eſt à dire par ſix & deux, ou par cinq & trois, & que Paul mette au jeu une nouvelle maſſe que Pierre accepte. On remarquera, 1°, que Pierre gagnera cette maſſe en amenant ou trois, ou onze, ou doublet. 2°. Qu'il gagnera la premiere miſe de Paul en amenant ſept, & la ſeconde en amenant huit. 3°. Qu'il perd les deux miſes & la maſſe en amenant ou cinq ou neuf, & qu'alors il cede le cornet à Paul.

Ce que je viens d'expliquer pour un petit nombre de coups, & ſeulement à l'égard de deux Joueurs, doit s'entendre de tout autre nombre de coups & de Joueurs.

PROBLÊME
PROPOSITION XVIII.

Pierre & Paul jouent au Quinquenove, & Pierre tient le cornet. Je suppose que la mise de Paul soit toujours la même, & exprimée par A. Je suppose aussi que Pierre n'acceptera point de masse ; mais qu'il sera obligé de tenir le jeu jusqu'à ce qu'il ait perdu ; après quoi je suppose le jeu fini. On demande quel est à ce jeu l'avantage ou le desavantage de celui qui a le dé ; ou, ce qui revient au même, combien Pierre devroit demander ou donner à un tiers pour lui ceder le cornet, & lui donner à jouer en sa place.

SOLUTION.

138. Le sort de Pierre, lorsqu'il pousse le dé, est d'avoir huit coups pour perdre, sçavoir cinq qui arrive en quatre façons, & neuf qui arrive pareillement en quatre façons ; d'avoir dix coups pour gagner, sçavoir les six doublets, trois, qui arrive en deux façons, & onze, qui arrive pareillement en deux façons ; d'avoir quatre coups pour amener six autrement que par doublet, autant pour amener huit autrement que par doublet, deux coups pour amener quatre autrement que par doublet, deux coups pour amener dix autrement que par doublet, & enfin six coups pour amener sept.

Donc si je nomme x le sort de Pierre lorsqu'il a amené huit ou six, z son sort lorsqu'il a amené quatre ou dix, y son sort lorsqu'il a amené sept, q l'avantage ou le desavantage que Pierre trouve à continuer le jeu lorsqu'il a gagné, & S son sort en general. On aura le sort cherché de Pierre

$$S = \frac{10 \times \overline{2A + q} + 8x + 4z + 6y}{36}$$

Il faut présentement chercher les valeurs des inconnues x, z, y & q.

Pour déterminer la valeur de l'inconnue x, je remarque que Pierre ayant amené du premier coup six sans doublet, il a en rejouant cinq coups pour gagner, huit coups pour perdre, & vingt-trois coups pour rejouer.

On aura donc $x = \frac{5}{13} \times \overline{2A + q}$.

On trouvera de même $z = \frac{3}{11} \times \overline{2A + q}$.

Et $y = \frac{3}{7} \times \overline{2A + q}$.

Maintenant si l'on substitue ces valeurs de x, z, y dans l'égalité proposée, on aura

$$S = \frac{10 \times \overline{2A+q} + 8 \times \frac{5}{13} \times \overline{2A+q} + 4 \times \frac{3}{11} \times \overline{2A+q} + 6 \times \frac{3}{7} \times \overline{2A+q}}{36}$$

$$= \frac{10 \times \overline{2A+q} + \frac{6746}{1001} \times \overline{2A+q}}{36} = \frac{4189}{9009} \times 2A + \frac{4189}{9009} q.$$

Pour connoître la valeur de q, il faut remarquer que si q étoit $= 0$, ce qui arriveroit si Pierre & Paul convenoient que le jeu dût finir aussitôt que Pierre auroit gagné. Alors le sort de Pierre seroit $\frac{8378}{9009} A = A - \frac{631}{9009} A$; d'où il est clair que la quantité $\frac{631}{9009} A$ exprimeroit le desavantage que Pierre auroit à ce jeu.

On observera pareillement que si Pierre & Paul convenoient avant que de jouer, que Pierre ayant gagné une fois, continuera de jouer jusqu'à ce qu'il ait ou gagné de nouveau ou perdu, le desavantage de Pierre seroit $\frac{631}{9009} A + \frac{4189}{9009} \times \frac{631}{9009} A$.

Et que si l'on suppose indéterminément suivant la regle de ce jeu, que Pierre continuera de tenir la Banque jusqu'à ce qu'il ait perdu, son desavantage sera exprimé par cette suite infinie $\frac{631}{9009} A + \frac{4189}{9009} \times \frac{631}{9009} A + \overline{\frac{4189}{9009}}^2 \times \frac{631}{9009} A + \overline{\frac{4189}{9009}}^3 \times \frac{631}{9009} A + \overline{\frac{4189}{9009}}^4 \times \frac{631}{9009} A +$ &c. La somme de cette suite est $= \frac{1}{8} A + \frac{57}{9640} A =$ 1 l. 6 s. 2 $\frac{46}{241}$ d. supposé que la mise de Paul fût une pistole.

Et ce seroit là le desavantage de Pierre s'il jouoit contre un Joueur qui à chaque fois qu'il perdroit mît A au jeu, & de qui Pierre ne tînt jamais aucune masse.

Ainsi

Ainsi Pierre peut compter que sur chaque pistole qu'un des Joueurs met au jeu, soit que ce soit un enjeu ou une masse, il a pour lui 14 s. $\frac{74}{9009}$ de pure perte, ce qui est un peu plus que la quinziéme partie de sa mise, & un peu moins que la quatorziéme. *Ce qu'il falloit trouver.*

Cet avantage est assés considerable, principalement lorsqu'il y a un grand nombre de Joueurs, pour obliger ceux qui tiennent le dé à refuser les masses, ce qui ôte tout l'agrément de ce jeu. Il seroit donc à propos de le réformer en le rendant plus égal, & en donnant un peu d'avantage à celui qui tient le dé, pour l'engager à tenir les masses. Pour cela il faudroit convenir que le nombre 4 amené au second coup, gagnât aussi-bien que 3 & 11. Alors l'avantage de celui qui tient le dé par rapport à la mise de chaque Joueur, seroit exprimé par la fraction $\frac{97}{9009}$, qui est à peu près la quatre-vingt-treiziéme partie de l'unité.

PROBLÊME

SUR LE JEU DU HAZARD.

EXPLICATION DE CE JEU.

139. On y joue avec deux dés comme au Quinquenove. Nommons encore Pierre celui qui tient le dé, & supposons que Paul représente les autres Joueurs. Pierre poussera le dé jusqu'à ce qu'il ait amené ou 5, ou 6, ou 7, ou 8, ou 9; celui de ces nombres qui se présentera le premier servira de chanse à Paul, ensuite Pierre recommencera à pousser le dé pour se donner sa chanse. Or les chanses de Pierre sont ou 4, ou 5, ou 6, ou 7, ou 8, ou 9, ou 10; en sorte qu'il en a deux plus que Paul, sçavoir 4 & 10. Il faut encore sçavoir ce qui suit :

1°. Si Pierre après avoir donné à Paul une chanse qui soit ou 6 ou 8, amene au second coup ou la même chanse, ou douze, il gagne; mais s'il amene ou bezet, ou deux & as, ou onze, il perd.

2°. S'il a donné à Paul la chanſe de 5 ou de 9, & qu'il amene au coup ſuivant la même chanſe, il gagne; mais s'il amene ou bezet, ou deux & as, ou onze, ou douze, il perd.

3°. S'il a donné à Paul la chanſe de ſept, & qu'il amene le coup ſuivant ou la même chanſe, ou onze, il gagne; mais s'il amene ou bezet, ou deux & as, ou douze, il perd.

4°. Pierre s'étant donné une chanſe differente de celle de Paul, il gagnera s'il amene ſa chanſe avant que d'amener celle de Paul, & il perdra s'il amene la chanſe de Paul avant que d'amener la ſienne.

5°. Quand Pierre & Paul ont perdu, on recommence le jeu, en donnant de nouvelles chanſes; mais Pierre ne quitte le dé pour le donner à celui qui le ſuit, que lorſqu'il a perdu.

6°. S'il y a pluſieurs Joueurs, ils ont tous la même chanſe.

PROBLÊME

PROPOSITION XIX.

On demande quel eſt à ce jeu l'avantage ou le deſavantage de celui qui tient le dé.

140. SOIT ſuppoſé que la miſe de Paul ſoit $\frac{5}{2}A$.

1°. Si la chanſe de Paul eſt 6 ou 8, le ſort de Pierre ſera

$$\frac{6A + 8 \times \frac{4}{9}A + 6 \times \frac{6}{11}A + 6 \times \frac{3}{8}A + \frac{5}{2}A}{36} = \frac{6961}{14256}A.$$

2°. Si la chanſe de Paul eſt 7, le ſort de Pierre ſera

$$\frac{8A + 8 \times \frac{4}{10}A + 6 \times \frac{3}{9}A + 10 \times \frac{5}{11}A}{36} = \frac{244}{495}A.$$

3°. Si la chanſe de Paul eſt ou 5 ou 9, le ſort de Pierre ſera

$$\frac{4A + 4 \times \frac{1}{2}A + 10 \times \frac{5}{9}A + 6 \times \frac{3}{7}A + 6 \times \frac{6}{10}A}{36} = \frac{1396}{2835}A.$$

Par conſequent le ſort de Pierre ſera

$$\frac{10 \times \frac{6961}{14256}A + 6 \times \frac{244}{495}A + 8 \times \frac{1396}{2835}A}{24},$$

Et ſon deſavantage ſera

$$\frac{10 \times \frac{167}{14256}A + 6 \times \frac{7}{990}A + 8\,\frac{43}{5670}A}{24} = \frac{37}{4032}A.$$

Cette fraction qui exprime le desavantage de Pierre par rapport à la mise de Paul, est plus petite que $\frac{1}{108}$, & plus grande que $\frac{1}{109}$.

Mais parceque ce desavantage continue tant que Pierre continue d'avoir le dé, le desavantage de Pierre consideré en general est exprimé par une suite infinie dont la somme est $\frac{37}{2053}A$; en sorte que si $\frac{1}{2}A$ désigne une pistole, il y a 3 f. 8 $\frac{1}{21}$ d. de pure perte pour lui sur chaque pistole, & Pierre pourroit sans desavantage donner 7 f. 2 $\frac{1042}{2053}$ d. à celui qui s'offriroit de tenir le dé en sa place.

REMARQUE I.

141. C'EST la coutume des Joueurs à ce Jeu de ne mettre leur argent que lorsqu'on leur a livré chanse. Or il est évident que cet usage est préjudiciable à celui qui tient le dé; car puisque son desavantage est environ $\frac{1}{85}$, lorsque la chanse des Joueurs est 6 ou 8, & seulement $\frac{1}{131}$ lorsque leur chanse est ou 5 ou 9, & $\frac{1}{141}$ lorsque leur chanse est 7. Il est clair que si les Joueurs connoissoient avec exactitude leur interêt, ils hazarderoient plus d'argent lorsque leur chanse est ou 5 ou 9, que lorsqu'elle est 7; & plus encore lorsqu'elle est 6 ou 8, que lorsqu'elle est 7, ou 5, ou 9. Il seroit donc à propos que les Joueurs missent leur argent au jeu avant que celui qui tient le dé leur eût livré chanse.

REMARQUE II.

142. ON voit que ce jeu est assés égal; mais il le seroit davantage si l'on convenoit que Pierre ayant amené du premier coup 7, gagnât au second coup en amenant ou la même chanse, ou 11, ou 12, & qu'il perdît seulement en amenant ou bezet ou deux & as; car je trouve que par cette réforme celui qui tient le dé auroit de l'avantage; mais ce ne seroit que d'un sol & deux deniers sur chaque pistole, ce qui est peu considerable.

PROBLÊMES SUR LE JEU DE L'ESPERANCE.

EXPLICATION DE CE JEU.

143. On y joue avec deux dés. Les Joueurs conviennent de prendre un certain nombre de jettons, & tirent ensuite à qui aura le dé. Cela fait, si celui qui a le dé amene un as, il donne un jetton à celui qui est à sa gauche; s'il amene un six, il met un jetton au jeu; s'il amene six & as; & qu'il ait plus d'un jetton, il en payera un à sa gauche & un au jeu; mais s'il n'en a qu'un, il le mettra au jeu. Dans tous ces cas celui qui a le dé, après avoir payé, cede le cornet à celui qui le suit à la droite. S'il amene un doublet, il a la liberté ou de rejouer dans l'esperance d'amener encore deux doublets de suite, ce qui le feroit gagner, ou de ceder le dé à celui qui le suit à la droite. S'il amene tout autre coup, c'est à dire, s'il n'amene ni as, ni six, ni doublets, il cede le cornet, sans rien payer, à celui qui est à sa droite; enfin celui-là gagne l'argent du jeu, qui le premier amene trois doublets de suite, ou qui conserve quelque jetton, tous les autres Joueurs ayant perdu les leurs.

Il est à remarquer que quand on n'a plus de jettons, on ne joue plus, & qu'on ne peut rentrer au jeu (ce qui se nomme ressusciter) que par le secours de celui qu'on a pour voisin à la droite lorsqu'il amene un as.

PROPOSITION XX.

Pierre, Paul & Jacques prennent chacun un jetton, & s'accordent que celui qui restera avec quelques jettons, les autres n'en ayant plus, gagnera une certaine somme dont ils conviennent. L'on suppose que Pierre a le dé, que Paul est à sa droite, & Jacques à sa gauche. On demande quel est le sort des trois Joueurs, c'est à dire, quel est l'avantage & le desavantage que donne à chacun la situation & la place où il se trouve.

144. SOIT A l'argent du jeu, & S le sort de Pierre au commencement du jeu.

Il faut remarquer d'abord que Pierre poussant le dé a six coups sur trente-six pour amener un doublet. 2°. Qu'il a deux coups pour amener six & as. 3°. Huit coups pour amener un as d'un dé, l'autre dé n'étant ni as ni six; ces huit coups sont as & deux; as & trois, as & quatre, as & cinq, deux & as, trois & as, quatre & as, cinq & as. 4°. Huit coups pour amener un six d'un dé, l'autre dé n'étant ni as ni six; ces huit coups sont six & deux, six & trois, six & quatre, six & cinq; deux & six, trois & six, quatre & six, cinq & six.

Cela posé, il est clair que le sort de Pierre lorsqu'il va jouer est, 1°, d'avoir huit coups, pour que n'ayant rien, Jacques ait deux jettons, & Paul un jetton & le dé, sçavoir quand Pierre amene un as sans six ni doublet; 2°. d'avoir dix coups, pour que n'ayant rien, Jacques ait un jetton & Paul un jetton & le dé; sçavoir, quand Pierre amene un six sans doublet; 3°. d'avoir dix-huit coups, pour que Pierre, Paul & Jacques, ayant chacun un jetton, Paul ait le dé.

Si l'on nomme x le sort de Pierre dans le premier cas, y son sort dans le second cas, z son sort dans le troisiéme cas, on aura $S = \frac{8x + 10y + 18z}{36} = \frac{4x + 5y + 9z}{18}$.

Pour déterminer x, il faut remarquer que Pierre n'ayant rien, Jacques ayant deux jettons, & Paul ayant un jetton

& le dé, le ſort de Pierre lorſque Paul va pouſſer le dé, eſt, 1°, d'avoir huit coups, pour que Paul n'ayant rien, Pierre ait un jetton, & Jacques deux jettons & le dé, ſçavoir, quand Paul amene un as ſans ſix ni doublet; 2°. dix coups qui le font perdre & finiſſent la partie; ſçavoir quand Paul amene un ſix ſans doublet; 3°. d'avoir dix-huit coups pour que Pierre n'ayant rien, Jacques ait deux jettons & le dé, & Paul un jetton.

Si l'on nomme u le ſort de Pierre dans le premier cas, & t ſon ſort dans le troiſiéme, on aura $x = \frac{8u + 10 \times 0 + 18t}{36} = \frac{4u + 9t}{18}$.

Pour déterminer u, il faut obſerver que Paul n'ayant rien, Pierre ayant un jetton, & Jacques deux jettons & le dé, le ſort de Pierre lorſque Jacques va pouſſer le dé, eſt, 1°, d'avoir deux coups, pour que Jacques n'ayant rien, Paul ait un jetton, & Pierre un jetton & le dé, ſçavoir, quand Jacques amene ſix & as; 2°. huit coups qui remettent le jeu comme au commencement, ſçavoir quand Jacques amene un as ſans ſix ni doublet; 3°. huit coups, pour que Paul n'ayant rien, Jacques ait un jetton, & Pierre un jetton & le dé, ſçavoir quand Jacques amene un ſix ſans as ni doublet; 4°. dix-huit coups, pour que Paul n'ayant rien, Jacques ait deux jettons, & Pierre un jetton & le dé.

Si l'on nomme p le ſort de Pierre dans le premier cas, q ſon ſort dans le troiſiéme cas, r ſon ſort dans le quatriéme cas, on aura $u = \frac{2 \times p + 8 \times S + 8 \times q + 18r}{36} = \frac{p + 4S + 4q + 9r}{18}$.

Pour déterminer p, ſoit l le ſort de Pierre lorſque Jacques n'ayant rien, Pierre a un jetton, & Paul un jetton & le dé, on aura $p = \frac{10 \times 0 + 8 \times y + 18l}{36}$. Or $l = \frac{18 \times A + 18 \times p}{36}$. Donc $p = \frac{4y + 9 \times \frac{A + p}{2}}{18} = \frac{8y + 9A + 9p}{36}$; d'où l'on tire $p = \frac{8y + 9A}{27}$, & $l = \frac{1}{2}A + \frac{1}{2} \times \frac{8y + 9A}{27} = \frac{18A + 4y}{27}$.

Pour déterminer q, ſoit appellé K le ſort de Pierre lorſque Paul n'ayant rien, Pierre a un jetton, & Jacques un jetton & le dé, on trouvera $q = \frac{18 \times 0 + 18 \times K}{36}$, & K

$= \frac{10 \times s + 8 \times p + 18 \times y}{36}$; d'où l'on tire $q = \frac{5s + 4p}{27}$. Or on a eu ci-devant $p = \frac{8y + 9s}{27}$; donc $q = \frac{5s + 4 \times \frac{8y + 9s}{27}}{27}$ $= \frac{171s + 32y}{27 \times 27}$.

Il eſt évident que $r = \frac{18 \times 0 + 18 \times u}{36} = \frac{1}{2}u$.

On aura (en ſubſtituant ces valeurs de p, q, r) $u = \frac{2 \times \frac{8y + 9s}{27} + 8 \times S + 8 \times \frac{171s + 32y}{27 \times 27} + 18 \times \frac{1}{2}u}{36}$, ce qui ſe réduit à $u = \frac{688y + 1854s + 5832S}{19683}$; donc $r = \frac{344y + 927s + 2916S}{19683}$.

Pour déterminer la valeur de t, il faut remarquer que Pierre n'ayant rien, Paul ayant un jetton, & Jacques deux jettons & le dé, le ſort de Pierre lorſque Jacques va pouſſer le dé, eſt, 1°, d'avoir deux coups pour perdre, ſçavoir quand Jacques amene ſix & as ; 2°. huit coups, pour que Pierre n'ayant rien, Jacques ait un jetton, & Paul deux jettons & le dé, ſçavoir quand Jacques amene un as ſans ſix ni doublet ; 3°. huit coups, pour que Pierre n'ayant rien, Jacques ait un jetton, & Paul un jetton & le dé, ſçavoir quand Jacques amene un ſix ſans as ni doublet ; 4°. dix-huit coups, pour que Pierre n'ayant rien, Jacques ait deux jettons, & Paul un jetton & le dé.

Cela poſé, ſi l'on nomme c le ſort de Pierre dans le ſecond cas, on aura $t = \frac{2 \times 0 + 8 \times c + 8 \times y + 18 \times r}{36}$ $= \frac{4c + 4y + 9r}{18}$.

Pour déterminer la valeur de c, on remarquera que Pierre n'ayant rien, Jacques ayant un jetton, & Paul deux jettons & le dé, le ſort de Pierre lorſque Paul va pouſſer le dé eſt, 1°, d'avoir deux coups, pour que Paul n'ayant rien, Pierre ait un jetton, & Jacques un jetton & le dé, ſçavoir quand Paul amene ſix & as ; 2°. d'avoir huit coups, pour que les trois Joueurs ayent chacun un jetton, Jacques ayant le dé, ſçavoir quand Paul amene un as ſans ſix ni doublet ; 3°. d'avoir huit coups, pour que Pierre n'ayant rien, Paul ait un jetton, & Jacques un jetton & le dé, ſçavoir quand Paul amene un ſix ſans as ni doublet ; 4°. d'avoir dix-huit coups ; pour que Pierre n'ayant rien, Paul ait deux jettons, & Jacques un jetton & le dé.

Si l'on nomme le ſort de Pierre dans le ſecond cas m, dans le troiſiéme cas n, dans le quatriéme cas b, on aura

$$c = \frac{2 \times x + 8m + 8n + 18b}{36} = \frac{x + 4m + 4n + 9b}{18}.$$

Pour déterminer m, ſoit h le ſort de Pierre lorſque Jacques n'ayant rien, Paul a deux jettons, & Pierre un jetton & le dé, on aura

$$m = \frac{10 \times p + 8 \times h + 18 \times s}{36} = \frac{5p + 4h + 9s}{18}.$$

Pour déterminer h, ſoit B le ſort de Pierre lorſque Jacques n'ayant rien, Pierre a un jetton, & Paul deux jettons & le dé, on aura

$$h = \frac{10 \times 0 + 8 \times c + 18 \times B}{36} = \frac{4c + 9B}{18}.$$

Pour déterminer B, ſoit D le ſort de Pierre lorſque Jacques n'ayant rien, Paul a un jetton, & Pierre deux jettons & le dé, on aura

$$B = \frac{2 \times A + 8 \times p + 8 \times D + 18h}{36} = \frac{A + 4p + 4D + 9h}{18}.$$

Pour déterminer D, ſoit E le ſort de Pierre lorſque Jacques n'ayant rien, Pierre a deux jettons, & Paul un jetton & le dé, on aura

$$D = \frac{2 \times y + 8 \times z + 8l + 18 \times E}{36} = \frac{y + 4z + 4l + 9E}{18},$$

$$\& \; E = \frac{18 \times A + 18D}{36} = \frac{A + D}{2}.$$

Si l'on ſubſtitue les valeurs de E, D, B, h, dans les équations précedentes, on trouvera

$$D = \frac{86y + 387A + 216z}{27 \times 27}.$$

$$B = \frac{2A + 8p + 8D + 4c}{27}.$$

$$h = \frac{8c + A + 4p + D}{27}.$$

Et enfin $m = \frac{151p + 243s + 72c + 4A + 16D}{27 \times 18}$.

On trouvera auſſi

$$n = \frac{18 \times 0 + 18 \times y}{36} = \frac{1}{2}y.$$

$$b = \frac{18 \times 0 + 18 \times c}{36} = \frac{1}{2}c.$$

Pour déterminer la valeur de y, il faut remarquer que Pierre

Pierre n'ayant rien, Jacques ayant un jetton, & Paul un jetton & le dé, le sort de Pierre est, 1°, d'avoir huit coups pour que Paul n'ayant rien, Pierre ait un jetton, & Jacques un jetton & le dé, sçavoir quand Paul amene un as sans six ni doublet; 2°. dix coups pour perdre, sçavoir quand Paul amene un six; 3°. dix-huit coups, pour que Pierre n'ayant rien, Paul ait un jetton, & Jacques un jetton & le dé.

Cela posé, on aura $y = \frac{8 \times K + 10 \times 0 + 18n}{36} = \frac{4K + 9n}{18}$; & substituant dans cette équation pour K sa valeur $\frac{5A + 4P + 9y}{18}$, & pour n sa valeur $\frac{1}{2}y$, on aura

$$y = \frac{4 \times 5A + 4 \times \frac{\frac{8y + 9A}{27} + 9 \times \frac{171A + 32y}{27 \times 27}}{18} + \frac{9}{2}y}{18},$$

d'où l'on tire, en transposant & réduisant, $y = \frac{2736}{19171}A$.

Pour déterminer la valeur de z, je remarque que Pierre, Paul & Jacques ayant chacun un jetton, & Paul ayant le dé, le sort de Pierre est, 1°, d'avoir dix coups, pour que Paul n'ayant rien, il ait un jetton, & Jacques un jetton & le dé, sçavoir quand Paul amene un six sans doublet; 2°. huit coups pour que Paul n'ayant rien, il ait deux jettons, & Jacques un jetton & le dé, sçavoir quand Paul amene un as sans six ni doublet; 3°. dix-huit coups, pour que Pierre, Paul & Jacques ayant chacun un jetton, Jacques ait le dé.

Si l'on nomme G le sort de Pierre dans le second cas, on aura $z = \frac{10 \times K + 8 \times G + 18 \times m}{36} = \frac{5K + 4G + 9m}{18}$.

Pour déterminer G, je remarque que Paul n'ayant rien, Pierre ayant deux jettons, & Jacques un jetton & le dé, le sort de Pierre est, 1°, d'avoir dix coups pour gagner, sçavoir quand Jacques amene un six sans doublet; 2°. huit coups, pour que Jacques n'ayant rien, Paul ait un jetton, & Pierre deux jettons & le dé, sçavoir quand Jacques amene un as, sans six ni doublet; 3°. dix-huit coups, pour que Paul n'ayant rien, Jacques ait un jetton, & Pierre deux jettons & le dé.

Si l'on nomme F le ſort de Pierre dans le dernier cas, on aura $G = \frac{10 \times A + 8 \times D + 18 \times F}{36}$.

Pour déterminer F, ſoit L le ſort de Pierre lorſque Paul n'ayant rien, Pierre a un jetton, & Jacques deux jettons & le dé, on aura,

$$F = \frac{2 \times 0 + 8 \times L + 8 \times K + 18 \times c}{36} = \frac{4L + 4K + 9c}{18}.$$

On trouvera auſſi

$$L = \frac{8 \times S + 2 \times P + 8 \times q + 18 \times r}{36} = \frac{4S + P + 4q + 9r}{18}.$$

Si l'on ſubſtitue les valeurs de G, de m & K dans l'égalité $z = \frac{5K + 4G + 9m}{18}$, on aura

$$z = \frac{353351A + 160299P + 115263q + 182331S + 6780y + 11664r + 23328c + 17280z}{708598},$$

& ſubſtituant de nouveau pour r ſa valeur $\frac{344y + 927A + 2916S}{19683}$, & pour c ſa valeur

$$\frac{334847A + 519048P + 714092y + 177147q + 708588S + 13824z}{4257657},$$

on trouvera, en tranſpoſant & réduiſant

$$z = \frac{11643201030807915088}{23780027602988823717} A.$$

On aura auſſi

$$m = \frac{7117013810993376514}{23780027602988823717} A;$$

& par conſequent

$$S = \frac{5029812761187532115}{23780027602988823717} A.$$

Ainſi le ſort des trois Joueurs Pierre, Paul & Jacques, ſera comme les trois nombres

5029812761187532115, 7117013810993376514, 11643201030807915088.

Il faut remarquer que dans ce Problême on n'a pas eu lieu d'examiner s'il étoit avantageux au Joueur de recommencer lorſqu'il amene de ſon coup un doublet, dans l'eſperance d'en amener trois de ſuite; mais cette conſideration auroit lieu, ſi en ſuppoſant (ainſi qu'il ſe fait ſouvent) qu'il ſuffit pour gagner d'amener deux doublets de ſuite, il ſe trouvoit un plus grand nombre de Joueurs ou ſeulement deux Joueurs qui euſſent chacun pluſieurs jettons. On pourroit donner là-deſſus des regles certaines, ainſi que l'on va voir dans le Problême qui ſuit.

PROBLÊME II.

PROPOSITION XXI.

Pierre & Paul ont un nombre quelconque de jettons. L'on demande en quel cas ils doivent recommencer lorſqu'ils amenent un doublet. L'on ſuppoſe qu'ils gagneront en amenant deux doublets de ſuite.

PREMIER CAS.

Pierre & Paul n'ont chacun qu'un jetton, & c'eſt à Pierre à joüer. L'on demande quel eſt ſon ſort.

145. POUR réſoudre ce Problême, il faut faire des ſuppoſitions touchant la maniere de joüer de Pierre & de Paul, car il peut arriver, 1°, que Pierre & Paul recommenceront lorſqu'ils auront un doublet; 2°. qu'ils ne recommencent dans ce cas ni l'un ni l'autre; 3°. que Pierre recommence, & que Paul ne recommence pas; 4°. que Pierre ne recommence pas, & que Paul recommence. Or ſelon toutes ces differentes ſuppoſitions, le ſort de Pierre ſera different.

1°. Si le deſſein de Pierre & de Paul eſt de ne point recommencer lorſqu'ils auront un doublet, le ſort de Pierre ſera $\frac{1}{3}A$, & celui de Paul $\frac{2}{3}A$.

2°. Si le deſſein de Pierre & de Paul eſt de recommencer lorſqu'ils auront un doublet, le ſort de Pierre eſt $\frac{3}{10}A$, & celui de Paul $\frac{7}{10}A$.

3°. Si le deſſein de Pierre eſt de ne pas recommencer, & celui de Paul de recommencer en cas de doublet, ſon ſort ſera $\frac{21}{58}A$, & celui de Paul $\frac{37}{58}A$.

4°. Si le deſſein de Pierre eſt de recommencer, & celui de Paul de ne pas recommencer, ſon ſort ſera $\frac{8}{28}A$, & celui de Paul $\frac{21}{29}A$.

Il ſuit de là que Pierre, & par conſequent Paul, doivent ceder le cornet ſans recommencer lorſqu'ils ont amené un doublet.

Pour s'aſſurer ſi Pierre & Paul doivent recommencer lorſqu'ils ont amené un doublet, il ſuffit d'examiner ſi le ſort de Pierre eſt plus grand ou moindre lorſqu'ils recommencent tous deux, que lorſque ni l'un ni l'autre ne recommence.

SECOND CAS.

Pierre a un jetton contre Paul deux jettons, & c'eſt à Pierre à jouer.

146. 1°. Si l'on ſuppoſe que ni Pierre ni Paul ne recommenceront lorſqu'ils auront un jetton contre deux, & qu'ils auront amené un doublet, on trouvera que le ſort de Pierre eſt $\frac{19}{105}A$, & celui de Paul $\frac{86}{105}A$.

2°. Si l'on ſuppoſe qu'ils recommenceront l'un & l'autre lorſqu'ayant un jetton contre deux ils auront amené un doublet, le ſort de Pierre ſera $\frac{1162}{6993}A$, & celui de Paul $\frac{5831}{6993}A$.

TROISIE'ME CAS.

Pierre & Paul ont chacun deux jettons, & Pierre a le dé.

147. 1°. Si l'on ſuppoſe qu'ils ne recommenceront ni l'un ni l'autre lorſqu'ils auront un jetton contre trois, on trouvera le ſort de Pierre $= \frac{30763}{73185}A$, & celui de Paul $\frac{42422}{73185}A$. On trouvera auſſi que le ſort de Pierre lorſqu'il a un jetton contre trois, & que c'eſt à lui à jouer, eſt $\frac{16498}{73185}A$.

2°. Si l'on ſuppoſe qu'ils recommenceront l'un & l'autre lorſqu'ayant un jetton contre trois, ils auront amené un doublet, le ſort de Pierre ſera $\frac{14989417}{35436135}A$, & celui de Paul $\frac{20446718}{35436135}A$.

Il ſuit de là que Pierre ne doit point recommencer, lorſqu'ayant un jetton contre Paul trois jettons, il amene un doublet.

On pourra en cette ſorte examiner ſi Pierre doit ou ceder

le dé à Paul, ou recommencer lorſqu'il a un jetton contre quatre, ou deux contre trois; le calcul ſera le même que celui de ce Problême & du précedent, mais la longueur en ſeroit exceſſive; ainſi je ne conſeille à perſonne de le tenter. Il y a beaucoup d'apparence que Pierre doit recommencer & tenter de gagner en amenant deux doublets de ſuite, lorſqu'ayant un jetton contre quatre, il a amené un doublet; car je trouve que dans le troiſiéme & dernier cas, la difference du ſort de Pierre lorſqu'il ne recommence pas, à ſon ſort quand il recommence, eſt $\frac{234488932}{24698986095}A$, ce qui eſt moins qu'un centiéme.

PROBLÊMES
SUR LE TRICTRAC.

148. Il eſt très utile, pour jouer le Trictrac agreablement & avec avantage, de ſçavoir à chaque coup de dé, l'eſperance qu'on a ou de battre, ou de remplir, ou de couvrir quelqu'une de ſes dames par le coup qu'on va jouer. C'eſt auſſi ce que ſçavent aſſés les bons Joueurs; mais ce n'eſt que par une grande application & beaucoup d'exercice qu'on peut en acquerir l'habitude pour les cas qui ſont un peu compoſés. Par exemple, il y a peu de perſonnes qui puiſſent voir d'un coup d'œil que leur petit Jan étant diſpoſé, ainſi que dans le côté *A* du Trictrac, ils ont un coup pour gagner douze points, dix coups pour en gagner huit, trois coups pour en gagner ſix, ſeize coups pour en gagner quatre, & enfin ſix coups pour ne pas remplir. Mais ce qui paſſe extrêmement les connoiſſances ordinaires des Joueurs, & ce qui leur ſeroit neanmoins très important pour bien jouer les dames, & faire des tenues à propos; c'eſt de pouvoir connoître avec exactitude l'eſperance que l'on a de tenir un certain nombre de coups ſans rompre, ou d'arranger ſon jeu de telle ou telle façon, en deux ou pluſieurs coups. On peut découvrir toutes ces choſes par les methodes précedentes: En voici deux exemples fort ſimples, dont le dernier peut avoir quelque utilité.

PROBLÊME.

PROPOSITION XXII.

Pierre parie qu'il prendra son grand coin en deux coups. On demande ce qu'il doit gager pour que le parti soit égal.

149. Il faut remarquer, 1°, que Pierre ne peut gagner qu'en amenant du premier coup de dé l'un de ces quatre coups, six cinq, quine ou sonnés.

2°. Qu'ayant amené l'un de ces quatre coups, il n'a pas encore gagné ; mais qu'ayant amené six cinq du premier coup, il doit pour gagner amener encore six cinq au second coup ; & qu'ayant amené du premier coup quine, il doit pour gagner amener au second coup sonnés ; & qu'ayant amené du premier coup sonnés, il doit pour gagner amener au second coup ou quine ou sonnés. Il suit de tout cela que le sort de Pierre sera $\frac{2}{36} \times \frac{2}{36} + \frac{1}{36} \times \frac{1}{36} + \frac{1}{36} \times \frac{2}{36} = \frac{7}{1296}$; ainsi Pierre pour parier sans desavantage, doit mettre au jeu 7 contre 1289, & il auroit de l'avantage à parier 1 contre 186 de prendre son grand coin en deux coups.

PROBLÊME.

PROPOSITION XXIII.

Mes dames étant disposées ainsi qu'il paroît dans le côté B du Trictrac, je veux sçavoir combien je pourrois parier de tenir deux coups sans rompre.

150. Les hazards des deux coups sont ici mêlés ensemble, & ne se doivent point considerer indépendemment l'un de l'autre. Si avantageux que puisse être mon premier coup, il est clair que mon second coup peut me faire perdre ; & au contraire si desavantageux qu'il soit, il ne m'ôte point l'esperance de tenir au second coup. La plus grande

partie des coups de dé que je peux amener au premier coup, diversifient mon attente pour l'évenement du second ; mais il y en a qui me laissent une égale esperance. Par exemple, il m'est indifferent d'amener au premier coup sonnés ou cinq & as, ou quatre & deux, six trois ou cinq

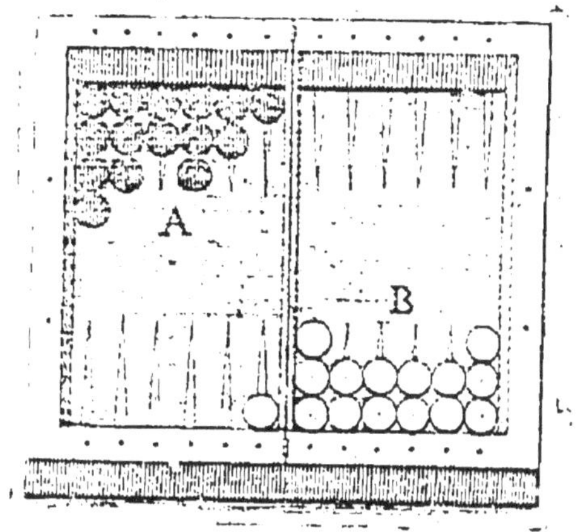

& quatre, &c. Pour démêler tout cela, il faut chercher quelle est mon esperance de tenir au second coup dans toutes les differentes suppositions des differens coups de dé que je peux amener au premier coup. La somme de tous ces hazards exprimera mon sort, on trouvera que j'ai, 1°, deux coups qui me donnent $\frac{1}{36}$, sçavoir six & cinq.

2°. Trois coups qui me donnent $\frac{3}{36}$, sçavoir six quatre & quine, puisqu'ayant amené six quatre ou quine du premier coup, j'ai pour tenir sonnés & six & as.

3°. Quatre coups qui me donnent $\frac{6}{36}$, sçavoir six trois, & cinq & quatre, car j'aurai pour tenir sonnés, six & as, six deux & bezet.

4°. Quatre coups qui me donnent $\frac{10}{36}$, sçavoir six deux, & cinq & trois ; car j'ai pour tenir sonnés, six & as, six, deux, six trois, deux & as & bezet.

5°. Deux coups qui me donnent $\frac{12}{36}$, sçavoir quatre & trois, car j'aurai pour tenir au second coup sonnés, six & as, six deux, six trois, deux & as, trois & as & bezet.

6°. Quatre coups qui me donnent $\frac{15}{36}$, sçavoir six & as, & cinq & deux ; car j'aurai pour tenir six & as, sonnés, six deux, bezet, six trois, deux & as, six quatre, trois & as, & double deux.

7°. Six coups qui me donnent $\frac{21}{36}$, sçavoir sonnés, cinq & as, quatre & deux & terne ; car j'aurai pour tenir sonnés, six & as, six deux, bezet, six trois, deux & as, six quatre, trois & as, double deux, six cinq, quatre & as, trois & deux.

8°. Quatre coups qui me donnent $\frac{23}{36}$, sçavoir quatre & as, & trois & deux ; car j'ai pour tenir tous les mêmes coups que si j'eusse amené du premier coup cinq & as, & outre cela l'esperance d'amener au second coup cinq & as.

9°. Un coup qui me donne $\frac{8}{36}$, sçavoir carme ; car j'aurai pour tenir au second coup deux & as, bezet, six & as, six deux & sonnés.

10°. Trois coups qui me donnent $\frac{27}{36}$, sçavoir trois & as, & double deux ; car j'ai tout pour tenir au second coup, excepté cinq & quatre, cinq & trois, quatre & trois, quine, carme & terne.

11°. Deux coups qui me donnent $\frac{32}{36}$, sçavoir deux & as, car j'aurai tous les coups favorables pour tenir, excepté quine, carme, & cinq & quatre.

12°. Un coup qui me donne $\frac{35}{36}$, c'est bezet ; car il n'y aura au second coup que quine contre moi.

Le sort cherché sera donc $\frac{565}{1296}$, & le juste parti de la gageure seroit 565 contre 731. On auroit de l'avantage à parier 3 contre 4, & du desavantage à parier 4 contre 5.

AVERTISSEMENT.

151. IL est impossible dans la plûpart des situations où deux Joueurs peuvent se trouver au Trictrac, de déterminer quel est leur sort, & d'estimer avec précision de quel côté est l'avantage ; car outre la varieté prodigieuse des differentes dispositions possibles des trente dames, la maniere souvent arbitraire dont les Joueurs conduisent leur jeu, est ce qui décide presque toujours du gain de la partie. Or tout ce qui dépend de la fantaisie des hommes n'ayant aucune regle fixe & certaine, il est clair qu'on ne peut résoudre aucune question sur le Trictrac, à moins que la maniere de jouer ne soit déterminée. Le seul Problême que l'on puisse résoudre d'une maniere generale sur le jeu du Trictrac est celui-ci : *Trouver le sort de deux Joueurs qui en sont au jan de retour, quelque nombre de dames qu'ils ayent encore à passer, en quelque endroit qu'elles se trouvent placées.* J'en donne ici un Exemple, qui suffira pour faire connoître

tre de quelle maniere on pourroit trouver les autres cas plus composés.

PROBLÊME.

PROPOSITION XXIV.

Pierre a les trois dames A, B, C *à lever, & Paul les trois dames* D, E, F; *celui qui le premier aura levé en passant toutes ses dames, gagnera. On suppose que c'est à Pierre à jouer, l'on demande quel est son avantage.*

152. LORSQUE Pierre va jouer, il a vingt-cinq coups pour passer les deux plus reculées *B* & *C*, huit pour passer les Dames *A* & *C*, sçavoir six & as, cinq & as, quatre & as, trois & as; deux coups pour passer les dames *A* & *B*, & un coup seulement pour passer *B*, sçavoir bezet.

Soit nommé *S* le sort de Pierre lorsqu'il va jouer, *x* son sort quand il amene deux & as, & *y* son sort quand il amene du premier coup bezet. On aura $S = \frac{33A + 2x + y}{36}$. L'argent du jeu est appellé *A*.

Il s'agit présentement de déterminer les inconnues *x* & *y*; pour en venir à bout, il faut remarquer que Pierre n'ayant plus à lever que la Dame *C*, ne peut ni perdre ni gagner par le coup que jouera Paul; mais que son sort sera different selon tous les differens coups que Paul amenera. Car, par exemple, Paul passant de son premier coup les deux dames *E* & *F*, si Pierre ne passe pas de son second coup la dame *C*, il aura certainement perdu, au lieu qu'il pourroit encore gagner si Paul n'eût passé de son premier coup que les Dames *E* & *D*, ou seulement la Dame *E*.

Soit donc nommé *u* le sort de Pierre, lorsqu'ayant amené du 1er coup deux & as, Paul a passé de son coup les dames *E* & *F*; *h* son sort, quand Paul a passé les dames *D* & *E*; & *t* son sort, quand Paul a passé la dame *E*. On aura $x = \frac{33u + 2h + t}{36}$.

Pour connoître la valeur de *z*, on remarquera que Pierre n'ayant plus que la Dame *C* à passer, il a en jouant ſon ſecond coup, trente-cinq coups pour gagner.

Pour connoître la valeur de h, on obſervera que Pierre n'ayant plus que la dame C à paſſer, & Paul n'ayant plus que la dame F, Pierre a en jouant de nouveau, trente-cinq coups pour gagner, & un coup pour avoir $\frac{1}{36}A$: car ſuppoſé que Pierre jouant pour la ſeconde fois, amene bezet qui eſt le ſeul coup qui puiſſe l'empêcher de gagner, Paul n'a pas pour cela gagné, il pourra amener auſſi bezet, auquel cas Pierre auroit gagné.

Pour connoître la valeur de t, on prendra garde que Pierre n'ayant plus que la Dame C, & Paul les deux Dames D & F à lever, Pierre a en jouant pour la ſeconde fois, trente-cinq coups pour gagner, & un coup pour avoir $\frac{4}{36}A$: car Pierre ne gagnant pas de ſon ſecond coup, Paul a pareillement quatre coups pour ne pas lever toutes ſes dames, ſçavoir bezet, double deux, deux & as. On aura donc $t = \frac{35}{36}A + \frac{4}{36 \times 36}A$. Ayant ainſi déterminé les inconnues u, h, t, ſi on ſubſtitue les valeurs trouvées dans l'équation $x = \frac{33u + 2h + t}{36}$, on aura $x = \frac{45366}{46656}A$.

Préſentement il faut déterminer la valeur de y.

Soit nommé q le ſort de Pierre lorſqu'il va jouer ſon ſecond coup, & qu'il lui reſte les dames A & C à lever, & à Paul la ſeule dame D; p ſon ſort lorſqu'il lui reſte à lever les dames A & C, & à Paul la dame F; n ſon ſort lorſqu'il lui reſte à lever les dames A & C, & à Paul les dames D & F. On aura $y = \frac{33q + 2p + n}{36}$.

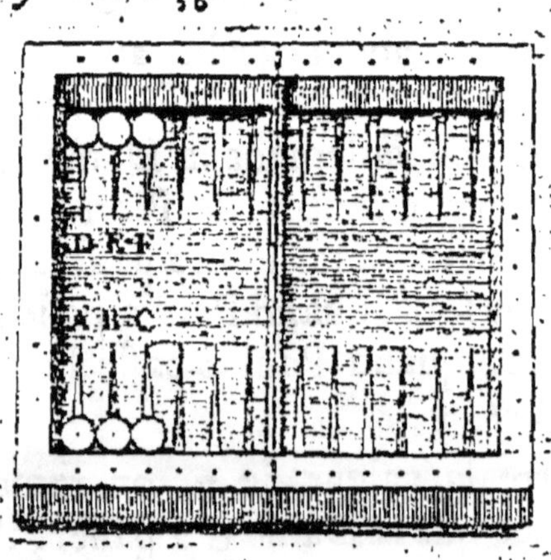

On trouvera par des raiſonnemens ſemblables à ceux qu'on a faits pour trouver la valeur de x, $q = \frac{32}{36}A$, $p = \frac{32}{36}A + \frac{4}{36 \times 36}A$, $n = \frac{32}{36}A + \frac{4 \times 4}{36 \times 36}A$; & par conſequent $y = \frac{41496}{46656}A$. Ayant ainſi déterminé les valeurs de x & de y, on trouvera $S = \frac{46641}{46656}A$.

PROBLÊME SUR LE JEU DES TROIS DEZ

EXPLICATION DES REGLES DE CE JEU.

153. QUOIQUE ce Jeu ſoit ancien & en uſage dans les Académies de Jeu, il n'eſt guere connu que des Joueurs de profeſſion ; je crois donc devoir en expliquer avec ſoin toutes les conditions.

On nommera Pierre celui qui tient le dé, & Paul repréſentera les autres Joueurs, dont le nombre eſt indéterminé, ainſi qu'aux Jeux du *Hazard* & du *Quinquenove*.

Pierre pouſſera le dé juſqu'à ce qu'il amene ou 8, ou 9, ou 10, ou 11, ou 12, ou 13, celle de ces chanſes que Pierre amenera ſera ce que l'on nomme la chanſe *droite*, & ſera à peu près pour lui, ce qu'eſt au jeu de la Dupe, pour le Joueur qui a la main, la carte qu'il ſe donne. Enſuite Pierre pouſſe le dé : voici par ordre les principales regles.

1°. La chanſe *droite* étant ou 9, ou 10, ou 11, ou 12, Pierre gagnera au ſecond coup s'il amene chanſe pareille, c'eſt à dire 9 ſi la chanſe *droite* eſt 9, 10 ſi la chanſe *droite* eſt 10, &c. Il gagnera auſſi en amenant 15 ; mais il perdra s'il amene ou 3, ou 4, ou 5, ou 6, ou 16, ou 17, ou 18.

2°. Si la chanſe *droite* eſt ou 8, ou 13, Pierre gagnera au ſecond coup en amenant ou chanſe pareille, ou 16 ; & il perdra s'il amene ou 3, ou 4, ou 5, ou 6, ou 15, ou 17, ou 18.

3°. Dans tout autre cas que les deux précedens, le nombre que Pierre amenera, après avoir tiré la chanſe *droite*, ſera une chanſe pour la premiere maſſe. Il y a donc pour les maſſes deux chanſes de plus que pour la *droite*, ſçavoir 7 & 14.

4°. Ces deux chanſes étant données, Pierre continuera

de pousser le dé, & il gagnera la premiere masse, s'il en amene la chanse avant que d'amener la droite; & au contraire il perdra s'il amene la droite avant que d'amener cette chanse. Dans le premier cas le jeu recommence, & Pierre livre de nouveau une droite & une chanse à la premiere masse, pourvû neanmoins qu'il n'ait pas *tingué*.

Pour apprendre ce que c'est que *tinguer*, il faut sçavoir qu'à ce jeu, ainsi qu'au Quinquenove, les Joueurs peuvent faire des masses, & que Pierre les accepte s'il veut, en disant, *Taupe*. Mais il y a ceci à remarquer, que si Pierre en acceptant une masse, dit *Taupe & tingue*, la premiere masse ne va plus; en sorte que si Pierre amene la droite après avoir tingué, il perd toutes les masses qui ont été acceptées, à l'exception de la premiere qui ne va pas, & il tire celle qu'on vient de masser. Dans ce cas la droite & la chanse de la premiere masse subsistent; & si Pierre après avoir tingué amene la chanse de la premiere masse, toutes les masses deviennent nulles, à l'exception de la droite & de la premiere masse qui subsistent.

5°. Toutes les fois que Pierre perd la premiere masse, celui qui sert le dé à Pierre peut le contraindre à tenir le paroli; & si cela arrive une seconde fois, à tenir le sept & le *va*, & ensuite le quinze & le *va*, &c.

6°. Lorsque Pierre perd la premiere masse, on lui fixe ou 8, ou 9, ou 10, ou 11, ou 12, ou 13; mais il n'est obligé de tenir que 8 ou treize.

Pour faire entendre parfaitement toutes ces regles, je crois qu'il est à propos de les appliquer à un exemple. Supposons donc que la droite soit 13, la premiere masse 9, la seconde 10, la troisiéme 11, là-dessus je fais une masse. Pierre dit *Taupe*, & poussant le dé il amene 13. Voici ce qui arrivera; 1°. il gagnera ce qui vient d'être massé; 2°. il perdra toutes les autres masses, & je lui fixerai 13 en faisant, si je veux, le paroli de cette masse, ensuite il se donnera une chanse.

Si Pierre au lieu de dire simplement *Taupe*, eût dit, *Taupe & tingue*, tout auroit été comme ci-devant, avec cette seule difference qu'il n'eût point perdu la premiere masse, & qu'elle seroit restée aussi-bien que la droite.

Supposons maintenant que Pierre amene 9 après avoir dit *Taupe*, il tirera la premiere masse qui est 9, toutes les autres masses s'en iront, & Pierre recommencera le jeu, en tirant une droite au hazard. S'il eût dit *Taupe & tingue*, Pierre n'auroit ni perdu ni gagné, & toutes les chanses eussent été nulles, à l'exception de la premiere qui subsistera avec la droite. Enfin lorsque Pierre amenera ou 10, ou 11 avant que d'amener 13, il gagnera celle de ces masses qu'il amenera avant la droite.

PROBLÊME

PROPOSITION XXV.

On demande quel est à ce jeu l'avantage ou le desavantage de celui qui tient le dé.

154. Soit x le sort de Pierre lorsqu'il amene pour chanse droite 8, ou 13, y son sort lorsqu'il amene ou 9, ou 12, & z lorsqu'il amene 10 ou 11.

S exprimera le sort de Pierre, & A la mise de Paul.

On aura $S = \frac{21x + 25y + 27z}{73}$. On trouvera aussi

$$x = \frac{100A + 50 \times \frac{25}{23}A + 27 \times \frac{9}{4}A}{216} = \frac{19789}{19872}A.$$

$$y = \frac{95A + 42 \times \frac{21}{23}A + 27 \times \frac{27}{13}A + 15 \times \frac{3}{2}A}{216} = \frac{126731}{129168}A.$$

$$z = \frac{101A + 21 \times \frac{7}{4}A + \frac{25 \times 25}{13}A + 30 \times \frac{5}{7}A}{216} = \frac{15147}{26208}A.$$

Par consequent le desavantage de Pierre sera exprimé par cette quantité, $\frac{21 \times \frac{83}{19872}A + 25 \times \frac{2437}{129168}A + 27 \times \frac{3183}{78624}A}{73}$ qui se réduit à cette fraction $\frac{1494103}{660048848}A$ qui est plus grande que $\frac{1}{45}$, & plus petite que $\frac{1}{44}$, & ce seroit là le desavantage cherché, si l'on supposoit que Pierre dût quitter le dé & finir le jeu aussi-tôt qu'il auroit ou gagné ou perdu. Ainsi la premiere masse étant une pistole, il y a sur cette somme 4 sols 7 den. de perte pour Pierre lorsqu'il doit tirer sa droite au hazard. Mais lorsqu'on lui a fixé 8 ou 13, son desavantage par rapport à la premiere masse, n'est que 10 d. $\frac{5}{207}$. On verra dans les Remarques qui suivent quel est son desavantage en acceptant des masses.

REMARQUE I.

155. IL est moins desavantageux à Pierre d'avoir 8 ou 13 pour chanse droite, que d'avoir 9 ou 12 ; & il lui est moins desavantageux d'avoir 9 ou 12, que d'avoir 10 ou 11 : car je trouve que la chanse droite étant 8 ou 13, le desavantage de Pierre par rapport à la mise de Paul, est plus grand que $\frac{1}{240}A$, & plus petit que $\frac{1}{239}A$: Que la chanse droite étant 9 ou 12, le desavantage de Pierre est plus grand que $\frac{1}{54}A$, & moindre que $\frac{1}{53}A$; & enfin que la chanse droite étant 11 ou 10, son desavantage est plus grand que $\frac{1}{25}$, & plus petit que $\frac{1}{24}$.

REMARQUE II.

156. POUVOIR tinguer est un privilege que ce jeu accorde à celui qui tient le cornet, par lequel il est maître de faire durer long-temps la droite & la premiere masse. Il est aisé de s'appercevoir que cet avantage est fort peu considerable, & a lieu seulement lorsque la chanse de la droite doit arriver plus souvent que la chanse de la premiere masse; par exemple, lorsque la droite étant 10 ou 11, la premiere masse est 8 ou 13. Dans ce cas il vaut mieux tinguer que de tauper simplement ; mais il seroit encore plus à propos de ne point accepter de masse.

REMARQUE III.

157. IL n'y a dans ce jeu aucune circonstance où celui qui tient le cornet ait de l'avantage sur les Joueurs. Voici la regle qu'il doit suivre pour que son desavantage soit le moindre qu'il sera possible. Il n'acceptera point de masses lorsque la droite sera 9 ou 12, & encore moins lorsqu'elle sera 10 ou 11 : car dans le premier cas il a sur une masse d'une pistole

trois sols neuf deniers de perte, & dans le second huit sols deux deniers.

REMARQUE IV.

158. ON voit par les observations précedentes, qu'il s'en manque beaucoup que ce Jeu ne soit ni aussi égal, ni aussi-bien inventé que bien des Joueurs se l'imaginent. Pour le réformer il seroit à propos de regler que 17 fût aussi-bien que 15 un hazard favorable à celui qui tient le cornet, soit que la droite soit ou 9, ou 10, ou 11, ou 12. Par cette réforme le desavantage de Pierre qu'on a trouvé $= \frac{1424103}{66004848} A$, sera exprimé par cette fraction $\frac{188071}{66004848} A$, ce qui vaut un peu moins de sept deniers, A désignant une pistole.

PROBLÊME.

PROPOSITION XXVI.

Soit un nombre de dés quelconque. Pierre parie que les jettant au hazard, il en amenera tant d'une espece, tant d'une autre; par exemple, tant de simples, tant de doubles, tant de triples, ou tant de doubles, tant de quadruples, &c. On demande combien il aura de façons differentes d'amener les dés en la maniere qu'il se le sera proposé.

159. ON a donné à la page 44, *art.* 42, la solution de ce Problême : Voici pour l'utilité des Joueurs une Table qui en détermine tous les differens cas depuis deux dés jusqu'à neuf inclusivement. La premiere colonne donne tous les cas déterminés, ce qui fait une espece particuliere du Problême general. La seconde les donne indéterminés conformément à l'énoncé du Problême. Ainsi, par exemple, on trouvera que le nombre 3 exprime combien il y a de façons differentes d'amener bezet & un deux avec trois dés, & le nombre 90 qui est vis à vis à la seconde colonne, combien il y a de façons differentes d'amener un double quelconque avec un simple aussi quelconque; & de même le nombre 12 exprimera combien il y a de manieres differentes d'amener bezet, un deux & un trois

avec quatre dés, & le nombre 720, combien il y en a pour amener un double & deux simples indéterminément.

TABLE.

Pour deux dés.

	Déterminés.		Indéterminés.	
1°. pour avoir deux simples,	2	il y a	30	coups.
2°. un doublet,	1		6	

Pour trois dés.

	Déterminés		Indéterminés	
1°. pour avoir trois simples,	6		120	
2°. un double & un simple,	5	il y a	90	coups.
3°. un triple,	1		6	

Pour quatre dés.

	Déterminés		Indéterminés	
1°. pour avoir quatre simples,	24		360	
2°. un double & deux simples,	12		720	
3°. deux doubles,	6	il y a	90	coups.
4°. un triple & un simple,	4		120	
5°. un quadruple,	1		6	

Pour cinq dés.

	Déterminés		Indéterminés	
1°. pour avoir cinq dés simples,	120		720	
2°. un double & trois simples,	60		3600	
3°. deux doubles & un simple,	30		1800	
4°. un triple & deux simples,	20	il y a	1200	coups.
5°. un triple & un double,	10		300	
6°. un quadruple & un simple.	5		150	
7°. un quintuple,	1		6	

Pour six dés.

	Déterminés		Indéterminés	
1°. pour avoir six simples,	720		720	
2°. un double & quatre simples,	360		10800	
3°. deux doubles & deux simples,	180		16200	
4°. trois doubles,	90		1800	
5°. un triple & trois simples,	120		7200	
6°. un triple, un double & un simple,	60	il y a	7200	coups.
7°. deux triples,	20		300	
8°. un quadruple & deux simples,	30		1800	
9°. un quadruple & un double,	15		450	
10. un quintuple & un simple,	10		180	
11. un sextuple,	1		6	

Pour sept dés.

	Déterminés.		Indéterminés.	
1°. pour avoir un double & cinq simples,	2520	il y a	15120	coups.
2°. deux doubles & trois simples,	1260		75600	
3°. trois doubles & un simple,	630		37800	
4°. un triple & quatre simples,	840		25200	
5°. un triple, un double & deux simples,	420		75600	
6°. un triple & deux doubles,	210		12600	
7°. deux triples & un simple.	140		8400	
8°. un quadruple & trois simples,	210		12600	
9°. un quadruple, un double & un simple,	105		12600	
10. un quadruple & un triple,	35		1050	
11. un quintuple & deux simples,	42		2520	
12. un quintuple & un double,	21		630	
13. un sextuple & un simple,	7		210	
14. un septuple,	1		6	

Pour huit dés.

1°. pour avoir deux doubl. & quat. simp.	10080	il y a	151200	coups.
2°. trois doubles & deux simples,	5040		302400	
3°. quatre doubles,	2520		37800	
4°. un triple & cinq simples,	6720		40320	
5°. un triple, un double & trois simples,	3360		403200	
6°. un triple, deux doubles & un simple,	1680		302400	
7°. deux triples & deux simples,	1120		100800	
8°. deux triples & un double,	560		33600	
9°. un quadruple & quatre simples,	1680		50400	
10. un quadruple, un doubl. & deux simpl.	840		151200	
11. un quadruple & deux doubles,	420		25200	
12. un quadruple, un triple & un simple,	280		33600	
13. deux quadruples,	70		1050	
14. un quintuple & trois simples,	336		20160	
15. un quintuple, un double & un simple,	168		20160	
16. un quintuple & un triple,	56		1680	
17. un sextuple & deux simples,	56		3360	
18. un sextuple & un double,	28		840	
19. un septuple & un simple,	8		240	
20. un octuple,	1		6	

Pour neuf dés.

	Déterminés.		Indéterminés.	
1°. pour avoir trois doubles & trois simpl.	45360		907200	
2°. quatre doubles & un simple,	22680		680400	
3°. un triple, un double & quatre simples,	30240		907200	
4°. un triple, deux doubles & deux simpl.	15120		2721600	
5°. un triple & trois doubles,	7560		453600	
6°. deux triples & trois simples,	10080		604800	
7°. deux triples, un double & un simple,	5040		907200	
8°. trois triples,	1680		33600	
9°. un quadruple & cinq simples,	15120		90720	
10. un quadruple, un doubl. & trois simpl.	7560		907200	
11. un quadruple, deux doubl. & un simpl.	3780		680400	
12. un quadruple, un triple & deux simpl.	2520		453600	
13. un quadruple, un triple & un double,	1260	il y a	151200	coups.
14. deux quadruples & un simple,	630		37800	
15. un quintuple & quatre simples,	3024		90720	
16. un quintuple, un double & deux simpl.	1512		272160	
17. un quintuple & deux doubles,	756		45360	
18. un quintuple, un triple & un simple,	504		60480	
19. un quintuple & un quadruple,	126		3780	
20. un sextuple & trois simples,	504		30240	
21. un sextuple, un double & un simple,	252		30240	
22. un sextuple & un triple,	84		2520	
23. un septuple & deux simples,	72		4320	
24. un septuple & un double,	36		1080	
25. un octuple & un simple,	9		270	
26. un noncuple,	1		6	

REMARQUE.

160. Si les jeux de dés sont en si petit nombre, & se jouent seulement avec deux dés, ou tout au plus avec trois, à la difference des jeux de cartes qui se jouent avec un fort grand nombre de cartes, il y a bien de l'apparence que cela vient de ce qu'on n'a pu calculer les hazards qui se trouvent entre plusieurs dés. En effet cela étoit fort difficile. La Table précedente, & celles qu'on trouvera dans les propositions qui suivent jusqu'à la fin de cette seconde Partie, donneront là dessus toutes les lumieres qu'on pourra souhaiter, & serviront à ceux qui voudroient inventer des

jeux de dés plus variés, & par conséquent plus agreables que tous ceux qu'on a connus jusqu'à présent.

PROBLÊME.

PROPOSITION XXVII.

On demande en combien de façons on peut amener un certain nombre ou point déterminé, avec un certain nombre de dés.

161. Tous les Joueurs de Trictrac sçavent en combien de façons chaque point depuis deux jusqu'à douze, peut s'amener. Mr Hugens en a donné une Table pour deux & pour trois dés; mais on ne peut aller plus loin sans methode, car cela devient tout d'un coup extrêmement composé. On a donné une solution très generale de ce Problême à la page 46, *art.* 44. Voici pour l'utilité des Joueurs une Table qui détermine tous les hazards qu'il y a pour amener les divers points possibles avec un nombre de dés, depuis deux jusqu'à neuf inclusivement.

TABLE.

Avec deux dés.

Il y a	coups qui donnent
1	2 ou 12
2	3 ou 11
3	4 ou 10
4	5 ou 9
5	6 ou 8
6	7

Avec trois dés.

Il y a	coups qui donnent
1	3 ou 18
3	4 ou 17
6	5 ou 16
10	6 ou 15
15	7 ou 14
21	8 ou 13
25	9 ou 12
27	10 ou 11

Avec quatre dés.

Il y a	coups qui donnent
1	4 ou 24
4	5 ou 23
10	6 ou 22
20	7 ou 21
35	8 ou 20
56	9 ou 19
80	10 ou 18
104	11 ou 17
125	12 ou 16
140	13 ou 15
146	14

Avec cinq dés.

Il y a	coups qui donnent
1	5 ou 30
5	6 ou 29
15	7 ou 28
35	8 ou 27
70	9 ou 26
126	10 ou 25
205	11 ou 24
305	12 ou 23
420	13 ou 22
540	14 ou 21
651	15 ou 20
735	16 ou 19
780	17 ou 18

Avec six dés.

Il y a	coups qui donnent
1	6 ou 36
6	7 ou 35
21	8 ou 34
56	9 ou 33
126	10 ou 32
252	11 ou 31
456	12 ou 30
756	13 ou 29
1161	14 ou 28
1666	15 ou 27
2247	16 ou 26
2856	17 ou 25
3431	18 ou 24
3906	19 ou 23
4221	20 ou 22
4332	21

Avec sept dés.

Il y a	coups qui donnent
1	7 ou 42
7	8 ou 41
28	9 ou 40
84	10 ou 39
210	11 ou 38
462	12 ou 37
917	13 ou 36
1667	14 ou 35
2807	15 ou 34
4417	16 ou 33
6538	17 ou 32
9142	18 ou 31
12117	16 ou 30
15267	20 ou 29
18327	21 ou 28
20993	22 ou 27
22967	23 ou 26
24017	24 ou 25

Avec huit dés.

Il y a	coups qui donnent
1	8 ou 48
8	9 ou 47
36	10 ou 46
120	11 ou 45
330	12 ou 44
792	13 ou 43
1708	14 ou 42
3368	15 ou 41
6147	16 ou 40
10480	17 ou 39
16808	18 ou 38
25488	19 ou 37
36688	20 ou 36
50288	21 ou 35
65808	22 ou 34
82384	23 ou 33
98813	24 ou 32
113688	25 ou 31
125588	26 ou 30
133288	27 ou 29
135954	28

Avec neuf dés.

Il y a	coups qui donnent
1	9 ou 54
9	10 ou 53
45	11 ou 52
165	12 ou 51
495	13 ou 50
1287	14 ou 49
2994	15 ou 48
6354	16 ou 47
12465	17 ou 46
22825	18 ou 45
39303	19 ou 44
63999	20 ou 43
98979	21 ou 42
145899	22 ou 41
205560	23 ou 40
277464	24 ou 39
359469	25 ou 38
447669	26 ou 37
536569	27 ou 36
619569	28 ou 35
689715	29 ou 34
740619	30 ou 33
767394	31 ou 32

On trouvera par cette Table que onze, par exemple, s'amene en deux façons avec deux dés, en 27 façons avec trois dés, en 104 façons avec quatre dés, en 205 façons avec cinq dés, &c.

COROLLAIRE.

162. ON peut ſans avantage ni deſavantage jouer avec trois dés au paſſe-dix, & avec cinq dés au paſſe-dix-ſept, & avec ſept dés au paſſe-vingt-quatre, & ainſi de ſuite, en ajoutant toujours 7. Mais il faut remarquer que le nombre des dés étant pair, on ne peut faire de pareil parti, puiſqu'il y a toujours un certain point qu'on peut amener plûtôt que tout autre : avec deux dez, c'eſt 7 ; avec quatre dés, c'eſt 14 ; avec ſix dés, c'eſt 21, &c. en ajoutant toujours 7.

REMARQUE.

163. IL faut obſerver que les Joueurs ont établi tant pour le jeu de la Rafle que pour le Paſſe-dix, qu'il n'y auroit de coups bons que ceux où il ſe trouveroit au moins deux dés ſemblables. Je ne peux deviner ce qui a occaſionné cette regle qui ne ſert qu'à amuſer les Joueurs, puiſqu'il y a à chaque coup cinq contre quatre à parier que le coup qu'on va jouer ne ſera pas bon ; & je croirois qu'on ne feroit pas mal de l'abolir, en établiſſant que tous les coups fuſſent bons, ou ſi l'on veut (en renverſant la regle ordinaire) que ceux-là ſeuls fuſſent reputés pour bons où tous les dés marqueroient differens points ; ainſi on auroit moins de ces coups inutiles qui ennuyent preſque toujours & les Joueurs & les Spectateurs. Au reſte avec l'un ou l'autre de ces changemens le Paſſe-dix ſeroit toujours un jeu égal. La Table précedente le prouve dans la ſuppoſition que tout coup ſoit réputé bon. Je ferai voir dans la ſuite que ce jeu ſeroit encore égal, en ſuppoſant qu'il n'y eût de coups de bons que ceux où tous les dés ſeroient differens, ou bien, ſelon la regle ordinaire de ce jeu, qu'il n'y ait de bons que ceux où il ſe trouve au moins deux dés ſemblables.

PROBLÊME.

PROPOSITION XXVIII.

Pierre joue contre Paul au Paſſe-dix & tient le dé, Paul lui propoſe de lui donner un point, à condition que cet as qu'il donne ſervira à rendre les coups bons lorſque Pierre amenera un as d'un de ſes trois dés. On demande ſi Pierre doit accepter ce parti.

164. La raiſon de douter eſt que ſi ce quatriéme dé qui porte un as, donne à Pierre des coups favorables, qui ſans cela euſſent été contraires ou indifferens, il y en a pluſieurs auſſi entre ceux qui étoient indifferens à Pierre, qui lui deviennent contraires.

On remarquera, 1°, qu'il y a quarante-huit coups qui font gagner Pierre indépendamment de ce quatriéme dé; 2°. Qu'il y en a vingt-quatre qui l'euſſent fait recommencer, & qui par le moyen de ce nouvel as le font gagner. Ces vingt-quatre coups ſont, 6, 4, 1; 6, 5, 1; 6, 3, 1; 5, 4, 1. 3°. Qu'il y en a neuf qui le font gagner, & qui ſans ce quatriéme dé l'euſſent fait perdre. Ces neuf coups ſont 4, 4, 2; 4, 3, 3; 6, 2, 2. 4°. Qu'il y a trente-neuf coups qui le font perdre indépendamment du quatriéme dé, & trente-ſix qui le font perdre à cauſe de ce nouvel as, & qui ſans cela étoient indifferens. Ces trente-ſix coups ſont 1, 4, 2; 1, 2, 3; 1, 2, 5; 1, 2, 6; 1, 3, 4; 1, 3, 5; en ſorte qu'il reſte ſoixante coups indifferens, ſçavoir, 4, 3, 2; 5, 3, 2; 6, 3, 2; 5, 4, 2; 6, 4, 2; 5, 4, 3; 6, 4, 3; 6, 5, 2; 3, 5, 6; 4, 5 6. Il y auroit donc dans ce parti de l'avantage pour Pierre; mais ce ne ſeroit que de la cinquante-deuxiéme partie de l'argent mis à la gageure.

On peut obſerver que ſi on ne comptoit un point au profit de Pierre que lorſque l'as, repréſenté par le quatriéme dé, ſert à rendre bon un coup qui eût été nul, le parti ſeroit deſavantageux à Pierre, & ſon deſavantage ſeroit préciſément le quadruple de ce qu'eſt ſon avantage dans la ſuppoſition précedente.

Ce Problême est, comme l'on voit, fort facile, & je ne l'ai mis ici que parcequ'il m'a été proposé par un de mes amis, qui m'a dit avoir vû souvent jouer but à but suivant les conditions qu'on a expliquées dans l'énoncé du Problême.

PROBLÊME I.

SUR LE JEU DE LA RAFLE.

PROPOSITION XXIX.

Pierre joue à la premiere Rafle avec un certain nombre de Joueurs à volonté. On demande quel sera son avantage lorsqu'il aura un point quelconque depuis onze jusqu'à dix-huit.

165. Il y a deux sortes de Jeux de Rafle, sçavoir la premiere Rafle, & les trois Rafles comptées. Je vais donner ici ce qui regarde la premiere Rafle, le Problême suivant sera sur les trois Rafles comptées. Voici quelques regles communes à ces deux Jeux. 1°. On y joue avec trois dés. 2°. Tous les coups où il ne se trouve pas au moins deux dés semblables sont réputés nuls, & on les recommence. 3°. A ces jeux il n'y a point de primauté, & lorsque deux ou plusieurs Joueurs se trouvent avoir le même point, ils recommencent entr'eux pour voir qui gagnera. Voici quelques autres regles qui sont particulieres au jeu de la premiere Rafle. 1°. Un Joueur dit qu'il a rafle lorsque les trois dés qu'il a jettés portent tous le même point. 2°. Rafle l'emporte sur ceux qui n'ont que des points; en sorte, par exemple, que celui qui aura rafle gagnera au préjudice de celui qui aura 17; hors ce cas celui qui a le plus haut point gagne. 3°. Une rafle plus haute l'emporte sur une plus basse, par exemple rafle de 4 sur rafle de 3, & rafle de 3 sur rafle de 2, &c.

La solution de ce Problême s'entendra aisément par un Exemple.

Je ſuppoſe donc qu'il y ait trois Joueurs, Pierre, Paul & Jacques : Pierre a déja joué, & a amené onze. On demande s'il a de l'avantage, & quel eſt cet avantage.

Il faut d'abord conſulter la Table, *art.* 159, pour trouver combien il y a de coups bons dans trois dés, c'eſt à dire de coups où il ſe trouve au moins deux dés ſemblables, & combien il y a de ces coups pour amener chacun des differens points en particulier : enſuite il faut employer la methode analytique, examiner par ordre ce qui peut arriver dans les coups de Paul & de Jacques, & ce que les hazards differens de ces deux coups donnent à Pierre d'eſperance, ou de gain ou de perte.

Je trouve qu'il y a trois coups pour amener 17 ou 4, ſix coups pour amener 16 ou 5, quatre coups pour amener 15 ou 6, neuf coups pour amener 14 ou 7, 13 ou 8, 10 ou 11, & enfin ſept coups pour amener 12 ou 9. Cela poſé, voici comme je raiſonne.

Lorſque Paul jouera ſon coup, Pierre perdra ſi Paul amene ou 18 ou 17, ou 16 ou 15, ou 14 ou 13, ou 12, ou rafle d'as, de deux, ou de trois, ce qui fait quarante-deux coups pour perdre. Il y a neuf coups pour que Pierre ſoit but à but avec Paul dans l'attente du coup de Jacques, & quarante-cinq coups pour que Paul amenant un point quelconque au deſſous de onze, Pierre n'ait plus à craindre que le coup de Jacques.

Lorſque Paul a amené un point quelconque au deſſous de onze, le ſort de Pierre eſt d'avoir quarante-cinq coups pour gagner tout ce qui eſt au jeu, & neuf coups pour partager avec Jacques, ſçavoir quand Jacques amene onze.

Si Paul a amené onze, le ſort de Pierre eſt d'avoir quarante-cinq coups pour partager également avec Paul le droit ſur tout ce qui eſt au jeu ; neuf coups pour avoir ſon tiers ſur l'argent qui eſt au jeu ; & enfin d'avoir quarante-deux coups pour perdre.

Si l'on réduit ce raiſonnement ſelon les regles de l'Algebre, on trouvera que le ſort cherché de Pierre eſt $\frac{812}{1024}A$, en ſuppoſant que A exprime la miſe de chaque Joueur, ce qui fait voir que Pierre a du deſavantage, lorſque jouant

avec

avec deux Joueurs il a onze. Ce deſavantage eſt tel qu'il pourroit ſans perte ni profit donner quarante ſols & une fraction de deniers à un Joueur qui voudroit prendre ſa place, ſuppoſé que *A* qui déſigne la miſe de chaque Joueur exprime une piſtole.

On pourra trouver en cette maniere l'avantage ou le deſavantage de Pierre, quelque ſoit ſon point, & quelque nombre de Joueurs qu'il y ait. En voici une Table qui donne l'avantage de Pierre, en ſuppoſant qu'il ait un point quelconque depuis onze juſqu'à dix-huit, autrement que par une rafle. L'on y ſuppoſe, comme ci-deſſus, que le jeu ſoit aux piſtoles.

TABLE.

	Pour deux Joueurs.			*Pour trois Joueurs.*			*Pour quatre Joueurs.*		
	avantage.			avantage.			avantage.		
points.	liv.	ſols,	den.	liv.	ſols,	den.	liv.	ſols,	den.
18	9	17	11	19	13	$9\frac{25}{96}$	29	8	$4\frac{585}{82944}$
17	8	8	9	15	9	$10\frac{71}{128}$	21	6	$11\frac{1119}{3072}$
16	7	10	0	12	19	$3\frac{21}{64}$	14	7	$1\frac{251}{256}$
15	6	11	3	10	11	$6\frac{9}{32}$	12	14	$5\frac{3009}{3072}$
14	5	6	3	7	12	$1\frac{25}{32}$	8	0	$4\frac{599}{1024}$
13	3	8	9	3	11	$3\frac{15}{32}$	2	3	$9\frac{825}{1024}$
12	1	17	6	0	11	$8\frac{5}{8}$			
11		6	3						

On voit par cette Table qu'entre deux Joueurs il y a de l'avantage à avoir onze, & qu'à trois Joueurs il y a du deſavantage.

Lorſqu'il y a quatre Joueurs, on n'a de l'avantage que lorſqu'on a au moins treize. Je trouve qu'à douze points il y a ſur une piſtole une livre douze ſols de perte ou de deſavantage, ce qui paroît d'abord aſſés étrange.

J'ai trouvé des perſonnes d'eſprit qui croyoient voir évidemment que puiſque c'eſt un avantage entre deux Joueurs d'avoir onze points, on devoit conclure que ce seroit aussi un avantage tel nombre de Joueurs qu'il y eût. Voici comme ils raisonnoient. Il est vrai que Pierre jouant lui troisiéme, & ayant onze points, a moitié moins d'esperance de gagner, que lorsqu'ayant onze points, il n'a affaire qu'à un Joueur; mais en récompense il a le double à gagner. Or le produit de $2 \times \frac{1}{2}$ étant $= 1$, il s'ensuit que Pierre ayant onze points, doit avoir de l'avantage, soit que le jeu soit entre trois Joueurs, ou qu'il soit seulement entre deux Joueurs. Ils employoient le même raisonnement pour prouver que l'avantage de celui qui a onze points est le même, soit qu'il n'y ait que deux Joueurs, soit qu'il y en ait quatre, ou un autre nombre quelconque.

Ce raisonnement est specieux; mais il manque en ce que l'on suppose que l'esperance que Pierre a de gagner est moitié moindre lorsque deux Joueurs ont à jouer après lui, que lorsqu'il n'y en a qu'un : ce qui n'est point vrai, quoique fort vrai-semblable. On ne peut trop chercher l'évidence en cette matiere, où l'on trouvera plus qu'en toute autre, que les apparences conduisent à l'erreur.

PROBLÊME II

SUR LE JEU DES TROIS RAFLES COMPTÉES.

PROPOSITION XXX.

Pierre joue contre Paul à qui fera le plus de points en trois rafles comptées, c'est à dire, en trois coups tels qu'il se trouve au moins un doublet dans les trois dés. Il a amené trente-deux. On demande s'il a de l'avantage, & quel est cet avantage.

166. L'ON pourroit résoudre ce Problême par l'analyse, en examinant par ordre tous les differens points qu'on peut amener avec un, deux, trois, quatre, &c. jusqu'à neuf dés, & en réjettant tous ceux où dans chaque trois

dés il se trouveroit trois dés differens les uns des autres, & en exprimant tous ces differens hazards par des inconnues qu'on détermineroit selon les regles ordinaires: mais cette voye seroit d'une longueur excessive, & demanderoit un calcul de plusieurs mois. L'*art.* 44 en fournit une très abregée. Voici une Table qui contient tous les differens hazards qui peuvent arriver, & exprime l'avantage de Pierre pour tous les differens points qu'il aura depuis 32 jusqu'à 54.

TABLE.

points.	diverses façons de les amener.	avantage.	livres.	sols.
54 ou 9	1	884735	9	19
53 ou 10	9	884725	9	19
52 ou 11	45	884671	9	19
51 ou 12	147	884479	9	19
50 ou 13	369	883963	9	19
49 ou 14	765	882829	9	19
48 ou 15	1446	880618	9	19
47 ou 16	2484	876688	9	18
46 ou 17	3969	870235	9	16
45 ou 18	5869	860397	9	14
44 ou 19	8433	846095	9	11
43 ou 20	11493	826169	9	6

points.	diverses façons de les amener.	avantage.	livres.	sols.
42 ou 21	15027	799649	9	0
41 ou 22	19287	765335	8	13
40 ou 23	23886	722162	8	3
39 ou 24	28668	669608	7	11
38 ou 25	38867	607073	6	17
37 ou 26	38871	534335	6	0
36 ou 27	43171	452293	5	2
35 ou 28	47457	361665	4	1
34 ou 29	50607	263601	2	19
33 ou 30	52551	160443	1	16
32 ou 31	53946	53946	0	12
	447368 Total de toutes les diverses façons depuis 32 jusqu'à 54.			

Cette Table est, comme l'on voit, rangée sur quatre

colonnes. La premiere désigne tous les differens points que Pierre peut avoir depuis neuf jusqu'à cinquante-quatre. La seconde exprime le nombre de coups differens que peuvent donner les points qui lui répondent dans la premiere colonne. La troisiéme colonne donne l'avantage de Pierre pour tous les differens points qu'il peut avoir depuis trente-deux jusqu'à cinquante-quatre, en donnant à chacun de ces termes la quantité 894376 pour dénominateur. La quatriéme colonne donne cet avantage en livres & en sols, en supposant que le jeu soit aux pistoles, c'est à dire, que Pierre ait mis une pistole au jeu. On a négligé les deniers.

On voit par cette Table que l'avantage d'avoir quelques-uns des differens points depuis cinquante-quatre jusqu'à quarante-deux, ne va qu'à vingt sols de difference, & que celui d'avoir quelques-uns des nombres depuis cinquante-quatre jusqu'à quarante-huit, ne va qu'à quelques deniers.

On voit au contraire que cette difference change fort considerablement dans les nombres qui approchent de trente-deux. On peut découvrir par le raisonnement que cela doit être à peu près ainsi.

Il paroît par la comparaison de cette Table avec celle de l'*art. 159*, pour neuf dés, qu'on auroit plus d'avantage si jouant avec trois dés trois coups de suite, tous les coups étoient bons indifferemment : car dans ce cas l'avantage d'un Joueur qui auroit pour point trente-deux seroit $\frac{767394}{10077696}$, ce qui seroit quinze sols & quelques deniers d'avantage ou de profit, le jeu étant aux pistoles.

PROBLÊME
SUR LE JEU DES SAUVAGES,
APPELLÉ
LE JEU DES NOYAUX.

167. Le Baron de la Hontan fait mention de ce Jeu dans le second Tome de ses Voyages de Canada, *p. 113*. Voici comme il s'explique :

On y joue avec huit noyaux noirs d'un côté & blancs de l'autre : on jette les noyaux en l'air : alors si les noirs se trouvent impairs, celui qui a jetté les noyaux gagne ce que l'autre Joueur a mis au jeu : S'ils se trouvent ou tous noirs ou tous blancs, il en gagne le double ; & hors de ces deux cas il perd sa mise.

PROPOSITION XXXI.

On demande lequel des deux Joueurs a de l'avantage, en supposant qu'ils mettent également au jeu.

168. Il est clair que le Problême des Noyaux se réduit à celui-ci. Déterminer combien il y a à parier que jettant au hazard huit dés, qui n'ayent chacun que deux faces, un as & un deux, on amenera ou un as & sept deux, ou trois as & cinq deux, ou cinq as & trois deux, ou sept as & un deux, ou deux as & six deux, ou quatre as & quatre deux, ou six as & double deux.

On trouvera, *art. 27*, qu'il y a, 1°, huit coups sur 256 pour amener un noir & sept blancs ; 2°. 56 coups pour avoir trois noirs & cinq blancs ; 3°. 28 coups pour avoir deux noirs & six blancs ; 4°. 70 coups pour avoir quatre noirs & quatre blancs. Il est évident qu'on ne peut les amener ou tous noirs ou tous blancs que d'une façon. Il ſuit de tout cela que ſi l'argent du jeu eſt appellé A, le ſort de celui qui jette les noyaux ſera $\frac{128 \times A + 2 \times \overline{A + \frac{1}{2} A}}{256}$, & le ſort de l'autre Joueur ſera $\frac{126 A + 2 \times \overline{0 - \frac{1}{2} A}}{256}$. Ainſi l'avantage de celui qui jette les noyaux eſt $\frac{3}{256}$; & pour que le jeu fût égal, il faudroit que celui qui jette les noyaux mît au jeu 22 contre l'autre 21.

On peut obſerver que l'inégalité de ce jeu ne porte aucun préjudice à ces Joueurs de l'autre monde, qui ne jouant entr'eux que des choſes dont la proprieté leur eſt commune, doivent être aſſés indifferens pour le gain & pour la perte. Le mépris que ces Peuples ont pour ce que nous eſtimons le plus, eſt une eſpece de paradoxe qu'on ne doit point avancer ſans preuve dans un Livre tel que celui ci. La voici tirée du Baron de la Hontan : *Au reſte*, dit cet agreable Voyageur, *ces jeux ne ſe font que pour des feſtins, & pour quelques autres bagatelles : car il faut remarquer que comme ils haïſſent l'argent, ils ne le mettent jamais de leurs parties. Auſſi peut-on aſſurer que l'interêt n'a jamais cauſé de diviſion entr'eux.*

Je crois devoir ajouter que ce Problême m'a été propoſé par une Dame, qui m'en a donné preſque ſur le champ une ſolution fort juſte, en ſe ſervant de la Table, *art. 1*, mais cette Table ne ſert ici que par hazard, car ſi les noyaux au lieu d'avoir deux faces, en avoient davantage, par exemple quatre, cette Table ne ſeroit point ſuffiſante, & le Problême ſeroit bien moins facile que le précedent, ainſi qu'on pourra le remarquer dans la propoſition ſuivante.

L'on ſuppoſe que les huit noyaux ont chacun quatre faces, ſçavoir une blanche, une noire, une verte & une rouge. Pierre ſera celui qui jette les noyaux, Paul ſera l'autre Joueur

Si les noyaux ayant été jettés au hazard, il ſe trouve des quatre couleurs, Paul donnera B à Pierre. S'il n'y en a que de trois couleurs, Paul lui donnera $3B$; & s'il n'y en a que d'une seule couleur, c'est à dire, si les huit noyaux sont ou tous blancs ou tous noirs, ou tous verts ou tous rouges, Paul lui donnera $4B$; enfin s'il n'y en a que de deux couleurs, Pierre donnera à Paul $2A$.

Cela posé, *on demande de quel côté est l'avantage, & quel est cet avantage, en supposant que* A *ait à* B *un rapport quelconque.*

L'on trouvera par les *art. 29 & 42*, que si $B = A$, Paul aura de l'avantage à ce jeu; mais ce ne seroit que de cette fraction $\frac{233}{16384}$, ce qui n'est à peu près que la soixante & dixiéme partie de l'unité; & par consequent afin que la condition de Pierre & celle de Paul fussent égales, il faudroit que B fût $= \frac{11592}{11359}A$, c'est à dire que Pierre devroit mettre au jeu onze mil cinq cens cinquante-deux contre Paul onze mil trois cens cinquante neuf.

QUATRIÈME PARTIE.

Où l'on donne la solution de divers Problêmes sur le hazard, & en particulier des cinq Problêmes proposés en l'année 1657 par Monsieur Huygens.

PROBLÊME I.

PROPOSITION XXXII.

Pierre & Paul jouent ensemble avec deux dés : Voici les conditions du jeu. Pierre gagnera en amenant six, & Paul en amenant sept. Chacun des deux jouera deux coups de suite lorsqu'il aura les dés : cependant Pierre qui commencera n'en jouera qu'un pour la premiere fois. Il s'agit de déterminer le sort de chacun de ces deux Joueurs, ou l'esperance que chacun aura de gagner la partie.

SOLUTION.

169. PUISQUE chaque face de l'un des dés se peut trouver successivement avec toutes les faces de l'autre, il est clair que les deux dés peuvent donner trente-six coups, & que de ces trente-six coups il y en a cinq qui donnent

donnent le nombre de six, sçavoir as & cinq, cinq & as, deux & quatre, quatre & deux & terne, & six qui donnent le nombre de sept, sçavoir as & six, six & as, deux & cinq, cinq & deux, trois & quatre, quatre & trois.

Présentement soit nommé A l'argent du jeu, x le sort de Pierre lorsqu'il va jouer son coup, y son sort lorsque Paul va jouer son premier coup, z son sort lorsque Paul va jouer son second coup, & enfin u son sort lorsque le tour de Pierre revenant il va jouer le premier de ses deux coups.

On aura ces quatre égalités, $S = \frac{5}{36}A + \frac{31}{36}y$, $y = \frac{30}{36}z$, $z = \frac{30}{36}u$, $u = \frac{5}{36}A + \frac{31}{36}x$; ce qui donne $S = \frac{5}{36}A + \frac{31}{36} \times \frac{25}{36} \times \overline{\frac{5}{36}A + \frac{31}{36}x}$; d'où l'on tire par réduction & transposition $S = \frac{10355}{22631}A$, ce qui exprime le sort de Pierre; & $A - S = \frac{12276}{22631}A$ qui exprime celui de Paul.

REMARQUE.

170. LA methode analytique qu'on a employée ici est toujours la meilleure & la plus courte, lorsqu'il arrive qu'au bout d'un certain nombre de coups les Joueurs se retrouvent dans le même état où ils étoient auparavant; mais lorsque cela n'arrive point, on tombe dans des suites infinies; & pour les trouver, toute l'adresse consiste à bien observer les conditions du jeu, & à en tirer la Loi de la progression. Par exemple, si l'on supposoit que Pierre jouât d'abord un coup, & Paul deux coups, ensuite Pierre deux coups, & Paul trois coups; ensuite Pierre trois coups, & Paul quatre coups, & ainsi de suite, Paul jouant toujours un coup de plus que Pierre, le sort de Pierre seroit exprimé par une suite dont il seroit fort difficile d'avoir la somme, cette suite seroit $= \frac{b}{f}A + \frac{d \times c^2 \times b}{f^4}A + \frac{d^2 \times c^2 \times b}{f^5}A$ $+ \frac{d^3 \times c^5 \times b}{f^9}A + \frac{d^4 \times c^5 \times b}{f^{10}}A + \frac{d^5 \times c^5 \times b}{f^{11}}A + \frac{d^6 \times c^9 \times b}{f^{16}}A$ $+ \frac{d^7 \times c^9 \times b}{f^{17}}A + \frac{d^8 \times c^9 \times b}{f^{18}}A + \frac{d^9 \times c^9 \times b}{f^{19}}A + \frac{d^{10} \times c^{14} \times b}{f^{25}}A$ + &c. en supposant $b = 5$, $c = 30$, $d = 31$, $f = 36$.

Il est aisé de remarquer l'ordre de la suite, & de la continuer à l'infini, l'expression du sort de Paul seroit la quantité qui manque à la suite qui exprime le sort de Pierre pour valoir *A*.

Si Pierre & Paul jouent avec un dé, selon l'ordre qu'on vient de marquer, à qui le premier amenera un six, on aura pour expression du sort de Pierre une suite plus simple, sçavoir $1 - p + p^3 - p^5 + p^8 - p^{11} + p^{15} - p^{19} + p^{24} - p^{29}$ + &c. en supposant que p soit $= \frac{5}{6}$.

GENERALEMENT.

171. SELON quelque ordre que deux Joueurs puissent jouer on aura toujours leur sort exprimé par la regle qui suit.

Soit p la fraction qui exprime combien il y a à parier que ce que l'on se propose n'arrivera point du premier coup. Si Pierre & Paul jouent alternativement, Pierre b coups, Paul c coups, Pierre d coups, Paul e coups, Pierre f coups, Paul g coups, Pierre, &c. & ainsi de suite selon une loi quelconque, le sort de Pierre sera $1 - p^b + p^{b+c} - p^{b+c+d} + p^{b+c+d+e} - p^{b+c+d+e+f}$ + &c. & celui de Paul sera le complement de l'unité. On peut chercher de pareilles formules pour plusieurs Joueurs.

PROBLÊME II.

PROPOSITION XXXIII.

Trois Joueurs, Pierre, Paul & Jacques jouent ensemble, & s'accordent que tirant l'un aprés l'autre un jetton au hazard entre douze, dont huit seront noirs & quatre seront blancs, celui qui le premier aura tiré un jetton blanc gagnera. Voici l'ordre selon lequel ils jouent : Pierre tire le premier, Paul tire le second, & Jacques le troisiéme ; ensuite Pierre recommence, & les autres le suivent selon leur rang, jusqu'à ce qu'un des Joueurs ait gagné. Il s'agit de trouver ce que chaque Joueur doit mettre au jeu, afin que le parti soit égal.

SOLUTION.

172. Il est clair que chacun des Joueurs pour parier également & sans desavantage, doit mettre au jeu à raison du plus ou du moins de droit qu'il a sur la partie, ou d'esperance qu'il a de gagner. On voit bien, par exemple, qu'à cause de la primauté, Pierre a plus d'avantage en ce jeu que Paul, & Paul plus d'avantage que Jacques, puisqu'il se peut faire que Pierre gagne sans que Paul & Jacques ayent joué, & aussi que Paul gagne sans que le tour de Jacques soit venu. Mais combien Pierre a plus d'avantage que Paul, & Paul plus d'avantage que Jacques, & quelle est, proportionnellement à ces differens avantages des Joueurs, la difference des avances que chacun doit faire pour composer le fond du jeu ? c'est ce qu'il faut chercher.

Il faut remarquer d'abord que le sort d'une personne qui parie de prendre un jetton blanc entre douze, dont huit sont noirs & quatre sont blancs, est d'avoir un contre deux.

Cela supposé, si l'on nomme A l'argent du jeu, S le sort de Jacques lorsque Pierre va tirer son jetton, y son sort lorsque Paul va tirer le sien, z son sort lorsque c'est à lui à tirer, on aura ces trois égalités $S=\frac{2}{3}y$, $y=\frac{2}{3}z$, $z=\frac{1}{3}A+\frac{2}{3}S$; d'où l'on tirera $S=\frac{4}{19}A$, ce qui exprime le ſort de Jacques.

Pareillement pour trouver le ſort de Pierre, je nomme u ſon ſort lorſqu'il tire ſon jetton, t ſon ſort lorſque Paul tire le ſien, q ſon ſort lorſque Jacques tire ſon jetton. Cela ſuppoſé, j'ai ces trois égalités $u=\frac{1}{3}A+\frac{2}{3}t$, $t=\frac{2}{3}q$, $q=\frac{2}{3}u$; d'où l'on tire $u=\frac{9}{19}A$, ce qui exprime le ſort de Pierre. Or le ſort de Paul étant d'avoir l'argent du jeu, moins la ſomme des juſtes prétentions de Pierre & de Jacques, on aura le ſort de Paul $=A-\frac{4}{19}A-\frac{9}{19}A=\frac{6}{19}A$. Par conſequent ſi l'on veut que le jeu ſoit de dix-neuf écus, il faudra que Pierre en mette neuf, Paul ſix, & Jacques quatre.

REMARQUE.

173. SI le ſens du Problême eſt que chaque Joueur après avoir tiré un jetton ne le remette plus, on trouvera de la même maniere le ſort des trois Joueurs, comme ces trois nombres 77, 53, 35; & ſi l'on veut conſiderer le Problême generalement pour un nombre quelconque de Joueurs, de jettons noirs & de jettons blancs, on aura des ſuites infinies, dont on trouvera les ſommes par les methodes que je donne dans les *art.* 54 & 73.

PROBLÊME III.

PROPOSITION XXXIV.

Pierre parie contre Paul que prenant, les yeux fermés, ſept jettons entre douze, dont huit ſont noirs & quatre ſont blancs, il en prendra trois blancs & quatre noirs. On demande combien Pierre & Paul doivent parier pour que la miſe de chacun ſoit dans la même proportion que leur ſort.

SOLUTION.

174. CE Problême & toutes les eſpeces pareilles ne ſont que des exemples particuliers de la Propoſition 7, *art.* 20. On trouve par la Table, *art.* 1, que huit jettons peuvent

être pris en 70 façons differentes 4 à 4; que quatre jettons peuvent être pris differemment quatre fois trois à trois; & enfin que douze jettons peuvent être pris sept à sept en 792 façons differentes. On aura donc pour l'expression du sort de Pierre $\frac{35}{99}$, & par consequent $\frac{64}{99}$ pour celui de Paul. Si l'on veut que Pierre ait aussi gagné lorsqu'il prendra quatre blancs & trois noirs, on aura de même, par l'*art. 20*, $\frac{70 \times 4 + 1 \times 56}{792} = \frac{14}{33}$ pour le sort de Pierre, & en ce cas il faudroit que Paul mît au jeu 19 contre Pierre 14.

PROBLEMÊ IV.

PROPOSITION XXXV.

Pierre parie contre Paul que tirant, les yeux fermés, quatre cartes entre quarante, sçavoir dix carreaux, dix cœurs, dix pics & dix trefles, il en tirera une de chaque espece. On demande quel est le sort de ces deux Joueurs, ou ce qu'ils doivent mettre au jeu pour parier également.

SOLUTION.

175. CE Problême, ainsi que le précedent, n'est qu'un cas particulier de la Proposition 7, *art. 20*, le sort de Pierre est ici exprimé par une fraction dont le numerateur est la quatriéme puissance de 10, & le dénominateur le nombre qui exprime en combien de façons quatre choses peuvent être prises dans quarante; & par consequent le sort de Pierre est au sort de Paul : : 10000 . 91390 — 10000 : : 1000 . 8139.

Si lon demandoit combien il y a à parier que Paul tirant treize cartes au hazard dans cinquante-deux, ne tirera pas toute une couleur, on trouveroit qu'il y a à parier 158753389899 contre 1.

Si l'on veut sçavoir combien il y a à parier que Pierre tirant dix cartes au hazard entre quarante, sçavoir un as, un deux, un trois, un quatre, un cinq, un six, un sept, un huit, un neuf & un dix de carreau, autant de cœurs de pics & de trefles, il tirera une dixaine complete, on trouvera qu'il y a à parier 1048576 contre 846611952, à peu près 1 contre 808.

PROBLÊME V.

PROPOSITION XXXVI.

Pierre & Paul prennent chacun douze jettons & jouent avec trois dés aux conditions qui suivent. Si les dés amenent onze, Paul donnera un jetton à Pierre. Si les dés amenent quatorze, Pierre donnera un jetton à Paul. Celui des deux qui le premier aura tous les jettons, gagnera. On demande quel est le sort des deux Joueurs.

SOLUTION.

176. Il faut remarquer d'abord que trois dés donnent deux cens seize coups, puisque deux dés donnent trente-six coups, avec chacun desquels chaque face du troisiéme dé peut se trouver successivement. On observera ensuite qu'entre ces deux cens seize coups il y en a vingt-sept qui donnent un jetton à Pierre, sçavoir, six quatre & as qui arrive en six façons, six trois & deux qui arrive en six façons; cinq quatre & deux qui arrive en six façons; cinq cinq & as qui arrive en trois façons; quatre quatre trois qui arrive en trois facons; trois trois cinq qui arrive en trois facons; & quinze qui donnent un jetton à Paul, sçavoir six cinq trois qui arrive en six façons; cinq cinq quatre qui arrive en trois façons; six six deux qui arrive en trois façons; quatre quatre six qui arrive en trois façons. Cela posé, soient nommés A l'argent du jeu, x le sort de Pierre, quand il a douze jettons & Paul douze; y, z, u, t, r, s, q, p, n, m, o, son sort, lorsqu'il a gagné à Paul ou un jetton, ou deux jettons, ou trois jettons. ...... ou onze jettons. k, i, l, h, g, f, e, d, c, b, w, son sort, lorsqu'il a perdu contre Paul ou un jetton, ou deux jettons, ou trois jettons.......ou onze jettons. On a $x = \frac{27y+15k+174x}{216}$, ou ce qui est la même chose $x = \frac{9y+5k}{14}$.

Et de même toutes les autres égalités.

$14y = 9z + 5x$	$14p = 9n + 5q$	$14h = 9l + 5g$
$14z = 9u + 5y$	$14n = 9m + 5p$	$14g = 9h + 5f$
$14u = 9t + 5z$	$14m = 9o + 5n$	$14f = 9g + 5e$
$14t = 9r + 5u$	$14o = 9A + 5m$	$14e = 9f + 5d$
$14r = 9s + 5t$	$14k = 9x + 5i$	$14d = 9e + 5c$
$14s = 9q + 5r$	$14i = 9k + 5l$	$14c = 9d + 5b$
$14q = 9p + 5s$	$14l = 9i + 5h$	$14b = 9c + 5w$
		$14w = 9b + 5 \times$ zero

De toutes ces égalités on tirera

$y = \frac{31381059609A + 39165289355x}{70546348964}$, & $K = \frac{70497520839}{70546348964}x$.

Et par conſequent l'on trouvera $x = \frac{9y + 5K}{14} = \frac{282429536481A + 352487604195x}{987648885496}$, en ſubſtituant pour y & k leurs valeurs en x, & enfin on aura en réduiſant $x = \frac{282429536481}{282673677106}A$, ce qui exprime le ſort de Pierre, & $A - x = \frac{244140625}{282673677106}$, ce qui exprime le ſort de Paul.

REMARQUE.

177. Il eſt à propos d'obſerver que la voye analytique n'eſt peut-être pas ici la meilleure, puiſqu'on peut découvrir autrement que les ſorts de Pierre & de Paul ſont comme les douziémes puiſſances des nombres 9 & 5, ainſi qu'il a été obſervé par Meſſieurs Bernoulli qui m'en ont averti dans leurs lettres du 17 Mars 1710, & 26 Février 1711, & depuis par M. Moivre dans ſon Traité *de Menſura Sortis*, qui parut l'année paſſée.

PROBLÊME.

PROPOSITION XXXVII.

Pierre jouant contre Paul a perdu une certaine somme d'argent, & n'ayant pour payer que la moitié de cette somme, il lui promet d'acquiter l'autre moitié en un certain nombre de payemens égaux. Paul y consent, à condition que Pierre y comprendra un certain interêt dont ils conviennent. On demande de combien seront ces payemens.

SOLUTION.

178. Soit x le payement que Pierre doit faire tous les ans à Paul, q le nombre qui exprime sur quelle somme Pierre prend une unité d'interêt par année, a la somme qui reste à payer; soit aussi pour abreger $p = \frac{q}{q+1}$, on aura $x = \frac{a}{p + pp + p^3 + p^4 + p^5 + \&c.}$

Il faut remarquer que le dénominateur sera composé d'autant de termes que Pierre aura pris d'années pour achever de payer la dette. En sorte que n exprimant le nombre des années, on a generalement, en prenant la somme de la progression geometrique qui est au dénominateur, $x = \frac{a \times \overline{p - 1}}{p^{n+1} - p}$.

DEMONSTRATION.

179. Il faut observer, 1°, que par les conditions du Problême la valeur presente de x payable dans un an, plus la valeur présente de x payable dans deux ans, plus la valeur présente de x payable dans trois ans, plus, &c. doit être $= a$.

2°. Que la valeur présente de x payable dans un certain nombre d'années n, est $x \times p^n$. En voici la preuve.

Lorsque Pierre met une certaine somme x à interêt, & que tous les ans il remet de nouveau les interêts avec le principal

principal pour en former d'autres interests plus forts, & ainsi de suite pendant un certain nombre d'années n; il est certain que la quantité $x \times \overline{\frac{1}{p}}^{n}$ exprime ce que tous ces interests joints au principal fournissent à Pierre au bout d'un certain nombre d'années n. Car il est clair qu'à la fin de la premiere année l'interêt joint au principal sera $x \times \frac{1}{p}$, & que pour avoir la somme cherchée au bout de la seconde année, il faut multiplier par $\frac{1}{p}$ ce que Pierre a mis à interêt au bout de la premiere, c'est à dire multiplier $x \times \frac{1}{p}$ par $\frac{1}{p}$.

Or c'est la même chose pour Pierre de ne recevoir x que dans n années, ou de le recevoir comptant, à charge de rendre en même temps tous les interêts pour n années, & par consequent la valeur de x payable au bout de n années, est $x \times p^{n}$.

Tout cela posé, il ne s'agit plus que de prendre la somme de la progression geometrique qui est au dénominateur; & l'on trouve $x = \frac{a \times \overline{p - 1}}{p^{n+1} - p}$.

Exemple. Si l'on suppose que Pierre doive dix mil francs à Paul, & qu'il s'oblige de les lui payer en quatre payemens égaux d'année en année, en y comprenant l'interêt de cinq pour cent; on trouvera, en substituant dans cette formule pour a & p leurs valeurs, que chaque payement doit être de 2820 liv. 2 f. 4 d. $\frac{13732}{54481}$.

Ce Problême qui est fort facile pour des Geometres, seroit apparemment fort embarassant pour des Arithmeticiens; & comme il est d'un assés grand usage, j'ai jugé à propos de le mettre ici: Je l'ai cherché à l'occasion d'une question qui me fut faite il y a quelque temps par un de mes amis. La voici.

Il vouloit acheter une Terre dont le principal revenu étoit en bois, il y en avoit cent arpens en coupe reglée, & ils se coupoient tous les dix-sept ans. Il y avoit de vieux chênes parmi les taillis. Un Marchand lui proposoit de lui donner quatre-vingt livres de l'arpent pendant les dix-sept années, en coupant les chênes avec les taillis. De plus, le

Vendeur étoit certain par l'eſtimation des connoiſſeurs, que les grands chênes étant coupés, le taillis, qui au bout des dix-ſept ans ſeroit revenu plus beau, vaudroit quarante livres l'arpent. Sur cet expoſé il me demanda à combien il pouvoit évaluer la proprieté de ces bois, en eſtimant cette acquiſition ſur le pied du denier 20. Je trouvai par la formule précedente, qu'elle ſeroit évaluée ſelon ſa juſte valeur, à plus de cent-vingt-cinq mil livres, & à moins de cent-vingt-cinq mil cent livres.

COROLLAIRE.

180. On peut par le Problême précedent réſoudre celui qui ſuit: *Pierre mettant ſon bien,* a, *à un certain interêt, & ajoutant toujours les interêts au principal, on demande en combien d'années,* n, *il peut en faire la ſomme* c.

On trouve cette équation $n = \frac{\log. c - \log. a}{\log. p}$.

D'où l'on voit que ſi Pierre fait valoir ſon bien au denier 20; en ſorte que p ſoit $= \frac{20}{21}$, il le doublera en plus de 14 ans; mais en moins de 15 ans, car l'on trouve $n = \frac{.3010300}{1.3222193 - 1.3010300} = 14\frac{43798}{211893}$.

On trouvera de même par cette formule qu'il le rendra triple en 22 ans, quadruple en 29 ans, quintuple en 33 ans, décuple en 47 ans, &c.

PROBLÊME.

PROPOSITION XXXVIII.

Pierre a perdu au jeu contre Paul une certaine ſomme d'argent, & n'ayant pour payer que la moitié de cette ſomme, il lui promet de lui donner tous les ans la ſomme x *juſqu'à entier payement. Paul y conſent, à condition que dans ces payemens on y comprendra un certain interêt dont ils conviennent. On demande combien il faudra de ces payemens pour acquiter Pierre.*

SOLUTION.

181. Ce Problême eſt comme l'on voit l'inverſe de la propoſition ci-deſſus, *article 179*, où il s'agiſſoit de dé-

terminer la valeur de chaque payement, le nombre des payemens étant donné. Pour le résoudre il ne s'agit que de tirer la valeur n de l'équation trouvée ci-dessus $x = \frac{a \times \overline{p-1}}{p^{n+1} - p}$ ou $p^n = \frac{ap - a + xp}{xp}$, on aura en prenant les logarithmes $n = \frac{\log. \overline{ap - a + xp} - \log. xp}{\log. p}$.

Exemple. Soit $x = 2820$ $p = \frac{20}{21}$, $a = 10000$, on trouvera $n = 4 \frac{39}{211893}$, ce qui fait voir qu'au bout de quatre payemens d'année en année, Pierre se trouveroit quitte avec Paul.

REMARQUE.

182. Le Problême précedent est précisément le même que celui dont M[r] (Jacques) Bernoulli a donné la solution sans analyse ni démonstration dans son Traité *De Seriebus infinitis*, & qu'il propose en cette sorte.

Titius apud Caium omnia bona sua fœnori exponit, ea conditione ut sibi in sui alimentationem ultra convenientem usuram, quæ sola non sufficeret, partem sortis tantam reddat quæ unà cum dicta usura determinatam quandam summam de qua conventum est constituat; quæritur quotannis suffectura sint ejus bona.

Sors integra a, *eadem cum usura primi anni* b, *pensio annua* c, *id quod elapso 1° anno sorti demendum f, numerus annorum quibus bona exhauriuntur* n, *reperitur* $n = \frac{\log. c - \log. f}{\log. b - \log. a}$.

Cette formule appliquée au cas particulier donne $n = \frac{\log. 2820 - \log. 2320}{\log. 10500 - \log. 10000} = \frac{34502491 - 33654880}{40211893 - 40000000} = 4 \frac{39}{211893}$.

Si dans notre équation $p^n = \frac{ap - a + xp}{px}$ on substitue f pour la quantité $x - a \times \frac{1-p}{p}$, & b pour celle-ci $a + \frac{a - ap}{p} = \frac{a}{p}$, elle devient $\frac{c}{f} = \frac{b^n}{a^n}$, ce qui donne la formule de Mr Bernoulli $= \frac{\log. c - \log. f}{\log. b - \log. a}$.

PROBLÊME
PROPOSITION XXXIX.

Le nombre qui exprime le rapport du sort de Pierre à celui de Paul, en supposant que Pierre parie contre Paul de faire certaine chose du premier coup, étant donné, on demande quel est le nombre qui exprime le sort de Pierre, en supposant qu'on lui accorde un certain nombre de coups pour faire la chose proposée.

183. Si l'on exprime par l'inconnue x son sort lorsqu'ayant manqué à gagner du premier coup il va rejouer son second coup, & y son sort lorsqu'ayant manqué à gagner du second coup il va rejouer son troisiéme coup, & z son sort lorsqu'ayant manqué de gagner à son troisiéme coup, il en va rejouer un quatriéme, &c. employant de suite les lettres x, y, z, u, t, r, &c. pour exprimer le sort inconnu de Pierre à son second, troisiéme, quatriéme, cinquiéme, sixiéme, septiéme coup, &c. Nommant encore p le nombre des hazards favorables à Pierre ; q le nombre des rencontres favorables à Paul, & supposant $m = p + q$, on aura le sort de Pierre au commencement du jeu $= \frac{p}{m} + \frac{q}{m}x$, $x = \frac{p}{m} + \frac{q}{m}y$, $y = \frac{p}{m} + \frac{q}{m}z$, $z = \frac{p}{m} + \frac{q}{m}u$, $u = \frac{p}{m} + \frac{q}{m}t$, $t = \frac{p}{m} + \frac{q}{m}r$, &c. & en substituant toutes ces quantités, on aura le sort de Pierre exprimé par cette suite infinie $S = \frac{p}{m} + \frac{pq}{mm} + \frac{pqq}{m^3} + \frac{pq^3}{m^4} + \frac{pq^4}{m^5} + \frac{pq^5}{m^6} + \frac{pq^6}{m^7}$ + &c. & ajoutant autant de termes de cette suite qu'il en sera necessaire pour que S soit égale à $\frac{1}{2}$. On concluera que Pierre peut entreprendre la gageure but à but en autant de coups qu'on aura employé de termes de cette suite pour trouver $S = \frac{1}{2}$, ou un peu plus grand.

En sorte que si l'on cherchoit, par exemple, en combien de coups on peut parier d'avoir cartes blanches au piquet, en ajoutant un peu plus de douze mil termes de cette ſuite geometrique, on trouveroit S à peu près $= \frac{1}{2}$.

Voici la maniere d'éviter une ſi grande longueur de calcul.

J'obſerve, 1°, que la ſomme de cette ſuite infinie eſt toujours égale à l'unité, puiſqu'il eſt clair que s'il y a quelque poſſibilité que Pierre gagne du premier coup, il y a certitude qu'il gagnera ayant un nombre infini de coups à jouer de ſuite. Je ſubſtitue donc cette fraction $\frac{p}{m-q}$ à la place de l'unité, & j'en fais la diviſion à la maniere numerique, il me vient pour quotient la fraction $\frac{p}{m} + \frac{p \times q}{mm} + \frac{p \times qq}{m^3} + \frac{p \times q^3}{m^4} +$ &c. Je remarque en ſecond lieu qu'en faiſant cette diviſion il y a toujours un reſte qui pour la premiere operation eſt $\frac{pq}{m}$, pour la ſeconde $\frac{pqq}{mm}$, pour la troiſiéme $\frac{pq^3}{m^3}$, pour la quatriéme $\frac{pq^4}{m^4}$, en ſorte que $\frac{p}{m} = \frac{p}{m-q} - \frac{q}{m}$, & $\frac{p}{m} + \frac{pq}{mm} = \frac{p}{m-q} - \frac{qq}{mm}$, & $\frac{p}{m} + \frac{pq}{mm} + \frac{pqq}{m^3} = \frac{p}{m-q} - \frac{q^3}{m^3}$, & $\frac{p}{m} + \frac{pq}{mm} + \frac{pqq}{m^3} + \frac{pq^3}{m^4} = \frac{p}{m-q} - \frac{q^4}{m^4}$; d'où il eſt clair que le nombre des termes de la ſuite que l'on veut ajouter en une ſomme étant h, on aura tous ces termes enſemble égaux à $\frac{p}{m-q} - \frac{q^h}{m^h}$.

De là je tire cette regle, que pour trouver le nombre de coups qui rendroit le ſort de Pierre égal à celui de Paul, il faut que h ait une valeur telle que $\frac{q^h}{m^h}$ ſoit $= \frac{1}{2}$, & par conſequent pour que Pierre parie avec avantage, il faut que m^h ſoit plus grand que q^h, ce qui ſervira de formule.

PREMIER EXEMPLE.

184. SOIT ſuppoſé que l'on cherche en combien de coups Pierre peut parier d'amener ſix avec un dé, il faudra ſubſtituer 6, 5, 1 pour les lettres m, q, p, en ſorte qu'on aura $1 - \frac{5^h}{6^h} = \frac{p}{m-q} - \frac{q^h}{m^h}$, & l'on connoîtra ſans peine que h étant 4, c'eſt à dire, que Pierre ſe propoſant d'a-

mener six en quatre coups, il y aura de l'avantage pour lui, car $1 - \frac{5^4}{6^4} = 1 - \frac{625}{1296}$; or cette fraction $\frac{625}{1296}$ est plus petite que $\frac{1}{2}$ de la quantité $\frac{23}{1296}$ qui exprimera l'avantage de Pierre, en pariant d'amener un six avec un dé dans quatre coups. L'on connoîtra aussi qu'en substituant 3 pour h, c'est à dire, que Pierre se proposant d'amener un six en trois coups, il y auroit pour lui du desavantage, & que son desavantage seroit $\frac{17}{216}$.

Il est clair que l'exposant h doit être d'autant plus grand que q est plus grand par raport à p, en sorte que, par exemple, q étant $= 5$, & par consequent $m = 6$, h doit être $= 4$, & q étant $= 35$, h doit être $= 25$.

SECOND EXEMPLE.

185. SOIT le sort de Pierre $\frac{1000}{9139}$, on aura $m = 9139$, & $q = 8139$; soit supposé $h = 6$, on trouvera le logarithme du nombre $9139 = 3.9608987$, ce qui étant multiplié par 6 donne 23.7653922 logarithme du nombre 9139 élevé à la sixiéme puissance, & le logarithme du nombre $8139 = 3.9105710$, ce qui étant multiplié par 6 donne 23.4634260 logarithme du nombre 8139 élevé à la sixiéme puissance.

Si l'on cherche les nombres qui correspondent à ces logarithmes, on trouvera.

$m^6 = 582628954909994978159161$ plus grand que $2 \times q^6 = 581374911690872909930322$.

Ainsi Pierre pariant contre Paul de tirer au hazard quatre cartes de differente couleur dans un Jeu composé de 40 cartes, son sort, s'il l'entreprend en six coups, sera à celui de Paul comme

291941499064558523194000, est à
290687455845436454965161.

& s'il l'entreprend en cinq coups, comme

280365599917352050000 est à
357153773000904846699.

REMARQUE.

186. POUR éviter le tatonnement, il faudra convertir la formule $m^h = 2 \times q^h$ en une autre où h soit seule dans un des membres de l'égalité, ce qui se peut en employant le calcul des exponentiels. Car je trouve qu'elle se change en cette autre $h = \frac{\log. 2}{\log. m - \log. q}$, & cette formule où h exprime le nombre de coups que l'on cherche, donnera d'abord la solution du Problême proposé.

Par exemple, si l'on veut sçavoir en combien de coups on peut parier à but d'amener sonnés avec deux dés, on trouvera en substituant pour m, 36, & pour q, 35, $h = \frac{3010300}{15563025 - 15440680} = 24 + \frac{14804}{24469}$, ce qui fait voir qu'on l'entreprendroit avec avantage en 25 coups, & avec desavantage en 24 coups.

Et de même si l'on cherche en combien de coups on peut parier à but d'avoir carte blanche au Piquet (voyez l'*art.* 134) on aura, en substituant dans la formule pour m, 578956, & pour q, 578633, $h = \frac{3010300}{576264456 - 576240332} = 1241 \frac{529}{606}$, ce qui fait voir qu'on l'entreprendroit avec avantage en 1242 coups, & avec desavantage en 1241 coups.

Si l'on demande en combien de coups on peut entreprendre d'amener avec six dés un as, un deux, un trois, un quatre, un cinq & un six, on trouvera par la formule qu'on l'entreprendra avec avantage en 45 coups, & avec desavantage en 44 coups.

On pourra de même découvrir par cette voye de combien sera l'avantage ou le desavantage par rapport à quelque nombre de coups que ce soit.

PROBLÊME VI.

PROPOSITION XL.

Déterminer generalement les partis qu'on doit faire entre plusieurs Joueurs qui jouent à un jeu égal en plusieurs parties.

187. QUOIQUE ce Problême soit le moins difficile de tous ceux qu'on peut se proposer sur cette matiere lorsqu'il est limité à deux Joueurs, & que les conditions du jeu sont les mêmes pour les Joueurs, il n'a pas laissé d'exercer long-temps, à ce qui paroît avec plaisir, deux Geometres illustres, Mrs Fermat & Pascal. Celui-ci employoit pour en venir à bout la methode analytique; cette voye semble être ici la plus naturelle & la plus facile; mais elle a le défaut d'être d'une longueur excessive, car l'on ne peut trouver la solution des cas un peu composez qu'on n'ait parcouru tous ceux qui le sont moins, en commençant par le plus simple. Ainsi, par exemple, pour trouver par cette voye le sort de trois Joueurs Pierre, Paul & Jacques, en supposant que Pierre joue pour un point, Paul pour deux, & Jacques pour trois, il faudroit examiner quel seroit leur sort, si Pierre jouant pour un point, Paul ne jouoit pareillement que pour un point, & Jacques ou pour un, ou pour deux, ou pour trois points; 2°. quel seroit leur sort si Pierre jouant pour deux points, Paul & Jacques jouoient pareillement pour deux points, ce qui retomberoit ensuite dans le cas précedent.

La methode de M. Fermat est plus sçavante, & demande plus d'adresse dans son application. Il ne l'a employée que pour déterminer les partis entre deux Joueurs. M. Pascal n'a pas cru qu'elle pût s'étendre à un plus grand nombre. Je ferai voir que la methode de M. Fermat resout le Problême des partis d'une maniere très generale. Mais pour la faire entendre, & faire connoître les difficultés qu'y trouvoit M. Pascal, je crois ne pouvoir mieux faire que de rapporter ici sa Lettre du 24 Aoust 1654 qui est toute

sur

sur ce sujet. Elle s'adresse à M. Fermat, & se trouve dans ses Ouvrages posthumes imprimés *in folio* à Toulouse: L'on y verra l'explication de la methode de M. Fermat pour deux Joueurs, & les doutes de M. Pascal sur cette methode lorsqu'on veut l'appliquer à un plus grand nombre. Je donnerai ensuite la solution des difficultés de M. Pascal, & j'appliquerai cette methode à quelques Exemples, qui en feront connoître l'universalité.

Lettre de Monsieur Pascal à Monsieur de Fermat.

Du 24 Août 1654.

MONSIEUR,

Je ne pûs vous ouvrir ma pensée entiere touchant les partis de plusieurs Joueurs l'ordinaire passé, & même j'ai quelque repugnance à le faire, de peur qu'en ceci cette admirable convenance qui étoit entre nous, & qui m'étoit si chere, ne commence à se démentir, car je crains que nous ne soyons de differens avis sur ce sujet. Je vous veux ouvrir toutes mes raisons, & vous me ferez la grace de me redresser si j'erre, ou de m'affermir si j'ai bien rencontré. Je vous le demande tout de bon & sincerement, car je ne me tiendrai pour certain que quand vous serez de mon côté.

Quand il n'y a que deux Joueurs, votre methode qui procede par les combinaisons est très sûre : mais quand il y en a trois, je croi avoir démonstration qu'elle est mal juste, si ce n'est que vous y procediés de quelqu'autre maniere que je n'entens pas; mais la methode que je vous ai ouverte, & dont je me sers par-tout, est commune à toutes les conditions imaginables de toutes sortes de partis, au lieu que celle des combinaisons (dont je ne me sers qu'aux rencontres particulieres où elle est plus courte que la generale) n'est bonne qu'en ces seules occasions, & non pas aux autres.

Je suis sûr que je me donnerai à entendre, mais il me faudra un peu de discours, & à vous un peu de patience.

Voici comment vous procedez quand il y a deux Joueurs.

Si deux Joueurs jouant en plusieurs parties, se trouvent en cet état qu'il manque deux parties au premier, & trois au second; pour trouver le parti, il faut, dites-vous, voir en combien de parties le jeu sera décidé absolument.

Il est aisé de supputer que ce sera en quatre parties, d'où vous concluez qu'il faut voir combien quatre parties se combinent entre deux Joueurs, & voir combien il y a de combinaisons pour faire gagner le premier, & combien pour le second, & partager l'argent suivant cette proportion. J'eusse eu peine à entendre ce discours là, si je ne l'eusse sçu de moi-même auparavant, aussi vous l'aviez écrit dans cette pensée. Donc pour voir combien quatre parties se combinent entre deux Joueurs, il faut imaginer qu'ils jouent avec un dé à deux faces) puisqu'ils ne sont que deux Joueurs (comme à croix & pile, & qu'ils jettent quatre de ces dés, parcequ'ils jouent en quatre parties; & maintenant il faut voir combien ces dés peuvent avoir d'assiettes differentes. Cela est aisé à supputer, ils peuvent en avoir seize qui est le second degré de quatre, c'est à dire le quarré; car figurons-nous qu'une des faces est marquée *A*, favorable au premier Joueur, & l'autre *B* favorable au second; donc ces quatre dés peuvent s'asseoir sur une de ces seize assietes.

a a a a	1
a a a b	1
a a b a	1
a a b b	1
a b a a	1
a b a b	1
a b b a	1
a b b b	1
b a a a	1
b a a b	1
b a b a	1
b a b b	1
b b a a	1
b b a b	1
b b b a	1
b b b b	1

Et parcequ'il manque deux parties au premier Joueur toutes les faces qui ont 2 *A* le font gagner; donc il en a onze pour lui; & parcequ'il y manque trois parties au second, toutes les faces où il y a 3 *B* le peuvent faire gagner; donc il y en a 5.

Donc il faut qu'ils partagent la somme comme 11 à 5. Voilà votre methode quand il y a deux

Joueurs. Sur quoi vous dites que s'il y en a davantage, il ne sera pas difficile de faire les partis par la même methode.

Sur cela, Monsieur, j'ai à vous dire que ce parti pour deux Joueurs fondé sur les combinaisons, est très juste & très bon. Mais que s'il y a plus de deux Joueurs, il ne sera pas toujours juste, & je vous dirai la raison de cette difference.

Je communiquai votre methode à nos Messieurs, sur quoi Monsieur de Roberval me fit cette objection.

Que c'est à tort que l'on prend l'art de faire le parti sur la supposition qu'on joue en quatre parties, vû que quand il manque deux parties à l'un & trois à l'autre, il n'est pas de necessité que l'on joue quatre parties, pouvant arriver qu'on n'en jouera que deux ou trois, ou à la verité peut-être quatre.

Et ainsi qu'il ne voyoit pas pourquoi on prétendoit de faire le parti juste sur une condition feinte qu'on jouera quatre parties, vû que la condition naturelle du jeu est qu'on ne jouera plus dès que l'un des Joueurs aura gagné, & qu'au moins si cela n'étoit faux, cela n'étoit pas démontré.

De sorte qu'il avoit quelque soupçon que nous avions fait un paralogisme. Je lui répondis que je ne me fondois pas tant sur cette methode des combinaisons, laquelle veritablement n'est pas en son lieu en cette occasion, comme sur mon autre methode universelle à qui rien n'échape, & qui porte sa démonstration avec soi, qui trouve le même parti précisément que celle des combinaisons, & de plus je lui démontrai la verité du parti entre deux Joueurs par les combinaisons en cette sorte.

N'est-il pas vrai que si deux Joueurs se trouvant en cet état de l'hypotese qu'il manque deux parties à l'un & trois à l'autre, conviennent maintenant de gré à gré qu'on joue quatre parties completes, c'est à dire qu'on jette les quatre dés à deux faces tous à la fois; n'est-il pas vrai, dis-je, que s'ils ont déliberé de jouer les quatre parties, le parti doit être tel que nous avons dit suivant la multitude des assietes favorables à chacun?

Il en demeura d'accord, & cela en effet eſt démonſtratif; mais il nioit que la même choſe ſubſiſtât en ne s'aſtreignant pas à jouer quatre parties; je lui dis donc ainſi :

N'eſt-il pas clair que les mêmes Joueurs n'étant pas aſtreints à jouer quatre parties, mais voulant quitter le jeu dès que l'un auroit atteint ſon nombre, peuvent ſans dommage ni avantage s'aſtreindre à jouer les quatre parties entieres, & que cette convention ne change en aucune maniere leur condition. Car ſi le premier gagne les deux premieres parties de quatre, & qu'ainſi il ait gagné, refuſera-t'il de jouer encore deux parties, vû que s'il les gagne, il n'a pas mieux gagné, & s'il les perd il n'a pas moins gagné, car ces deux que l'autre a gagné ne lui ſuffiſent pas, puiſqu'il lui en faut trois, & ainſi il n'y a pas aſſés de quatre parties pour faire qu'ils puiſſent tous deux atteindre le nombre qui leur manque.

Certainement il eſt aiſé de conſiderer qu'il eſt abſolument égal & indifferent à l'un & à l'autre de jouer en la condition naturelle à leur jeu, qui eſt de finir dès qu'un aura ſon compte, ou de jouer les quatre parties entieres; donc puiſque ces deux conditions ſont égales & indifferentes, le parti doit être tout pareil en l'une & en l'autre : or il eſt juſte quand ils ſont obligés de jouer quatre parties, comme je l'ai montré.

Donc il eſt juſte auſſi en l'autre cas. Voilà comment je le démontrai, & ſi vous y prenez garde, cette démonſtration eſt fondée ſur l'égalité des deux conditions vraye & feinte à l'égard de deux Joueurs, & qu'en l'une & en l'autre un même gagnera toujours; & ſi l'un gagne ou perd en l'une, il gagnera ou perdra en l'autre, & jamais deux n'auront leur compte. Suivons la même pointe pour trois Joueurs.

Et poſons qu'il manque une partie au premier, qu'il en manque deux au ſecond & deux au troiſiéme : pour faire le parti ſuivant la même methode des combinaiſons, il faut chercher d'abord en combien de parties le jeu ſera decidé, comme nous avons fait quand il y avoit deux Joueurs; ce ſera en 3, car ils ne ſçauroient jouer trois parties ſans que la déciſion ſoit arrivée néceſſairement.

Il faut voir maintenant combien trois parties ſe combinent entre trois Joueurs, & combien il y en a de favorables à l'un, combien à l'autre, & combien au dernier, & ſuivant cette proportion diſtribuer l'argent de même que l'on a fait en l'hypoteſe de deux Joueurs.

Pour voir combien il y a de combinaiſons en tout, cela eſt aiſé, c'eſt la troiſiéme puiſſance de 3, c'eſt à dire, ſon cube 27.

Car ſi on jette trois dés à la fois (puiſqu'il faut jouer trois parties) qui ayent chacun trois faces, puiſqu'il y a trois Joueurs, l'une marquée *A* favorable au premier, l'autre *B* pour le ſecond, l'autre *C* pour le troiſiéme.

Il eſt manifeſte que ces trois dés jettés enſemble peuvent s'aſſeoir ſur 27 aſſietes differentes, ſçavoir :

a a a	1			*b a a*	1			*c a a*	1		
a a b	1			*b a b*	1	2		*c a b*	1		
a a c	1			*b a c*	1			*c a c*	1		3
a b a	1			*b b a*	1	2		*c b a*	1		
a b b	1	2		*b b b*		2		*c b b*		2	
a b c	1			*b b c*		2		*c b c*			3
a c a	1			*b c a*	1			*c c a*	1		3
a c b	1			*b c b*		2		*c c b*			3
a c c	1		3	*b c c*			3	*c c c*			3

Or il ne manque qu'une partie au premier, donc toutes les aſſietes où il y a un *A* ſont pour lui, donc il y en a dix-neuf.

Il manque deux parties au ſecond, donc toutes les aſſietes où il y a 2 *B* ſont pour lui, donc il y en a ſept.

Il manque deux parties au troiſiéme, donc toutes les aſſietes où il y a 2 *C* ſont pour lui, donc il y en a ſept.

Si de là on concluoit qu'il faudroit donner à chacun ſuivant la proportion de 19, 7. 7, on ſe tromperoit trop groſſierement, & je n'ai garde de croire que vous le faſſiez ainſi. Car il y a quelques faces favorables au premier & au second tout ensemble comme *ABB*, car le premier y trouve un *A* qu'il lui faut, & le second 2*B* qui lui manquent, ainsi *ACC* est pour le premier & le troisiéme.

Donc il ne faut pas compter ces faces qui sont communes à deux comme valant la somme entiere à chacun ; mais seulement la moitié.

Car s'il arrivoit l'assiete *ACC*, le premier & le troisiéme auroient même droit à la somme, ayant chacun leur compte ; donc ils partageroient l'argent par la moitié ; mais s'il arrive l'assiete *AAB*, le premier gagne seul, il faut donc faire la supposition ainsi :

Il y a treize assietes qui donnent l'entier au premier, & six qui lui donnent la moitié, & huit qui ne lui valent rien.

Donc si la somme entiere est une pistole,

Il y a treize faces qui lui valent chacune une pistole.

Il y a six faces qui lui valent chacune $\frac{1}{2}$ pistole.

Et huit qui ne valent rien.

Donc en cas de parti il faut multiplier

13	par une pistole, qui font	13
6	par un demi, qui font	3
8	par zero, qui font	0
Somme 27		Somme 16

Et diviser la somme des valeurs 16 par la somme des assietes 27 qui fait la fraction $\frac{16}{27}$, qui est ce qui appartient au premier en cas de partis, sçavoir seize pistoles de vingt-sept.

Le parti du second & du troisiéme Joueur se trouvera de même.

Il y a 4 assietes qui lui valent une pistole, multipliés	4
Il y a 3 assietes qui lui valent $\frac{1}{2}$ pistole, multipliés	$1\frac{1}{2}$
Et 20 assietes qui ne lui valent rien	0
Somme 27.	Somme $5\frac{1}{2}$.

Donc il appartient au second Joueur cinq pistoles, & $\frac{1}{2}$ sur vingt-sept, & autant au troisiéme, & ces trois sommes $5\frac{1}{2}$, $5\frac{1}{2}$ & 16 étant jointes, font les vingt-sept.

Voilà, ce me semble, de quelle maniere il faudroit faire les partis par les combinaisons, suivant votre methode, si ce n'est que vous ayez quelqu'autre chose sur ce sujet que je ne puis sçavoir.

Mais si je ne me trompe ce parti est mal juste.

La raison en est qu'on suppose une chose fausse, qui est qu'on joue en trois parties infailliblement, au lieu que la condition naturelle de ce jeu là est qu'on ne joue que jusqu'à ce qu'un des Joueurs ait atteint le nombre de parties qui lui manque, auquel cas le jeu cesse.

Ce n'est pas qu'il ne puisse arriver qu'on joue trois parties; mais il peut arriver aussi qu'on n'en jouera qu'une ou deux, & rien de necessité.

Mais d'où vient, dira-t'on, qu'il n'est pas permis de faire en cette rencontre la même supposition feinte que quand il y avoit deux Joueurs.

En voici la raison.

Dans la condition veritable de ces trois Joueurs il n'y en a qu'un qui peut gagner: car la condition est que dès qu'un a gagné, le jeu cesse; mais en la condition feinte, deux peuvent atteindre le nombre de leurs parties: sçavoir si le premier en gagne une qui lui manque, & un des autres deux qui lui manquent; car ils n'auront joué que trois parties, au lieu que quand il n'y avoit que deux Joueurs, la condition feinte & la veritable convenoient pour les avantages des Joueurs en tout, & c'est ce qui met l'extrême difference entre la condition feinte & la veritable.

Que si les Joueurs se trouvant en l'état de l'hypotese, c'est à dire, s'il manque une partie au premier, & deux au second, & deux au troisiéme, veulent maintenant de gré à gré, & conviennent de cette condition qu'on jouera trois parties completes, & que ceux qui auront atteint le nombre qui leur manque prendront la somme entiere (s'ils se trouvent seuls qui l'ayent atteint) ou s'il se trouve que deux l'ayent atteint, qu'ils la partageront également.

En ce cas le parti doit se faire comme je viens de le donner, que le premier ait 16, le second $5\frac{1}{2}$, le troisiéme $5\frac{1}{2}$, de vingt-sept pistoles, & cela porte sa démonstration de soi-même, en supposant cette condition ainsi.

Mais s'ils jouent simplement à condition non pas qu'on joue necessairement trois parties, mais seulement jusqu'à ce que l'un d'entr'eux ait atteint ses parties, & qu'alors le jeu cesse sans donner moyen à un autre d'y arriver, lors il appartient au premier dix-sept pistoles, au second cinq, au troisiéme cinq de vingt-sept.

Et cela se trouve par ma methode generale, qui détermine aussi qu'en la condition précedente il en faut 16 au premier, $5\frac{1}{2}$ au second, & $5\frac{1}{2}$ au troisiéme, sans se servir des combinaisons, car elle va par-tout seule & sans obstacle.

Voilà, Monsieur, mes pensées sur ce sujet, sur lequel je n'ai d'autre avantage sur vous que celui d'y avoir beaucoup plus médité. Mais c'est peu de chose à votre égard, puisque vos premieres vûes sont plus penetrantes que la longueur de mes efforts.

Je ne laisse pas de vous ouvrir mes raisons pour en attendre le jugement de vous.

Je crois vous avoir fait connoître par là que la methode des combinaisons est bonne entre deux Joueurs par accident, comme elle l'est aussi quelquefois entre trois Joueurs, comme quand il manque une partie à l'un, une à l'autre, & deux à l'autre; parcequ'en ce cas le nombre des parties dans lesquelles le jeu sera achevé ne suffit pas pour en faire gagner deux; mais elle n'est pas generale, & n'est bonne generalement qu'au cas seulement qu'on soit astreint à jouer un certain nombre de parties exactement.

De sorte que comme vous n'aviez pas ma methode quand vous m'avez proposé le parti de plusieurs Joueurs, mais seulement celle des combinaisons, je crains que nous soyons de sentimens differens sur ce sujet; je vous supplie de me mander de quelle sorte vous procedés en la recherche de ce parti.

Je

Je recevrai votre réponſe avec reſpect & avec joye, quand même votre ſentiment me ſeroit contraire. Je ſuis, &c.

Le reſpect que nous avons pour la réputation & pour la memoire de M. Paſcal, ne nous permet pas de faire remarquer ici en detail toutes les fautes de raiſonnement qui ſont dans cette Lettre; il nous ſuffira d'avertir que la cauſe de ſon erreur eſt de n'avoir point d'égard aux divers arrangemens des lettres.

Pour prouver que des vingt-ſept aſſietes differentes que peuvent avoir les trois dés, il y en a dix-ſept qui font gagner Pierre, & cinq qui font gagner chacun des deux autres Joueurs à qui il manque deux points; voici comme il me ſemble qu'on devroit raiſonner.

Les trois Joueurs s'obligent à jouer trois parties, mais à cette condition que ſi Pierre à qui il ne manque qu'un point, le gagne avant que l'un ou l'autre des autres Joueurs ait gagné deux points, il gagnera la partie; & qu'il la perdra ſi l'un ou l'autre Joueur à qui il manque deux points, peut les prendre avant que Pierre en ait pris un. Il eſt évident que cette ſuppoſition revient préciſément à celle du Problême. Or ſelon cette ſuppoſition on trouvera que des vingt-ſept aſſietes des trois dés, il y en a dix-ſept qui feront gagner Pierre, cinq qui feront gagner Paul, & cinq qui feront gagner Jacques, ainſi qu'il paroît par la Table ſuivante.

TABLE.

Pierre.				Paul.	Jacques.
aaa	*abc*	*bab*	*cac*	*bba*	*cca*
aab	*aca*	*bac*	*cba*	*bbb*	*ccc*
aac	*acb*	*bca*		*bbc*	*ccb*
aba	*acc*	*caa*		*bcb*	*cbc*
abb	*baa*	*cab*		*cbb*	*bcc*

Hh

REMARQUE I.

188. La regle generale, est d'examiner en combien de coups au plus le jeu doit necessairement finir; prendre autant de dés qu'il y a de ces coups, & donner à ces dés autant de faces qu'il y a de Joueurs; ensuite il ne s'agit plus que de déterminer entre toutes les dispositions possibles de ces dés, quelles sont celles qui sont avantageuses & contraires à chacun des Joueurs, ce que l'on trouvera toujours aisément par les *art.* 29 & 42.

Ainsi, par exemple, en supposant que Pierre joue pour un point, Paul pour deux, & Jacques pour trois, si l'on veut sçavoir le sort de chacun de ces trois Joueurs, il faudra pour le découvrir imaginer quatre dés marqués de trois points chacun, par exemple d'un 1, d'un 2 & d'un 3; chercher ensuite par nos regles des combinaisons en combien de façons il se peut trouver un as qui précede ou deux 2, ou trois 3, & en combien de façons deux 2 ou trois 3 peuvent préceder les as, ce que donnera la Table suivante.

TABLE.

	Pierre.	*Paul.*	*Jacques.*
1, 1, 1, 1	1	0	0
1, 1, 1, 2	4	0	0
1, 1, 1, 3	4	0	0
1, 1, 2, 2	5	1	0
1, 1, 3, 3	6	0	0
1, 1, 2, 3	12	0	0
1, 2, 2, 3	8	4	0
1, 2, 3, 3	12	0	0
1, 2, 2, 2	2	2	0
1, 3, 3, 3	3	0	1
2, 2, 2, 2	0	1	0
2, 2, 2, 3	0	4	0
2, 2, 3, 3	0	6	0
2, 3, 3, 3	0	0	4
3, 3, 3, 3	0	0	1

D'où il paroît que ſur quatre-vingt-un coups il y en a cinquante-ſept pour Pierre, dix-huit pour Paul, & ſix pour Jacques.

On peut réſoudre le Problême précedent d'une maniere plus abregée, en faiſant le raiſonnement qui ſuit.

Je remarque que l'on ne feroit tort à aucun de ces Joueurs, ſi on les obligeoit de jouer trois coups à ces conditions. 1°. Que ſi Pierre gagnoit un coup avant que Paul en eût gagné deux, il ſeroit ſenſé avoir gagné la partie. 2°. Que ſi Paul gagnoit deux coups avant que Pierre en eût gagné un, Paul gagneroit. 3°. Que Jacques auroit gagné s'il gagnoit les trois coups. 4°. Que ſi des trois coups Paul en gagnoit un, & Jacques deux, les Joueurs ſe ſépareroient en retirant chacun leur miſe.

Pour calculer tout ceci facilement, on peut, comme ci-devant, imaginer trois dés qui ayent chacun trois faces, que ſur l'une ſoit un as, ſur l'autre un 2, ſur la troiſiéme un 3, & ſuppoſer que ſur les vingt-ſept coups qu'on peut amener avec ces trois dés, tous ceux où il ſe trouvera un as qui précede deux 2, ſeront favorables à Pierre, & que tous ceux où deux 2 précederont les as ſeront pour Paul. On trouvera par les *art. 29* & *42*, qu'il y a dix-huit coups qui donnent A à Pierre, en ſuppoſant que A exprime tout l'argent du jeu, ſçavoir 1, 1, 1, qui arrive en une ſeule façon; 1, 1, 2; 1, 1, 3; 1, 3, 3, chacun en trois façons; 1, 2 3, qui arrive en ſix façons; & ces deux-ci 1, 2, 2; 2, 1, 2. Qu'il y en a cinq favorables à Paul, ſçavoir 2, 2, 1; 2, 2, 2, & 2, 2, 3 en trois façons; & un ſeul coup qui donne A à Jacques. On trouvera enfin qu'il y a trois coups qui donnent $\frac{1}{3}A$ à chacun des Joueurs, ſçavoir 2, 3, 3.

Il eſt aiſé de remarquer quels ſont les cas où l'on peut abreger en cette ſorte la methode generale.

REMARQUE II.

189 LORSQU'IL y a pluſieurs Joueurs à qui il manque pluſieurs points, la methode qui procede par les combinaiſons & les changemens d'ordre, eſt auſſi longue, &

tombe dans un aussi grand détail que celle qui procede par l'analyse, car un même coup de dés pouvant être favorable à differens Joueurs, il paroît qu'on ne peut se dispenser de considerer ce que fournit chaque different coup de dés en particulier, & cet examen ne peut être que fort long & fort embarassant ; mais la methode de M. Fermat, outre plusieurs avantages qu'elle a sur celle de M. Pascal, a celui de résoudre d'une maniere courte & simple le Problême en question, lorsqu'il ne s'agit que de deux Joueurs. Voici la solution qu'elle fournit.

PROBLÊME.

PROPOSITION XLI.

Soit p *le nombre des points qui manquent à Pierre,* q *le nombre des points qui manquent à Paul. On demande une formule qui exprime le sort des Joueurs.*

SOLUTION.

190. SOIT $p+q-1=m$, le sort de Pierre sera exprimé par une fraction dont le dénominateur sera 2 élevé à l'exposant m, & dont le numerateur sera composé d'autant de termes de cette suite $1+m+\frac{m.\overline{m-1}}{1.2}+\frac{m.\overline{m-1}.\overline{m-2}}{1.2.3}+\frac{m.\overline{m-1}.\overline{m-2}.\overline{m-3}}{1.2.3.4}+$ &c. que q exprime d'unités, le sort de Paul sera le complément de l'unité.

Si l'on suppose que le nombre des hazards que Pierre a pour gagner chaque point, ou si l'on veut que sa force soit à celle de Paul comme a à b; on aura de même le sort de Pierre en multipliant les termes de cette suite qui sont les coefficiens de la puissance m, par les puissances de a & de b qui leur conviennent (*art. 27*); ainsi la suite précedente devient $a^m b^0+ma^{m-1}b+\frac{m.\overline{m-1}}{1.2}a^{m-2}bb+\frac{m.\overline{m-1}.\overline{m-2}}{1.2.3}a^{m-3}b^3+\frac{m.\overline{m-1}.\overline{m-2}.\overline{m-3}}{1.2.3.4}a^{m-4}b^4+$ &c. ce qu'il faut continuer jusqu'au nombre de termes exprimé par q, & diviser par $\overline{a+b}^m$. La formule qui désigne le sort de Paul est $1\times b^m a^0$

$+ mb^{m-1}a + \frac{m \cdot m-1}{1 \cdot 2} b^{m-2}aa + \frac{m \cdot m-1 \cdot m-2}{1 \cdot 2 \cdot 3} b^{m-3}a^3$ $+ \frac{m \cdot m-1 \cdot m-2 \cdot m-3}{1 \cdot 2 \cdot 3 \cdot 4} b^{m-4}a^4 +$ &c. continuée jusqu'au nombre de termes exprimé par p, & divisée par $\overline{a+b}^m$.

Par exemple, si Pierre joue pour cinq points, & Paul pour trois, la derniere formule donne le sort de Paul $= b^7 + 7b^{7-1}a + 21b^{7-2}aa + 35b^{7-3}a^3 + 35b^{7-4}a^4$, le tout divisé par $\overline{a+b}^7$.

DÉMONSTRATION.

LA démonstration de cette formule est fondée, 1°. Sur ce que la partie doit necessairement finir en autant de coups moins un qu'il y a d'unités dans la somme des points qui manquent de part & d'autre.

2°. Que supposant m dés dont chacun ait deux faces, l'une blanche, l'autre noire, il y a $\frac{1 \times b^m}{\overline{a+b}^m}$ pour que les jettant au hazard il se trouve m faces blanches, $\frac{m \times b^{m-1}a}{\overline{a+b}^m}$ pour qu'il se trouve $m-1$ faces blanches & une noire, $\frac{m \cdot m-1}{1 \cdot 2} \times \frac{b^{m-2}a^2}{\overline{a+b}^m}$ pour qu'il se trouve $m-2$ faces blanches & deux noires, &c. ainsi qu'il est démontré, *art. 27.*

3°. Que c'est la même chose de parier que Pierre gagnera p points en m coups, ou de parier que jettant m dés au hazard il amenera p faces blanches.

AUTRE FORMULE.

191. L'ANALYSE m'a encore fourni une autre formule. Supposant les mêmes dénominations que ci-dessus, je trouve le sort de Pierre $= \frac{1 \times a^p b^0}{\overline{a+b}^p} + \frac{p \times a^p b^1}{\overline{a+b}^{p+1}} + \frac{p \cdot p+1 \times a^p b^2}{1 \cdot 2 \cdot \overline{a+b}^{p+2}}$ $+ \frac{p \cdot p+1 \cdot p+2 \times a^p b^3}{1 \cdot 2 \cdot 3 \times \overline{a+b}^{p+3}} + \frac{p \cdot p+1 \cdot p+2 \cdot p+3 \cdot a^p b^4}{1 \cdot 2 \cdot 3 \cdot 4\, \overline{a+b}^{p+4}} +$ &c. Et de même le sort de Paul $= \frac{1 \times b^q a^0}{\overline{a+b}^q} + \frac{q \times b^q a^1}{\overline{a+b}^{q+1}} + \frac{q \cdot q+1\, b^q a^2}{1 \cdot 2 \times \overline{a+b}^{q+2}}$ $+ \frac{q \cdot q+1 \cdot q+2\, b^q a^3}{1 \cdot 2 \cdot 3\, \overline{a+b}^{q+3}} + \frac{q \cdot q+1 \cdot q+2 \cdot q+3\, b^q a^4}{1 \cdot 2 \cdot 3 \cdot 4\, \overline{a+b}^{q+4}} +$ &c.

La formule qui exprime le ſort de Pierre aura autant de termes qu'il y a d'unités dans q, & celle qui exprime le ſort de Paul autant de termes qu'il y a d'unités dans p.

Pour démontrer cette ſeconde formule plus facilement, je vais en faire l'application à l'exemple ci-deſſus où Pierre joue pour cinq points & Paul pour trois. Il y a

$\frac{1 \times b^3}{\overline{a+b}^{q}}$ pour que Paul gagne ſes trois coups de ſuite. $\frac{1 \times b^3}{\overline{a+b}^{3}}$

$\frac{4 \times b^3 a}{\overline{a+b}^{q+1}}$ pour que Paul gagne en quatre coups, dont il faut rabattre 1 pour le cas précedent, reſte . . . $\frac{3 \times b^3 a}{\overline{a+b}^{4}}$

$\frac{10 b^3 aa}{\overline{a+b}^{q+2}}$ pour que Paul gagne en cinq coups, dont il faut rabattre $1 + 3 = 4$ pour les deux cas précedens, reſte . . $\frac{6 b^3 aa}{\overline{a+b}^{5}}$

$\frac{20 b^3 a^3}{\overline{a+b}^{q+3}}$ pour que Paul gagne en ſix coups, dont il faut rabattre $1 + 3 + 6 = 10$ pour les cas précedens, reſte . . $\frac{10 b^3 a^3}{\overline{a+b}^{6}}$

$\frac{35 b^3 a^4}{\overline{a+b}^{q+4}}$ pour que Paul gagne en ſept coups, dont il faut rabattre $1 + 3 + 6 + 10 = 20$ pour les cas précedens, reſte . . $\frac{15 b^3 a^4}{\overline{a+b}^{7}}$

En ſorte que generalement les coefficiens de la ſuite qui exprime le ſort du Joueur à qui il manque q points, ſont les nombres de la bande horizontale, *art. 1*, dont le quantiéme eſt exprimé par q; & les coefficiens de la ſuite qui exprime le ſort du Joueur à qui il manque p points, ſont les nombres de la bande horizontale dont le quantiéme eſt p.

Il eſt aiſé d'obſerver, que les nombres 1, 4, 10, 20, 35, &c. ſe trouvent par la Propoſition 14 & l'*art. 41.* 2°. Que ſi l'on met à même dénomination tous les termes de la ſeconde formule, où le diviſeur $a + b$ ſe trouve élevé à differentes puiſſances, on retrouvera la premiere formule. Ainſi dans l'exemple ci-deſſus multipliant $1b^3$ par $\overline{a+b}^4$, & $3b^3a$ par $\overline{a+b}^3$, & $6b^3aa$ par $\overline{a+b}^2$, & $10b^3a^3 \times \overline{a+b}$, & $15b^3a^4$ par $\overline{a+b}^0$; on aura l'expreſſion du ſort de Paul.

$$\frac{1 \times b^7a^0 + 7b^{7-1}a^1 + 21b^{7-2}a^2 + 35b^{7-3}a^3 + 35b^{7-4}a^4}{\overline{a+b}^7}$$

conformément à la premiere formule.

EXEMPLES.

192. *PIERRE joue pour cinq points, & Paul pour six points :* le sort de Pierre est 319 contre 193.

Pierre joue pour quatre points, & Paul pour six points : le sort de Pierre est 191 contre 65, ce qui est un peu moins que 3 contre 1

Pierre joue pour trois points, & Paul pour six points : le sort de Pierre est 219 contre 37, ce qui est un peu moins que 6 contre 1.

Pierre joue pour deux points, & Paul pour six points : le sort de Pierre est 15 contre 1.

Pierre joue pour un point, & Paul pour six points : le sort de Pierre est 63 contre 1.

REMARQUE I.

193. LE sort de Pierre lorsque $\frac{p}{q} = r$, étant $= A$, il ne s'ensuit pas que c & d exprimant dans une autre partie le nombre des points qui manqueroient à Pierre & à Paul, & la fraction $\frac{c}{d}$ étant encore $= r$, le sort de Pierre soit toujours le même, ou $= A$ même dans le cas de $a = b$. Cette remarque est fort importante pour les Joueurs. Car l'on pourroit aisément croire que le sort de Pierre est le même lorsqu'il joue pour un point & Paul pour deux, ou lorsqu'il joue pour deux points & Paul pour quatre, ou lorsqu'il joue pour trois points & Paul pour six. On trouvera par les formules, & on peut aussi le reconnoître par le simple raisonnement que le sort de Pierre est meilleur dans le dernier cas que dans le précedent; & generalement $\frac{c}{d}$ étant $= \frac{p}{q}$, le sort de Pierre sera toujours d'autant meilleur, que c & d désigneront de plus grands nombres, par rapport à p & à q; en sorte que de ce qu'un Joueur peut donner huit points de seize au Billard à un autre Joueur : on ne peut pas conclure qu'il puisse sans desavantage en donner quatre de huit.

REMARQUE II.

194. IL seroit fort à souhaiter qu'on pût trouver pour trois Joueurs, quatre Joueurs, &c. des formules pareilles aux précedentes pour deux Joueurs qui déterminassent tout d'un

coup leur ſort, en ſuppoſant leurs forces égales ou inégales, car le Problême n'eſt pas plus difficile d'une façon que de l'autre; mais il y a lieu de croire que cette recherche eſt extrêmement difficile, & il y a de l'apparence qu'on ne peut rien ajouter à ce que nous avons donné là-deſſus dans la Remarque, *art.* 188.

PROBLÊME I.

SUR LE JEU DU PETIT PALET OU DE LA BOULE.

PROPOSITION XLII.

Pierre joue avec un certain nombre de palets ou de boules m, *Paul avec un certain nombre de palets ou de boules* n, *la force de Pierre eſt à celle de Paul comme* a *eſt à* b, *ce qui ſignifie que Pierre & Paul jouant chacun avec une boule ou un Palet, il y auroit* a *contre* b *à parier que Pierre approcheroit plus du but que Paul. L'on ſuppoſe qu'il manque à Pierre pour gagner un certain nombre de points* p, *& à Paul un certain nombre de points* q. *On demande le ſort des deux Joueurs.*

SOLUTION.

195. SOIT ſuppoſé d'abord qu'il manque un point à Pierre, & un, ou deux, ou trois, ou quatre, ou cinq, &c. points à Paul. Soit auſſi dans le premier cas le ſort de Paul appellé *A*, dans le 2e *B*, dans le troiſiéme *C*, dans le quatriéme *D*, dans le cinquiéme *E*, &c.

Soit encore le ſort de Paul exprimé par les lettres *F*, *G*, *H*, *I*, *L*, &c. lorſqu'il manque deux points à Pierre pour gagner, & qu'il en manque à Paul ou un, ou deux, ou trois, ou quatre, ou cinq, &c.

Soit encore le ſort de Paul exprimé par les lettres *M*, *N*, *O*, *P*, *Q*, &c. lorſqu'il manque trois points à Pierre pour gagner, & qu'il en manque à Paul ou un, ou deux, ou trois, ou quatre, ou cinq, &c.

Soit

PREMIERES FORMULES.

$$A = \frac{bn}{g}$$

$$B = \frac{b^2.n.n-1}{g.g-b} + \frac{bn \times amA}{g.g-b}$$

$$C = \frac{b^3.n.n-1.n-2}{g.g-b.g-2b} + \frac{b^2.n.n-1.amA}{g.g-b.g-2b} + \frac{bn \times amB}{g.g-b}$$

$$D = \frac{b^4.n.n-1.n-2.n-3}{g.g-b.g-2b.g-3b} + \frac{b^3.n.n-1.n-2.amA}{g.g-b.g-2b.g-3b} + \frac{b^2.n.n-1.amB}{g.g-b.g-2b} + \frac{bn \times amC}{g.g-b}$$

$$E = \frac{b^5.n.n-1.n-2.n-3.n-4}{g.g-b.g-2b.g-3b.g-4b} + \frac{b^4.n.n-1.n-2.n-3.amA}{g.g-b.g-2b.g-3b.g-4b} + \frac{b^3.n.n-1.n-2.amB}{g.g-b.g-2b.g-3b} + \frac{b^2.n.n-1.amC}{g.g-b.g-2b} + \frac{bn \times amD}{g.g-b}$$

SECONDES FORMULES.

$$F = \frac{bn}{g} + \frac{ambnA}{g.g-a}$$

$$G = \frac{b^2.n.n-1}{g.g-b} + \frac{bnamF}{g.g-b} + \frac{ambnB}{g.g-a}$$

$$H = \frac{b^3.n.n-1.n-2}{g.g-b.g-2b} + \frac{b^2.n.n-1.amF}{g.g-b.g-2b} + \frac{bnamG}{g.g-b} + \frac{ambnC}{g.g-a}$$

$$I = \frac{b^4.n.n-1.n-2.n-3}{g.g-b.g-2b.g-3b} + \frac{b^3.n.n-1.n-2.amF}{g.g-b.g-2b.g-3b} + \frac{b^2.n.n-1.amG}{g.g-b.g-2b} + \frac{bnamH}{g.g-b} + \frac{ambnD}{g.g-a}$$

$$L = \frac{b^5.n.n-1.n-2.n-3.n-4}{g.g-b.g-2b.g-3b.g-4b} + \frac{b^4.n.n-1.n-2.n-3.amF}{g.g-b.g-2b.g-3b.g-4b} + \frac{b^3.n.n-1.n-2.amG}{g.g-b.g-2b.g-3b} + \frac{b^2.n.n-1.amH}{g.g-b.g-2b} + \frac{bnamI}{g.g-b} + \frac{ambnE}{g.g-a}$$

TROISIÈMES FORMULES.

$$M = \frac{bn}{g} + \frac{ambnF}{g.g-a} + \frac{a^2.m.m-1.bnA}{g.g-a.g-2a}$$

$$N = \frac{b^2.n.n-1}{g.g-b} + \frac{bnamM}{g.g-b} + \frac{ambnG}{g.g-a} + \frac{a^2.m.m-1.bnB}{g.g-a.g-2a}$$

$$O = \frac{b^3.n.n-1.n-2}{g.g-b.g-2b} + \frac{b^2.n.n-1.amM}{g.g-b.g-2b} + \frac{bnamN}{g.g-b} + \frac{ambnH}{g.g-a} + \frac{a^2.m.m-1.bnC}{g.g-a.g-2a}$$

$$P = \frac{b^4.n.n-1.n-2.n-3}{g.g-b.g-2b.g-3b} + \frac{b^3.n.n-1.n-2.amM}{g.g-b.g-2b.g-3b} + \frac{b^2.n.n-1.amN}{g.g-b.g-2b} + \frac{bnamO}{g.g-b} + \frac{ambnI}{g.g-a} + \frac{a^2.m.m-1.bnD}{g.g-a.g-2a}$$

$$Q = \frac{b^5.n.n-1.n-2.n-3.n-4}{g.g-b.g-2b.g-3b.g-4b} + \frac{b^4.n.n-1.n-2.n-3.amM}{g.g-b.g-2b.g-3b.g-4b} + \frac{b^3.n.n-1.n-2.amN}{g.g-b.g-2b.g-3b} + \frac{b^2.n.n-1.amO}{g.g-b.g-2b} + \frac{bnamP}{g.g-b} + \frac{ambnL}{g.g-a} + \frac{a^2.m.m-1.bnE}{g.g-a.g-2a}$$

QUATRIÈMES FORMULES.

$$R = \frac{bn}{g} + \frac{ambnM}{g.g-a} + \frac{a^2.m.m-1.bnF}{g.g-a.g-2a} + \frac{a^3.m.m-1.m-2.bnA}{g.g-a.g-2a.g-3a}$$

$$S = \frac{b^2.n.n-1}{g.g-b} + \frac{bnamR}{g.g-b} + \frac{ambnN}{g.g-a} + \frac{a^2.m.m-1.bnG}{g.g-a.g-2a} + \frac{a^3.m.m-1.m-2.bnB}{g.g-a.g-2a.g-3a}$$

$$T = \frac{b^3.n.n-1.n-2}{g.g-b.g-2b} + \frac{b^2.n.n-1.amK}{g.g-b.g-2b} + \frac{bnamS}{g.g-b} + \frac{ambnO}{g.g-a} + \frac{a^2.m.m-1.bnH}{g.g-a.g-2a} + \frac{a^3.m.m-1.m-2.bnC}{g.g-a.g-2a.g-3a}$$

$$V = \frac{b^4.n.n-1.n-2.n-3}{g.g-b.g-2b.g-3b} + \frac{b^3.n.n-1.n-2.amR}{g.g-b.g-2b.g-3b} + \frac{b^2.n.n-1.amS}{g.g-b.g-2b} + \frac{bnamT}{g.g-b} + \frac{ambnP}{g.g-a} + \frac{a^2.m.m-1.bnI}{g.g-a.g-2a} + \frac{a^3.m.m-1.m-2.bnD}{g.g-a.g-2a.g-3a}$$

$$X = \frac{b^5.n.n-1.n-2.n-3.n-4}{g.g-b.g-2b.g-3b.g-4b} + \frac{b^4.n.n-1.n-2.n-3.amR}{g.g-b.g-2b.g-3b.g-4b} + \frac{b^3.n.n-1.n-2.amS}{g.g-b.g-2b.g-3b} + \frac{b^2.n.n-1.amT}{g.g-b.g-2b} + \frac{bnamV}{g.g-b} + \frac{ambnQ}{g.g-a} + \frac{a^2.m.m-1.bnL}{g.g-a.g-2a} + \frac{a^3.m.m-1.m-2.bnE}{g.g-a.g-2a.g-3a}$$

Soit encore le ſort de Paul exprimé par les lettres R, S, T, V, X, &c. lorſqu'il manque quatre points à Pierre pour gagner, & qu'il en manque à Paul ou un, ou deux, ou trois, ou quatre, ou cinq, &c.

Et ainſi de ſuite. Soit auſſi pour abreger $bn + am = g$, je trouve les formules ci-jointes.

En examinant l'ordre de ces formules, & en les parcourant des yeux, rien n'eſt ſi facile que d'obſerver la maniere de les continuer à l'infini : En voici la démonſtration.

Pour la faire entendre plus facilement, je vais l'appliquer à un exemple.

Soit ſuppoſé que la force de Pierre ſoit à la force de Paul, comme deux eſt à trois, qu'il manque quatre points à Pierre, & cinq points à Paul; que Pierre joue avec quatre boules, & Paul avec cinq. Pour trouver le ſort de Paul, je réduis le Problême à celui-ci. Soit mis dans une bourſe deux jettons blancs, deux jettons noirs, deux jettons gris, deux jettons bruns. *Item*, trois rouges, trois orangés, trois jaunes, trois verts, trois bleus. Je cherche quel eſt mon ſort, 1°, pour tirer cinq jettons de ces dernieres couleurs avant que d'en tirer quelqu'un des quatre premieres. 2°. Pour en tirer quatre des cinq dernieres couleurs avant que d'en tirer des quatre premieres. 3°. Pour en tirer trois des cinq dernieres couleurs avant que d'en tirer des quatre premieres. 4°. Pour en tirer deux des cinq dernieres couleurs avant que d'en tirer des quatre premieres. 5°. Pour en tirer un des cinq dernieres couleurs avant que d'en tirer des quatre premieres. 6°. Pour tirer un jetton des quatre premieres couleurs avant que d'en tirer des cinq dernieres. 7°. Pour tirer deux jettons des quatre premieres couleurs avant que d'en tirer des cinq dernieres. 8°. Pour tirer trois jettons des quatre premieres couleurs avant que d'en tirer des cinq dernieres.

Le premier cas donne gagné à Paul, le ſecond lui donne R puiſqu'il le met dans la ſituation de ne jouer que pour un point, & Pierre pour quatre. Le troiſiéme cas lui donne S, puiſqu'il le met dans la ſituation de jouer pour deux points & Pierre pour quatre. Par les mêmes raiſons le quatriéme cas lui donne T, & le cinquiéme lui donne V. On remarquera encore que le sixiéme lui donne Q, puisqu'il le met dans la situation de jouer pour cinq points, & Pierre seulement pour trois ; & de même que le septiéme lui donne L, & le huitiéme E. Or dans notre exemple, lorsque je tire d'abord un jetton, je vois que j'ai $\frac{15}{23}$ pour que ce soit un jetton des cinq dernieres couleurs : après quoi si c'est un rouge, par exemple, on ôte les jettons rouges, & il y a $\frac{12}{20}$ pour que je tire un jetton des quatre dernieres couleurs restantes, plûtôt que des quatre premieres. Après quoi, supposé qu'on ait tiré la 2e fois un orangé, j'ai $\frac{9}{17}$ pour tirer un jetton des 3 dernieres couleurs restantes jaunes, vertes & bleues avant que d'en tirer des 4 premieres couleurs, & ainsi de suite : d'où je tire que le sort de Paul, pour gagner les cinq points qui lui manquent, est $\frac{15 \cdot 12 \cdot 9 \cdot 6 \cdot 3}{23 \cdot 20 \cdot 17 \cdot 14 \cdot 11}$. On trouvera par de semblables raisonnemens & par nos regles de combinaisons que j'ai $\frac{15 \cdot 12 \cdot 9 \cdot 6 \times 8}{23 \cdot 20 \cdot 17 \cdot 14 \times 11}$ pour qu'après avoir tiré quatre jettons des cinq dernieres couleurs, je tire un jetton des quatre premieres, auquel cas Paul ne gagnant que quatre points, a le sort exprimé par R. Et de même que j'ai $\frac{15 \cdot 12 \cdot 9 \times 8}{23 \cdot 20 \cdot 17 \cdot 14}$ pour qu'après avoir tiré trois jettons des cinq dernieres couleurs, je tire un jetton des quatre premieres, auquel cas Paul ne gagnant que trois points, a le sort exprimé par S, puisqu'il se trouve dans la situation de jouer pour deux points, Pierre jouant pour quatre points. Et ainsi de suite en continuant, on trouvera que dans l'exemple proposé le sort de Paul est $\frac{15 \cdot 12 \cdot 9 \cdot 6 \cdot 3}{23 \cdot 20 \cdot 17 \cdot 14 \cdot 11}$ $+ \frac{15 \cdot 12 \cdot 9 \cdot 6 \times 8}{23 \cdot 20 \cdot 17 \cdot 14 \cdot 11} R + \frac{15 \cdot 12 \cdot 9 \times 8}{23 \cdot 20 \cdot 17 \cdot 14} S + \frac{15 \cdot 12 \times 8}{23 \cdot 20 \cdot 17} T + \frac{15 \times 8}{23 \cdot 20} V$ $+ \frac{8 \times 15}{23 \cdot 21} Q + \frac{8 \cdot 6 \times 15}{23 \cdot 21 \cdot 19} L + \frac{8 \cdot 6 \cdot 4 \times 15}{23 \cdot 21 \cdot 19 \cdot 17} E$, conformément à la formule.

En sorte que le fondement de la methode est de concevoir, 1°, autant de differentes couleurs de jettons pour Paul qu'il y a d'unités dans n, & autant de differentes couleurs de jettons pour Pierre qu'il y a d'unités dans m. 2°. Autant de jettons de chacune des couleurs favorables à Paul qu'il y a d'unités dans b, & autant de jettons de chacune des couleurs favorables à Pierre qu'il y a d'unités dans *a*. Cette idée étant bien conçue, le reste n'est plus que de calcul.

COROLLAIRE I.

196. ON voit en examinant les formules ci-dessus qu'elles s'abregent lorsque *m* ou *n* expriment l'unité, tous les termes où il entre des $m-1$, & des $n-1$ devenant alors zero; & que m étant $= n = 1$, les formules deviennent sous une autre forme les mêmes que celles de l'*art.* 190, ce qui en donne une nouvelle démonstration.

COROLLAIRE II.

197. LA methode dont on vient de se servir pour le cas de deux Joueurs qui jouent avec un nombre quelconque de palets ou de boules, peut être employée pour un nombre indéterminé de Joueurs: En voici un exemple dans le Problême suivant.

PROBLÊME II.

Pierre, Paul & Jacques jouent à la boule chacun pour soi. Les forces de ces trois Joueurs sont respectivement comme 3, 2, 1, il manque trois points à Pierre pour gagner, deux points à Paul, & un point à Jacques. Pierre joue avec trois boules, Paul avec deux, Jacques avec une. On demande quel est leur sort, & quelle esperance chacun des Joueurs a de gagner.

SOLUTION.

198. SI l'on imagine une bourse dans laquelle il y ait trois jettons blancs, trois gris, trois isabelles favorables à Pierre. Deux jettons noirs & deux jettons bruns favorables à Paul. Et enfin un bleu favorable à Jacques. On trouvera, en faisant les mêmes raisonnemens que dans

le Problême précedent, les sorts des trois Joueurs comme les trois nombres 60143591, 22555106, 14916559.

En sorte que si l'argent du jeu est une pistole ou 10 liv. & qu'il en faille faire la répartition entre les trois Joueurs par rapport à l'esperance que chacun a de gagner

Pierre aura	6 liv.	3 s.	3 d.
Paul	2	6	2
Jacques	1	10	7

COROLLAIRE.

199. Si les forces de chacun des trois Joueurs étoient égales, tout le reste demeurant comme ci-dessus, on auroit leurs sorts comme les trois nombres 1581, 1330, 1589; en sorte que dans cette supposition

Pierre auroit	3 liv.	10 s.	3 d. $\frac{1}{5}$
Paul	2	19	1 $\frac{1}{5}$
Jacques	3	10	7 $\frac{7}{15}$

Il eût assurément été fort difficile de deviner que le sort de Pierre se dût trouver meilleur que celui de Paul, & moindre que celui de Jacques; mais moindre seulement de la onze cens vingt-cinquiéme partie de l'unité.

S'il manque trois points à Pierre, deux points à Paul, & un point à Jacques, ces trois Joueurs jouant chacun avec une boule, & leurs forces étant comme les nombres 3, 2, 1, respectivement, leurs sorts sont entr'eux comme les nombres 9, 11, 16. S'ils jouent avec deux boules chacun, leurs sorts sont comme ces trois nombres 169, 170, 201. S'ils ont trois boules chacun, leurs sorts sont comme ces trois nombres 825, 742, 833. S'ils ont chacun quatre boules, leurs sorts sont comme ces trois nombres 1728, 1490, 1633.

PROBLÊME III.

Pierre joue pour un point, Paul pour deux, la force de Pierre est double de celle de Paul, Pierre joue avec m *boules. On demande quelle doit être la valeur de* n, *c'est à dire avec combien de boules Paul doit jouer pour que le parti soit égal.*

SOLUTION.

200. On a par la formule, *art.* 195, $\frac{bbn^2 - bbn + b^2n^2 \times \frac{am}{bn+am}}{bn + am \times bn + am - b} = \frac{1}{2}$, ou $n^3 - 2nnm - 12nmm - 8m^3 + nn + 4mm + 8mn = 0$, en substituant pour a, 2; & pour b, 1. Maintenant si dans cette égalité on suppose pour m successivement 1, 2, 3, 4, 5, 6, &c. c'est à dire, que Pierre joue avec une, ou deux, ou trois, ou quatre, ou cinq, ou six boules, &c. on trouvera, en résolvant l'égalité que Paul n'en doit pas avoir moins que trois, huit, treize, dix-huit, vingt-huit, &c.

Et si l'on supposoit la force de Pierre triple de celle de Paul, on auroit l'égalité $n^3 - 3nnm - 27mmn - 27m^3 + nn + 12nm + 9mm = 0$, qui fait connoître que si Pierre joue avec une boule il faut que Paul joue avec six; & que si Pierre joue avec deux boules, il faut que Paul joue avec treize, &c.

Ce sera la même chose pour trouver les forces, le rapport des boules étant donné. Mais l'on aura même pour des cas très simples, des égalités extrêmement composées, & toujours d'autant plus qu'il manque plus de points aux Joueurs.

COROLLAIRE.

201. Le rapport des points qui manquent à chacun des Joueurs, le rapport des forces, le nombre des palets ou des boules, deux quelconques de ces trois choses étant données, on déterminera la troisième.

REMARQUE.

202. Il arrive souvent au petit palet, à la boule, au billard & autres Jeux, que lorsqu'il y a trois Joueurs, il y en a un qui porte les deux autres. On dit que Paul porte Pierre & Jacques au petit palet, lorsqu'il joue deux coups, & qu'il a deux palets contre les autres chacun un, & que ces deux-ci font societé d'interêt contre Paul. On peut imaginer sur cette idée plusieurs Problêmes curieux, dont on trouvera la solution par ce qui précede. En voici un qui servira de regle pour les autres.

PROBLÊME IV.

Pierre, Paul & Jacques jouent chacun pour trois points au petit palet, Pierre & Jacques sont ensemble de societé, & jouent chacun avec un palet. Paul porte les deux, & joue avec deux palets. Les forces des trois Joueurs sont respectivement comme les nombres 3, 2, 1. On demande si Paul a de l'avantage, ou si c'est la societé de Pierre & de Jacques.

SOLUTION.

203. Soit M le sort de Paul lorsqu'il joue pour un point & Pierre pour trois. N son sort lorsqu'il joue pour deux points & Pierre pour trois. C son sort lorsqu'il joue pour trois points, & Pierre seulement pour un. H son sort quand il joue pour trois points, & Pierre pour deux. Soit aussi conçu qu'il y ait dans une bourse trois jettons rouges favorables à Pierre; un jetton blanc favorable à Jacques, deux jettons noirs & deux jettons bruns favorables à Paul. On trouvera le sort de Paul $= \frac{4}{8} \times \frac{2}{6} \times M + \frac{4}{8} \times \frac{4}{6} \times N + \frac{3}{8} \times \frac{1}{5} \times C + \frac{1}{8} \times \frac{3}{7} \times C + \frac{3}{8} \times \frac{4}{5} \times H + \frac{1}{8} \times \frac{4}{7} \times H$. On trouvera aussi $M = \frac{4013}{4900}$, $N = \frac{3309}{4900}$, $C = \frac{7}{36}$, $H = \frac{151}{420}$, ce qui donne le sort cherché de Paul $= \frac{2823}{7350}$, en sorte que si l'argent du jeu est une pistole, & qu'on veuille le parta-

ger par rapport à l'avantage ou desavantage de chaque Joueur, il faut que Paul prenne 5 liv. 4 f. $\frac{16}{49}$, d. & les deux associez 4 liv. 15 f. 11 $\frac{33}{49}$ d.

COROLLAIRE I.

204. On pourroit croire que Pierre & Jacques d'une part & Paul de l'autre, jouant pour un nombre déterminé de points, il est indifferent qu'ils jouent avec quelque nombre de boules que ce soit, pourvû que Pierre & Jacques ayant chacun un égal nombre de boules, Paul en ait autant que les deux autres ensemble. Mais cela n'est pas ainsi; car, par exemple, l'avantage de Paul qui est $\frac{26}{1365}$ lorsque la partie étant en deux points, Paul a deux boules contre les autres chacun une, n'est que $\frac{8}{1365}$, lorsque la partie étant encore en deux points, Paul joue avec quatre boules contre Pierre & Jacques chacun deux.

COROLLAIRE II.

205. Il seroit facile de donner, pour ce Problême consideré generalement, des formules à peu près pareilles à celles que j'ai donné pour le Problême 1er, *art. 195*. Ce seroit encore la même methode; mais en voilà assés sur cette matiere, & l'on ne peut tout épuiser.

REMARQUE.

206. Il eût été difficile d'employer pour la solution des Problêmes précedens une autre methode que celle des combinaisons, & des changemens d'ordre. L'Analyse appliquée à ce Problême fait tomber très naturellement dans le parallogisme : c'est ce qui paroîtra par l'exemple qui suit.

Il manque un point à Pierre & un point à Paul, Pierre joue avec deux palets, Paul avec un. On demande le sort de Pierre : pour le trouver par Analyse, voici comme je raisonne. Je suppose d'abord que Paul a joué son palet : cela fait, Pierre joue le premier de ces palets. Or il est clair que jouant ce premier palet il a $\frac{1}{2}$ pour gagner, en faisant un meilleur coup que celui de Paul ; & $\frac{1}{2}$ pour que son premier coup n'étant pas si bon que celui de Paul, il n'ait plus d'esperance que dans son second coup. Or par la supposition les forces étant égales, son second palet lui fournit $\frac{1}{2}$ d'esperance de gagner du second coup, n'ayant point gagné du premier ; & par consequent le sort de Pierre est $\frac{1}{2} + \frac{1}{2} \times \frac{1}{2} = \frac{3}{4}$; en sorte qu'en suivant ce raisonnement il y auroit 3 contre 1 à parier que Pierre gagneroit plûtôt que Paul.

Il est clair & très vrai, que dans la theorie le cas d'égalité des boules doit être compté pour rien, & ne change rien au calcul précedent ; en sorte qu'il peut paroître entierement exempt de parallogisme. Voici neanmoins un autre raisonnement très convainquant qui donne le rapport des sorts comme 2 à 1.

J'imagine deux carreaux qui représentent les deux palets de Pierre, & un cœur qui représente le palet de Paul, & je conçois que le Problême proposé se réduit à decouvrir combien il y a à parier que mêlant ces cartes au hazard & tirant une carte, celle qui se présentera la premiere sera un carreau. Or le sort de celui qui parîroit de tirer d'abord un carreau, seroit visiblement $\frac{2}{3}$, & non pas $\frac{3}{4}$. Donc, &c.

Ce dernier calcul est fondé sur une idée très juste & très simple. Comment donc accorder cette contrarieté entre deux solutions qui semblent l'une & l'autre avoir le caractere de l'évidence ? La derniere est la veritable. En voici une démonstration qui ne laisse aucun doute.

Si l'on supposoit que Pierre donnât un de ses deux palets à jouer à un troisiéme Joueur de même force que lui, il est clair que cela ne porteroit aucun préjudice à Paul, & que dans ce cas le sort de chacun des trois Joueurs seroit $\frac{1}{3}$; & par consequent celui de Pierre $\frac{2}{3}$ lorsqu'il aura le droit de deux Joueurs qui auront chacun un palet ; ou, ce qui est la même chose, lorsqu'il aura deux palets. Ainsi le

parallogisme

parallogisme secret de notre 1re solution où nous avons trouvé le sort de Pierre $= \frac{1}{4}$ est fondé sur ce que dans le raisonnement analytique on suppose que lorsque le premier palet de Pierre ne s'est pas trouvé si bon que celui de Paul ; Paul recommence à jouer son palet contre Pierre le sien, au lieu que dans la regle ordinaire du jeu, celui de Paul qui a déja gagné reste ; & en y prenant garde, on s'apperçoit bien que cela n'est pas indifferent, puisqu'il est à présumer que le palet de Paul doit déja avoir quelque sorte de bonté, lorsqu'il s'est trouvé meilleur que le premier palet de Pierre ; & qu'ainsi il ne peut sans desavantage ôter son palet pour le rejouer, puisqu'il est probable qu'il ne fera pas un si bon coup.

PROBLÊME

SUR LA LOTERIE DE LORAINE.

PROPOSITION XLIII.

Je fis inserer ce qui suit dans le Journal des Sçavans au mois de Mars de l'année 1711.

IL se tira l'année derniere à Paris une Loterie con- » nue sous le nom de la Loterie de Lorraine, dont le Pu- » blic n'a pas eu sujet d'être content. Lorsqu'elle fut pu- » bliée je m'apperçus d'abord que l'on couroit risque d'en » être la dupe, & qu'on auroit dû obliger le Directeur de » la Loterie à donner bonne & suffisante caution, puisque » selon les conditions ausquelles il s'obligeoit, il étoit » possible qu'il eût à rendre 424950 liv. au delà des 500000 » livres qu'il avoit reçues. Je vis en gros que son parti n'é- » toit pas bon, & delà je soupçonnai qu'on avoit dessein » d'attrapper l'argent du Public, ce qui est arrivé.

» Je n'allai pas plus loin alors, & je remis à un temps » où j'aurois plus de loisir à examiner à fond le desavan- » tage de celui qui tenoit la Loterie. L'ayant trouvé de- » puis peu, j'ai cru qu'il ne seroit pas inutile d'en propo-

» ser la recherche aux Geometres. Ceux qui ont le plus » d'estime pour l'Algébre & l'Analyse, ne sçavent point » assés combien elle a d'usage par rapport aux choses de » la vie civile. Il est bon, ce me semble, d'en donner ici » une nouvelle preuve; & en même temps, de faire con- » noître aux Magistrats qui auroient à décider sur une ma- » tiere de la nature de celle-ci, qui est de leur compétence, » que les Geometres sont les seuls de qui ils puissent rece- » voir des décisions certaines.

REGLES DE LA LOTERIE.

» Les billets étoient de dix sols, & il y en avoit un mil- » lion. Pour les 500000 livres que recevoit du Public ce- » lui qui tenoit la Loterie, il lui rendoit 425000 livres en » vingt mille lots. Deux conditions faisoient la nouveauté » & la singularité de cette Loterie.

» 1°. Celui qui tenoit la Loterie, pour dédommager le » Public des 75000 liv. qu'il retenoit, s'obligeoit de ren- » dre 25 liv. à chacun de ceux qui ayant pris 50 billets de » suite, n'auroient aucun lot dans leurs 50 billets.

» 2°. Voici de quelle maniere se tiroit la Loterie. Tous » les billets ou numeros étoient dans une boete, & les bil- » lets noirs dans une autre. On tiroit en même temps un » billet noir & un numero; & après qu'on avoit écrit quel » numero avoit un tel lot, on jettoit dehors le billet noir, » & on remettoit le numero dans la boete aux numeros; en » sorte que par cette maniere de tirer les lots, un même » numero pouvoit gagner plusieurs lots, ou même les ga- » gner tous.

PROBLÊME.

En supposant que tous ceux qui mettront à la Lote- » rie prendront ou 50 billets, ou 100, ou 150, &c. (cette » supposition paroît tout à fait recevable;) *On demande quel » est l'avantage ou le desavantage de celui qui tient la Loterie?* » Il est aisé d'observer, 1°. Que le Directeur de la Loterie » gagnera 75000 liv. si tous ceux qui ont mis à la Loterie

» ont un lot dans chaque cinquantaine de billets. 2°. Qu'il » perdra 424950 liv. si un seul de tous ceux qui auront mis » à la Loterie emporte tous les lots. 3°. Qu'il ne perdra » ni ne gagnera, si trois mille personnes seulement n'ont » point de lots dans leurs 50 billets. D'où il suit que cette » Loterie est une espece de jeu de hazard, où celui qui » tient la Loterie peut perdre ou gagner. La solution de » ce Problême est cachée sous cette Anagramme *4a*, *5e*, » *5i*, *13o*, *3u*, *2l*, *2n*, *2p*, *4s*, *32*, *c*, *d*, *m*, *r*, dont je don- » nerai l'explication quand on le souhaitera.

SOLUTION.

207. C'EST la même chose à la Loterie de Lorraine de supposer qu'il y a un million de billets à tirer, & 20000 personnes qui prennent chacun cinquante billets à 10 s. piece, ou de supposer vingt mille billets, & vingt mille personnes qui prennent chacun un billet à vingt-cinq liv. piece cela fera toujours 500000 liv. pour le fond de la Loterie & ne produira aucune difference dans les interests de ceux qui y mettent. Ainsi pour la simplicité du Problême, nous nous en tiendrons à cette derniere supposition. Il s'agit donc de sçavoir combien porte de préjudice à celui qui tient la Loterie la condition à laquelle il s'oblige de rendre 25 liv. à chacun de ceux qui ayant pris un billet n'auront point de lots. Pour résoudre ce Problême, je me propose celui-ci qui n'en est pas different.

Je jette au hazard 20000 dés qui ont chacun 20000 faces, l'une marquée d'un as, l'autre d'un deux, l'autre d'un trois, & ainsi de suite jusqu'à 20000. On demande combien il y a à parier que je n'amenerai aucun as.

On sera convaincu que ce Problême est le même que celui de la Loterie, si l'on observe que dans ce dernier il s'agit de sçavoir combien il y a à parier que tirant vingt mille fois un billet d'entre les 20000, ou ce qui est la même chose, que jettant à la fois les 20000 dés, qui ayent chacun 20000 faces marquées d'un as, d'un deux, d'un trois, &c. il ne se trouve aucun billet marqué de mon numero, ou aucun dé dont la face de dessus soit, par exemple, un as. Or cette similitude posée, l'on sçait par l'*art.* 37, que mon sort seroit $\frac{\overline{20000-1}^{20000}}{20000}$, & puisqu'il y a 20000 personnes qui sont dans le cas de redemander leur argent, c'est à dire 25 livres, lorsque leur numero ne vient point dans les 20000 billets, il s'ensuit que le desavantage de celui qui tient la Loterie, fondé sur cette condition à laquelle il s'oblige de rendre l'argent à ceux qui n'auront point de lots, sera $\frac{\overline{19999}^{20000}}{20000} \times 25 \times 20000$, ce qui par la Table des logarithmes donne 184064 liv. pour le desavantage cherché.

L'explication de l'Anagramme consiste dans ces mots: *20000 moins 1, divisé par 20000 élevé à la puissance 20000.*

PROBLÊME.

PROPOSITION XLIV.

Pierre & Paul prétendent tous les deux à une Charge qui se donne à la pluralité des voix. Il y a douze personnes qui ont droit de donner leurs voix. Sur ces douze personnes Pierre sçait qu'il y en a trois qui seront pour lui, & deux qui seront pour Paul, & qu'il a la même esperance que Paul sur chacune des sept voix restantes. Dans le temps que l'Election va se faire, on vient dire à Pierre que trois des douze personnes qui doivent donner leurs voix sont tombées malades & ne s'y trouveront pas, sans lui marquer si parmi les malades il y en a de ceux qui sont pour lui, ou de ceux qui sont pour Paul, ou enfin des sept autres sur lesquels il a autant d'esperance que Paul. Tout cela posé, on demande quel est le sort de Pierre; c'est à dire, qu'elle est son esperance d'obtenir la Charge.

SOLUTION.

208. On voit d'abord par la Table, *art.* 1, que douze choses peuvent être prises trois à trois en 220 façons differentes. Pour démêler dans ces 220 façons tous les cas qui peuvent arriver, il faut observer ce qui suit.

1°. Il n'y a qu'une maniere pour que les trois malades soient lès trois qui devoient être pour Pierre, & dans ce cas il ne peut gagner s'il n'a au moins cinq des voix incertaines, car Paul en a deux dont il est assûré. Or il y a $\frac{1+7+21}{2^7}$ pour que cela arrive.

2°. Il y a $3 \times 7 = 21$ façons pour que deux de ceux qui devoient être pour Pierre soient malades, & une des voix incertaines, auquel cas il faut que Pierre ait au moins quatre des six voix incertaines restantes, & il y a $\frac{1+6+15}{2^6}$ pour que cela arrive.

3°. Il y a $3 \times 2 = 6$, c'est à dire toutes les manieres de prendre trois choses deux à deux, multipliées par toutes les manieres de prendre deux choses une à une, pour que les trois malades soient deux de ceux qui sont pour Pierre, & un de ceux qui sont pour Paul, auquel cas comme il reste une voix assurée à Pierre, une assurée à Paul, & les sept autres sur lesquelles leur esperance est égale, le sort de Pierre est $\frac{1+7+21+35}{2^7}$.

4°. Il y a $3 \times 21 = 63$, c'est à dire toutes les manieres de prendre trois choses une à une, multipliées par toutes les manieres de prendre sept choses deux à deux, pour que les malades soient un des trois qui sont pour Pierre, & deux des voix incertaines, auquel cas le sort de Pierre est $\frac{1+5+10}{2^5}$.

5°. Il y a 3×1 pour que les trois malades soient les deux qui sont pour Paul, & un de ceux qui sont pour Pierre, & dans ce cas il suffit à Pierre d'avoir pour lui trois des sept voix incertaines, & pour que cela arrive il y a $\frac{1+7+21+35+35}{2^7}$.

6°. Il y a $3 \times 2 \times 7 = 42$ pour qu'il y ait un de ceux qui sont pour Pierre un de ceux qui sont pour Paul, & une des voyes incertaines, auquel cas comme il faut à Pierre au moins trois des six voix incertaines qui restent, sont sort est $\frac{1+6+15+20}{2^6}$.

7°. Il y a 35 pour que ce soit trois des sept voix incertaines, auquel cas, comme il suffit à Pierre d'en avoir deux sur les quatre qui restent, son sort est $\frac{1+4+6}{2^4}$.

8°. Il y a $21 \times 2 = 42$ pour que ce soit deux des voix incertaines, & un de ceux qui sont pour Paul, & pour lors il suffit à Pierre d'avoir deux des cinq voix incertaines qui restent, & sont sort est $\frac{1+5+10+10}{2^5}$.

9°. Enfin il y a 7×1 pour que les malades soient une des voix incertaines, & les deux qui sont pour Paul, auquel cas le sort de Pierre est $\frac{1+6+15+20+15}{2^6}$.

Donc en nommant s le sort de Pierre, c'est à dire son esperance d'être élu, on a $s = \frac{1 \times 29}{128} + \frac{21 \times 22}{64} + 6 \times \frac{1}{2} + 63 \times \frac{1}{2} + \frac{3 \times 99}{128} + \frac{42 \times 42}{64} + \frac{35 \times 11}{16} + \frac{42 \times 26}{32} + \frac{7 \times 57}{64}$, le tout divisé par $220 = \frac{109}{176}$; en sorte que son esperance d'être élu est de 109 contre 67, un peu plus que trois contre deux.

PROBLÊME.

SUR LE JEU DES OUBLIEUX.

PROPOSITION XLV.

Ce Jeu est une espece de ferme ou de Banque. L'on écrit sur des marques les nombres 1, 2, 3, 4, 5, 6, &c. Pierre pousse un dé, & continue à le pousser jusqu'à ce qu'il ait enlevé ou effacé toutes les marques, en amenant chacun des points qu'elles portent. Il donne un écu à Paul chaque fois qu'il manque à effacer, ce qui arrive lorsqu'il amene un point qui a déja été amené. L'on demande combien Paul doit donner à Pierre pour le dédommager du risque qu'il court de perdre plusieurs écus indéterminément.

SOLUTION.

209. SOIT p le nombre des faces du dé & des marques qu'il doit effacer. La somme que Paul doit mettre à la banque pour faire le parti égal, est exprimé par cette formule indéfinie

$$\frac{p-1}{1} + \frac{p-2}{2} + \frac{p-3}{3} + \frac{p-4}{4} + \frac{p-5}{5} + \frac{p-6}{6} + \&c. \times A.$$

qui fait voir que si le dé est un dé ordinaire à six faces, & que les marques soient 1, 2, 3, 4, 5, 6, Paul doit mettre à la banque $\frac{5}{1} + \frac{4}{2} + \frac{3}{3} + \frac{2}{4} + \frac{1}{5} = 8 \frac{7}{10} = 26$ liv. 2 sols, si $A = 3$ livres.

Et que si le dé est à douze faces (ce que l'on nomme un cochonnet) marquant depuis un jusqu'à douze, Paul doit mettre à la banque $25 \frac{551}{2310} = 75$ liv. 14 s. 3 d. $\frac{57}{77}$.

DEMONSTRATION.

IL est certain, 1°, que le prix de la banque doit être exactement proportionné à ce que Pierre peut payer d'écus à fortune égale. 2°. Que Pierre effacera plus difficilement, & sera plus dans le risque de payer, lorsqu'il y aura déja beaucoup de marques effacées, que lorsqu'il y en aura peu; & que la facilité de démarquer va toujours en diminuant depuis la premiere jusqu'à la derniere; en sorte que le Problême peut se réduire à chercher combien Pierre devroit donner d'argent à Paul à chaque coup pour avoir le droit d'effacer tel & tel point sans jouer; car il est clair que ce que Pierre aura dû donner pour acheter le droit d'effacer l'as, le deux, le trois, &c. chacun en particulier jusqu'à p (l'ordre n'y fait rien) sera justement ce que Paul doit mettre à la banque.

Or je vois, 1°, qu'au premier coup Pierre ne doit rien donner pour effacer une marque, car cela ne lui peut manquer.

2°. Que lorsqu'il y a une marque moins que le nombre des faces, ce que Pierre pourroit donner pour acheter le droit d'effacer une 2e marque sans jouer, est bien exprimé par la suite infinie $\frac{1}{p} + \frac{1}{pp} + \frac{1}{p^3} + \frac{1}{p^4} + \frac{1}{p^5} +$ &c. puisqu'il peut arriver une fois, deux fois, trois fois, &c. de suite & à l'infini, qu'il amene le nombre effacé.

3°. Que lorsqu'il y a deux marques moins que le nombre des faces, ce que Pierre devroit donner pour acheter le droit d'effacer une troisiéme marque sans jouer, est exprimé par la suite infinie $\frac{2}{p} + \frac{2^2}{p^2} + \frac{2^3}{p^3} + \frac{2^4}{p^4} + \frac{2^5}{p^5} +$ &c. puisqu'il peut arriver une fois, deux fois, trois fois, &c. de suite à l'infini, qu'il amene un des nombres effacés.

4°. Par le même raisonnement je vois que lorsqu'il y a trois nombres d'effacés, ou ce qui est la même chose trois marques moins que le nombre des faces du dé, ce que Pierre devroit donner pour acheter le droit d'effacer une quatriéme marque sans jouer, est exprimé par la suite infinie $\frac{3}{p} + \frac{3^2}{p^2} + \frac{3^3}{p^3} + \frac{3^4}{p^4} + \frac{3^5}{p^5} +$ &c. & que generalement nommant m le nombre qui exprime combien le nombre des faces du dé surpasse celui des marques qui sont à effacer. Ce que Pierre doit donner pour avoir le droit d'effacer une des marques qui restent est exprimé par cette progression geometrique $\frac{m}{p} + \frac{m^2}{p^2} + \frac{m^3}{p^3} + \frac{m^4}{p^4} + \frac{m^5}{p^5} +$ &c. dont on sçait que la somme est $\frac{m}{p-m}$, en sorte que substituant successivement pour m les nombres 1, 2, 3, 4, 5, 6, &c. on aura la suite $\frac{1}{p-1} + \frac{2}{p-2} + \frac{3}{p-3} + \frac{4}{p-4} +$ &c. dont il faut prendre autant de termes qu'il y a d'unités dans $p - 1$ nombre des faces ou des marques moins un.

COROLLAIRE.

210. On peut varier en plusieurs façons les difficultés de ce Problême, en supposant, par exemple, qu'au lieu d'un dé il y en eût deux ou trois, &c. La methode précedente pourra encore être employée; mais on ne peut éviter un fort long calcul.

REMARQUE.

211. A l'imitation du jeu précedent, on peut imaginer plusieurs autres banques qui fourniront des difficultés d'une nature singuliere: en voici un qu'on m'a appris depuis peu.

Pierre met à la banque un certain nombre d'écus. Paul tient un dé ordinaire, & le pousse aux conditions qui suivent; 1°. Toutes les fois qu'il amenera un point aussi haut ou moins haut que le nombre des écus qui restent à la banque, il prendra autant d'écus qu'il aura amené de points. 2°. Lorsque le point qu'il amenera surpassera le nombre d'écus qui restent à la banque, il donnera à Pierre autant d'écus que le point qu'il aura amené surpassera le nombre des écus qui ſont à la banque. S'il en reſte deux, par exemple, & qu'il amene cinq, il donnera trois écus à Pierre. 3°. Il continuera de pouſſer le dé juſqu'à ce qu'il ne reſte plus d'écus à la banque. *On demande combien Pierre doit mettre d'écus à la banque.* J'ai trouvé qu'il aura de l'avantage s'il n'y met que dix écus, & qu'il aura du deſavantage s'il y en met onze.

On pourroit pour rendre le jeu plus varié, & le Problême plus difficile, ſuppoſer, 1°, que l'on joue avec pluſieurs dés, par exemple, avec ſix dés qui auroient chacun ſix faces, dont cinq ſeroient blanches, un dé étant marqué d'un as, l'autre d'un deux, l'autre d'un trois, l'autre d'un quatre, l'autre d'un cinq, l'autre d'un ſix. 2°. Que Paul donnera un jetton à Pierre Banquier toutes les fois qu'il amenera face blanche, & qu'il gagnera ou perdra, comme ci-deſſus, lorſque le point qu'il amenera ne ſurpaſſera pas ou ſurpaſſera le nombre des écus qui reſtent à la banque. 3°. Qu'ils joueront alternativement l'un après l'autre, Paul d'abord, enſuite Pierre. 4°. Que Pierre ne gagnera ni ne perdra rien, quand il lui arrivera ou d'amener face blanche ou d'amener un point plus haut que le nombre des écus qui ſe trouveront à la banque, & qu'il tirera comme Paul de l'argent du jeu, lorſque le point qu'il amenera n'excedera point le nombre des écus qui ſont au jeu. La perſonne qui m'a appris ce jeu, m'a dit qu'en Allemagne où ce jeu eſt fort commun, l'uſage eſt de prendre la banque ſur le pied de 60 ou 70 écus. J'ai eu quelque curioſité de découvrir le juſte parti que le Banquier peut faire. J'avois même pouſſé aſſés loin cette recherche qui n'eſt pas d'un travail mediocre; mais ayant perdu les papiers qui contenoient mes calculs, je n'ai pû gagner ſur moi de les recommencer, quoique la matiere ſoit aſſurément fort curieuſe.

PROBLÊME.

PROPOSITION XLVI.

Pierre, Paul, Jacques, Jean, &c. jouent avec un dé à qui le premier amenera le plûtôt un as. Comme ils jouent selon l'ordre qu'ils sont ici nommés, sçavoir Pierre le premier, Paul le 2[d], &c. & que les premiers auroient de l'avantage, si chaque Joueur jouoit un égal nombre de coups : On demande combien il faut que les derniers en jouent plus que les premiers, afin de compenser l'avantage que donne la primauté.

SOLUTION.

212. SOIT a le nombre des coups qui font gagner, b le nombre des coups qui ne font point gagner, c le nombre de coups que Pierre doit jouer; $x, y, z, u, t,$ &c. le nombre de coups que doit jouer chacun des autres Joueurs respectivement. a est ici $=1$, $b=5$; l'on suppose aussi $c=2$.

Il est clair que Pierre ayant $\frac{1}{6}$ pour gagner du premier coup, il a $\frac{1}{6}+\frac{5}{6}\times\frac{1}{6}=1-\frac{5^2}{6^2}$ pour gagner dans le premier ou dans le deuxiéme coup; & que par la même raison il a $\frac{1}{6}+\frac{5}{6}\times\overline{1-\frac{5^2}{6^2}}=1-\frac{5^3}{6^3}$ pour gagner ou le premier, ou le 2e, ou le 3e coup; en sorte que le nombre de coups qu'il a à jouer étant c, son sort est $1-\frac{b^c}{\overline{a+b}^c}$

On trouvera de même que le sort du 2e est $\frac{b^c}{\overline{a+b}^c}-\frac{b^{x+c}}{\overline{a+b}^{x+c}}$: en voici la preuve. Lorsque $c=1$, il est évident que le sort de Paul est d'avoir a pour n'avoir rien, & b pour avoir $1-\frac{b^x}{\overline{a+b}^x}$ comme l'on vient de le voir. En sorte qu'en ce cas de $c=1$, son sort est $\frac{b}{a+b}-\frac{b^{x+1}}{\overline{a+b}^{x+1}}$, & que par la même raison lorsque $c=2$, le sort de Paul est d'avoir a pour n'avoir rien, & b pour avoir le cas que nous venons de trouver pour $c=1$; c'est à dire, pour avoir $\frac{b}{a+b}-\frac{b^{x+1}}{\overline{a+b}^{x+1}}$, ce qui donne pour le cas de $c=2$, le sort de Paul $=\frac{b^2}{\overline{a+b}^2}-\frac{b^{x+2}}{\overline{a+b}^{x+2}}$, & generalement son sort $=\frac{b^c}{\overline{a+b}^c}-\frac{b^{x+c}}{\overline{a+b}^{x+c}}$.

Cela posé, il ne s'agit plus que de supposer le sort de Pierre égal au sort de Paul, & de cette égalité tirer la valeur de x.

On aura donc $1-\frac{b^c}{\overline{a+b}^c}=\frac{b^c}{\overline{a+b}^c}-\frac{b^{x+c}}{\overline{a+b}^{x+c}}$: d'où prenant les logarithmes, & divisant par log. b — log. $\overline{a+b}$, on tirera

$$x=\frac{\log.\ \overline{2\times b^c-\overline{a+b}^c}-\log.\ b^c}{\log.\ b-\log.\ \overline{a+b}},$$ ou en changeant les signes

$$x=\frac{\log.\ b^c-\log.\ \overline{2\times b^c-\overline{a+b}^c}}{\log.\ \overline{a+b}-\log.\ b}=\frac{13979400-11461286}{791812}=3+\ldots$$

en substituant pour a, 1; pour b, 5, & pour c, 2.

Maintenant pour avoir la valeur de y, c'est à dire, pour sçavoir combien le troisiéme Joueur Jacques doit avoir de coups à jouer, il n'y a qu'à substituer dans l'expression $\frac{b^c}{\overline{a+b}^c}-\frac{b^{x+c}}{\overline{a+b}^{x+c}}$ pour c la somme des coups de Pierre & de Paul, c'est à dire $c+\frac{\log.\ b^c-\log.\ \overline{2\times b^c-\overline{a+b}^c}}{\log.\ \overline{a+b}-\log.\ b}$, on trouvera en prenant les logarithmes

$$y=\frac{\log.\ \overline{2\times b^c-\overline{a+b}^c}-\log.\ \overline{3\times b^c-2\times\overline{a+b}^c}}{\log.\ \overline{a+b}-\log.\ b}=8+\ldots$$ dans le cas du présent Problême.

On trouveroit de la même maniere

$$z=\frac{\log.\ \overline{3\times b^c-2\times\overline{a+b}^c}-\log.\ \overline{4\times b^c-3\times\overline{a+b}^c}}{\log.\ \overline{a+b}-\log.\ b},$$ &

$$u=\frac{\log.\ \overline{4\times b^c-3\times\overline{a+b}^c}-\log.\ \overline{5\times b^c-4\times\overline{a+b}^c}}{\log.\ \overline{a+b}-\log.\ b},\ t=\&c.$$

L'ordre eſt aiſé à appercevoir ; mais dans le cas particulier que l'on s'eſt ici propoſé, on ne peut accorder aſſés de coups à jouer au quatriéme Joueur, pour qu'il puiſſe jouer ſans deſavantage ; quand on lui en donneroit mil, ſon ſort ne pourroit jamais être $\frac{1}{4}$.

PROPOSITION XLVII.

PROBLÊME

Sur la durée des parties que l'on joue en rabattant.

Pierre & Paul jouent en un certain nombre de parties en rabattant ; c'eſt à dire, en ſorte que Pierre ayant devant lui trois jettons par exemple, & Paul trois jettons ; ſi Pierre vient à gagner une partie, Paul lui donne un de ſes jettons, reſtant ainſi avec deux contre Pierre quatre, ainſi du reſte. On demande combien il y a à parier que la partie qui peut durer à l'infini, ſera finie en un certain nombre déterminé de coups au plus.

SOLUTION.

213. SOIT m le nombre des parties qui manquent à Pierre ou des jettons qui ſont devant Paul ; n le nombre des parties qui manquent à Paul ou des jettons qui ſont devant Pierre ; p le nombre qui exprime en combien de coups au plus on veut que la partie ſoit finie ; a & b les forces de Pierre & de Paul. Voici la formule qui exprime combien il y a à parier que Pierre gagnera la partie en p coups au plus.

1re ſuite. $1 \times \overline{a^{p-m} + b^{p-m}} + p \times \overline{a^{p-m-1}b + b^{p-m-1}a}$

$+ \frac{p.p-1}{1.2} \times \overline{a^{p-m-2}b^2 + b^{p-m-2}a^2} + \frac{p.p-1.p-2}{1.2.3} \times \overline{a^{p-m-3}b^3 + b^{p-m-3}a^3}$

+ &c. le tout multiplié par $\frac{a^m}{\overline{a+b}^p}$.

2e ſuite $-1 \times \overline{a^{p-m-2n} + b^{p-m-2n}} - p \times \overline{a^{p-m-1-2n}b + b^{p-m-1-2n}a}$

$-\frac{p.p-1}{1.2}\times\overline{a^{p-m-2-2n}b^2+b^{p-m-2-2n}a^2}-\frac{p.p-1.p-2}{1.2.3}\times\overline{a^{p-m-3-2n}b^3+b^{p-m-3-2n}a^3}$ — &c. le tout multiplié par $\frac{a^{m+n}b^n}{\overline{a+b}^p}$.

3e suite. $1\times\overline{a^{p-3m-2n}+b^{p-3m-2n}}+p\times\overline{a^{p-3m-1-2n}b+b^{p-3m-1-2n}a}+\frac{p.p-1}{1.2}\times\overline{a^{p-3m-2-2n}b^2+b^{p-3m-2-2n}a^2}+\frac{p.p-1.p-2}{1.2.3}\times\overline{a^{p-3m-3-2n}b^3+b^{p-3m-3-2n}a^3}$ + &c. le tout multiplié par $\frac{a^{2m+n}b^{n+m}}{\overline{a+b}^p}$.

4e suite. $-1\times\overline{a^{p-3m-4n}+b^{p-3m-4n}}-p\times\overline{a^{p-3m-1-4n}b+b^{p-3m-1-4n}a}-\frac{p.p-1}{1.2}\times\overline{a^{p-3m-2-4n}b^2+b^{p-3m-2-4n}a^2}-\frac{p.p-1.p-2}{1.2.3}\times\overline{a^{p-3m-3-4n}b^3+b^{p-3m-3-4n}a^3}$ — &c. le tout multiplié par $\frac{a^{2m+2n}b^{2n+m}}{\overline{a+b}^p}$.

Il faut continuer chacune de ces suites qui sont alternativement positives & négatives, jusqu'au terme où les puissances de a & de b sont les mêmes dans un même terme.

Pour démontrer cette formule, je vais l'appliquer à un exemple qui me servira à mieux faire entendre les reflexions qui doivent suivre, & à m'expliquer d'une maniere moins generale & plus intelligible. Soit donc supposé que Pierre ait deux jettons devant lui, & Paul trois, & qu'ils jouent en rabattant, Pierre parie qu'il gagnera la partie en quinze coups au plus. Si l'on substitue dans la formule ci-dessus pour p, 15; pour m, 3; pour n, 2, on trouvera le sort de Pierre.

$$=a^{15}+15a^{14}b+105a^{13}b^2+455a^{12}b^3+1365a^{11}b^4+3003a^{10}b^5+5005a^9b^6$$
$$+a^3b^{12}+15a^4b^{11}+105a^5b^{10}+455a^6b^9+1365a^7b^8+3003a^8b^7$$
$$-1\times a^{13}b^2-15a^{12}b^3-105a^{11}b^4-455a^{10}b^5-1365a^9b^6$$
$$-1\times a^5b^{10}-15a^6b^9-105a^7b^8-455a^8b^7.$$
$$+1\times a^{10}b^5+15a^9b^6$$
$$+1\times a^8b^7$$

En ſorte que dans le cas de $a = b$, on trouvera qu'il y a 12395 contre 20375 à parier que Pierre gagnera en quinze coups au plus. On trouvera de même qu'il y a 14213 contre 18555 à parier que Paul gagnera en quinze coups au plus; en ſorte qu'il y a 13303 contre 3081 à parier que la partie ſera finie & décidée en 15 coups au plus.

DE'MONSTRATION.

1°. LA premiere ſuite exprime combien il y a de hazards pour que Pierre en p coups ſe trouve au moins une fois avoir gagné un nombre donné m (3) plus que Paul: cela eſt évident à l'égard de tous les termes où l'expoſant de la lettre a ſurpaſſe l'expoſant de la lettre b d'une quantité ou $= m$, ou plus grande que m; car l'on ſçait par l'*art. 27*, que la formule

$$a^p + pa^{p-1}b + \frac{p.p-1}{1.2}a^{p-2}b^2 + \frac{p.p-1.p-2}{1.2.3} \times a^{p-3}b^3 + \&c.$$

exprime toutes les façons d'amener ou p faces blanches, ou $p - 1$ faces blanches, ou $p - 2$ faces blanches, &c. avec un nombre p de dés qui ayent chacun deux faces, l'une blanche exprimée par a, l'autre noire exprimée par b.

Il eſt encore vrai que les autres termes de la ſuite, à commencer depuis $a^m b^{p-m}$ (a^3b^{12}) juſques & compris a^9b^6, expriment tous les hazards qu'il y a pour que Pierre en p coups ſe trouve au moins une fois avoir gagné un nombre donné m de parties plus que Paul: en voici la preuve.

Entre toutes les façons dont on peut amener a^3b^{12}, c'eſt à dire trois faces blanches & douze noires, il n'y a qu'une façon pour que cela arrive, puiſqu'il faut que les trois blanches arrivent les premieres; & de même entre toutes les façons dont on peut amener a^4b^{11}, c'eſt à dire quatre blanches & onze noires, il n'y a que p (15) façons pour que cela arrive; puiſqu'il faut qu'on amene toutes les faces noires, excepté une ſeule après les blanches, ce qui ſe peut faire en p façons differentes; puiſque cette face noire qui n'eſt pas déterminée à être amenée après les blanches, peut être amenée ou à la premiere, ou à la ſeconde, ou à la troisiéme, ... ou à la quinziéme place.

On trouvera de même qu'afin que cela arrive avec a^5b^{10}, il y a $\frac{p.p-1}{1.2}$ (105) façons, parceque toutes les noires, excepté deux, sont déterminées à être amenées après les blanches, & les deux faces qui ne sont pas déterminées, peuvent se prendre deux à deux en $\frac{p.p-1}{1.2}$ façons, & ainsi des autres cas, d'où il suit que les coefficiens de ces termes a^p & $a^m b^{p-m}$, $a^{p-1}b$ & $a^{m+1} b^{p-m-1}$, $a^{p-2}b^2$ & $a^{m+2} b^{p-m-2}$, &c. dans notre exemple a^{15} & a^3b^{12}, $a^{14}b$ & a^4b^{11}, $a^{13}bb$ & a^5b^{10}, &c. doivent être les mêmes.

2°. Il se peut faire que Pierre n'ait pas gagné la partie, quoiqu'il soit arrivé dans le cours du jeu que Pierre se soit trouvé avoir gagné *m* parties plus que Paul; car il peut arriver qu'il ne se soit trouvé dans cet état qu'après que Paul se sera vû lui-même avoir gagné *n* parties plus que Pierre.

Notre seconde suite exprime combien il y a de hazards non seulement pour que Pierre gagne *m* parties plus que Paul, mais aussi pour que Paul ait gagné ses *n* parties avant que Pierre ait gagné ses *m* parties.

Pour que cela arrive, il faut qu'on amene au moins *n* faces noires, & au moins $m+n$ faces blanches; car il faut que Pierre gagne *n* parties pour rabattre ce que Paul a gagné avant lui, & qu'il gagne encore *m* parties. Les autres $p-m-2n$ faces peuvent être ou blanches ou noires. Or il n'y a qu'un cas pour qu'on amene toutes les autres fois une face blanche, & un pour qu'on amene une face noire; & de même il y a *p* cas pour qu'on amene toutes les autres fois moins une, une face blanche, & autant pour qu'on amene tous les autres fois moins une, une face noire; & pareillement il y a $\frac{p.p-1}{1.2}$ cas pour qu'on amene toutes les autres fois moins deux une face blanche, & autant pour amener une face noire, & ainsi du reste, &c.

3°. On trouvera de même que la troisiéme suite exprime combien il y a de hazards pour que Pierre gagne *m* parties; qu'ensuite Paul rabatte ces *m* parties, & gagne encore *n* parties; & qu'ensuite Pierre rabatte les *n* parties gagnées par Paul, & gagne encore m parties.

Cette ſuite & les autres ſuivantes ſe démontreroient de la même maniere. Or il faut remarquer que ſi l'on n'avoit point d'égard aux hazards qu'il y a pour que Paul gagne n parties avant Pierre, la prémiere ſuite donneroit la ſolution du Problême, mais comme Paul peut gagner les n parties avant que Pierre gagne les m parties, il faut ajouter la ſeconde ſuite avec les ſignes de —.

Or cette ſuite retranche trop, puiſqu'il peut arriver que Pierre gagne m parties; qu'enſuite Paul rabatte ces m parties, & gagne n parties; que Pierre enſuite rabatte ces n parties, & gagne de nouveau m parties, il faut donc ajouter le nombre des cas par leſquels ceci peut arriver; & retrancher enſuite le nombre des hazards par leſquels il peut arriver que Paul gagne n parties que Pierre rabatte ces n parties, & gagne encore m parties; qu'enſuite Paul rabatte ces m parties, & gagne encore n parties; & qu'enſuite Pierre rabatte ces n parties, & gagne encore m parties; & encore ajouter le nombre des hazards par leſquels il peut arriver que Pierre gagne m parties, enſuite Paul $m+n$ parties, enſuite Pierre $n+m$, enſuite Paul $m+n$, & enfin Pierre $n+m$, & encore retrancher le nombre des hazards par leſquels il peut arriver que Paul gagne n parties; qu'enſuite Pierre en gagne $n+m$, que Paul enſuite en gagne $m+n$, enſuite Pierre $n+m$, enſuite Paul $m+n$, & enfin Pierre $n+m$, & encore ajouter &c. ajoutant & retranchant ainſi tour à tour autant que le Problême le permet les ſuites qui compoſent notre formule.

COROLLAIRE I.

214. On tire de la formule précedente la regle qui ſuit.

Il faut choiſir une colonne perpendiculaire dont le quantiéme ſoit $p+2$, *Tab. 1, art. 1*, & dans cette colonne chercher le quantiéme qui correſpond à la quantité $\frac{p+2-m}{2}$, ajouter à ce nombre les ſuperieurs juſqu'à la quantité n, prendre les 9 premiers termes, par exemple, s'il manque neuf parties à Paul, puis en obmettre la quantité m, ajouter

ajouter la quantité n, obmettre la quantité m, & ainsi de suite alternativement. Cette regle n'est qu'un abregé de la formule précedente : comme l'énoncé en pourroit paroître obscur, on va l'éclaircir par des exemples.

Premier Exemple. Soit supposé que Pierre & Paul jouent chacun pour sept points en rabattant, qu'ils soient de force égale, & que l'on demande combien il y a à parier que la partie ne durera pas plus de trente-sept coups, si l'on substitue dans la formule pour a & b l'unité, pour p 37, pour m, & n, 7, on aura la somme de ces termes.

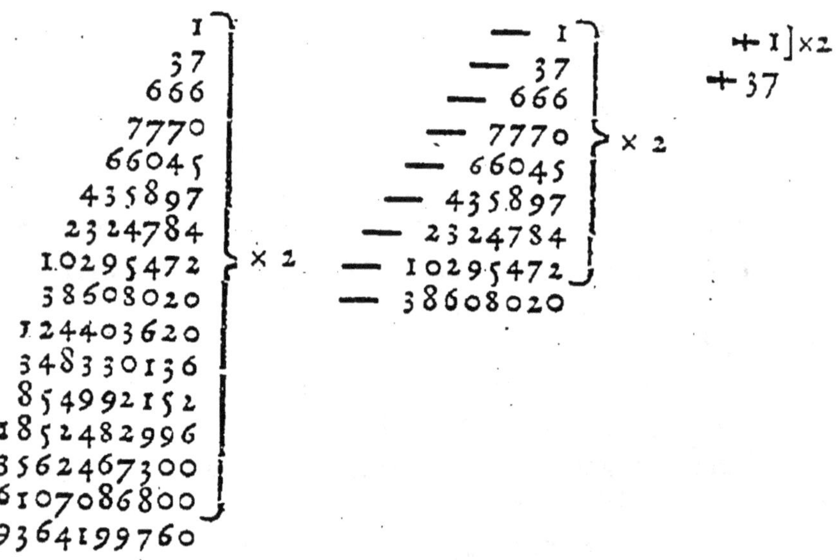

1 ⎤	— 1 ⎤	+ 1] × 2
37 ⎥	— 37 ⎥	+ 37
666 ⎥	— 666 ⎥	
7770 ⎥	— 7770 ⎬ × 2	
66045 ⎥	— 66045 ⎥	
435897 ⎥	— 435897 ⎥	
2324784 ⎥	— 2324784 ⎥	
10295472 ⎬ × 2	— 10295472 ⎦	
38608020 ⎥	— 38608020	
124403620 ⎥		
348330136 ⎥		
854992152 ⎥		
1852482996 ⎥		
3562467300 ⎥		
6107086800 ⎦		
9364199760		

le tout divisé par 2^{36}.

Mais si l'on prend garde, 1°, que par la formation des nombres figurés la somme des f premiers nombres d'une bande perpendiculaire quelconque g est égale à deux fois la somme des $f - 1$ premiers nombres de la $\overline{g - 1}^{eme}$ bande perpendiculaire, plus le f^{eme} terme de cette $\overline{g - 1}^{eme}$ bande perpendiculaire. 2°. Qu'en suivant la formule on ajoute & retranche plusieurs termes qui sont les mêmes, ce qui est inutile ; on verra qu'il est beaucoup plus court de prendre conformément à la regle la somme de ces termes de la bande perpendiculaire $p + 2$,

1547128656 0
966955410 0
541495029 6
270747514 8
120332228 8
47273375 6
16301164 0

38
1

dont la somme est 35102333827, qu'il faut diviser par 68719476736 6e puissance de 2, pour avoir le sort de celui qui pariroit que la partie ne durera pas plus de 37 coups.

Second Exemple. Si l'on suppose $p=35$ $m=5$, & $n=9$, c'est à dire que Pierre ait déja gagné deux jettons à Paul, si l'on veut sçavoir la probabilité qu'il y a que Paul gagne la partie en 35 coups au plus, on trouvera suivant la regle qu'il faut chercher dans la 37e colonne perpendiculaire du triangle arithmetique, *art.* 1, le $\frac{p+2-n}{2}$ (14e) terme, qu'à ce terme il faut ajouter les quatre suivans, ces cinq termes sont :

2310789600
1251677700
600805296
254186856
94143280

puis en obmettre la quantité n ; c'est à dire les 9 suivans ; puis en ajouter m, c'est à dire les 5 suivans qui se trouvent être tous zero. En sorte que le sort de celui qui pariroit que Paul gagneroit la partie en 35 coups au plus, seroit 4511602732 divisé par la 35e puissance de 2.

Il est à propos d'observer qu'on peut encore abreger le calcul, & n'avoir dans ce cas, par exemple, que trois termes au lieu des cinq ci-dessus,

3562467300
854992152
94143280

en se servant des termes de la bande perpendiculaire $p+3$ interposés de deux en deux.

Mr (Nicolas) Bernoulli que j'avois invité à travailler sur ce Problême qui m'avoit paru fort difficile, m'en envoya une solution très belle & très generale dans sa Lettre du 26 Février 1711; & comme la maniere dont elle est énoncée m'avoit paru un peu obscure, il eut la complaisance de me l'expliquer fort au long dans sa Lettre du 10 Novembre de la même année; je m'apperçus alors, & le Lecteur le remarquera aisément, que nous avons suivi l'un & l'autre la même route.

Je fus surpris en lisant l'année passée le Traité de M. Moivre *De Mensurâ Sortis*, de rencontrer une solution differente de ce Problême. L'Auteur cherche combien il y a de hazards pour que la partie ne finisse pas. Il faut avouer que l'idée qu'il a suivie est plus simple, & qu'elle est très ingenieuse; cependant il est certain que la nôtre est d'un usage plus facile, & que le calcul en est incomparablement plus court, sur-tout si l'on veut employer les logarithmes, ce qui paroît impossible dans la methode de M. Moivre.

J'ai cherché, en me servant des logarithmes, quel étoit le sort de celui qui pariroit que m & n étant $= 9$, la partie sera finie en 61 parties, & j'ai trouvé en moins d'une heure ce grand nombre 581928 000 000 000 000 divisé par 2^{60}. Par la methode de M. Moivre il faut élever $1+1$ à la 9e puissance, & faire 26 multiplications de ce nombre par $1+2+1$, retranchant les deux derniers termes à chaque operation, ce qui me paroît demander un calcul immense.

COROLLAIRE II.

215. LORSQUE les Joueurs n'ont chacun que deux jettons devant eux, la solution de ce Problême est renfermée dans cette progression geometrique $\frac{1}{2}+\frac{1}{4}+\frac{1}{8}+\frac{1}{16}+\frac{1}{32}+$ &c. En sorte que la somme des deux premiers exprime combien il y a à parier que le jeu sera decidé en

quatre parties au plus, & la ſomme des trois premiers exprime combien il y a à parier qu'il ſera décidé en ſix coups au plus, &c.

Et lorſque chacun des Joueurs a trois jettons devant lui, on trouve dans cette formule

$\frac{1}{4} + \frac{3^1}{4^2} + \frac{3^2}{4^3} + \frac{3^3}{4^4} + \frac{3^4}{4^5} +$ &c. la raiſon de l'avantage ou du deſavantage qu'il y a à parier que le jeu ſera décidé en un certain nombre de parties quelconque. Le premier terme de cette ſuite exprime le ſort de celui qui pariroit que le jeu ſera décidé en trois coups. La ſomme des deux premiers exprime le ſort d'un Joueur qui pariroit que le jeu ſera décidé en cinq coups. La ſomme des trois premiers exprime le ſort d'un Joueur qui pariroit que le jeu ſera décidé en ſept coups, &c. Mais lorſque le nombre des jettons que chacun des Joueurs a devant lui, eſt plus grand que trois : l'on ne trouve plus la commodité des progreſſions geometriques, & il faut avoir recours à la ſolution précedente.

COROLLAIRE III.

216. SOIT p le nombre qui exprime le quantiéme nombre naturel impair des jettons que chacun des Joueurs a devant lui. J'ai trouvé que la formule $3pp - 3p + 1$ exprime en combien de coups au plus on peut parier avec avantage que la partie ſera finie. Enſorte que, par exemple, chaque Joueur ayant dix-neuf jettons devant lui; en ſubſtituant dans la formule pour p, 10, puiſque le dixiéme nombre naturel impair eſt dix-neuf, on trouve que l'on peut parier avec avantage que la partie ne durera pas plus de 271 coups. J'ai cherché une pareille formule pour le cas où le nombre des parties qui manquent à chacun des Joueurs eſt pair, mais je n'ai pû en trouver.

COROLLAIRE IV.

217. Voici une Table que je m'amusai à faire il y a quelque temps en voyant jouer une partie de Piquet, c'étoit au grand cent; pour gagner il falloit avoir six parties, & l'on jouoit toujours en rabattant de la maniere que nous l'avons expliqué. Il arriva que les Joueurs après avoir joué trente ou quarante parties, l'un ou l'autre approchant de temps en temps du but sans pouvoir y atteindre, prirent le parti d'y renoncer, & de se séparer sans la finir; mais comme l'un des Joueurs avoit trois points ou trois parties marquées devant lui, on convint qu'il étoit juste de répartir l'argent du jeu (c'étoit huit Louis qui faisoient alors 128 liv.) le plus également qu'il se pourroit; je trouvai que le Joueur qui avoit trois jettons de l'autre Joueur, devoit retirer 96 liv. & l'autre 32 liv.

TABLE.

Pierre a 1 des jettons de Paul, son sort est 7 contre 5.
Pierre a 2 jettons de Paul, son sort est 2 contre 1.
Pierre a 3 jettons de Paul, son sort est 3 contre 1.
Pierre a 4 jettons de Paul, son sort est 5 contre 1.
Pierre a 5 jettons de Paul, son sort est 11 contre 1.

L'illustre M^r (Jean) Bernoulli s'est apperçu que les sorts suivoient cet ordre.

Voyés sa Lettre du 17 Mars 1710.

$n + 0$ contre $n - 0$
$n + 1$ contre $n - 1$
$n + 2$ contre $n - 2$
$n + 3$ contre $n - 3$
&c.

M^r (Nicolas) Bernoulli a aussi tiré de sa formule generale ce Problême & plusieurs autres. Voyés sa Lettre du 26 Février 1711.

PROBLÊMES A RÉSOUDRE.

PREMIER PROBLÊME.

SUR LE JEU DU TREIZE.

Déterminer generalement quel est à ce jeu l'avantage de celui qui tient les cartes. On trouvera l'explication des regles de ce Jeu aux pages 130 & 131. Voyés les Lettres du 10 Avril & du 19 Novembre 1711.

SECOND PROBLÊME.

SUR LE JEU APPELLÉ LE HER.

218. On tire d'abord les places, l'on voit ensuite à qui aura la main. Supposons que ce soit Pierre, & nommons les autres Joueurs Paul & Jacques.

On convient de mettre une certaine somme au jeu; chacun des Joueurs prend pour cette somme un nombre égal de jettons; & celui-là gagne tout l'argent du jeu qui reste avec un ou plusieurs jettons, les autres Joueurs n'en ayant plus. Voici comment le jeu se conduit.

Pierre tient un jeu entier composé de cinquante-deux cartes, & en donne une à chacun des Joueurs, en commençant par sa droite; & à la fin de chaque coup celui qui se trouve avoir la plus basse carte, perd un jetton qu'il met au milieu de la table.

Paul qui est le premier à la droite de Pierre, a droit s'il n'est pas content de sa carte, d'en changer avec Jacques, qui ne peut la lui refuser qu'au seul cas qu'il ait un Roy, alors Jacques dit *coucou*. Par ce terme celui qui a un Roy avertit les Joueurs que son voisin de la gauche ayant voulu se défaire de sa carte a été arrêté par la sienne.

Il en est de même de Jacques à l'égard de Paul, & de Paul à l'égard de Pierre.

Il faut seulement remarquer, 1°, que si Pierre n'est pas content de sa carte, soit que ce soit celle qu'il s'est donné d'abord, ou celle qu'il a été contraint de recevoir de Jacques, il peut, n'ayant personne avec qui changer, tenter de prendre une meilleure carte en coupant au hazard parmi celles qui lui restent en main. 2°. Que s'il arrive que Pierre ayant par exemple un cinq, ne veuille pas s'y tenir, & qu'en coupant il tire par exemple un valet, sa carte deviendra un valet, & ainsi de toute autre carte, à l'exception du Roy, car Pierre tirant un Roy est renvoyé à sa carte telle quelle soit, & il se trouve comme s'il se fût d'abord tenu à sa carte.

Tout ce changement de cartes étant fait, chaque Joueur découvre la sienne, & celui qui se trouve avoir la plus basse à commencer par l'as, met un jetton au jeu.

S'il se rencontre que deux ou plusieurs Joueurs ayent la même carte, & que ce soit la plus basse, celui qui a la primauté, c'est à dire celui qui est le plus proche à la droite de Pierre perd & paye. Ce qui fait voir que l'on doit toujours s'y tenir lorsqu'on a donné au Joueur qui est à la gauche une carte pareille à celle qu'on reçoit de lui, de même que si on lui en eût donné une plus basse.

Le Joueur qui a perdu tous ses jettons sort du rang, & les autres continuent le jeu jusqu'à ce que tous, à l'exception d'un seul, ayent perdu tous leurs jettons, auquel cas celui qui reste gagne l'argent de tous les Joueurs, & cela s'appelle en termes de Joueurs *gagner la poulle.*

Voici le Problême dont on demande la solution.

Trois Joueurs, Pierre, Paul & Jacques sont les seuls Joueurs qui restent, & ils n'ont plus qu'un jetton chacun. Pierre tient les cartes, Paul est à sa droite, & Jacques ensuite. On demande quel est leur sort par rapport à la differente place qu'ils occupent, & avec quelle proportion se devroit repartir l'argent de la poulle, ce sera, par exemple, dix pistoles, s'ils vouloient la partager entr'eux sans finir la partie.

TROISIÉME PROBLÊME.

SUR LE JEU DE LA FERME.

219. L'on met la Ferme à prix, & on l'adjuge à celui qui la porte le plus haut ; par exemple, si les jettons vallent vingt sols, on la portera à deux ou trois pistoles, & le Fermier les mettra sur la Table. Voici les regles de ce Jeu.

Chacun des Joueurs met un jetton au jeu, ensuite le Fermier leur distribue deux cartes, sçavoir l'une de dessus, & la seconde de dessous. Ceux d'entre les Joueurs dont les deux cartes font plus que seize, donnent autant de jettons au Fermier que les cartes font de points au dessus de seize. Par exemple, si Paul qui est un des Joueurs reçoit d'abord un neuf, & pour sa seconde carte un dix, cela fait 19, il payera trois jettons au Fermier. Il faut observer qu'à ce jeu l'as ne vaut qu'un.

Les Joueurs dont les deux cartes font moins que seize ont la liberté de s'y tenir dans la crainte de passer seize, & de payer au Fermier pour le surplus. Ils ont aussi la liberté de demander de nouvelles cartes dans l'esperance ou de gagner la Ferme & les tours s'ils peuvent atteindre précisément le nombre de seize, ou du moins d'en approcher en dessous plus près qu'aucun autre Joueur, auquel cas ils gagneront les tours.

Lorsque tous les Joueurs passent le nombre de seize, les tours restent au jeu, & chaque Joueur y met de nouveau un jetton.

A ce jeu le nombre des Joueurs est indéterminé.

L'on y joue avec un jeu de cartes entier, & quelquefois on en ôte les six pour éviter que le nombre de seize ne se rencontre trop souvent.

Lorsque deux ou plusieurs Joueurs ont un égal nombre de points, celui qui est le plus à la droite du Fermier est le seul qui gagne. Ainsi le Fermier ne peut jamais gagner les tours que lorsqu'il a un point plus proche de seize qu'aucun qu'aucun autre Joueur ; & s'il avoit seize en même temps qu'un autre Joueur, il ne laisseroit pas de perdre la Ferme, & l'on feroit une nouvelle enchere. Tout ceci étant expliqué, voici le Problême dont on demande la solution.

Etant supposé un certain nombre déterminé de Joueurs, par exemple, deux Joueurs Pierre & Paul, & que le prix des jettons soit de vingt sols : On demande de combien devroit être le prix de la Ferme, afin qu'on la pût tenir sans profit ni desavantage.

QUATRIÉME PROBLÊME.

SUR LE JEU DES TAS.

219. POUR comprendre de quoi il s'agit, il faut sçavoir qu'après les reprises d'hombre un des Joueurs s'amuse souvent à partager le jeu en dix tas composés chacun de quatre cartes couvertes, & qu'ensuite retournant la premiere de chaque tas, il ôte & met à part deux à deux toutes celles qui se trouvent semblables, par exemple, deux Rois, deux valets, deux six, &c. alors il retourne les cartes qui suivent immédiatement celles qui viennent de lui donner des doublets, & il continue d'ôter & de mettre à part celles qui viennent par doublet jusqu'à ce qu'il en soit venu à la derniere de chaque tas, après les avoir enlevé toutes deux à deux, auquel cas seulement il a gagné.

Il est rare que l'on joue de l'argent à ce jeu ; mais on y joue souvent des discretions, & les Dames se plaisent à juger de l'évenement de certaines badineries qui les interessent par le succès qu'elles ont à ce jeu. Il faut observer que ce jeu n'est point de pur hazard, & que pour y réussir il faut de la conduite aussi-bien que de la fortune.

L'on sçait qu'il faut décharger les plus gros tas préferablement aux petits ; mais l'on ne sçait point exactement s'il est plus avantageux de décharger deux tas composés de trois cartes chacun, ou deux tas dont l'un sera composé de quatre cartes, & l'autre de deux. L'on sçait aussi qu'il est plus facile de faire les tas avec un jeu de Piquet qu'avec un jeu d'Ombre, & avec un jeu d'Ombre qu'avec un jeu entier, ou bien avec deux jeux d'Ombre mêlés ensemble, ce qui feroit les tas de huit cartes. Mais ce que les Joueurs ignorent entierement, c'est le degré de facilité qu'il y a de réussir dans toutes ces differentes especes. L'on demande une methode generale pour *déterminer quel est l'avantage ou le desavantage de celui qui entreprend de faire les tas, soit que ce soit avec un jeu de Piquet, ou avec un jeu d'Ombre, ou avec un jeu entier, & qu'elle est la maniere de conduire son jeu le plus avantageusement qu'il soit possible.*

CINQUIÉME PARTIE,

CONTENANT PLUSIEURS LETTRES écrites à l'occasion de cet Ouvrage.

Lettre de M. (Jean) Bernoulli à M. de M...

De Bâle ce 17 Mars 1710.

MONSIEUR,

COMME je n'ai reçu votre beau Livre que long-temps après votre derniere Lettre, j'ai bien voulu differer la réponse jusqu'à ce que je l'eusse reçu & lû, pour être en état de vous en dire mon sentiment. Quoiqu'une fluxion sur les yeux, dont je suis souvent incommodé, m'empêche de travailler beaucoup sur des choses qui demandent de longs calculs, sur-tout dans le temps de l'hyver, je n'ai pas laissé d'examiner aux heures oisives les principaux endroits de votre Traité, & de faire moi-même, autant que la foiblesse de mes yeux me l'a permis, le calcul de la plûpart des Problêmes : J'y ai trouvé effectivement plusieurs choses très belles & très curieuses pour la speculation, & utiles pour l'usage qu'on en peut tirer dans les occasions ; mais pour vous faire part des Remarques en particulier que j'ai faites çà & là en lisant votre Ouvrage, puisque vous le souhaités, les voici :

La route generale que vous tenés, qui est de chercher d'abord le nombre des cas qu'une telle & telle chose peut arriver, est très sûre & bonne ; mais il est de la prudence du Calculateur de ne pas se plonger dans un calcul long & ennuyeux, en multipliant les cas plus qu'il ne faut & au delà de la necessité. Par exemple, Pierre parie contre Paul que d'entre 300 jettons (dont il y a également de blancs, de noirs & de rouges) il tirera un jetton blanc ; pour sçavoir la raison de leurs sorts, je dis qu'il n'est pas necessaire de dire qu'il y a 100 cas qui font gagner Pierre, & 200 qui le font perdre, voyant évidemment qu'à cause de l'indifference ou de l'égale facilité avec laquelle chaque couleur peut être tirée ; ce ne sont proprement que trois cas à considerer ; un pour le blanc, un pour le noir & un pour le rouge : en sorte qu'il vaut mieux de s'attacher au nombre de diverses couleurs, qui peuvent arriver avec une égale facilité, qu'au nombre des jettons dont la multitude égale de chaque couleur ne varie aucunement les sorts des Joueurs, qui est toujours comme 1 à 2. Il semble cependant que vous n'avez pas observé cela avec beaucoup de soin : En voici quelques Exemples dans votre Livre. Page 8 (*a*) sur le Jeu du Pharaon. Pour chercher le sort du Banquier qui tient quatre cartes entre les mains, parmi lesquelles la carte du Ponte est une fois, vous faites le dénombrement de tous les 24 arrangemens des quatre cartes, pour en prendre les favorables au Banquier, sans faire réflexion que ce ne sont pas proprement les divers arrangemens, mais seulement les diverses situations de la carte du Ponte, entre les autres qui font la diversité des cas ; ainsi au lieu de vos 24 arrangemens, je

(*a*) Voyés page 80.

n'ai que ces quatre variations à considerer (je nomme *a* la carte du Ponte, & *b* chacune des autres)

1. *bbba* 3. *babb*
2. *bbab* 4. *abbb*

De ces quatre variations la premiere est indifferente au Banquier, la 2e & la 4e le font gagner, & la 3e le fait perdre; son sort sera donc $= \frac{1 \times A + 2 \times 2A + 1 \times 0}{4} = \frac{5}{4}A$ $= A + \frac{1}{4}A$, tout comme vous avez trouvé. Si la carte du Ponte se trouve deux fois entre les cartes du Banquier, il y aura ces six variations, au lieu de 24 arrangemens,

1. *bbaa* 3. *abba* 5. *abab*
2. *baba* 4. *baab* 6. *aabb*

La premiere, la troisiéme & la cinquiéme font gagner le Banquier, la seconde & la quatriéme le font perdre, & la sixiéme lui donne la moitié de la mise du Ponte, & partant le sort du Banquier sera $= \frac{3 \times 2A + 2 \times 0 + 1 \times \frac{1}{2}A}{6}$ $= \frac{5}{4}A = A + \frac{1}{4}A$, encore comme vous. Si la carte du Ponte se trouve trois fois entre les cartes du Banquier, on voit clairement qu'il doit y avoir autant de variations, que lorsque la carte du Ponte n'y est qu'une fois; car il n'y a qu'à faire une permutation de lettres *a* en *b*, & *b* en *a*.

1. *baaa* 3. *aaba*
2. *abaa* 4. *aaab*

D'où l'on tire derechef le sort du Banquier $= A + \frac{1}{4}A$. Par cette maniere de distribuer les cas, on voit sans peine que quelque nombre de cartes que tienne le Banquier exprimé par p, si celle du Ponte ne s'y trouve qu'une fois, l'avantage du Banquier sera $\frac{1}{p}A$. Il n'en est guere autrement si la carte du Ponte se trouve plus d'une fois entre les cartes du Banquier; car au lieu de tous les arrangemens qu'il faudroit examiner, & dont le nombre est immense pour un nombre mediocre de cartes, ici il ne faut que considerer le nombre des variations des deux lettres *a* & *b*, qui est toujours égal au nombre des combinaisons que des choses dont le nombre est celui de la carte du Ponte, peuvent être prises differemment dans le nombre de toutes les cartes; & puis de ces combinaisons dont le nombre est toujours beaucoup plus petit que celui de tous les arrangemens, il sera facile de choisir celles qui font gagner ou entierement ou en partie le Banquier, & ainsi de déterminer son sort : par exemple : Donnons au Banquier six cartes, entre lesquelles supposons que la carte du Ponte est deux fois. Dans cette supposition je n'ai que faire d'examiner comme vous faites tous les 720 arrangemens que les six cartes peuvent subir, me contentant de parcourir simplement ces quinze variations possibles que la lettre *a* prise deux fois peut faire avec la lettre *b* prise quatre fois.

1. *bbbbaa*	4. *babbba*	7. *bbabab*	10. *bbaabb*	13. *baabbb*
2. *bbbaba*	5. *abbbba*	8. *babbab*	11. *bababb*	14. *ababbb*
3. *bbabba*	6. *bbbaab*	9. *abbbab*	12. *abbabb*	15. *aabbbb*

Entre ces quinze variations on en compte sept qui donnent le tout au Banquier, deux qui lui donnent sa mise avec la moitié de la mise du Ponte, & les six autres qui le font perdre; en sorte que le sort du Banquier sera $= \frac{7 \times 2A + 2 \times \frac{3}{2}A + 6 \times 0}{15} = \frac{17}{15}A = A + \frac{2}{15}A$, conformément à ce que vous avez trouvé. Ainsi de même si la carte du Ponte est trois fois entre les six cartes du Banquier, il n'y aura que 20 façons de varier la situation de deux lettres *a* & *b* prise chacune trois fois, qui étant demêlées feront voir que le sort du Banquier sera $= A + \frac{3}{20}A$. Suivant ce principe, voici les formules generales que j'ai trouvées pour quelque nombre de cartes qu'il y ait entre les mains du Banquier, & quelque nombre de fois que la carte du Ponte s'y trouve, sans supposer connu le sort du Banquier dans un nombre de cartes exprimé par $p - 2$, comme vous faites dans votre formule generale, que j'ai aussi trouvée fort aisément; voici, dis-je, les miennes. Soit $1 . 2 . 3 . 4 \ldots p - q = m$, $q + 1 . q + 2 . q + 3 \ldots p = n$, $p - q + 1 . p - q + 2 . p - q + 3 \ldots p = l$, je dis que l'avantage du Banquier, si q est un nombre pair, sera exprimé par cette suite $\frac{m}{2n} \times 1 + \frac{q-1 . q}{1 . 2} + \frac{q-1 . q . q+1 . q+2}{1 . 2 . 3 . 4} + \frac{q-1 . q . q+1 \ldots q+4}{1 . 2 . 3 . 4 . 5 . 6} + \ldots \ldots \frac{q-1 . q . q+1 \ldots p-2}{1 . 2 . 3 . 4 \ldots p-q}$.

Ou bien par celle-ci :

$\frac{q-1 . q}{2l} \times \overline{1 . 2 . 3 \ldots q-2} + \overline{3 . 4 . 5 \ldots q} + \overline{5 . 6 . 7 \ldots q+2} + \ldots \overline{p-q+1 . p-q+2 \ldots p-2}$. Mais si q est un nombre impair, on aura pour ledit avantage.

$\frac{\overline{q-1} . m}{2n} \times 1 + \frac{q . q-1}{1 . 2 . 3} + \frac{q . q+1 . q+2 . q+3}{2 . 3 . 4 . 5} + \ldots \frac{q . q+1 . q+2 \ldots p-2}{2 . 3 . 4 \ldots p-q}$, ou bien $\frac{q+1 . q}{2l} \times \overline{2 . 3 . 4 \ldots q-1} + \overline{4 . 5 . 6 \ldots q+1} + \overline{6 . 7 . 8 \ldots q+3} + \ldots \overline{p-q+1 . p-q+2 \ldots p-2}$; où il faut remarquer que les nombres p & q peuvent être quelconques, pourvû que q ne soit pas moins grand que 3. Si vous voulés prendre la peine, vous pouvés examiner ces formules generales si elles s'accordent avec les vôtres que vous donnés pour des cas particuliers, pag. 24 & 25. (*a*)

Au reste ce que j'ai dit jusqu'ici sur le Jeu du Pharaon se doit aussi entendre sur celui de la Bassette, pag. 66 & suivantes, (*b*) ou pareillement pour calculer les cas favorables & les desavantageux au Banquier, on peut s'épargner la peine d'éplucher tous les arrangemens possibles des cartes qui sont entre les mains du Banquier, en n'employant que les variations des deux lettres *a* & *b*, comme il a été fait ci-dessus, mais passons à d'autres.

Pag. 32. *ligne* 15. (*c*) En parlant de l'avantage d'avoir la main au Jeu du Lansquenet, vous dites, Monsieur, qu'on

(*a*) Voyés page 97.
(*b*) Voyés page 145.

(*c*) Voyés page 107.

ne peut exprimer cet avantage que par une ſuite composée d'un nombre infini de termes, qui iront toujours en diminuant, & qu'on ne pourra jamais avoir la valeur préciſe de l'avantage de Pierre. Il ſemble qu'en écrivant cela vous n'aviés pas encore pris garde, que cette ſuite va toujours en progreſſion geometrique, laquelle par conſequent, quoique continuée à l'infini, fait une ſomme qu'on peut trouver fort aiſément par les regles communes. La ſuite, par exemple, que vous donnés, *pag. 35*, (*a*) eſt ſommable : qu'eſt-il donc beſoin d'approcher de la juſte valeur en ajoutant un grand nombre de termes ? puiſqu'on peut trouver au juſte cette valeur dans un moment & ſans peine, etant préciſément $\frac{1125}{4024}$, qui eſt plus grand que $\frac{1}{4}$ ou $\frac{4}{16}$, & par conſéquent en approche plus que de $\frac{4}{17}$ que vous avés mis pour la quantité approchante ; mais il ſemble auſſi que vous vous ſoyés enfin apperçu que ce ſont des progreſſions dont on peut donner la ſomme de tous les termes ; car à la *page 51* (*b*) vous donnés les valeurs exactes de l'avantage & du deſavantage des coupeurs. Voici une formule generale qui exprime l'avantage de celui qui a la main dans quelque ſorte de jeu que ce ſoit, & qui recommence à avoir la main autant de fois qu'il gagne juſqu'à ce qu'il perde : Soit nommé a l'avantage qu'il a dans chaque main, m le nombre des cas qui le font gagner, & n le nombre des cas qui le font perdre ; je dis que ſon avantage total ſera (en ſuppoſant $\frac{m}{m+n} = p$) = à cette ſuite $a + pa + p^2a + p^3a + p^4a$ &c. dont la ſomme eſt $= \frac{a}{1-p}$ $= \frac{m+n}{n}a = a + \frac{m}{n}a$; on peut trouver la même choſe ſans le ſecours d'une progreſſion par l'Algebre, voici comment. Soit z la miſe de chaque Joueur, & ainſi le ſort pour le 1er jeu de celui qui tient la main ſera $\frac{m \times 2z + 2a \times 0}{m+n}$ $= \frac{2mz}{m+n}$, & partant ſon avantage $= \frac{2mz}{m+n} - z = \frac{m+n}{m+n}z$ $= a$; d'où il ſuit que nommant a l'avantage de chaque main, on aura $z = \frac{m+n}{m+n}a$. La miſe des Joueurs étant ainſi trouvée, ſoit x l'avantage total qui conſiſte dans le

(*a*) Voyés page 110.

(*b*) Voyés page 126.

droit

droit de Pierre de tenir les cartes autant de fois qu'il gagne, il y aura donc lorſqu'il commence à jouer, m cas qui le font gagner la miſe de ſon antagoniſte, plus l'avantage total de continuer le jeu, ſçavoir $\frac{m+n}{m-n}a + x$, & n cas qui le font perdre ſa miſe, c'eſt à dire qui le font avoir $\frac{-m-n}{m-n}a$; on aura donc cette égalité $x = \frac{\overline{m \times \frac{m+n}{m-n}a + x} + \overline{n \times \frac{-m-n}{m-n}a}}{m+n}$; laquelle étant réduite donnera pour l'avantage total $x = \frac{m+n}{n}a = a + \frac{m}{n}a$, tout comme ci-deſſus. Cette voye eſt plus commode que celle par la progreſſion, parcequ'on peut ainſi trouver avec une égale facilité l'avantage de Pierre, en ſuppoſant que Pierre ayant perdu une fois, le jeu ne finiſſe pas encore; mais qu'on le continue à l'infini, la main paſſant alternativement d'un Joueur à l'autre: Soit donc t l'avantage de Pierre qui commence à avoir la main; il y aura m cas qui lui donnent pour gain la miſe de ſon antagoniſte, plus l'avantage de recommencer, ſçavoir $\frac{m+n}{m-n}a + t$, & n cas qui lui ôtent ſa miſe, & qui en même temps le mettent dans l'état où étoit ſon antagoniſte lorſqu'on alloit commencer le jeu; c'eſt à dire qui le font avoir $\frac{-m-n}{m+n}a - t$; d'où il réſulte cette égalité $t = \frac{\overline{m \times \frac{m-n}{m-n}a + t} + \overline{n \times \frac{-m-n}{m-n}a - t}}{m+n}$; par la réduction de laquelle on trouve $t = \frac{m+n}{2n}a$, en ſorte que l'avantage de Pierre, en ſuppoſant que le jeu doive être continué à l'infini, n'eſt que la moitié de l'avantage qu'il auroit dans la ſuppoſition que le jeu finiſſe auſſi-tôt qu'il perd la main. Je m'étonne que vous n'ayés pas pris ſoin de déterminer l'avantage dans cette autre ſuppoſition là, comme la plus naturelle & la plus convenable à l'intention des Joueurs, qui ne commencent pas le jeu dans le deſſein de le finir dès que celui qui a le premier la main la perdra; mais plûtôt de faire paſſer le droit de la main d'un Joueur à l'autre un aſſés grand nombre de fois, en ſorte que le jeu peut être cenſé durer à l'infini.

Page 59, l. 26. (a) La suite que vous donnés ici pour déterminer le sort de Pierre tenant la main au jeu du Treize est très belle & très curieuse, on la tire aisément de la formule generale de la *page* 58. (b) J'ai aussi trouvé cette formule, avec une autre qui m'a fourni la même suite, mais sans changement de signes, & qui suppose les sorts des nombres précedens des cartes connus comme vous l'allés voir. Soit S le sort de Pierre que l'on cherche le nombre des cartes que Pierre tient étant exprimé par n; t le sort de Pierre le nombre des cartes étant $n-1$; s son sort le nombre des cartes étant $n-2$; r le sort, quand le nombre des cartes est $n-3$, & ainsi de suite; on aura $S = \frac{1}{1} + \frac{1}{1.2} + \frac{1}{1.2.3} + \frac{1}{1.2.3.4} + \ldots\ldots \frac{1}{1.2.3\ldots n}$ $- \frac{t}{1} - \frac{s}{1.2} - \frac{r}{1.2.3} - \ldots \frac{o}{1.2.3\ldots n}$; cela peut passer pour un Theorême, votre suite étant plus propre pour trouver d'abord la valeur de S.

Page 63, l. 13. (c) Vous faites $x = \frac{1}{2} \times \overline{4A+S} + \frac{1}{2} \times A$; mais vous vous trompés, il faut faire $x = \frac{1}{2} \times \overline{4A+S-A}$ $+ \frac{1}{2} \times A$; & ainsi l'avantage de Pierre est $\frac{1}{7}A$, & non pas $\frac{2}{9}A$: par la même raison, *page 64, l. 11 à fine*, (d) ce que vous dites que l'avantage de Pierre seroit $2A + \frac{16}{57}A$, n'est pas juste, car je ne trouve que $A + \frac{16}{57}A$.

Page 80. (e) Il ne semble pas que M. Pascal lui-même ait compris tout l'usage de sa Table; une des plus belles proprietés, dont on ne fait pas mention ici, étant que les bandes perpendiculaires expriment les coefficiens des puissances d'un binome, car si l'exposant d'une puissance quelconque se nomme p, on aura $\overline{a+b}^p = 1a^p + \frac{p}{1}a^{p-1}b +$ $\frac{p.\overline{p-1}}{1.2}a^{p-2}b^2 + \frac{p.\overline{p-1}.\overline{p-2}}{1.2.3}a^{p-3}b^3 + \frac{p.\overline{p-1}.\overline{p-2}.\overline{p-3}}{1.2.3.4}a^{p-4}b^4 +$ &c. ce que j'ai trouvé autrefois par une voye toute particuliere, & j'en ai communiqué la démonstration à feu M. le Marquis de l'Hôpital : on en voit quelque chose dans son Livre posthume, à l'endroit que vous allegués, *page* 92.

(a) Voyés page 135.
(b) Voyés page 134.
(c) Voyés page 142.
(d) Pag. 145.
(e) Pag. 32 & 245.

Pages 158 & 159. (*a*) Vous prétendés, Monsieur, d'avoir résolu le second Problême de Mr Huyguens, ce que vous avés effectué à la verité dans le sens que vous donnés à ce Problême, qui est qu'on doit supposer que chaque Joueur ayant retiré un jetton noir le remette incontinent dans le pot, pour laisser à son successeur la douzaine de jettons toujours complete, ce qui rend le Problême fort facile, & fait trouver le sort des trois Joueurs dans la raison de 9, 6 & 4, comme vous avés trouvé. Mais il semble que Mr Huyguens ait proposé ce Problême dans un autre sens qui paroît plus naturel, qui est que toutes les fois qu'on tire un jetton noir, il ne soit plus remis dans le pot; si-bien que le premier tireur ayant manqué en tirant un jetton noir, le second quand il vient à tirer, ne trouve plus que onze jettons; & le second ayant aussi manqué, le troisiéme ne trouve plus que dix jettons; & celui-ci ayant pareillement tiré un noir, ne laisse que neuf jettons au premier qui doit recommencer à tirer, & ainsi consécutivement: le Problême étant conçu dans ce sens, devient un peu plus difficile, & en rend le calcul plus long. Essayés-le pour voir si vous vous accordés avec moi; j'en ai mis la solution après la proposition dans le Traité *De Ratioc. Lud. aleæ*, il y a bien douze ans; en le consultant je trouve que j'y ai écrit ces trois nombres 77, 53, 35, pour la raison des sorts des trois Joueurs.

Page 137. (*b*) J'ai trouvé une formule qui s'exprime & se fait entendre plus facilement en cette maniere; pour les cas déterminés, le nombre en est

$$= \frac{1.2.3.4....p}{1.2.3...b \times 1.2.3....c \times 1.2.3....d \times 1.2.3....e \times \&c.},$$ c'est à dire = à une fraction dont le numerateur est le nombre des arrangemens d'une multitude exprimée par p, & le dénominateur le produit des nombres des arrangemens des multitudes exprimées par b, c, d, e, &c. Il est remarquable que cette formule exprime justement la methode que j'ai trouvée autrefois pour la détermination du coefficient de quelque terme que l'on voudra d'un polynome

(*a*) Voyés pag. 219. | (*b*) Voyés pag. 42 & 44.

quelconque élevé à une puissance quelconque, ce qui me fut proposé autrefois par Mr Leibnitz, qui approuva fort la solution que je lui en avois donnée, & la trouva utile pour élever promptement un polynome à une haute puissance; car soit le polynome $\overline{t+x+y+z+\&c.}^p$ dont il faille trouver le coefficient du terme $t^b x^c y^d z^e$ &c. en supposant $b+c+d+e$ &c. $=p$; je dis que le coefficient cherché sera comme ci-dessus

$$\frac{1.2.3.4\ldots\ldots p}{1.2.3\ldots b\times 1.2.3\ldots c\times 1.2.3\ldots d\times 1.2.3\ldots e\times\&c.}$$

Mais pour revenir à la question sur les dés, & pour sçavoir combien il y a de cas indéterminés, qu'avec un certain nombre de dés on peut amener tant d'une espece, tant d'une autre, &c. Soit nommé la valeur de cette fraction v, il faut multiplier v (supposant R le nombre des faces de chaque dés) par cette suite $R.R-1.R-2.R-3$, continuée jusqu'à ce qu'il ait autant de termes, qu'il y a d'exposans, & diviser le produit par 1.2.3 s'il y a trois exposans égaux, & le diviser encore par 1.2.3.4 s'il y en a quatre égaux, & ainsi de suite s'il y a d'autres exposans égaux.

Pages 159 & 160. (*a*) Les deux Problêmes que vous mettés ici comme le troisiéme & le quatriéme, sont dans le Traité de Mr Huyguens le quatriéme & le troisiéme; pour ce qui est de celui-là, c'est à dire du quatriéme selon l'ordre Mr Huyguens, ou du troisiéme dans votre Livre, il est bien résolu, en tant que Pierre parie que parmi les 7 jettons qu'il va prendre, il s'y en trouvera justement 3 blancs ni plus ni moins; car je trouve aussi que le sort de Pierre sera à celui de Paul dans cette supposition comme 35 à 64, ou comme 280 à 512; mais si on veut que Pierre ait gagné aussi quand il tire les quatre blancs, ce qui paroît être le veritable sens des paroles de Mr Huyguens *inter quos 3 albi erunt*, où il faut suppléer *minimùm*, comme si Pierre s'engageoit de tirer trois blancs pour le moins parmi les sept jettons qu'il prend entre les douze: Ce sens

(*a*) Voyés pages 220 & 221.

étant donné au Problême, on trouve que les ſorts de Pierre & de Paul ſeront comme 14 & 19.

Page 162. (*a*) La propoſition que vous faites ici du Problême 5e de Mr Huyguens lui donne un ſens tout different, & ce n'eſt plus le même Problême. Pour vous en faire voir la grandiſſime difference, je vais vous donner ici les ſimples ſolutions de l'un & de l'autre propoſé en general. Selon les conditions de Mr Huyguens, ſoit nommé n le nombre des jettons que chaque Joueur prend au commencement, a le nombre des coups qui font gagner Pierre un jetton de Paul, & b le nombre des coups qui font gagner Paul un jetton de Pierre; je dis que leurs ſorts ſeront comme a^n & b^n; & ainſi pour le cas particulier qui eſt en queſtion des 3 dés, où $n = 12$, $a = 27$ & $b = 15$; en ſorte que $a . b :: 27 . 15 :: 9 . 5$, je dis que le ſort de Pierre ſera à celui de Paul $:: 9^{12} . 5^{12} :: 282429536481 . 244140625$. Vous n'avés pas obſervé, je croi, que ces deux grands nombres ne ſont autre choſe que la 12e puiſſance de 9 & de 5. Mais ſelon les conditions de votre propoſition, nommons encore n le nombre des jettons qu'un des deux Joueurs doit gagner le premier pour gagner la partie, c'eſt à dire la moitié des jettons que Jacques diſtributeur tient au commencement entre ſes mains; ſoit auſſi a le nombre des coups favorables à Pierre, & b celui des coups favorables pour Paul. Je trouve que les ſorts des deux Joueurs ſeront exprimés par les deux ſommes des deux moitiés des termes du binome $a + b$ élevé à puiſſance $2n - 1$: par exemple ſi $n = 3$, les ſorts de Pierre & de Paul ſeront comme la ſomme des trois premiers termes & la ſomme des trois derniers termes de $\overline{a+b}^5$, c'eſt à dire comme $a^5 + 5a^4b + 10a^3bb$, & $b^5 + 5b^4a + 10b^3aa$; & ainſi en general ſuppoſant $2n - 1 = p$, ces deux ſuites $a^p + \frac{p}{1}a^{p-1}b^1 + \frac{p \cdot p-1}{1 \cdot 2}a^{p-2}b^2 + \frac{p \cdot p-1 \cdot p-2}{1 \cdot 2 \cdot 3}a^{p-3}b^3 +$ &c. & $b^p + \frac{p}{1}b^{p-1}a^1 + \frac{p \cdot p-1}{1 \cdot 2}b^{p-2}a^2 + \frac{p \cdot p-1 \cdot p-2}{1 \cdot 2 \cdot 3}b^{p-3}a^3 +$ &c. continuée chacune juſqu'au nombre de termes exprimés par n, donneront la raiſon des ſorts de Pierre & de Paul. Dans notre

(*a*) Voyés page 222.

cas particulier où $n = 12$, & $a \,.\, b :: 9 \,.\, 5$, il faudroit prendre douze termes de chacune de ces deux suites $9^{23} + \frac{23}{1}9^{22}5^1 + \frac{23.22}{1.2}9^{21}5^2 + \frac{23.22.21}{1.2.3}9^{20}5^3 + \frac{23.22.21.20}{1.2.3.4}9^{19}5^4 +$ &c. & $5^{23} + \frac{23}{1}5^{22}9^1 + \frac{23.22}{1.2}5^{21}9^2 + \frac{23.22.21}{1.2.3}5^{20}9^3 + \frac{23.22.21.20}{1.2.3.4}5^{19}9^4$, ce qui produiroit deux nombres si grands, que le premier consisteroit (selon ma conjecture) pour le moins en 25 figures, si vous avés envie de faire le calcul, voilà de la besogne pour exercer votre patience; cependant vous voyés l'extrême difference qu'il y a entre les deux manieres de proposer le Problême cinquiéme de Mr Huyguens; si-bien que ce sont effectivement deux Problêmes tout differens, dont je vous ai résolu chacun generalement. Vous serés peut-être étonné que vos 23 égalités vous fournissent pourtant la même solution de Mr Huyguens, nonobstant que vous proposiés le Problême dans un sens qui le fait, comme je viens de vous le montrer, si different de celui de Mr Huyguens; mais la raison en est, parceque vous suivés effectivement en formant les égalités, les conditions de Mr Huyguens, & non pas celles de votre proposition; car je vois que vous supposés que les sorts des deux Joueurs sont les mêmes lorsqu'il y a une même difference entre le nombre des jettons que l'un a déja gagné, & le nombre des jettons que l'autre a gagné; en sorte que vous supposés, par exemple, que leurs sorts sont les mêmes, soit que Pierre ayant gagné cinq jettons, Paul en ait trois; ou que Pierre ayant deux jettons, Paul n'en ait point: or c'est cette supposition qui n'est pas juste, ne pouvant subsister avec le Problême pris dans le sens que vous lui donnés.

Page 177, ligne 12 & 13. (a) *A qui il manque le moins de points.* Cette restriction qu'il doit manquer à Pierre le moins de points est superflue, la regle que vous donnés n'étant pas moins bonne, quand il manque à Pierre le plus de points; il seroit même plus expeditif de supposer que Pierre soit celui à qui il manque plus de points; car

(a) Voyés page 244.

votre ſuite aura un plus petit nombre de termes qui ſeront par conſequent plûtôt ajoutés en une ſomme que dans l'autre ſuppoſition. Quand au reſte je réſous ce Problême plus generalement, & par une expreſſion plus ſimple & plus naturelle, je l'énonce ainſi : *Pierre & Paul jouent en pluſieurs parties à un jeu inégal où le nombre des cas favorables à Pierre eſt à celui des cas favorables à Paul* :: a . b ; *& après avoir joué quelque temps le nombre des parties qui manquent encore à Pierre ſoit* p, & *le nombre des parties qui manquent à Paul ſoit* q, *on demande la raiſon de leurs ſorts.* Solution. Elevés le binome $\overline{a+b}$ à la puiſſance $p+q-1=r$, le nombre des termes en ſera $p+q$; je dis que la ſomme des premiers termes dont le nombre ſoit q, eſt à la ſomme du reſte des termes dont le nombre ſera p, comme le ſort de Pierre eſt à celui de Paul ; or ces deux ſommes ſont comme il ſuit :

$$a^p + \frac{p}{1} a^{p-1} b^1 + \frac{p \cdot \overline{p-1}}{1 \cdot 2} a^{p-2} b^2 + \frac{p \cdot \overline{p-1} \cdot \overline{p-2}}{1 \cdot 2 \cdot 3} a^{p-3} b^3 + \&c.$$

continué juſqu'au nombre de termes exprimé par q.

Et

$$b^r + \frac{r}{1} b^{r-1} a^1 + \frac{r \cdot \overline{r-1}}{1 \cdot 2} b^{r-2} a^2 + \frac{r \cdot \overline{r-1} \cdot \overline{r-2}}{1 \cdot 2 \cdot 3} b^{r-3} a^3 + \&c.$$

continué juſqu'au nombre de termes exprimé par p.

Suppoſant p & q égaux, nous tombons dans le cas du Problême cinquiéme de Mr Huyguens pris dans le ſens que vous le propoſés, *page 162*, (*a*) ſur lequel je vous ai parlé amplement ci-deſſus.

Page 178, *ligne* 9. (*b*) *Voici une Table.* Je m'étonne que vous n'ayés pas obſervé l'uniformité de cette Table, & la grande facilité avec laquelle on conſtruit une Table generale pour quelque nombre de parties qu'on joue toujours en rabattant ; car ſoit le nombre des parties en leſquelles Pierre & Paul conviennent de jouer n ; voici la Table de leurs ſorts.

(*a*) Voyés page 222.

(*b*) Voyés page 277.

TABLE.

Si Pierre a nul point, sont sort est	$n + 0$	contre	$n - 0$
un point, ...	$n + 1$	. .	$n - 1$
deux points, ...	$n + 2$	. .	$n - 2$
trois points, ...	$n + 3$	. .	$n - 3$
quatre points, ...	$n + 4$	. .	$n - 4$
.	.		.
.	.		.
.	.		.
.	.		.
n points, ...	$n + n$	. .	$n - n$

Vous voyés que leurs forts vont en progression arithmetique, l'une ascendante, l'autre descendante : en effet votre Table que vous avés faite pour le nombre de six seulement, s'accorde avec la mienne generale ; car le sort de 7 contre 5 est la même chose que 6 + 1 contre 6 — 1

2	. . 1	$6 + 2$	. .	$6 - 2$
3	. . . 1	$6 + 3$	. . .	$6 - 3$
5	. . . 1	$6 + 4$	. .	$6 - 4$
11	. . 1	$6 + 5$	. .	$6 - 5$

Page 181, ligne 13 (a) *Elles sont absolument impratiquables.* Au contraire comme c'est une progression geometrique, on peut ajouter dans un moment autant de termes qu'on veut par des regles communes qu'on trouve dans tous les Livres d'arithmetique ; ainsi le nombre des termes étant h, je trouve que la somme de tous les termes sera $= \frac{p \times \overline{m^h - q^h}}{\overline{m-q} \times m^h}$; mais pour le reste, vous faites bien d'employer les logarithmes, je m'en suis servi utilement dans une pareille occasion il y a bien douze ans, où il s'agissoit de determiner combien il restoit de vin & d'eau

(a) Voyés page 128.

mêlé

mêlé ensemble dans un tonneau, lequel étant au commencement tout plein de vin, on en tireroit tous les jours pendant une année une certaine mesure, en le remplissant incontinent après chaque extraction avec de l'eau pure. Vous trouverés la solution de cette question qui est assés curieuse dans ma dissertation *De Nutritione*, que Mr Varignon vous pourra communiquer. Je fis cette question pour faire comprendre comment on peut determiner la quantité de vieille matiere qui reste dans nos corps mêlée avec de la nouvelle qui nous vient tous les jours par la nourriture, pour réparer la perte que nos corps font insensiblement par la transpiration continuelle.

Mais en voilà bien assés, Monsieur, & peut-être plus qu'il ne faut pour vous causer de l'ennui ; c'est pour cela que je ne vous parle pas des fautes, soit de calcul, soit d'impression que j'ai rencontrées en quelques endroits ; je vous prie cependant de prendre en bonne part tout ce que j'ai dit jusqu'ici ; c'étoit pour l'amour de la verité que j'ai crû vous devoir communiquer avec ma franchise ordinaire mes réflexions, d'autant plus que vous me les avés demandées. Je ne laisse pas d'estimer votre Livre autant qu'on peut estimer un Ouvrage qui fait honneur à son Auteur, & qui marque tout ensemble une profonde pénetration d'esprit, & une patience infatigable à faire de longs & pénibles calculs. Il seroit à souhaiter que vous voulussiés prendre la peine d'étendre votre Livre, & d'en faire un Ouvrage plus ample & plus riche, la matiere ne vous manqueroit pas, sur-tout si vous vouliés entrer dans la morale & la politique, comme mon frere avoit commencé de faire dans son Ouvrage, qui selon toutes les apparences ne paroîtra jamais. J'entens avec plaisir que les Mathematiques, malgré les miseres de la guerre fleurissent de plus en plus, & deviennent même en honneur en France. Ici dans nos pays nous ne pouvons pas nous vanter du même bonheur. Depuis le départ de M. Herman je ne sçai personne, excepté mon neveu & très peu d'autres, dont il faille esperer de grands progrès dans ces sciences, lesquelles étant considerées comme n'être pas *de pane lu-*

trando, on les néglige comme des choſes ſeches & peu utiles. Les quatre Problêmes que vous propoſés à la fin de votre Traité ſont curieux; mais le premier me paroît inſoluble pour la longueur du calcul qu'il demanderoit, & que la vie humaine ne ſeroit pas ſuffiſante d'achever : Je n'entens pas le ſens du quatriéme : le ſecond & le troiſiéme me paroiſſent traitables, quoique non ſans beaucoup de peine & de travail, que j'aime mieux vous laiſſer pour apprendre de vous la ſolution, que de travailler long-temps aux dépens de mes occupations ordinaires qui ne me laiſſent guerre de loiſir de m'appliquer à d'autres choſes. Il me tarde de voir la nouvelle Edition de Mr Newton. Il y a long-temps qu'il m'a promis qu'il me l'enverroit dès qu'il ſeroit imprimé; mais du depuis je n'en ai plus rien entendu; quand vous l'aurés reçû, je vous prie de me mander par occaſion ce que vous y aurés trouvé : En attendant je me donne l'honneur de me nommer,

MONSIEUR,

Votre très humble & très
obéiſſant Serviteur,
BERNOULLY.

P. S. mon Neveu qui vous fait ſes Complimens réciproques, vient de me donner ſes Remarques (que je vous envoye ici auſſi) ſur votre Livre que je lui avois prêté : je n'ai pas encore eu le temps de les examiner.

Remarques de M. (Nicolas) Bernoulli.

PAG. 23, 24, 25. (*a*) Generaliter, ſi $q > 2$, prærogativa chartas tenentis eſt $= \frac{1}{4} \times \frac{q}{p-q+1} - \frac{1}{8} \times \frac{q.q-1}{p-q+1.p-q+2} + \frac{1}{16} \times \frac{q.q-1.q-2}{p-q+1.p-q+2.p-q+3} - \ldots$ uſque ad $\pm \frac{1}{2^q} \times \frac{q.q-1.q-2 \ldots 2}{p-q+1.p-q+2 \ldots p-1}$ in A.

Pag. 34 *ſeqq.* (*b*) *Maintenant*, *&c.* Auctor hic ſupponit Petro perdente ludum abrumpi, quod contra leges hujus ludi eſt. continuatur enim ludus, & manus ſeu privilegium diſtribuendi chartas transfertur ad Paulum, qui eſt ad dexteram Petri; unde ſequitur, lucro invento non ſolùm addi debere illud lucrum, quod provenit ex ſpe retinendi manum, ſed ab illo quoque ſubtrahendum eſſe damnum, quod metuendum habet Petrus, ſi manum amiſerit. Ad inveniendam igitur ſortem Petri, ponatur illa $= x$ (*N. B.* per ſortem hic intelligo id quod quis ex adverſarii ſui pecunia expectandum habet) ſors Jacobi $= y$, & ſors Pauli $= z$, quibus poſitis erit $x = \frac{3}{17}A + \frac{2351x + 4024y}{6375}$, quia enim 2351 caſus ſunt retinendi manum, & 4024 caſus illam amittendi, habebit Petrus præter ſortem antea inventam $\frac{3}{17}A$, adhuc 2351 caſus ad permanendum in eo ſtatu, in quo fuit ab initio ludi, & 4024 caſus ad acquirendum y ſeu ſortem damnoſam colluſoris Jacobi; porrò quia ſortes Jacobi & Pauli pro unico tantùm luſu ſunt $\frac{-106}{2125}A$ & $\frac{-269}{2125}A$, erit $y = \frac{-106}{2125}A + \frac{2351y + 4024z}{6375}$, & $z = \frac{-269}{2125}A + \frac{2351z + 4024x}{6375}$, quibus æquationibus reductis & poſito inſuper $x + y + z = 0$, invenietur $x = \frac{161}{1006}A$, $y = \frac{-481}{4024}A$, $z = \frac{-163}{4024}A$.

Nota. In omnibus ludis, qui certò luſionum numero l conſtare debent, & in quibus quilibet, qui manum tenet, illam ſi perdit proximo ſuo ad dextram colluſori cedere tenetur, ſi numerus luſorum A, B, C, D, &c. ſit $= p$,

(*a*) Voyés page 97. (*b*) Voyés page 110.

& primus A teneat manum, sitque B ad sinistram ipsius A, C ad sinistram ipsius B, D ad sinistram ipsius C, &c. & habeant casus retinendi manum ad casus illam amittendi rationem ut m ad n, exprimentur sortes lusorum A, B, C, D, &c. respectivæ z, y, x, u, &c. per sequentes series, nempe

$$z = a + \frac{ma+nb}{s} + \frac{mma+2mnb+nnc}{ss} + \frac{m^3a+3mmnb+3mnnc+n^3d}{s^3} + \&c.$$

$$y = b + \frac{mb+nc}{s} + \frac{mmb+2mnc+nnd}{ss} + \frac{m^3b+3mmnc+3mnnd+n^3e}{s^3} + \&c.$$

$$x = c + \frac{mc+nd}{s} + \frac{mmc+2mnd+nne}{ss} + \frac{m^3c+3mmnd+3mnne+n^3f}{s^3} + \&c.$$

$$u = d + \frac{md+ne}{s} + \frac{mmd+mne+nnf}{ss} + \frac{m^3d+3mmne+3mnnf+n^3g}{s^3} + \&c.$$

vel etiam & ita porro

$$z = aq \times \overline{1-r} + bq \times \overline{1-r} \times \overline{1+\frac{t.l}{1}} + cq \times \overline{1-r} \times \overline{1+\frac{t.l}{1}+\frac{tt.l.l-1}{1.2}} + dq \times \overline{1-r} \times \overline{1+\frac{t.l}{1}+\frac{tt.l.l-1}{1.2}+\frac{t^3l.l-1.l-2}{1.2.3}} + \&c.$$

$$y = bq \times \overline{1-r} + cq \times \overline{1-r} \times \overline{1+\frac{t.l}{1}} + dq \times \overline{1-r} \times \overline{1+\frac{t.l}{1}+\frac{tt.l.l-1}{1.2}} + cq \times \overline{1-r} \times \overline{1+\frac{t.l}{1}+\frac{tt.l.l-1}{1.2}+\frac{t^3.l.l-1.l-2}{1.2.3}} + \&c.$$

$$x = cq \times \overline{1-r} + dq \times \overline{1-r} \times \overline{1+\frac{t.l}{1}} + cq \times \overline{1-r} \times \overline{1+\frac{t.l}{1}+\frac{tt.l.l-1}{1.2}} + fq \times \overline{1-r} \times \overline{1+\frac{t.l}{1}+\frac{tt.l.l-1}{1.2}+\frac{t^3.l.l-1.l-2}{1.2.3}} + \&c.$$

$$u = dq \times \overline{1-r} + eq \times \overline{1-r} \times \overline{1+\frac{t.l}{1}} + fq \times \overline{1-r} \times \overline{1+\frac{t.l}{1}+\frac{tt.l.l-1}{1.2}} + gq \times \overline{1-r} \times \overline{1+\frac{t.l}{1}+\frac{tt.l.l-1}{1.2}+\frac{t^3.l.l-1.l-2}{1.2.3}} + \&c.$$

ubi in qualibet serie tot sumuntur termini, quot sunt unitates in l; est autem $s = m + n$, $q = \frac{s}{n}$, $r = \frac{m^l}{s}$, $t = \frac{n}{m}$, $z + y + x + u + \&c. = 0$. Si $p = 2$, tunc inter sortes a, b, c, d, e, &c. ut & z, y, x, u, &c. semper binæ & binæ sunt æquales, ut $a = c = e = \&c.$ $b = d = f = \&c.$ $z = x = \&c.$ $y = u = \&c.$ Si $p = 3$, ternæ sunt æquales, si $p = 4$ quaternæ, & ita deinceps.

$\left.\begin{matrix}=a\\=b\\=c\\=d\\ \&c.\end{matrix}\right\}$ si $l=1$, $\left.\begin{matrix}\text{Si } l \text{ eſt} = \text{inf.}\\ \text{vel numerus}\\ \text{ſatis magnus.}\end{matrix}\right\}$ erit

$$z = y + aq = \tfrac{q}{p} \times \overline{p-1 \times a + p - 2 \times b + p - 3 \times c + \ldots 0}$$
$$y = x + bq = \tfrac{q}{p} \times \overline{p-1 \times b + p - 2 \times c + p - 3 \times d + \ldots 0}$$
$$x = u + cq = \tfrac{q}{p} \times \overline{p-1 \times c + p - 2 \times d + p - 3 \times e + \ldots 0}$$

Page 58 ſur le Jeu du Treize. (*a*) Deſignentur chartæ quas tenet Petrus per litteras a, b, c, d, e, &c. quarum numerus ſit n, erit numerus omnium poſſibilium caſuum $= 1 . 2 . 3 \ldots . n$, numerus caſuum ut a ſit primo loco $= 1 . 2 . 3 \ldots . \overline{n-1}$; numerus caſuum ut b ſit ſecundo, nec tamen a primo loco $= 1 . 2 . 3 . \overline{n-1} - 1 . 2 . 3 \ldots . \overline{n-2}$; numerus caſuum ut c ſit tertio loco, nec tamen a primo vel b ſecundo $= 1 . 2 . 3 \ldots \overline{n-1} - 2 \times 1 . 2 . 3 \ldots \overline{n-2} + 1 . 2 . 3 \ldots \overline{n-3}$; numerus caſuum ut d ſit quarto, nulla verò præcedentium ſuo loco $= 1 . 2 . 3 \ldots \overline{n-1} - 3 \times 1 . 2 . 3 \ldots \overline{n-2} + 3 \times 1 . 2 . 3 \ldots \overline{n-3} - 1 . 2 . 3 \ldots . \overline{n-4}$; & generaliter numerus caſuum, quibus contingere poteſt ut charta quæ eſt ordine m, nulla autem ex præcedentibus ſit ſuo loco, $= 1 . 2 . 3 \ldots \overline{n-1} - \frac{m-1}{1} \times 1 . 2 . 3 \ldots \overline{n-2} + \frac{\overline{m-1} . \overline{m-2}}{1 . 2} \times 1 . 2 . 3 \ldots \overline{n-3} - \frac{\overline{m-1} . \overline{m-2} . \overline{m-3}}{1 . 2 . 3} \times 1 . 2 . 3 \ldots \overline{n-4} + \ldots .$ uſque ad $\pm \frac{\overline{m-1} . \overline{m-2} \ldots \overline{m-m+1}}{1 . 2 . 3 \ldots \overline{m-1}} \times 1 . 2 . 3 \ldots . \overline{n-m}$, hinc ſors luſoris qui in illa demum charta, quæ eſt ordine m, vincere vult, eſt $= \frac{1}{n} - \frac{m-1}{1} \times \frac{1}{n . \overline{n-1}} + \frac{\overline{m-1} . \overline{m-2}}{1 . 2} \times \frac{1}{n . \overline{n-1} . \overline{n-2}} - \frac{\overline{m-1} . \overline{m-2} . \overline{m-3}}{1 . 2 . 3} \times \frac{1}{n . \overline{n-1} . \overline{n-2} . \overline{n-3}} + \ldots$ uſque ad $\pm \frac{\overline{m-1} . \overline{m-2} \ldots \overline{m-m+1}}{1 . 2 . 3 \ldots \overline{m-1}} \times \frac{1}{n . \overline{n-1} \ldots \overline{n-m+1}}$, & ſors luſoris qui ad minimùm in una m chartarum vincere vult = ſummæ omnium poſſibilium valorum præcedentis ſeriei ponendo pro m ſucceſſivè 1 . 2 . 3 &c. *h . e .* $= \frac{m}{n} - \frac{m . \overline{m-1}}{1 . 2} \times \frac{1}{n . \overline{n-1}} + \frac{m . \overline{m-1} . \overline{m-2}}{1 . 2 . 3} \times \frac{1}{n . \overline{n-1} . \overline{n-2}} - \frac{m . \overline{m-1} . \overline{m-2} . \overline{m-3}}{1 . 2 . 3 . 4} \times \frac{1}{n . \overline{n-1} . \overline{n-2} . \overline{n-3}} + \ldots .$ uſque ad $\pm \frac{m . \overline{m-1} . \overline{m-2} \ldots \overline{m-m+1}}{1 . 2 . 3 \ldots m} \times \frac{1}{n . \overline{n-1} \ldots \overline{n-m+1}}$; ergo poſito $m = n$ ſors luſoris eſt $= 1 - \frac{1}{1 . 2} + \frac{1}{1 . 2 . 3} - \frac{1}{1 . 2 . 3 . 4} + \ldots \ldots$ uſque ad $\pm \frac{1}{1 . 2 . 3 \ldots n}$.

Aliter. Vel a eſt primo loco, vel non eſt; ſi a ſit primo

(*a*) Voyés page 134.

loco, tunc ſors eſt $= 1$, ſi non ſit, tunc tot caſus habet ad obtinendum 1, quod haberet ſi numerus chartarum eſſet $n - 1$, exceptis illis caſibus, quibus contingit, ut illa charta, cujus locum *a* ſubiit, viciſſim ſit primo loco, hi enim ipſi non dant 1, ſed duntaxat illam expectationem, quam haberet ſi numerus chartarum eſſet $n - 2$; tot autem ſunt caſus ut hoc contingat, quot variationes admittunt $n - 2$ chartæ, nempè $1 . 2 . 3 \ldots n - 2$; unde poſita ſorte ejus quando numerus chartarum eſt $n - 2 = d$, & g pro ſorte quando numerus chartarum eſt $n - 1$, erunt exiſtente numero chartarum $= n - 1$, ex univerſis $1.2.3 \ldots . \overline{n - 1}$ caſibus, $1 . 2 . 3 \ldots . \overline{n - 1} \times g$ caſus lucrandi (habet enim totum depoſitum ſeu 1 ad valorem expectationis eandem rationem quam numerus omnium caſuum ad numerum caſuum lucrandi) proindè expectatio quam habet ſi *a* non ſit primo loco eſt $=$

$$\frac{\overline{1 . 2 . 3 \ldots n - 1} \times g - \overline{1 . 2 . 3 \ldots . n - 2} . + 1 . 2 . 3 \ldots n - 2 d}{1 . 2 . 3 \ldots n - 1} =$$

$\frac{\overline{n - 1} \times g - 1 + d}{n - 1}$, cùm igitur ex n caſibus unus duntaxat ſit ut *a* ſit primo loco, & $n - 1$ caſus ut non ſit, erit ſors quæſita $= \frac{1 \times 1 + \overline{n - 1} \frac{\overline{n - 1} \times g - 1 + d}{n - 1}}{n} = \frac{\overline{n - 1} \times g + d}{n}$. Apparet hinc differentiam inter ſortem quæſitam & eam quam habet, ſi numerus chartarum eſt $n - 1$, eſſe $= \frac{- g + d}{n} =$ differentiæ inter eandem hanc ſortem & eam, quam habet ſi numerus chartarum eſt $n - 2$, ſed negativè ſumptæ & diviſæ per numerum chartarum n, unde cum exiſtente numero chartarum 0 & 1, ſors etiam ſit 0 & 1, erit differentia inter ſortem ſi numerus chartarum ſit 2, & inter præcedentem ſortem, cum nempè numerus chartarum unitate minor eſt, $= - \frac{1}{2}$; ſi numerus chartarum ſit 3, $= + \frac{1}{2 . 3}$; ſi 4, $= - \frac{1}{2 . 3 . 4}$; ſi 5, $= + \frac{1}{2 . 3 . 4 . 5}$, & generaliter ſi numerus chartarum ſit $n = \pm \frac{1}{2 . 3 . 4 \ldots n}$, adeòque tota ſors $= 1 - \frac{1}{2} + \frac{1}{2 . 3} - \frac{1}{2 . 3 . 4} + \ldots$ uſque ad $\pm \frac{1}{2 . 3 . 4 \ldots n}$.

Pag. 73. (*a*) Alia formula. Si $q < 1$, lucrum chartas

(*a*) Voyés page 153.

tenentis eſt $= -\frac{1}{3}\frac{q \cdot p-q}{p \cdot p-1} + \frac{1}{2} \times \frac{q}{p} - \frac{1}{4} \times \frac{q \cdot q-1}{p \cdot p-q+1} + \frac{1}{8} \times \frac{q \cdot q-1 \cdot q-2}{p \cdot p-q+1 \cdot p-q+2} - \frac{1}{16} \times \frac{q \cdot q-1 \cdot q-2 \cdot q-3}{p \cdot p-q+1 \cdot p-q+2 \cdot p-q+3} + \ldots\ldots$ uſque ad $\pm \frac{1}{2}^{q-1} \times \frac{q \cdot q-1 \cdots 2}{p \cdot p-q+1 \cdot p-q+2 \cdots p-2}$ in A. Si $q = 1$, addi debet $\frac{1}{p} \times A$.

Pag. 74. In Tabulæ ultimo caſu eſt error calculi, nam lucrum chartas tenentis quando omnia 4 folia omnibus 52 chartis inverſa latent non eſt $\frac{2453842}{1755992235}a$, ſed $\frac{454}{32487}a = \frac{2453870}{1755992235}a$.

Lettre de M. de M... à M. Bernoulli.

A Montmort le 15 Novembre 1710.

JE ne puis vous exprimer, Monſieur, combien je ſuis ſenſible à l'honneur que vous m'avés fait d'examiner mon Ouvrage, & de vouloir bien me communiquer vos ſçavantes & judicieuſes Remarques. J'étois à Paris lorſque j'ai reçu votre Lettre. J'y ſuis reſté environ trois mois hors d'état de vous faire réponſe par une infinité de diſtractions de de diverſes occupations. Le loiſir de la campagne dont je jouis à préſent, m'a permis d'examiner avec ſoin les matieres qui font le ſujet de votre Lettre. Voici, Monſieur, une partie des idées qu'elle me fournit, je les mettrai ſelon l'ordre que vous avés ſuivi.

Je conviens, Monſieur, que j'euſſe pû ne point entrer dans l'examen de tous les coups favorables indifferens ou contraires au Banquier. J'ai dû ſans doute m'appercevoir qu'il y avoit des cas dont la conſideration n'étoit point neceſſaire. Mais dans le premier Problême j'ai crû que la voye la plus longue & la plus détaillée étoit la plus propre à mettre l'eſprit du Lecteur dans les voyes de la ſolution. Vous avés pû remarquer que j'avois des methodes plus belles & plus abregées que celle-ci, en voyant les formules que je donne aux pages 24 & 25. (*b*) Celles que

(*a*) Voyés pag. 153, | (*b*) Voyés pag. 97.

vous donnés, Monſieur, pour exprimer l'avantage du Banquier

$$\frac{m}{2n} \times 1 + \frac{q-1.q}{1.2} + \frac{q-1.q.q+1.q+2}{1.2.3.4} + q-1.q.q+1. + \dots \frac{q-1.q.q+1.p-2}{1.2.3.4..p-q},$$

ſi q eſt un nombre pair. Et

$$\frac{q-1\times m}{2n} \times 1 + \frac{q-q-1}{2.3} + \frac{q.q+1.q+2.q+3}{2.3.4.5} + \dots \frac{q.q+1.q+2\dots q-2}{2.3.4\dots p-q}$$

ſont très belles. J'en ai une depuis long-temps peu differente des vôtres, ſoit que q ſoit pair ou impair. La voici :

$$\frac{1}{p\times p-1} + \frac{p-q.p-q-1}{p.p-1.p-2.p-3} + \frac{p-q.p-q-1.p-q-2.p-q-3}{p.p-1.p-2.p-3.p-4.p-5} \dots$$
$$+ \frac{p-q.p-q-1.p-q-2.p-q-3.p-q-4.p-q-5}{p.p-1.p-2.p-3.p-4.p-5.p-6.p-7} + \&c.$$

Le tout multiplié par $q.q-1.\frac{1}{2}A$.

Page 32. (*a*) J'ai employé dans le Lanſquenet & pour le Quinquenove votre ſuite $a + pa + ppa + p^3a +$ &c. ſous les expreſſions de b & de q, & j'ai donné très exactement les ſommes de ces ſuites, *pag.* 35, 51 & 112. (*b*)

Page 59. (*b*) Je ſuis bien aiſe que vous approuviés la ſuite $\frac{1}{1} + \frac{1}{1.2} + \frac{1}{1.2.3} - \frac{1}{1.2.3.4} + \frac{1}{1.2.3.4.5} +$ &c. J'ai trouvé bien des choſes curieuſes ſur cette matiere. J'ai trouvé, par exemple, que l'avantage de celui qui tient les cartes ſur la miſe des Joueurs que j'appelle A, eſt $\frac{69056823787189897}{241347817621535625}A$. Je vous ferois part de ma methode, ſi je ne craignois d'être trop long, je me flate qu'elle ſeroit de votre goût.

Page 62. (*c*) Il eſt vrai qu'il y a faute en cet endroit ; je me pardonne cependant cette diſtraction, & j'aime mieux avoir bronché dans cet endroit qui eſt facile que dans l'eſſentiel de quelque methode, ce que je ne me pardonnerois pas ſi aiſément. Je vous remercie de m'en avoir averti, & je m'en corrigerai dans une nouvelle édition. J'ai calculé le cas ſuivant pour quatre cartes, & j'ai trouvé que A exprimant l'argent du jeu, le ſort de celui qui tient les cartes eſt $\frac{56908325}{75285923}A$.

(*a*) Voyés pag. 110 & 176.
(*b*) Voyés page 135.
(*c*) Voyés pag. 142.

Page 80.

Page 80. (*a*) Les proprietés des nombres figurés sont infinies, j'en ai trouvé quelques-unes neuves & singulieres dont je vous ferai part dans la suite de cette Lettre. Celle dont vous me parlés que les bandes perpendiculaires expriment les coefficiens des puissances, est une des plus belles & des plus utiles.

Pages 158 & 159. (*b*) Je serois assés porté à croire comme vous que le sens du Problême de M. Huyguens est plûtôt celui que vous lui donnés que celui de ma solution : j'ai trouvé de même que vous ces trois nombres 77, 53, 35.

Page 137. (*c*) Vos formules pour les cas tant déterminés qu'indéterminés sont très justes, & la remarque que vous faites que celle des déterminés s'applique à la détermination du coefficient d'un terme quelconque est très subtile : ma formule pour les cas déterminés est celle-ci :

$$\binom{p}{b} \times \binom{p-b}{c} \times \binom{p-b-c}{d} \times \binom{p-b-c-d}{e} \quad \binom{p-b-c-d-e}{f} \quad \&c.$$

J'en ai une aussi pour les indéterminés un peu plus simple, quoique la même, que celle qui est dans mon Livre : La voici.

$$\binom{q}{B} \times \binom{q-B}{C} \times \binom{q-B-C}{D} \times \binom{q-B-C-D}{E} \ \&c. \times \binom{p}{b} \times \binom{p-b}{c} \times \binom{p-b-c}{d} \times \binom{p-b-c-d}{e} \ \&c.$$

le tout divisé par q^p. J'entens par q le nombre des faces des dés, c'est 6 dans les dés ordinaires.

Pages 159 & 160. (*d*) Je ne crois pas que M. Huyguens ait voulu sous-entendre *minimùm*, comme vous le dites, après ces mots : *Inter quos tres albi erunt* ; en tout cas je n'ai pû le deviner, il m'eût été aussi facile d'une façon que de l'autre.

Page 162. (*e*) Cette observation est très importante, &

(*a*) Voyés page 32.
(*b*) Voyés page 220.
(*c*) Voyés pages 42 & 44.
(*d*) Voyés page 221.
(*e*) Voyés page 222.

je vous suis très obligé de me l'avoir communiquée. Vous avés parfaitement raison, & j'ai tort : Voici la maniere dont je me souviens que cela est arrivé. J'avois résolu il y a cinq ou six ans les cinq Problêmes de M. Huyguens ; ce ne fut qu'à l'occasion de l'extrait du Livre de Monsieur votre frere qui se trouve dans les Memoires de l'Academie, que je conçus le projet de mon Livre. Ce Livre achevé, je donnai dans la troisiéme partie ces cinq Problêmes sans les revoir. Or les résolvans pour la premiere fois, je les avois résolus par rapport à l'énoncé latin ; mais étant sur le point de les faire imprimer, je ne fis autre chose que de traduire le texte de M. Huyguens ; & le trouvant obscur, & ne me ressouvenant plus de la solution, je lui donnai un sens qui ne quadre point avec la solution. Il est vrai que ces deux grands nombres 282429536481, 244140625 sont la 12e puissance de 9 & de 5 : la remarque est excellente, vos deux solutions sont exquises. Je ne puis non plus que vous prendre la peine de résoudre le Problême sur le pied de l'énoncé de la proposition, je me contente de votre solution, le calcul en seroit trop long.

Page 177. (*a*) J'aurois bien souhaité que vous eussiés trouvé pour trois Joueurs une methode simple & facile telle qu'on l'a pour deux. Je n'ai jamais pû en venir à bout, la methode des combinaisons & la methode analytique sont d'une longueur insuportable.

Page 178. (*b*) C'est un Problême qui pourroit exciter votre curiosité, que celui où il s'agit de déterminer combien doit durer la partie lorsqu'on joue en rabattant. J'ai donné dans le Corollaire, *page* 184 (*c*) la solution du cas où l'on joueroit en trois parties de Piquet : j'ai la solution generale de ce Problême. Je vous l'envoirois si je croyois qu'elle vous fist plaisir. Monsieur votre neveu, qui me paroît capable par son habileté des choses les plus difficiles, & qui par dessus cela est jeune & a peut-être du loisir, devroit en chercher la solution qui est assurément digne de lui. J'ai trouvé presque sans calcul que le sort de celui qui

(*a*) Voyés page 242. | (*b*) Voyés page 268. | (*c*) Voyés pag. 276.

pariroit que la partie ne durera pas plus de 26 coups, ſera $\frac{16607955}{33554432}$, ce qui fait voir qu'il auroit un peu de deſavantage, & que celui qui pariroit que la partie ne durera pas plus de 28 coups, ſera $\frac{70970250}{133432831}$, qui étant plus grand que $\frac{1}{2}$, fait voir que dans ce cas il y auroit de l'avantage. Je crois auſſi avoir trouvé qu'en douze parties il y auroit de l'avantage à parier que le jeu finira en moins de 124, & qu'il y a du deſavantage en 122.

Je voudrois bien ſçavoir s'il s'eſt donné la peine d'examiner la Propoſition 31; (*a*) je n'ai point donné ma methode, voici la formule.

Soit p le nombre des dés, $[\underline{q}]$ le nombre figuré de l'ordre p qui correſpond au quantiéme du point propoſé, à commencer depuis le plus petit qu'on puiſſe amener.

$[\underline{q-6}]$ le nombre figuré de l'ordre p qui correſpond au quantiéme moins ſix du nombre propoſé, à commencer depuis le plus petit qu'on puiſſe amener. $[\underline{q-12}]$ le nombre figuré de l'ordre p qui correſpond au quantiéme moins douze du nombre propoſé, à commencer depuis le plus petit qu'on puiſſe amener, &c.

$[\underline{q}] - p \times [\underline{q-6}] + \frac{p \times p-1}{1 \cdot 2} \times [\underline{q-12}] - \frac{p \times p-1 \times p-2}{1 \cdot 2 \cdot 3} \times [\underline{q-18}] + \frac{p \times p-1 \times p-2 \cdot p-3}{1 \cdot 2 \cdot 3 \cdot 4} \times [\underline{q-24}]$ — &c. donnera le nombre cherché.

Un de mes amis me propoſa il y a quelque temps de chercher par une formule combien il y a de coups pour amener préciſément le nombre de 6 ou de 5 avec un certain nombre p de dés. J'ai trouvé pour formule $\overline{m-1}^{p-q}$ multiplié par autant de produits des quantités $p \cdot \frac{p-1}{2} \cdot \frac{p-2}{3} \cdot \frac{p-3}{4} \cdot \frac{p-4}{5}$ &c. qu'il y a d'unités dans q. J'appelle m le nombre des faces des dés, m eſt 6 dans les dés ordinaires.

Dans la ſuite de cette Lettre je faiſois part à M. Bernoulli de ma methode, pour trouver la ſomme d'une ſuite de termes qui ont des differences conſtantes, & je la finiſſois en lui expliquant les conditions de la Loterie de Loraine. Comme la methode ſe trouve dans ce Livre à la page 63, & la ſolution du Problême de la Loterie à la page 257, je ne repeterai point ici ce que l'on voit ailleurs.

(*a*) Voyés page 46.

Lettre de M. (Nicolas) Bernoulli à M. de M...

De Bâle ce 26 Février 1711.

C'EST pour vous remercier, Monsieur, de votre très obligeante Lettre, par laquelle vous avés voulu m'assurer de votre amitié & de votre estime, dont je vous suis infiniment redevable. Mon oncle, à qui ses affaires jusqu'ici n'ont pas permis d'examiner toutes les belles choses dont vous avés rempli la Lettre que vous vous étiés donné la peine de lui écrire, m'a chargé de le faire & de vous y répondre; en attendant donc du loisir pour cela, j'ai differé jusqu'ici la réponse que je vous dois.

Je n'ai pas encore tenté la solution generale du Problême sur le Jeu du Treize, parcequ'elle me paroît presque impossible; c'est aussi pourquoi j'étois fort étonné de ce que vous dites, que vous avés trouvé $\frac{69056823787189897}{241347817621535625}A$ pour l'avantage de celui qui tient les cartes; mais en examinant la chose un peu de plus près, je suis tombé dans la pensée, que vous n'avés peut-être résolu generalement ce Problême que dans la supposition, que celui qui tient les cartes ayant gagné ou perdu, le jeu finissoit; ce qui me confirme dans cette pensée, est que j'ai trouvé pour cette hypothese une formule generale, laquelle appliquée au cas particulier de 52 cartes, donne pour l'avantage de celui qui tient les cartes cette fraction $\frac{99177450342464537}{3362451122781568000}A$ qui est un peu plus grande que la vôtre, mais qui a pour dénominateur un nombre composé de presque les mêmes facteurs que celui de la vôtre, ce qui me fait croire que vous avés fait une faute de calcul dans l'application de votre formule : voici la mienne dont je viens de parler. $S = \frac{1}{1} - \frac{n-p}{1.2\times\overline{n-1}} + \frac{n-2p}{1.2.3\times\overline{n-2}} - \frac{n-3p}{1.2.3.4\times\overline{n-3}} +$ &c. jusqu'à un terme qui soit $= 0$; par p j'entens le nombre de fois que chaque carte differente est repetée, & par n le nombre de toutes les cartes. J'ai aussi calculé le cas pour 4 cartes, dont vous parlés, & j'ai trouvé $\frac{130225}{172279} = \frac{56908325}{75285923}$ comme vous ; mais il est à propos d'observer ici, que selon les regles de ce jeu là, il ne faut pas supposer que le jeu soit fini, quand celui qui a la main vient à perdre, car alors il est obligé de ceder la main à un autre, & le jeu continue ; c'est pourquoi l'avantage de celui qui tient les cartes étant diminué par le desavantage qu'il a en perdant la main, ne sera dans le cas susdit que $\frac{130225}{344558}$ la moitié de ce qui a été trouvé. Si l'on suppose qu'il y ait plusieurs Joueurs contre celui qui a la main, & que leur nombre soit $= n$, son avantage sera $\frac{130225}{344558} \times n$, & celui des autres Joueurs $\frac{130225}{344558} \times$ ou $n - 2$, ou $n - 4$, ou $n - 6$, &c. selon le rang que chacun occupe par rapport à la droite de celui qui tient la carte. Cette Remarque s'étend sur tous les jeux dans lesquels la main passe de l'un à l'autre ; ainsi dans votre premier cas du Lansquenet j'ai trouvé que l'avantage de Pierre n'est que $\frac{161}{1006}A$, le desavantage de Paul $- \frac{163}{4024}A$, & celui de Jacques $\frac{481}{4024}A$.

La formule que vous avés trouvé pour la proposition 31 (*a*) est très juste & très utile pour l'usage. J'ai trouvé la même quoique sous une autre expression par la methode des combinaisons. Le Problême que vous proposés sur les jeux qui se jouent en plusieurs parties en rabattant est fort difficile ; neanmoins voyant que vous souhaités que j'en cherche la solution, je m'y suis appliqué, & j'ai trouvé une regle generale pour exprimer le sort de celui qui pariroit qu'un des Joueurs aura gagné en tel nombre de coups qu'on voudra, soit qu'ils jouent à un jeu égal ou inégal, soit que l'un ait déja gagné quelques parties ou non : la voici en peu de mots. Soient les deux Joueurs Pierre & Paul, le nombre des parties qui manquent à Pierre $= m$, le nombre des parties qui manquent à Paul $= n$, leur somme $= m + n = s$, le nombre des cas favorables à Pierre $= p$, le nombre des cas favorables à Paul $= q$, leur somme $= p + q = r$, le nombre des coups $= b = m + 2k$, le

(*a*) Voyés pag. 46.

nombre des fois que s eſt contenu dans $k - t$; cela poſé, je dis que la difference entre la ſomme de toutes les valeurs poſſibles (c'eſt à dire en mettant pour t toutes les valeurs qu'il peut avoir depuis o juſqu'au plus grand) de cette ſuite $1 \times \overline{p^{2k-2ts} + q^{2k-2ts}} + h \times \overline{p^{2k-2ts-1}q + q^{2k-2ts-1}p} + \frac{h \cdot h-1}{1 \cdot 2} \times \overline{p^{2k-2ts-2}qq + q^{2k-2ts-2}pp} + \frac{h \cdot h-1 \cdot h-2}{1 \cdot 2 \cdot 3} \times \overline{p^{2k-2ts-3}p^3 + q^{2k-2ts-3}p^3}$ + &c. juſqu'à $\frac{h \cdot h-1 \cdot h-2 \cdots h-k+ts+1}{1 \cdot 2 \cdot 3 \cdot 4 \cdots k-ts} \times pq^{k-ts}$ le tout multiplié par $\frac{p^{ts+m}q^{ts}}{r^h}$, & la ſomme de toutes les valeurs de celle-ci $1 \times \overline{p^{2k-2ts-2n} + q^{2k-2ts-2n}} + h \times \overline{p^{2k-2ts-2n-1}q + q^{2k-2ts-2n-1}p} + \frac{h \cdot h-2}{1 \cdot 2} \times \overline{p^{2k-2ts-2n-2}qq + q^{2k-2ts-2n-2}pp}$ + &c. juſqu'à $\frac{h \cdot h-1 \cdot h-2 \cdots h-k+ts+n+1}{1 \cdot 2 \cdot 3 \cdot 4 \cdots k-ts-n} \times pq^{k-ts-n}$, le tout multiplié par $\frac{p^{ts+s}q^{ts+n}}{r^h}$, exprimera le ſort de celui qui pariroit que Pierre gagnera la partie au moins en h coups. Si k eſt plus petit que $ts + n$; c'eſt à dire, ſi après avoir diviſé k par s, le reſte de la diviſion eſt plus petit que n, il ne faut pas dans la derniere ſuite mettre pour t toutes ſes valeurs depuis o juſqu'à t, mais ſeulement juſqu'à $t - 1$. Pour avoir le ſort de celui qui pariroit que Paul la gagnera en h coups, il ne faudra que ſubſtituer dans cette formule les lettres q, p, n, m, au lieu de p, q, m, n. La ſomme de ces deux ſorts enſemble ſera le ſort de celui qui pariroit que la partie ſera décidée en h coups. L'application de cette formule à des cas particuliers, lorſque $p = q = 1$, eſt fort facile; j'ai trouvé auſſi-bien que vous, preſque ſans calcul, que pour ſix parties le ſort de celui qui pariroit que le jeu ſera fini en 26 coups ſera $\frac{16607955}{33554432}$, & en 28 coups $\frac{35485125}{67108864}$, ou $\frac{70970250}{134217738}$, & non pas $\frac{70970250}{133432831}$, comme vous avés écrit par erreur; mais pour douze parties j'ai trouvé qu'on peut déja parier avec avantage que le jeu ſera fini en 110, & qu'il y auroit du deſavantage à parier qu'il ſera fini en 108 coups; car le ſort pour ces deux nombres de coups ſera $\frac{129\ldots}{649\ldots}$ & $\frac{810\ldots}{1622\ldots}$, il faut donc que vous vous ſoyiés mépris, puiſque vous dites qu'on ne pourra parier avec avantage que la partie ne ſera décidée qu'en 124 coups. Il faut pourtant avouer qu'il y faut du tatonnement pour trouver quand le ſort ſera $\frac{1}{2}$; c'eſt pourquoi ſi vous avés une meilleure methode que celle là, je vous prie de me la communiquer, & je vous en ſerai beaucoup obligé. Il eſt clair que cette formule, que je viens de donner, ſervira auſſi pour trouver le ſort des Joueurs mêmes; car pour cette fin il ne faudra que ſuppoſer que le nombre des coups ſoit infini, en mettant donc h, k, & $l = inf.$ on trouvera que le ſort de Pierre ſera $= \frac{\overline{p+q}^h \times p^s - p^{s-n}q^n}{r^h \times p^s - q^s} = \frac{p^s - p^m q^n}{p^s - q^s}$; & par conſequent celui de Paul $\frac{p^m q^n - q^s}{p^s - q^s}$, ce que j'ai trouvé autrefois par une voye differente de celle que j'ai ſuivie dans la recherche de ce Problême. Si $m = n$, & $s = 2m$, leurs ſorts ſeront comme $p^{2m} - p^m q^m$ & $p^m q^m - q^{2m}$, ou comme p^m & q^m; & en ſuppoſant $m = 12$, $p = 9$, $q = 5$, on aura 9^{12} & 5^{12} pour les ſorts de Pierre & Paul, qui eſt le cas du Problême cinquiéme de M. Huyguens. Si $p = q$; les ſorts des deux Joueurs ſont comme n & m, ce qui ſe trouve aiſément en diviſant $p^s - p^m q^n$, & $p^m q^n - q^s$ par $p - q$; car on aura par cette diviſion deux progreſſions geometriques, dont le nombre des termes de la 1re ſera $= n$, & celui de la 2e $= m$, & dont les termes, en ſuppoſant $p = q$, deviendront tous égaux. Si $p = q$, & $s = m + n = 12$, on a le cas de la page 178 (*a*) de votre Livre. Votre formule pour trouver combien il y a de coups pour amener préciſément un certain nombre de points avec un certain nombre de dés eſt fort juſte; comme auſſi la methode que vous donnés pour trouver la ſomme des nombres figurés élevés à des puiſſances quelconques; feu mon oncle a donné la même regle dans ſon Traité, non ſeulement pour les nombres figurés élevés à un expoſant quelconque; mais gene-

(*a*) Voyés page 277.

ralement pour tous les nombres qui sont semblables aux nombres figurés, c'est à dire, qui ont les premieres, ou les secondes, ou les troisiémes, &c. differences égales ; outre cette methode, il y en a encore d'autres, dont en voilà une qui a été trouvée depuis long-temps par mon oncle le vivant ; elle consiste dans l'assumtion d'une suite de termes affectés de coefficiens indéterminés ; par exemple, si l'on vouloit avoir la somme des nombres triangulaires élevés au quarré, c'est à dire la somme de tous les $\frac{p \cdot \overline{p+1}}{1 \cdot 2} \times \frac{p \cdot \overline{p+1}}{1 \cdot 2}$ ou de tous les $\frac{1}{4}p^4 + \frac{1}{2}p^3 + \frac{1}{4}pp$, je la suppose égale à $ap^5 + bp^4 + cp^3 + dpp + ep + f$. Pour déterminer les coefficiens inconnus, je mets dans ces deux expressions $p+1$ au lieu de p, & j'aurai

$$\left.\begin{array}{r} ap^5 + 5ap^4 + 10ap^3 + 10app + 5ap + a \\ + bp^4 + 4bp^3 + 6bpp + 4bp + b \\ + cp^3 + 3cpp + 3cp + c \\ + dpp + 2dp + d \\ + ep + e \\ + f \end{array}\right\} = \text{à}$$

$\frac{1}{4}\overline{p+1}^4 + \frac{1}{2}\overline{p+1}^3 + \frac{1}{4}\overline{p+1}^2 +$ la somme de tous les $\frac{1}{4}p^4 + \frac{1}{2}p^3 + \frac{1}{4}pp = \frac{1}{4}p^4 + \frac{3}{2}p^3 + \frac{13}{4}pp + 3p + 1 + ap^5 + bp^4 + cp^3 + dpp + ep + f$, en ôtant de part & d'autre $ap^5 + bp^4 + cp^3 + dpp + ep + f$; & en comparant ensuite les termes homogenes, on trouvera $a = \frac{1}{20}$, $b = \frac{1}{4}$, $c = \frac{5}{12}$, $d = \frac{1}{4}$, $e = \frac{1}{30}$, $f = 0$; donc la formule pour la somme des nombres triangulaires élevés au quarré sera $\frac{1}{20}p^5 + \frac{1}{4}p^4 + \frac{5}{12}p^3 + \frac{1}{4}pp + \frac{1}{30}p = \frac{3p^5 + 15p^4 + 25p^3 + 15pp + 2p}{3 \cdot 4 \cdot 5}$, comme vous avés trouvé. On peut aussi trouver la somme de tels nombres en les réduisant aux nombres figurés ; par exemple, $\frac{p \cdot \overline{p+1}}{1 \cdot 2} \times \frac{p \cdot \overline{p+1}}{1 \cdot 2} = \frac{1}{4}p^4 + \frac{1}{2}p^3 + \frac{1}{4}pp = 6 \times \frac{p \cdot \overline{p+1} \cdot \overline{p+2} \cdot \overline{p+3}}{1 \cdot 2 \cdot 3 \cdot 4} - 6 \times \frac{p \cdot \overline{p+1} \cdot \overline{p+2}}{1 \cdot 2 \cdot 3} + \frac{p \cdot \overline{p+1}}{1 \cdot 2}$; donc la somme de tous les $\overline{\frac{p \cdot \overline{p+1}}{1 \cdot 2}}^2$ sera

$= 6$

$= 6 \int \frac{p \cdot p+1 \cdot p+2 \cdot p+3}{1 \cdot 2 \cdot 3 \cdot 4} - 6 \int \frac{p \cdot p+1 \cdot p+2}{1 \cdot 2 \cdot 3} + \int \frac{p \cdot p+1}{1 \cdot 2} = 6 \times \frac{p \cdot p+1 \cdot p+2 \cdot p+3 \cdot p+4}{1 \cdot 2 \cdot 3 \cdot 4 \cdot 5} - 6 \times \frac{p \cdot p+1 \cdot p+2 \cdot p+3}{1 \cdot 2 \cdot 3 \cdot 4} + \frac{p \cdot p+1 \cdot p+2}{1 \cdot 2 \cdot 3} = \frac{3p^5 + 15p^4 + 25p^3 + 15pp + 2p}{3 \cdot 4 \cdot 5}$, comme ci-devant.

Le Problême que vous avés eu deſſein de propoſer aux Geometres n'a aucune difficulté : voici comment j'ai conçu la choſe. Il s'agit de trouver combien la condition de rendre leurs 25 liv. à ceux qui ayant pris 50 billets n'auroient gagné aucun lot dans leurs 50 billets, donne d'avantage ou de deſavantage à celui qui tient la Loterie, ce qui eſt la même choſe que ſi l'on vouloit chercher le ſort de celui qui entreprendroit d'amener avec 20000 dés à 1000000 faces, dont 50 ſeulement ſont marqués avec des points, d'un ſeul coup au moins une des faces marquées ; or le nombre des cas que cela n'arrivera pas eſt 999950^{20000} & le nombre de tous les cas 1000000^{20000} ; d'où il ſuit que cette condition de rendre l'argent à chacun de ceux qui ne gagnent aucun lot dans leurs 50 billets, vaut $\overline{\frac{999950}{1000000}}|^{20000} \times$ 25 l. ce qui fait en tout $\overline{\frac{999950}{1000000}}|^{20000} \times 500000$ l. = (ce qui ſe trouve par les logarithmes) 184064 liv. & environ dix ſols. Donc le deſavantage du Banquier, qui ne retient que 75000 liv. ſera $109064\frac{1}{2}$ liv. de ſorte qu'il ne ſe faut point étonner ſi celui qui a tenu une telle Loterie a fait banqueroute. On pourra par cette même methode & en deux mots réſoudre la propoſition 44 de votre Livre. (*a*)

Voilà, Monſieur, ce que j'ai trouvé néceſſaire à vous écrire ſur ces matieres, une autrefois quand j'aurai plus de loiſir, je prendrai le plaiſir d'examiner les autres choſes curieuſes de votre Ouvrage. Pour ce qui regarde le Traité de feu mon Oncle, j'ai propoſé l'offre que vous avés faite de faire imprimer ce manuſcrit à mon Couſin le fils du défunt, qui en eſt le maître. J'ai auſſi écrit là deſſus à M. Herman, & je l'ai prié de prendre ſoin que ce manuſcrit fût bientôt imprimé ; mais je n'en ai point encore reçu de réponſe. C'eſt grand dommage que la quatriéme partie de ce Traité, qui devroit être la principale, ne ſoit

(*a*) Voyés page 228.

point achevée; elle n'est gueres commencée, & ne contient que cinq chapitres, dans lesquels il n'y a que des choses generales : ce qui en est le plus remarquable est le chapitre dernier, où il donne la solution d'un Problême fort curieux, qu'il a préferé même à la quadrature du cercle, c'est de trouver combien il faut faire d'observations pour parvenir à un tel degré de probabilité que l'on voudra, & où il démontre en même temps que par les observations souvent réiterées on peut découvrir fort au juste la raison qu'il y a entre le nombre des cas où arrivera un certain évenement, & le nombre des cas où il n'arrivera pas. Il seroit à souhaiter que quelqu'un voulût entreprendre d'achever cette derniere partie, & de traiter à fonds les choses de politique & de morale; & comme je ne sçai personne qui soit plus capable d'y réussir que vous, Monsieur, qui en avés donné des preuves si excellentes dans votre Ouvrage, je vous prie de pousser les vûes que vous avés sur cette matiere, vous obligerés beaucoup le Public, & particulierement moi qui suis avec bien du respect & de l'estime,

MONSIEUR,

Votre très humble & très
obéissant Serviteur,

N. BERNOULLY.

Lettre de M. de M... à M. (Nicolas) Bernoulli.

A Montmort le 10 Avril 1711.

JE ne puis vous exprimer, Monſieur, combien je vous ſuis obligé de la complaiſance que vous avés eu de travailler ſur les matieres qui ſont contenues dans la Lettre que vous m'avés fait l'honneur de m'écrire. J'aurois bien auſſi à vous feliciter ſur tant de beautés dont elle eſt remplie; mais je ſçai que les Philoſophes n'aiment point les louanges, & ſur-tout ceux qui en meritent autant que vous.

Il faut, Monſieur, que vous ayés mal copié votre formule generale ſur le Treize; car je ne peux y trouver mon compte : voici la mienne. Soit n le nombre des cartes, p le nombre de fois que chaque carte differente eſt répetée; ſoit auſſi $\frac{n}{p} = m$ & $n - m = q$, on aura le ſort cherché $= p^m - mp^{m-1} \times \overline{q+1} + \frac{m \cdot \overline{m-1}}{1 \cdot 2} p^{m-2} \times \overline{q+1} \cdot \overline{q+2} - \frac{m \cdot \overline{m-1} \cdot \overline{m-2}}{1 \cdot 2 \cdot 3} p^{m-3} \times \overline{q+1} \cdot \overline{q+2} \cdot \overline{q+3} + \frac{m \cdot \overline{m-1} \cdot \overline{m-2} \cdot \overline{m-3}}{1 \cdot 2 \cdot 3 \cdot 4} p^{m-4} \times \overline{q+1} \cdot \overline{q+2} \cdot \overline{q+3} \cdot \overline{q+4} -$ &c. le tout diviſé par autant de produits des nombres $\overline{n-1} \cdot \overline{n-2} \cdot \overline{n-3} \cdot \overline{n-4}$ &c. qu'il y a d'unités dans $\frac{n}{p}$.

Nota, 1°. Qu'il faut prendre autant de termes de cette ſuite que m exprime d'unités. 2°. Qu'il faut changer tous les ſignes de cette ſuite quand m eſt un nombre pair.

Ainſi je trouve que le ſort de celui qui tient les cartes au commencement du jeu eſt $\frac{3104046414087255122}{2413478176215335625}$, & ſon avantage $\frac{69056823787189897}{2413478176215335625}$. Je ne crois pas qu'il y ait d'erreur dans ce calcul; mais ſurement il n'y en a point dans la methode.

J'admire votre formule pour la durée des parties que l'on joue en rabattant; je ſens qu'elle eſt très juſte, mais je ſuis forcé de vous dire que je ne l'entens point. Vous m'euſſiés fait beaucoup de plaiſir, pour m'en faciliter l'intelligence, d'en faire l'application ſur un exemple : par exemple, ſur celui où l'on joue en ſix parties, & où l'on trouve qu'il y a de l'avantage à parier qu'elle durera moins de 28 coups. Il eſt vrai que je m'étois trompé dans le dénominateur, vous vous y êtes auſſi trompé par mégarde, il faut 134217728, & non 134217738 : ces ſortes de fautes ſe gliſſent fort aiſément, quand on eſt las d'un long calcul. Je commence à douter auſſi-bien que vous que l'on puiſſe parier avec avantage que jouant en douze parties le jeu ſera fini en 124 parties, & non en 122. J'ai fait ce que j'ai pû pour rappeller mes idées ſur ce Problême qui eſt aſſurément fort difficile & fort abſtrait. Je n'ai pû trouver les papiers où les démonſtrations de ces Problêmes ſont brochées, & je crois qu'ils ſont à Paris : auſſi-tôt que j'y ſerai je vous ferai part de ce que j'ai trouvé ſur cette matiere. Je vous dirai ſeulement que nous avons ſuivi l'un & l'autre un chemin fort different, ce que vous connoîtrés fort aiſément, Monſieur, lorſque vous ſçaurés que ce nombre 70970250 eſt la ſomme de ces ſix 34597290, 20030010, 10015005, 4292145, 1560780, 475020, qui ſont le 7, le 8, le 9, le 10, le 11 & le 12e terme de la 30e bande perpendiculaire. Je trouve ſur un Livre où j'avois mis autrefois quelques remarques qu'il y a $\frac{35103333827}{2 \times 24359738368}$ à parier que jouant en 7 parties le jeu ſera fini en 37 parties au moins, & $\frac{8338160273}{2 \times 8589934592}$ qu'elle ſera finie en moins de 35, ce qui fait voir qu'il y a avantage en 37, & deſavantage en 35. Vous pourrés verifier ſur votre formule ſi ce calcul eſt juſte : au reſte votre formule m'étonne pour ſa generalité ; je vois que vous en tirés le mieux du monde le Problême cinquiéme de M. Huyguens, & celui de la page 178. (*a*) Il y a près de deux mois que j'ai envoyé à Paris ma ſolution du Problême pour trouver la ſomme des nombres figurés élevés à un expoſant quelconque, elle a été miſe dans les Journaux de France le 23 Mars de cette année.

L'Anagramme que je donne pour la ſolution du Pro-

(*a*) Voyés page 277.

blême que j'y propoſe ſur la Loterie de Loraine, contient ces mots *20000 moins un diviſé par 20000 élevé à l'expoſant 20000*, ce qui donne une ſolution conforme à la vôtre. Ce Problême m'a toujours paru plus curieux que difficile; neanmoins ſa difficulté eſt telle à mon avis, qu'elle peut arrêter des perſonnes qui ne ſeroient point comme vous & Monſieur votre Oncle des Geometres du premier ordre, & capables des plus grandes choſes : Pluſieurs Geometres de mes amis y ont travaillé inutilement. Au reſte la ſolution de ce Problême n'eſt qu'un cas particulier de la formule que j'ai envoyé à M^r votre Oncle dans ma derniere Lettre $\overline{m-1}^{p-q} \times p \cdot \frac{p-1}{2} \cdot \frac{p-2}{3} \cdot \frac{p-3}{4}$ &c. diviſé m^p; mais outre que l'on n'a pas encore beaucoup penſé à ces ſortes de Problêmes de combinaiſons, il falloit s'aviſer de réduire le Problême de la Loterie à une queſtion de dés.

Vous dites, Monſieur, que vous avés calculé le cas pour quatre cartes, *page 64*, (*a*) & que vous avés trouvé comme moi $\frac{130225}{1712279}$; mais vous ajoutés que ſelon les regles de ce jeu il ne faut pas ſuppoſer que le jeu ſoit fini, quand celui qui a la main vient à perdre; car alors, dites-vous, il eſt obligé de ceder la main à un autre. C'eſt pourquoi l'avantage de celui qui tient les cartes étant diminué par le deſavantage qu'il a en perdant la main, ne ſera que $\frac{130225}{344558}$ la moitié de ce qui a été trouvé, & vous ajoutés enſuite; ſi l'on ſuppoſe qu'il y ait pluſieurs Joueurs contre celui qui a la main, & que leur nombre ſoit n, ſon avantage ſera $\frac{130225}{344558} \times n$, & celui des autres Joueurs $\frac{130225}{344558} \times n - 2$, $\frac{130225}{344558} \times n - 4$ &c. ſelon le rang que chacun occupe. Vous étendés enſuite cette remarque ſur le Lanſquenet, & il paroît que vous ſeriés d'avis de l'appliquer à toutes ſortes de jeux. Pour moi je crois avoir des raiſons pour penſer autrement : je vais vous les expoſer. Premierement, à l'égard du Treize, il eſt certain que celui qui quitte la main n'eſt point obligé de continuer à

(*a*) Voyés pag. 143.

jouer, & d'ailleurs il n'eſt pas obligé de mettre la même ſomme au jeu ; au contraire il arrive qu'à ce jeu ceux qui ſe ſont apperçus, comme il eſt facile de s'en appercevoir par la pratique, que l'avantage eſt pour celui qui tient les cartes, tiennent tout lorſqu'ils ont la main, & mettent peu d'argent au jeu lorſqu'ils n'ont pas la main. Il eſt encore à remarquer qu'à ce jeu les miſes augmentent ou diminuent ſans ceſſe auſſi-bien que le nombre des Joueurs, & qu'au Lanſquenet le nombre des Joueurs peut diminuer d'une main à l'autre du même Joueur. En ſorte qu'à mon avis on ne peut rien dire d'utile & de certain ſur ces jeux, qu'en prenant le parti de déterminer à chaque coup l'avantage ou le deſavantage de celui qui tient la main par rapport à un nombre déterminé de miſes des Joueurs. Si j'ai fait entrer dans le Lanſquenet la conſideration de l'eſperance que celui qui tient les cartes a de faire la main : ce n'a été que par élegance, car dans le fond cela n'eſt juſte qu'en ſuppoſant que le nombre des Joueurs ſera toujours le même tant que Pierre aura la main, ce qui eſt incertain. Il ſuffit ce me ſemble pour être inſtruit, auſſi parfaitement qu'il ſoit poſſible, des hazards de ces jeux, par exemple du Lanſquenet, de ſçavoir que par rapport à tel nombre de Joueurs & de miſes il y a tant d'avantage & de deſavantage pour chacun des Joueurs, ſelon les differentes places qu'ils occupent.

Voilà, Monſieur, ce que je croyois devoir oppoſer à vos Remarques & à celles que M. votre Oncle avoit deja faites ſur ce ſujet. Si vous trouvés qu'elles ſouffrent quelque replique, vous me ferés plaiſir de m'en avertir. A propos du Lanſquenet, un de mes amis m'a fait obſerver qu'il pourroit bien y avoir des cas au Lanſquenet où celui qui eſt à la gauche de Pierre auroit de l'avantage. Ce ſoupçon paroît bien fondé, & j'aurois ſouhaité l'approfondir pour le cas de cinq ou de ſix coupeurs ; mais la longueur du calcul m'en a juſqu'ici détourné. Ce même Geometre (*a*) qui eſt un Gentilhomme de beaucoup d'eſprit, m'a propoſé depuis peu & a réſolu un Problême fort joli que voici. *Pierre, Paul & Jacques jouent une poulle*

(*a*) M. de Waldegrave.

au Trictrac ou au Piquet. Aprés qu'on a tiré à qui jouera il se trouve que Pierre & Paul commencent. On demande, 1°. Quel est l'avantage de Jacques. 2°. Combien il y a à parier que Pierre ou Paul gagneront plûtôt que Jacques. 3°. Combien la poulle doit naturellement durer de parties. Comme vous ne sçavés peut-être pas ce que c'est que jouer une poulle, je vais vous l'expliquer, rien n'est plus simple. Si Pierre gagne, Jacques entrera à la place de Paul & mettra un écu à la poulle; alors si Pierre gagne, la poulle est finie, & Pierre gagne deux écus. Si Jacques gagne, Paul entre à la place de Pierre. En un mot celui qui entre met toujours un écu au jeu, & celui qui gagne deux parties de suite emporte tout ce qui est à la poulle. Si l'on étoit quatre Joueurs, il faudroit gagner trois parties de suite; & quatre si l'on étoit cinq Joueurs. J'ai trouvé qu'à trois Joueurs l'avantage de Jacques, nommant a la mise de chaque Joueur, étoit renfermé dans cette suite $\frac{3}{2^2}a + \frac{5a}{2^5} + \frac{7a}{2^8} + \frac{9a}{2^{11}} + \frac{11}{2^{14}} + \&c. - \frac{a}{2} - \frac{a}{2^3} - \frac{2a}{2^4} - \frac{2a}{2^6} - \frac{3a}{2^7} - \frac{3a}{2^9} - \frac{4a}{2^{10}} - \frac{4a}{2^{12}} - \frac{5a}{2^{13}} - \&c.$ ce qui se réduit à cette suite plus simple: $\frac{a}{2^3} + \frac{zero}{2^6} - \frac{a}{2^9} - \frac{2a}{2^{12}} - \frac{3a}{2^{15}} - \frac{4a}{2^{18}} - \&c. \frac{a}{8} - \frac{1}{8^2} \times \frac{a}{8} + \frac{2a}{8^2} + \frac{3a}{8^3} + \frac{4a}{8^4} + \&c. = \frac{a}{8} - \frac{a}{8^2} \times \overline{m + 2mm + 3m^3 + 4m^4 + 5m^5}$, en supposant $m = \frac{1}{8}$. Or pour trouver la somme de cette suite $m + 2mm + 3m^3 + 4m^4$, &c. où les coefficiens & les exposans sont en progression arihtmetique, j'observe que

$$\frac{m}{1-m} = m + mm + m^3 + m^4 + m^5$$
$$\frac{mm}{1-m} = mm + m^3 + m^4 + m^5$$
$$\frac{m^3}{1-m} = + m^3 + m^4 + m^5$$
$$\frac{m^4}{1-m} = m^4 + m^5$$

D'où je conclus que la somme cherchée est égale à celle-ci $= \frac{m}{1-m} + \frac{mm}{1-m} + \frac{m^3}{1-m} + \frac{m^4}{1-m}$ &c. $= \frac{m}{\overline{1-m}^2}$, & par conséquent l'avantage de Jacques $\frac{6}{49}$. J'ai encore trouvé que quoiqu'il y ait de l'avantage pour Jacques, il y a cinq contre 4 à parier que Pierre gagnera la poulle plûtôt que Jacques.

Si l'on veut sçavoir combien la poulle durera entre trois Joueurs, on trouvera qu'il y a à parier trois contre un qu'elle ne durera pas plus de trois parties, 7 contre 1, 15 contre 1, 31 contre 1, qu'elle ne durera pas plus de 5, 7, 9, parties; j'ai pareillement cherché combien la poulle dureroit entre quatre Joueurs, & j'ai trouvé cette suite $\frac{1}{4}$, $\frac{3}{8}$, $\frac{8}{16}$, $\frac{19}{32}$, $\frac{43}{64}$, $\frac{94}{128}$, $\frac{201}{256}$, $\frac{423}{512}$, $\frac{880}{1024}$, $\frac{1815}{2048}$, $\frac{3719}{4096}$, &c. dont la suite n'étoit pas aisée à remarquer. J'ai voulu chercher le sort des Joueurs lorsqu'il y en a quatre; & aussi combien durera la poulle lorsqu'il y a cinq ou six Joueurs; mais cela m'a paru trop difficile, ou plûtôt j'ai manqué de courage, car je serois sûr d'en venir à bout.

J'ai travaillé pendant quelques jours à résoudre ce Problême, tirant d'un jeu de cartes un certain nombre de cartes à volonté; sçavoir en combien de façons on peut amener un certain point. Ce Problême a beaucoup de rapport avec celui des dés à la page 141, (*a*) dont je vous ai envoyé la solution; mais il a des difficultés particulieres, & je n'ai pû en venir à bout qu'en supposant qu'il n'y ait ni valets, ni dames, ni rois.

On m'a envoyé depuis peu de Paris un Livre qui a pour titre, *Traité du Jeu*, c'est un Livre de morale. L'Auteur paroît judicieux & écrit bien; mais dans les endroits où il parle de l'usage de la Geometrie pour déterminer les hazards des Jeux, il me paroît qu'il se trompe: En voici un Exemple. L'Auteur cite comme une chose évidente, qu'un Joueur qui joue deux coups contre l'autre un, doit mettre au jeu deux contre un; cependant il est certain que cela est faux. Si l'on joue avec un dé dont le nombre de faces soit p, j'ai trouvé & vous trouverés très aisément que l'avantage d'un Joueur, qui jouant deux coups contre l'autre un, parie seulement 2 contre un, est

$$\frac{\overline{p-1}\times pp - \frac{1}{2}\times\overline{2\times\overline{p-1}^{3}+3\times\overline{p-1}^{2}+p-1}}{p^{3}} = \frac{p-1}{2pp},$$

(*a*) Voyés page 46.

ce qui fait voir que l'avantage diminue selon que le nombre des faces est plus grand ; mais qu'il y a toujours de l'avantage. Pourroit-on dire qu'au petit palet, ou au franc du carreau, cet avantage seroit nul à cause de la divisibilité de la matiere à l'infini ?

J'ai entrepris depuis quelque temps d'achever la solution des Problêmes que je propose à la fin de mon Livre ; je trouve qu'au Her, lorsqu'il ne reste plus que deux Joueurs Pierre & Paul, l'avantage de Paul est plus grand que $\frac{1}{85}$, & moindre que $\frac{1}{84}$. Ce Problême a des difficultés d'une nature singuliere. J'ai commencé aussi le Problême des Tas, & j'ai trouvé que lorsque les Tas ne sont que de deux cartes, & que les cartes ne sont que deux as, deux deux, deux trois, deux quatre, &c. le sort de celui qui parie de faire les Tas est exprimé par la formule $\frac{p-1}{2p-1}$, j'appelle p le nombre des Tas. La difficulté sera beaucoup plus grande dans la supposition ordinaire de quatre as, quatre deux, quatre trois, &c. & des Tas composés de quatre cartes. Il est temps de finir cette Lettre. Le plaisir que je trouve à m'entretenir avec vous sur ces matieres m'emporte trop loin, & je dois craindre de vous ennuyer. Je vous prie, Monsieur, d'assurer M. votre Oncle de la veneration parfaite que j'ai pour lui, & de me croire, Monsieur, avec une estime infinie,

Votre, &c.

Post script. Je vous envoye le Memoire que j'ai donné dans les Journaux de France sur la maniere de trouver la somme des nombres qui ont une difference constante. La methode de M. votre Oncle pour trouver les nombres figurés dont il vous a plu me faire part est très belle & très differente de la mienne. Cette maniere d'employer les coefficiens indéterminés dont M. Descartes est l'inventeur, nous a valu presque toutes les grandes découvertes qui ont été faites en Geometrie ; mais l'application en est ſouvent difficile, & elle n'a encore été employée que par les grands Maîtres. Je propoſe aux Geometres la ſolution du Problême ſur la Loterie de Loraine. Je vous invite, Monſieur, à rendre publique celle que avés trouvée. Comme il ne reſte preſque plus d'exemplaires de mon Livre, je crois que j'en pourrai donnèr bientôt une nouvelle édition. Lorſque j'y ſerai déterminé, je vous demanderai la permiſſion, & à M. votre Oncle, d'y inſerer vos belles Lettres qui en feront le principal ornement. On me conſeille d'en changer l'ordre & la forme, & de raſſembler dans la premiere Partie toute la Theorie des Combinaiſons. J'ai pareillement deſſein de donner les démonſtrations de quantités de propoſitions & de ſolutions difficiles que j'avois obmiſes à deſſein dans la premiere édition. Vous m'obligerés beaucoup, Monſieur, de me donner votre avis là-deſſus.

Il n'en eſt pas ce me ſemble de ces démonſtrations comme des démonſtrations de Geometrie, celles-ci touchant les nombres & les combinaiſons ſont infiniment plus embarraſſantes, & on peut les avoir très nettement dans l'eſprit ſans pouvoir les mettre ſur le papier. Seriés-vous content, par exemple, de la démonſtration qui ſuit pour la propoſition 14, page 97. (*a*) Vous me faites trop d'honneur, Monſieur, de me croire capable de remplir les vûes qu'avoit feu M. votre Oncle, de traiter par Geometrie les choſes de politique & de morale. Pour moi plus je me tâte & plus je reconnois mon inſuffiſance à cet égard: j'ai quelques idées & quelques materiaux, mais c'eſt encore peu de choſes. Il s'agit de découvrir des verités de pratique & à l'uſage de la ſocieté civile. Il faut ſe fonder ſur des hypotheſes exactes & bien-averées, conſerver par-tout cette exactitude dont les Geometres ſe piquent plus que le reſte des autres hommes, tout cela demande une forte tête & un très grand travail. J'ai lû depuis peu un fort beau morceau de M. votre Oncle dans les Memoires de l'Academie de Berlin. Je ſuis étonné de voir les Journeaux de Leipſic ſi dégarnis de morceaux de Mathematiques:

(*a*) Voyés page 44.

ils doivent en partie leur réputation aux excellens Memoires que Messieurs vos Oncles y envoyoient souvent : les Geometres n'y trouvent plus depuis cinq ou six ans les mêmes richesses qu'autrefois, faites-en des reproches à M. votre Oncle, & permettés-moi de vous en faire aussi, *Luceat lux vestra coram hominibus.* Je suis, &c.

Lettre de M. (Nicolas) Bernoulli à M. de M...

A Bâle ce 10 Novembre 1711.

MONSIEUR,

Je suis tout confus d'avoir si long-temps gardé le silence, & je ne sçai presque comment vous en faire mes excuses ; je vous dirai seulement que je n'ai pas pû plûtôt satisfaire au desir que j'avois de répondre à tous les points de votre Lettre, & de résoudre les Problêmes que vous m'y proposés, à cause d'autres études & affaires, qui interrompant souvent mes calculs, ne me laissoient pas tout le temps qui m'étoit nécessaire pour m'appliquer à nos matieres. Mais voulant enfin m'acquitter de mon devoir, j'ai résolu de donner congé pour un peu aux autres études, & de rompre à cette heure cet ennuyeux silence, que je vous prie de me pardonner, en vous promettant que je tâcherai à l'avenir d'être plus exact & plus régulier. Voici donc, Monsieur, ma réponse que je ferai aussi courte qu'il sera possible.

Vous avés raison de dire que vous ne trouvés pas votre compte à ma formule pour le Treize, car il s'y est glissé une erreur ; il faut mettre $S = \frac{1}{1} - \frac{n-p}{1 \cdot 2 \cdot n-1} + \frac{n-p \cdot n-2p}{1 \cdot 2 \cdot 3 \cdot n-1 \cdot n-2} - \frac{n-p \cdot n-2p \cdot n-3p}{1 \cdot 2 \cdot 3 \cdot 4 \cdot n-1 \cdot n-2 \cdot n-3} +$ &c. au lieu de $S = \frac{1}{1} - \frac{n-p}{1 \cdot 2 \cdot n-1} + \frac{n-2p}{1 \cdot 2 \cdot 3 \cdot n-2} - \frac{n-3p}{1 \cdot 2 \cdot 3 \cdot 4 \cdot n-3} +$ &c. Cette erreur, à ce que je m'en puis souvenir, vient de ce qu'en faisant le calcul j'avois mis sur la table seulement ces derniers facteurs des termes de chaque fraction, pour marquer la loi de la progression qu'il y a entre les termes de cette suite ; d'où il est arrivé qu'ensuite ne me souvenant plus de la vraye solution, j'ai laissé échaper les autres facteurs. Vous verrés que cette formule ainsi corrigée conviendra exactement avec la vôtre. Le nombre $\frac{6905682378718 9827}{24134781762153 5625}$ que vous donnés pour le cas de $n = 52$ & $p = 4$ n'est pas encore le juste, il faut selon votre formule & la mienne $\frac{6905682370686 9897}{24134781762153 5625} = \frac{7672980411874 433}{26816424180170625}$. La methode dont je me suis servi pour trouver cette formule est la même que celle dont je m'étois servi autrefois dans mes Remarques latines pour la résolution du cas particulier de $p = 1$.

Je suis fâché que les suites $1 \times \overline{p^{2k-2tt} + q^{2k-2tt}} + h \times \overline{p^{2k-2tt-1}q + q^{2k-2tt-1}p} + \frac{h.h-1}{1.2} \times \overline{p^{2k-2tt-2}qq + q^{2k-2tt-2}pp} + \frac{h.h-1.h-2}{1.2.3} \times \overline{p^{2k-2tt-3}q^3 + q^{2k-2tt-3}p^3}$ + &c. jusqu'à $\frac{h.h-1.h-2\ldots h-k+tt+1}{1.2.3\ldots k-tt} \times pq^{k-tt} \times \frac{p^{tt+m}q^{tt}}{r^h}$, & $1 \times \overline{p^{2k-2tt-2n} + q^{2k-2tt-2n}} + h \times \overline{p^{2k-2tt-2n-1}q + q^{2k-2tt-2n-1}p} + \frac{h.h-1}{1.2} \times \overline{p^{2k-2tt-2n-2}qq + q^{2k-2tt-2n-2}pp}$ + &c. jusqu'à $\frac{h.h-1.h-2\ldots h-k+tt+n+1}{1.2.3\ldots k-tt-n} \times pq^{k-tt-n} \times \frac{p^{tt+n}q^{tt+n}}{r^h}$ que j'ai données pour déterminer la durée des parties que l'on joue en rabattant, ne vous ayent point été assés intelligibles. Il est dans ces sortes de matieres quelquefois difficile de se faire bien entendre, sur-tout quand on ne prend pas garde d'éviter toutes les ambiguités qui s'y peuvent rencontrer, comme je croi qu'il m'est arrivé ; car il me semble que la cause pour quoi vous ne m'avés pas entendu, consiste uniquement en ce que j'ai dit, qu'il faut mettre pour t toutes les valeurs qu'il peut avoir depuis o jusqu'au plus grand, en quoi il y a un peu d'ambiguité que j'aurois évité en mettant dans la formule pour t une autre lettre, par exemple v, & en disant que dans l'application il faut mettre pour v successivement 0, 1, 2, 3, 4, &c. jusquà t, qui exprime le nombre de fois que s est contenu dans k. Pour vous en donner un plus grand éclairçissement, je vais vous montrer comment j'ai tiré de ces suites une regle generale pour les parties qui se jouent à un jeu égal, laquelle j'appliquerai ensuite à quelques cas particuliers de sept parties. Il est clair que lorsque $p = q = 1$, & $r = p + q = 2$, ces deux suites se changent en celles-ci, $1 \times 2 + h \times 2 + \frac{h \cdot \overline{h-1}}{1 \cdot 2} \times 2 + \frac{h \cdot \overline{h-1} \cdot \overline{h-2}}{1 \cdot 2 \cdot 3} \times 2 +$ &c. jusqu'à $\frac{h \cdot \overline{h-1} \cdot \overline{h-2} \ldots \overline{h-k+vs+1}}{1 \cdot 2 \cdot 3 \ldots \overline{k-vs}} \times 1$, le tout divisé par 2^h, & $1 \times 2 + h \times 2 + \frac{h \cdot \overline{h-1}}{1 \cdot 2} \times 2 + \frac{h \cdot \overline{h-1} \cdot \overline{h-2}}{1 \cdot 2 \cdot 3} \times 2 +$ &c. jusqu'à $\frac{h \cdot \overline{h-1} \cdot \overline{h-2} \ldots \overline{h-k+vs+n+1}}{1 \cdot 2 \cdot 3 \ldots \overline{k-vs-n}} \times 1$. Le tout divisé par 2^h (je mets ici v au lieu de t, par la raison que je viens de dire.) Or les termes de ces suites ne sont autre chose que ceux de la bande perpendiculaire du triangle arithmetique de M. Pascal, dont le quantiéme est exprimé par $h + 1$, multipliés chacun par 2, hormis le dernier; d'où il suit que leurs sommes sont justement les sommes d'autant de termes de la bande suivante, dont le quantiéme est $h + 2$; puisque donc le nombre des termes de la premiere suite est $k - vs + 1$, & celui de la seconde $k - vs - n + 1$, les sommes de toutes les valeurs possibles de ces deux suites, en prenant pour v successivement 0, 1, 2, 3, 4, &c. jusqu'à t, seront $[\overline{k+1}] + [\overline{k-s+1}] + [\overline{k-2s+1}] + [\overline{k-3s+1}]$ + &c. Et $[\overline{k-n+1}] + [\overline{k-s-n+1}] + [\overline{k-2s-n+1}] + [\overline{k-3s-n+1}]$ + &c. Par cette marque arbitraire $[\overline{k+1}]$ j'entens la somme d'autant de premiers termes de la bande perpendiculaire qui respond au quantiéme $h + 2$, qu'il y a d'unités dans $k + 1$. La difference de ces deux sommes $[\overline{k+1}] - [\overline{k-n+1}] + [\overline{k-s+1}] - [\overline{k-s-n+1}] + [\overline{k-2s+1}] - [\overline{k-2s-n+1}]$ + &c. divisée par 2^h exprimera le sort de celui qui parieroit que Pierre gagnera la partie au moins en h coups. Pour appliquer ceci à quelques cas particuliers ; supposons, par exemple, qu'on joue pour sept parties, & qu'on veuille sçavoir combien on pourroit parier au commencement du jeu qu'un des Joueurs, par exemple Pierre, gagnera la partie au moins en 35 coups. L'on aura $m = n = 7$, $s = m + n = 14$, $h = 35 = 7 + 2k$: donc k sera $= 14$, & $t = 1$; & la formule $[k+1] - [k-n+1] + [k-s+1] -$ &c. divisée par 2^h se changera en celle-ci $[15] - [8] + [1]$ divisée par 2^{35}, ce qui montre qu'il faut diviser la somme du 15, 14, 13, 12, 11, 10, 9ᵉ & 1ᵉʳ terme de la 37ᵉ bande perpendiculaire, c'est à dire 8338160273, par 2^{35} pour avoir le sort de celui qui parieroit que Pierre aura gagné au moins en 35 parties, & qu'il la faut diviser par 2^{34} pour avoir le sort de celui qui parieroit que le jeu sera fini en 35 parties, conformément à votre calcul ; mais pour 37 parties je trouve qu'il faut $\frac{35102333827}{2 \times 34359738368}$, & non $\frac{35103333817}{2 \times 34359738368}$, comme vous avés écrit par mégarde. Si l'on suppose que $m = 5$, $n = 9$, $s = 14$, & $h = 35$, c'est à dire, que Pierre ait déja gagné deux parties, & qu'on veuille sçavoir la probabilité qu'il y a que Pierre ou Paul gagnera la partie en 35 coups, on trouvera $[16] - [7] + [2]$ divisé par 2^{35} ou $\frac{13914410549}{34359738368}$ pour le sort de celui qui parieroit que Pierre gagnera la partie en 35 coups, & $[14] - [9]$ divisé par 2^{35} ou $\frac{4511602732}{34359738368}$ pour le sort de celui qui parieroit que Paul la gagnera en 35 coups. La somme de ces deux sorts $\frac{18426013281}{34359738368}$ exprimera le sort de celui qui parieroit que la partie sera décidée en 35 coups, ce qui fait voir qu'il y auroit de l'avantage. Je crois que cela suffira pour vous faire entendre le sens de ma formule : passons à d'autres choses.

Comme vous m'avés invité de rendre publique ma solution de votre Problême sur la Loterie de Loraine, je l'ai envoyée à M. Varignon il y a quatre mois pour la faire inserer dans le Journal des Sçavans, où elle parut le treiziéme Juillet, ce que vous ſçaurés peut-être déja. Pour ce qui eſt de votre ſolution, j'ai remarqué qu'outre que votre Anagramme *4a*, *5e*, *5i*, *13o*, *3u*, *2l*, *2n*, *2p*, *4s*, 3 . 2, *c*, *d*, *m*, *r*, ne convient pas exactement à ces mots : *20000 moins un diviſe par 20000 élevé à l'expoſant 20000*, il faut encore ajoûter, *multiplié par 500000*; car l'Anagramme n'auroit aucun ſens juſte, & ne donneroit point la valeur cherchée 184064. De plus ce que vous dites que la ſolution de ce Problême n'eſt qu'un cas particulier de la formule $\overline{m-1}^{p-q} \times p \times \frac{p-1}{2} \times \frac{p-2}{3} \times \frac{p-3}{4} \times$ &c. diviſé par m^p, eſt ſeulement vrai lorſque le nombre qui exprime combien de billets on doit prendre, afin que n'ayant gagné aucun lot dans tous ces billets, on puiſſe reprendre ſon argent, eſt juſtement une partie aliquote du nombre de tous les billets; car pour réduire les cas où cela ne ſe trouve pas au Problême ſur les dés, pour amener un certain nombre de points, il faudroit ſuppoſer que chaque dé ait pluſieurs faces marquées du point qu'on ſe propoſe d'amener, c'eſt à quoi votre formule ne s'étend point. Mais à quoi ſert-il d'aller chercher ſi loin la maniere de réſoudre ce Problême, ne voit-on pas d'abord & plus aiſément qu'il n'eſt qu'un cas particulier de la propoſition 44 (*a*) de votre Livre ?

Je ſuis ſurpris, Monſieur, de voir vos objections contre mes Remarques ſur les Jeux dans leſquels la main tourne de l'un à l'autre; il me ſemble que vous avés bien tort de m'oppoſer des choſes qui ſont auſſi-bien contre vous que contre moi; car ſi vous êtes en état de ſuppoſer, par exemple au Lanſquenet, que le nombre des Joueurs & des miſes ſoit toujours le même, & que le jeu continue tant que Pierre aura la main, pourquoi ne me ſeroit-il pas permis de ſuppoſer encore la même choſe, même après que Pierre aura perdu la main ? Vous dites qu'on ne peut rien dire d'utile & de certain ſur ces Jeux, parceque le nombre des miſes & des Joueurs y peut toujours varier : cela eſt vrai, & c'eſt auſſi la raiſon pourquoi

(*a*) Voyés pag. 228.

on doit faire une certaine hypotheſe à laquelle on puiſſe s'en tenir dans le calcul. J'ai donc fait cette hypotheſe, ſçavoir que l'on continue à jouer lorſqu'on vient de perdre la main, parcequ'elle eſt plus naturelle & plus conforme à ce qui arrive ordinairement, que la vôtre qui ſuppoſe que le jeu continue tant que Pierre aura la main, ce qui eſt une condition qui ne ſe pratique guere entre les Joueurs, ſur-tout quand ils ſçavent qu'il eſt avantageux d'avoir la main. Mais vous m'oppoſés encore que, par exemple au Treize, celui qui quitte la main n'eſt point obligé de continuer à jouer, à quoi je réponds qu'un honnête homme s'y doit tenir obligé, quoiqu'on ne ſoit pas expreſſément convenu de cela; car il eſt certain qu'ordinairement on commence le jeu dans le deſſein de faire un aſſés grand nombre de parties, & non de finir auſſi-tôt après le 1er coup, ce qui engage tacitement les Joueurs de continuer le jeu pendant un certain temps. Il ne ſeroit donc pas permis de quitter le jeu après avoir eu l'avantage de la main, à moins qu'on ne veuille paſſer pour un homme qui ſonge plûtôt à attraper l'argent des autres qu'à les divertir. Vous voyés par là, Monſieur, que vous n'auriés pas mal fait de faire entrer en conſideration, non ſeulement l'avantage qu'on a en conſervant la main; mais auſſi le deſavantage qu'on a en la perdant.

Comme je n'entends pas bien les regles du Lanſquenet, ni ce qu'on appelle réjouiſſance, arroſer, cartes de repriſe, &c. je n'ai pû examiner s'il y pouvoit avoir des cas où celui qui eſt à la gauche de Pierre auroit de l'avantage, comme vous dites qu'il vous a été propoſé par un de vos amis. Mais pour ce qui de l'autre Problême que ce Geometre vous a propoſé, je l'ai réſolu generalement dans tous ſes trois points. Soit nommé n le nombre des parties qu'il faut gagner de ſuite, ou le nombre des Joueurs moins un; Pierre & Paul deux Joueurs qui ſe ſuivent immédiatement dans l'ordre de jouer; en ſorte que Paul, par exemple, entre au jeu immédiatement après Pierre; a la probabilité qu'il y a que Pierre gagnera la poulle; b la robabilité qu'il y a que Paul la gagnera; A l'avantage ou

le

le desavantage de Pierre ; B l'avantage ou le desavantage de Paul, je trouve generalement $b = \frac{a \times 2^n}{1 + 2^n}$, & $B = \frac{\overline{A + a \times 2^n - nb}}{1 + 2^n}$. La premiere de ces deux équations montre qu'il y a à parier $1 + 2^n$ contre 2^n que Pierre gagnera la poulle plûtôt que Paul, ce qui donne dans le cas particulier de $n = 2$, cinq contre quatre, ainsi que vous l'avés trouvé. Il est aisé de trouver par ces deux équations ou Theorêmes, l'avantage ou le desavantage de chaque Joueur, & la probabilité que chacun a de gagner la poulle, car la somme des avantages & des desavantages de tous les Joueurs ensemble doit être égale à zero ; comme aussi la somme des probabilités qu'ils ont de gagner la poulle, doit faire une certitude entiere ou 1. Par exemple dans le cas des trois Joueurs ou de $n = 2$, on trouve d'abord que la probabilité de gagner qu'ont le premier & le second, c'est à dire ceux qui jouent les premiers, est $= \frac{5}{14}$, & que celle qu'a le troisiéme ou celui qui entre au jeu le dernier, est $= \frac{2}{7}$, ayant substitué ces valeurs dans la seconde équation, & ayant nommé x l'avantage ou le desavantage du premier, celui du second sera aussi $= x$, & celui du troisiéme $= \frac{\overline{x + \frac{5}{14}} \times 4 - 2 \times \frac{2}{7}}{5} = \frac{4x + \frac{6}{7}}{5}$, à quoi, si l'on ajoute $2x$, on aura $\frac{14x + \frac{6}{7}}{5} = 0$; d'où l'on tire $x = -\frac{5}{49}$, ce qui fait voir que les deux premiers ont du desavantage, & que l'avantage du troisiéme est $= \frac{6}{49}$, ainsi que vous l'avés trouvé par une voye fort differente de celle-ci. J'ai aussi fait l'application pour les cas de quatre & de cinq Joueurs, & j'ai trouvé que dans une poulle à 4 Joueurs le desavantage des deux premiers est $= -\frac{2700}{22201}$, l'avantage du troisiéme $= \frac{2176}{22201}$, & l'avantage du quatriéme $= \frac{4224}{22201}$; mais à cinq Joueurs le desavantage des deux premiers est $= -\frac{24059828}{131079601}$, le desavantage du 3e $= -\frac{2402712}{131079601}$, l'avantage du quatriéme $= \frac{16789760}{131079601}$, & celui du cinquiéme $= \frac{23732608}{131079601}$. Pour ce qui eſt du dernier point de ce Problême, ſçavoir combien la poulle doit naturellement durer de parties, j'en ai trouvé une formule generale qui exprime la probabilité qu'il y a qu'elle ſera décidée au moins en p parties, la voici : $\frac{p+1}{1 \cdot 2^n} - \frac{p-n \cdot p-n+3}{1 \cdot 2 \cdot 2^{2n}} +$

$$\frac{p-2n \cdot p-2n+1 \cdot p-2n+5}{1 \cdot 2 \cdot 3 \cdot 2^{3n}} - \frac{p-3n \cdot p-3n+1 \cdot p-3n+2 \cdot p-3n+7}{1 \cdot 2 \cdot 3 \cdot 4 \cdot 2^{4n}}$$

$$+ \frac{p-4n \cdot p-4n+1 \cdot p-4n+2 \cdot p-4n+3 \cdot p-4n+9}{1 \cdot 2 \cdot 3 \cdot 4 \cdot 5 \cdot 2^{5n}} - \text{\&c.}\ ^*$$

Il faut prendre autant de termes de cette ſuite qu'il y a d'unités dans $\frac{p+n}{n}$. Ou ſi vous aimés mieux des ſuites telles que vous en avés donnés pour trois & quatre Joueurs, voici une methode generale de les trouver. Il faut conſtruire une ſuite de fractions, dont les dénominateurs croiſſent en raiſon double, & dans laquelle le premier terme ſoit $\frac{1}{2}$ élevé à $n-1$, c'eſt à dire, à l'expoſant exprimé par le nombre des Joueurs moins 2, & le numerateur de chaque autre terme la ſomme des numerateurs d'autant de termes précedens qu'il y a d'unités dans $n-1$. Cela étant fait, les ſommes des termes de cette ſuite donneront les termes de la ſuite cherchée ; ſçavoir, le premier terme ſera auſſi le premier de la ſuite cherchée, la ſomme des deux premiers ſera le ſecond terme, la ſomme des trois premiers ſera le troiſiéme terme, celle des quatre premiers le quatriéme, & ainſi de ſuite. Par cette maniere on trouvera pour cinq Joueurs cette ſuite $\frac{1}{8}$, $\frac{3}{16}$, $\frac{8}{32}$, $\frac{20}{64}$, $\frac{47}{128}$, $\frac{107}{256}$, $\frac{238}{512}$, $\frac{520}{1024}$, $\frac{1121}{2048}$, $\frac{2391}{4096}$, &c. dont les termes ſont les ſommes de celle-ci $\frac{1}{8}$, $\frac{1}{16}$, $\frac{2}{32}$, $\frac{4}{64}$, $\frac{7}{128}$, $\frac{13}{256}$, $\frac{24}{512}$, $\frac{44}{1024}$, $\frac{81}{2048}$, $\frac{149}{4096}$, &c. dans laquelle chaque numerateur eſt la ſomme de trois précedens. Je m'étonne qu'en donnant vos deux ſuites pour le cas de trois & de quatre Joueurs vous n'ayés pas obſervé la progreſſion qu'il y a entre ces ſuites,

* *Nota.* Les nombres formés de cette maniere ont pluſieurs proprietés très ſingulieres, Monſieur de Caſſini en a donné quelques-unes, & les a appliqué à la Theorie des Planettes.

& qu'au contraire il vous ait paru trop difficile ou trop pénible de les continuer pour un plus grand nombre de Joueurs; mais je ne m'étonne pas que vous ayés trouvé la même difficulté en voulant chercher le sort des Joueurs, lorsqu'il y en a plus que trois, car il est extrêmement difficile de le trouver par la voye des suites infinies, comme vous avés fait pour le cas de trois Joueurs; & si je n'avois pas trouvé une methode de résoudre ce Problême par l'analyse, il m'auroit été absolument impossible d'en venir à bout. J'aurois bien voulu vous faire part de cette methode; mais comme elle seroit trop longue pour la mettre ici, & que j'aurois de la peine à me faire bien entendre, je vous laisserai le plaisir de la trouver par vous-même.

Je crois bien, Monsieur, que vous n'avés encore pû résoudre ce Problême, *tirant d'un jeu de cartes un certain nombre de cartes, sçavoir en combien de façons on peut amener un certain point à volonté*, qu'en supposant qu'il n'y aït ni Valets, ni Dames, ni Rois; car ces trois especes de cartes étant comptées pour un dix ou pour quelqu'autre point, font qu'il n'y a pas un égal nombre d'as, de deux, de trois, de quatre, &c. Or il est fort mal-aisé de trouver pour cette supposition une formule generale; & l'on ne sçauroit prendre une meilleure route pour résoudre ce Problême en general, que de chercher premierement toutes les dispositions differentes des nombres qui peuvent former le point proposé, & ensuite combien il y a de cas ou chacune de ces dispositions en particulier peut arriver: Par exemple, si l'on veut sçavoir combien il y a de cas pour amener le point 12 en trois cartes, il faut chercher d'abord toutes les differentes manieres par lesquelles on peut partager le nombre 12 en trois parties, dont chacune soit un nombre entier, on en trouvera douze, sçavoir 1.1.10; 1.2.9; 1.3.8; 1.4.7; 1.5.6; 2.2.8; 2.3.7; 2.4.6; 2.5.5; 3.3.6; 3.4.5; & 4.4.4. Si l'on veut maintenant supposer que generalement le nombre des as soit $= a$, celui des deux $= b$, celui des trois $= c$, celui des quatre $= d$, &c. on aura

$\frac{a \cdot a-1}{1 \cdot 2} \times k$ pour le nombre qui exprime en combien de façons la premiere de ces dispositions 1 . 1 . 10 peut arriver; $a \times b \times i$ pour le nombre des cas de la seconde disposition 1 . 2 . 9; $a \times c \times h$ pour celui de la troisiéme 1 . 3 . 8; $a \times d \times g$ pour celui de la quatriéme 1 . 4 . 7; $a \times e \times f$ pour celui de la cinquiéme 1 . 5 . 6; $\frac{b \cdot b-1}{1 \cdot 2} \times h$ pour celui de la sixiéme 2 . 2 . 8, & ainsi de suite.

Je trouve fort juste le sentiment que vous donnés sur le Livre intitulé *Traité du Jeu*, dont l'Auteur est Mr Barbeyrac, qui est à présent Professeur en Droit à Lausanne en Suisse; mais votre critique sur l'exemple particulier que vous allegués ne me paroît pas bien fondé. Pour moi je suis plûtôt du sentiment de l'Auteur que du vôtre; car il est évident qu'entre deux Joueurs celui qui joue deux coups contre l'autre un, & met aussi deux écus contre un, peut être consideré comme deux personnes, dont chacune joue un coup, & met au jeu un écu; or comme dans ce dernier cas il n'y a point d'inégalité, il n'y en aura pas non plus dans le premier. Ce que vous avés trouvé que si l'on joue avec un dé, dont le nombre des faces soit p, à qui amenera le plus haut point, celui qui jouant deux coups contre un, parie seulement deux contre un, a de l'avantage, & que cette avantage est $\frac{p-1}{2pp}$, vient de ce que vous avés supposé que chacun retire son argent, lorsque celui qui joue deux coups, que je nommerai Pierre, amene un point égal à celui de son antagoniste, qui soit appellé Paul, soit qu'il le fasse toutes les deux fois de suite, ou seulement une fois, au lieu que dans ce dernier cas vous auriés dû supposer que les deux Joueurs Pierre & Paul partagent l'argent également; car Paul en amenant le même point que Pierre, acquiert le même droit que lui, & Pierre perd la prérogative qu'il avoit auparavant. Si l'on veut neanmoins faire une autre supposition que celle-là, qui me semble être la plus naturelle, ce sera selon cette supposition que se changera aussi le sort des Joueurs. Pour le trouver generalement, soit nommé x l'avantage de Pierre, y son avantage quand il n'amene qu'une fois le même point que Paul, & z son avantage lorsqu'il amene toutes les deux fois le même point que Paul ; on trouvera $x = \frac{2z + 2py - 2y + p - 1}{2pp}$. Si l'on met $z = y = 0$, qui est votre hypothese, on aura $x = \frac{p - 1}{2pp}$, ainsi que vous l'avés trouvé. Si $z = y = -\frac{1}{2}$, c'est à dire, si l'on suppose que les Joueurs partagent l'argent du jeu également, quand ils amenent tous deux un point égal, soit que Pierre le fasse une ou deux fois, Pierre aura du desavantage, & ce desavantage sera $= -\frac{1}{2pp}$. Si $z = y = x$, c'est à dire si l'on suppose que les Joueurs, après avoir amené le même point, recommencent le jeu, l'égalité trouvée se changera en celle-ci $x = \frac{2px + p - 1}{2pp}$, ce qui donnera $x = \frac{1}{2p}$. Enfin si $z = 0$, & $y = -\frac{1}{2}$, qui est la supposition dont j'ai parlé ci-dessus, on trouvera $x = 0$, ce qui montre qu'alors Pierre n'auroit ni avantage ni desavantage, conformément à ce qui a été dit par notre Auteur, qui par consequent a pû soutenir avec raison qu'un Joueur qui joue deux coups pendant que l'autre n'en joue qu'un, doit mettre double contre simple. Il y a cependant un autre endroit qui fait voir que cet Auteur n'entend pas assés bien ces choses ; c'est à la page 122, où il cite fort mal à propos, à ce qui me semble, ces paroles de M. de Fontenelle dans l'éloge de feu mon Oncle : *Il est à remarquer que souvent les avantages ou les forces sont incommensurables, de sorte que les deux Joueurs ne peuvent jamais être parfaitement égalés*, lesquelles ne prouvent pas ce que l'Auteur avoit intention de prouver ; car pour en comprendre bien le sens, & ce que M. de Fontenelle a voulu dire, il faut sçavoir que feu mon Oncle a laissé, outre le Traité Latin *De Arte conjectandi*, un autre Manuscrit écrit en François, dans lequel il traite du Jeu de Paume en particulier, & où il a résolu plusieurs questions que l'on peut former sur ce Jeu, dont ces deux sont les principales. 1°. Si l'on suppose les Joueurs inégaux, on demande quel avantage le plus fort doit accorder à l'autre pour que le jeu soit égal ou réciproquement. 2°. Si l'on suppose que l'un ait accordé un certain avantage, & que par là leur sort soit fait égal, on demande de combien il est plus fort, ou quelle raison il y a entre leurs habilités ; & c'est dans ce dernier Problême qu'il a trouvé que leurs forces ou habilités seront incommenſurables, & qu'on ne ſçauroit exprimer par aucun nombre la raiſon qu'il y a entr'elles. Je m'étonne que vous n'ayés point parlé de ce Jeu dans votre Livre. Il eſt vrai que, la recherche des Problêmes ſemblables n'eſt pas facile, mais elle eſt fort curieuſe, & ne manque pas d'uſage. En voilà quelques-uns dont vous pourrés chercher la ſolution pour voir ſi elle s'accordera avec celle de mon Oncle. 1. *Pierre & Paul jouent à la Paume en quatre parties liées, Pierre eſt deux fois plus habile que Paul, on demande quel avantage Pierre doit accorder à Paul?* 2. *Pierre accorde à Paul demi-trente, on demande de combien il eſt plus habile que Paul?* 3. *Pierre accorde à Paul demi-30, & à Jean quarante-cinq, on demande combien Paul peut accorder à Jean?* 4. *Pierre & Paul jouent enſemble contre Jean, & leurs forces reſpectives ſont comme 1. 2. 3, on demande combien ce dernier peut accorder aux deux premiers?*

J'ai auſſi réſolu le Problême ſur le Her dans le cas le plus ſimple, voici ce que j'ai trouvé. Si l'on ſuppoſe que chacun des Joueurs obſerve la conduite qui eſt la plus avantageuſe pour lui, il faut que Paul ne s'en tienne qu'à une carte qui ſoit plus haute qu'un ſept, & Pierre à une qui ſoit plus haute qu'un huit, & l'on trouvera que dans cette ſuppoſition le ſort de Pierre ſera au ſort de Paul comme 2697 à 2828. Si l'on ſuppoſe que Paul s'en tienne auſſi à un ſept, alors Pierre doit s'en tenir à un huit, & leurs ſorts ſeront encore comme 2697 à 2828. Il eſt neanmoins plus avantageux pour Paul de ne pas s'en tenir à un ſept que de s'y tenir, ce qui eſt une énigme que je vous laiſſe à developper.

Votre formule $\frac{p-1}{2p-1}$ pour le jeu des Tas, lorſque les Tas ne ſont que de deux cartes, & qu'il n'y a que 2 as, 2 deux, 2 trois, 2 quatre, &c. eſt très juſte; mais je voudrois ſçavoir comment vous l'avés trouvée, je ne l'ai encore pû trouver autrement que par induction, en mettant pour le nombre des tas ſucceſſivement 2, 3, 4, 5, &c.

Vous ferés bien, Monſieur, quand vous donnerés une nouvelle Edition de votre Livre d'en changer l'ordre, & de raſſembler dans la premiere partie la matiere des combinaisons ; vous y pourrés ajoûter quantité de propositions, & traiter cette matiere plus amplement que vous n'avés fait dans la premiere Edition. Mon Oncle, qui vous fait ses baisemains, veut bien permettre, & moi j'y consens aussi, que vous inseriés dans cette nouvelle Edition nos Lettres, si vous trouvés qu'elles puissent donner quelque lumiere à vos belles découvertes. Je trouve fort conforme à la verité ce que vous dites, que les démonstrations touchant les nombres & les combinaisons, sont beaucoup plus embarrassantes que ne sont les démonstrations de Geometrie, & qu'on peut souvent plus facilement les avoir dans l'esprit que les mettre sur le papier. Je suis fort content de la démonstration que vous donnés dans votre Lettre de la formule, *page 99, Proposition 14* (a).

Mais il n'en est pas de même de celle que vous donnés, *page 88*, (b) pour démontrer la proprieté la plus principale des nombres figurés ; cette démonstration, & toutes celles qu'on a données jusqu'ici pour cette fin, quoique très justes, font toutes voir qu'on a prévû cette proprieté, & ont besoin de l'induction, au moins au commencement ; il faut dans ces sortes de matieres, pour contenter entierement notre esprit, non seulement démontrer qu'ayant trouvé par hazard qu'une certaine proprieté convient, par exemple, aux premiers termes d'une suite, elle doive avoir lieu par necessité dans les termes suivans ; mais il faut encore montrer le chemin par lequel on puisse parvenir à la découverte de cette proprieté. Ainsi pour démontrer le Corollaire 4, *page 91*, (c) il vous a fallu démontrer auparavant le Lemme précedent ; mais vous ne montrés pas comment vous êtes parvenu à la connoissance de ce Lemme, lequel vous n'auriés peut-être pas trouvé, si vous n'aviés pas sçû auparavant les formules des nombres figurés. C'est pourquoi je vous ferai part ici d'une methode que j'ai depuis quelques années de trouver les formules & les sommes des nombres figurés par la pure Analyse, sans supposer rien de connu touchant la forme de leurs expres-

(a) Voyés page 44.
(b) Voyés page 10.
(c) Voyés page 13.

sions. Cette methode est fort singuliere & d'autant plus curieuse qu'elle se sert du calcul differentiel, la voici. Soit proposé de trouver, par exemple, la somme des nombres triangulaires, ou la formule des nombres pyramidaux, je multiplie ces nombres 1, 3, 6, 10, 15, 21, &c. par les termes de cette progression geometrique 1, x, xx, x^3, x^4, &c. Cela étant fait j'aurai cette suite 1, $3x$, $6xx$, $10x^3$, $15x^4$, &c. laquelle je décompose en ces suites.

A 1, $2x$, $3xx$, $4x^3$, $5x^4$, &c.
B x, $2xx$, $3x^3$, $4x^4$, &c.
C xx, $2x^3$, $3x^4$, &c.
D x^3, $2x^4$, &c.
E x^4, &c.

Or je trouve de la même maniere que vous avés fait dans votre Lettre pour trouver la somme de cette suite $m + 2mm + 3m^3 + 4m^4$, &c. qu'en mettant p pour le nombre des termes la suite A est $= \frac{1 - \overline{p+1}\, x^{p+1} + px^{p+2}}{1 - 2x + xx}$, $B = \frac{x - px^{p+1} + \overline{p-1}\, x^{p+2}}{1 - 2x + xx}$, $C = \frac{xx - : \overline{p-1}\, x^{p+1} + \overline{p-1}\, x^{p+2}}{1 - 2x + xx}$. $D = \frac{x^3 - : \overline{p-2}\, x^{p+1} + \overline{p-3}\, x^{p+2}}{1 - 2x + xx}$, &c. & que la somme de toutes ces suites $A + B + C + D$, &c. sera $= \frac{2 - : \overline{pp+3p+2}\, x^{p+1} + \overline{2pp+4p}\, x^{p+2} - : \overline{pp+p}\, x^{p+3}}{2 - 6x + 6xx - 2x^3}$, laquelle en mettant $x = 1$ donnera la somme des nombres triangulaires; or dans cette supposition de $x = 1$ les deux termes de cette fraction s'évanouissent; c'est pourquoi en me servant de la regle de mon Oncle, que feu Monsieur le Marquis de l'Hôpital a inseré dans son Analyse des infiniment petits, *page* 145; & en differentiant trois fois de suite le numerateur & le dénominateur, je trouve pour

pour la somme cherchée $\frac{1}{12} \times \overline{p^5 + 3p^4 + p^3 - 3pp - 2px}^{p-2}$ $+ \frac{1}{12} \times \overline{2p^5 - 10p^4 + 16p^3 + 8ppx}^{p-1} - \frac{1}{12} \times \overline{p^5 + 7p^4 + 17p^3 + 17pp + 6px}^{p}$, ou en mettant 1 pour x, & en divisant ensuite le numerateur & le dénominateur par -2, $\frac{p^3 + 3pp + 2p}{6}$ $= \frac{p \cdot p+1 \cdot p+2}{1 \cdot 2 \cdot 3}$, ce qu'il falloit trouver. La formule des nombres pyramidaux étant ainsi trouvée, on trouvera par la même maniere celle des triangulo pyramidaux, & ainsi de suite toutes les formules des nombres figurés. Il seroit inutile & trop long d'en faire ici l'épreuve par le calcul. Je finis en vous assurant que je suis avec toute la consideration possible,

MONSIEUR,

Votre très humble & très obéissant Serviteur,

N. BERNOULLY.

Lettre de M. de M... à M. (Nicolas) Bernoulli.

A Paris le premier Mars 1712.

LA Lettre que vous avés pris la peine de m'écrire, Monsieur, dattée du 13 Novembre, est remplie de choses admirables. Les affaires que j'ai à Paris ne m'ont point laissé depuis que j'y suis, & ne me laisseront point tant que j'y resterai la liberté d'esprit nécessaire pour examiner toutes les beautés de votre Lettre. Ainsi en attendant que par mon retour à Montmort j'aye recouvré ce loisir & cette tranquillité d'esprit que j'estime tant, & dont j'ai d'ailleurs absolument besoin pour vous suivre dans vos méditations

Vu

algebriques. Je me bornerai dans celle-ci à vous faire part des réflexions de deux de mes amis que j'ai laissé à Montmort, & que j'avois fort invité, en les quittant, à examiner les Problêmes que vous proposés sur la Paume, & ce que vous dites touchant le Her; j'y joindrai celles que j'ai faites assés legerement sur quelques endroits de votre Lettre.

Or afin que vous sçachiés, Monsieur, à qui vous avés à faire, & qui sont ces Messieurs qui pleins d'admiration pour vos talens, osent cependant ne se point soumettre à vos décisions; vous sçaurés que l'un des deux s'appelle Mr l'Abbé de Monsoury. Nous sommes voisins à la campagne, son Abbaye n'est qu'à une lieue & demie de Mongmort. L'autre se nomme Mr Waldegrave. C'est un Gentilhomme Anglois, frere de feu Milord Waldegrave, qui avoit épousé une fille naturelle du Roy Jacques. Lorsque je travaillai sur le Her il y a quelques années, je fis part à M. l'Abbé de Monsoury de ce que j'avois trouvé; mais ni mes calculs ni mes raisonnemens ne purent le convaincre. Il me soutint toujours qu'il étoit impossible de déterminer le sort de Pierre ni celui de Paul, parcequ'on ne pouvoit déterminer à quelle carte Paul devoit s'y tenir, sans sçavoir à quelle carte Pierre doit s'y tenir, *& vice versa*, ce qui faisoit un cercle, & rendoit à son avis la solution impossible. Il ajoûtoit quantité de raisonnemens subtils qui me firent un peut douter que j'eusse attrapé la verité. J'en étois là lorsque je vous ai proposé d'examiner ce Problême, mon but étoit de m'assurer par vous de la bonté de ma solution, sans avoir la peine de rappeller mes idées là-dessus qui étoient entierement effacées. J'ai vû avec plaisir que vous avés trouvé comme moi que Paul ne pouvoit mieux faire que de se tenir à un huit quelque parti que prît Pierre; & que Pierre, lorsque Paul s'y tient, ne pouvoit mieux prendre son parti qu'en se tenant seulement au neuf, quelque parti que Paul eût pris; & que dans cette supposition que Pierre & Paul prissent l'un & l'autre le parti qui leur est le plus avantageux, le sort de Paul étoit au sort de Pierre :: 2828 . 2697. L'honneur que votre décision a fait à ma solution, a donné lieu à nos Messieurs, & sur tout à M. l'Abbé de Monsoury, d'examiner à fond ce Problême. Voici ce qu'ils m'ont écrit là-dessus il y a plus d'un mois.

„ Pour vous rendre compte, Monsieur, du jugement
„ que M. l'Abbé & moi nous avons osé prononcer contre
„ M. Bernoulli au sujet de sa solution sur le Her; il n'est
„ pas vrai, selon nous, que Paul ne doive se tenir qu'au
„ huit, & Pierre au neuf. Nous prétendons qu'il est in-
„ different à Paul de changer ou de se tenir au sept, & à
„ Pierre de changer ou de se tenir au huit. Pour le prou-
„ ver, je dois d'abord exposer leur sort dans tous les cas.
„ Celui de Paul ayant un sept, est $\frac{780}{50 \times 51}$ lorsqu'il change,
„ & lorsqu'il s'y tient son sort est $\frac{720}{50 \times 51}$ si Pierre se tient
„ au huit, & $\frac{816}{50 \times 51}$ si Pierre change au huit. Le sort de
„ Pierre ayant un huit est $\frac{150}{23 \times 50}$ s'il s'y tient, & $\frac{210}{23 \times 50}$ s'il
„ change au cas que Paul ne s'y tienne jamais au sept; &
„ $\frac{350}{27 \times 50}$ en s'y tenant, & $\frac{314}{27 \times 50}$ en changeant au cas
„ que Paul se tienne au sept, les voici tous de suite. Les
„ sorts de Paul $\frac{780 \text{ ou } 720 \text{ ou } 816}{50 \times 51}$, ceux de Pierre $\frac{150 \text{ ou } 210}{23 \times 50}$ ou
„ $\frac{350 \text{ ou } 314}{27 \times 50}$.

„ 720 étant plus au dessous de 780 que 816 n'est
„ au dessus, il semble que Paul en doive tirer une raison
„ pour changer au sept. J'appelle ce poids qui porte
„ Paul à changer *A*; de même Pierre de ses differens sorts
„ doit tirer une raison pour changer au huit, j'appelle ce
„ poids *B*. Cela posé, nous disons que les mêmes poids
„ portent Pierre & Paul également aux deux partis :
„ Donc, &c. *A* porte Paul à changer son sept, & par
„ consequent porte Pierre à changer son huit; mais ce qui
„ porte Pierre à changer son huit, porte aussi Paul à se tenir
„ à son sept. Donc *A* porte Paul également à changer son
„ sept, & à s'y tenir. De même *B* porte Pierre à changer
„ son huit, & par consequent Paul à se tenir au sept; mais
„ ce qui porte Paul à garder son sept, porte aussi Pierre
„ à garder son huit, & par consequent porte Paul à changer
„ son sept. Donc *B* porte Paul également à changer & à

„ garder son sept : il en est de même de Pierre. Donc les
„ mêmes poids portent également, &c. Donc il est faux
„ que Paul ne doit se tenir qu'au huit, & Pierre qu'au
„ neuf. Apparemment M. Bernoulli s'est contenté de re-
„ garder les fractions qui expriment les differens sorts de
„ Pierre & de Paul, sans faire attention à la probabilité
„ de ce que l'autre fera.

Ils ont confirmé dans des Lettres posterieures ce qu'ils avancent dans celle-ci, & ajoûtent : *Comme nous ne convenons pas avec M. Bernoulli que Paul ne doive se tenir qu'au huit & Pierre au neuf ; nous n'avons pas cherché l'explication de son énigme que nous croyons fondée sur une fausse supposition.* Ces Messieurs m'ont aussi envoyé de fort longs calculs sur le premier de vos Problêmes sur la Paume : ces calculs sont justes ; mais comme il y a beaucoup de tâtonnement dans leur methode, & que d'ailleurs il s'en manque beaucoup que le Problême ne soit resolu, je ne les mettrai point ici.

Pour moi, Monsieur, avant que d'en entreprendre la solution, j'ai cru devoir vous demander éclaircissement sur ce qui suit.

1°. Quand vous dites *Pierre est deux fois plus habile que Paul*, entendés-vous que Pierre a deux fois plus de facilité que Paul à gagner chaque quinze, ou plus exactement, que les rapports de facilité sont comme 2 . 1.

2°. Par ce mot, *parties de Paume*, entendés-vous des parties composées de six jeux ? Concevés-vous que lorsque Pierre & Paul ont chacun quarante-cinq, ce qui s'appelle être à deux, on remette necessairement en deux quinze, ce qui se pratique ici.

3°. Quand vous dites : *On demande quel avantage Pierre doit faire à Paul :* Demandés-vous combien de quinze ou de fractions de quinze Pierre doit accorder à Paul dans chaque jeu ? Vous sçavés que le plus fort donne souvent pour s'égaler au plus foible des bisques, des jeux entiers, de sauver le premier ou le second, de jouer tout d'un côté, &c. tout cela veut être determiné. Ce ne seroit pas la même chose, par exemple, de donner trois jeux dans chaque partie de ſix jeux, ou 30 dans chaque jeu de la même partie.

4°. Le quatriéme Problême que vous énoncés ainſi : *Pierre & Paul jouent enſemble contre Jean, & leurs forces reſpectives ſont comme* 1 . 2 . 3, *on demande combien ce dernier peut accorder aux deux premiers.* Ce Problême, dis-je, ne ſemble comporter aucune exactitude. Souvent deux perſonnes moins fortes en particulier que Pierre, pourront jouer ſans deſavantage avec lui ; & au contraire deux perſonnes auſſi fortes pourront jouer avec deſavantage, ſelon qu'ils ſçauront ou ne ſçauront pas s'accommoder enſemble, ce qui eſt un talent particulier indépendant de celui de bien jouer étant ſeul.

5°. Quand vous dites au ſecond Problême, *Pierre accorde à Paul demi-trente.* Entendés-vous que Paul aura 30 au premier jeu, & enſuite 15, & ainſi de ſuite 30 & 15 alternativement, ou ſi Paul commencera par avoir 15, & enſuite 30, &c. ce qui ſeroit peut-être fort different.

En vous écrivant ceci, Monſieur, j'ai eu la curioſité de faire quelque tentative ſur vos quatre Problêmes. Voici le chemin que j'ai fait.

Vous ſçavés, Monſieur, que nommant p le nombre des parties qui manquent à Pierre, q le nombre des parties qui manquent à Paul, a le degré de facilité que Pierre a de gagner chaque point ; b le degré de facilité que Paul a de gagner chaque point, & ſuppoſant $p + q - 1 = m$, la formule qui exprime le ſort de Pierre eſt $a^m b^0 + m \cdot a^{m-1} b^1 + \frac{m \cdot m-1}{1 \cdot 2} a^{m-2} b^2 + \frac{m \cdot m-1 \cdot m-2}{1 \cdot 2 \cdot 3} a^{m-3} b^3 +$ &c. & de même que la formule qui exprime le ſort de Paul eſt $b^m a^0 + m b^{m-1} a + \frac{m \cdot m-1}{1 \cdot 2} b^{m-2} a^2 + \frac{m \cdot m-1 \cdot m-2}{1 \cdot 2 \cdot 3} b^{m-3} a^3 +$ &c. qu'il faut continuer la premiere ſuite juſqu'au nombre de termes exprimé par q, & la ſeconde juſqu'au nombre de termes exprimé par p, & diviſer l'une & l'autre par $\overline{a+b}^m$.

J'ai trouvé que ſi l'on veut que lorſqu'il ne manque plus qu'un point à chacun des deux Joueurs, on remette en deux par neceſſité ; ces mêmes formules peuvent encore ſervir avec les deux reſtrictions qui ſuivent, 1°. m doit être $= p + q - 2$, au lieu que l'on ſuppoſoit $m = p + q - 1$. 2°. Il faut multiplier le dernier terme de la ſuite qui exprime le ſort de Pierre, par $\frac{aa}{aa+bb}$; & le dernier terme de la ſuite qui exprime le ſort de Paul, par $\frac{bb}{aa+bb}$.

Enſuite de ces préliminaires j'ai cherché la ſolution de quelques-uns de vos Problêmes, ou d'autres qui y ont rapport, voici ce que j'ai trouvé. 1°. *Pierre joue contre Paul, & il eſt deux fois plus fort : il lui manque quatre points, on demande combien il en doit manquer à Paul, c'eſt à dire, quelle doit être la valeur de* q, p *étant* $= 4$.

Dans la ſuppoſition ordinaire que l'on ne remette point, on a cette équation $4m^3 - 8mm + 14m + 6 = 3^{m+1}$, dont on peut trouver la racine par l'interſection d'une logarithmique & d'une parabole cubique, je trouve $m = 5 + \frac{57}{320}$, ce qui m'apprend que Pierre doit donner à Paul un point, & $\frac{263}{320}$ ſur le 2e point, ce que j'explique en cette ſorte. L'on mettra trois cens vingt jettons dans une bourſe, dont il y en aura 263 blancs & 57 noirs; & il ſera dit que ſi tirant un jetton au hazard on tire un blanc, Pierre donnera deux points à Paul ſur la partie, & que ſi l'on tire un jetton noir, il ne lui en donnera qu'un. On ne peut rendre les ſorts parfaitement égaux qu'en uſant de cette adreſſe, & c'eſt ſeulement de cette maniere qu'il faut expliquer les fractions de choſes qui ne ſe partagent point des coups, des points, &c.

Si l'on veut ſuppoſer que les Joueurs remettront lorſqu'ils ſeront à deux, c'eſt à dire toutes les fois qu'ils auront chacun trois points, comme c'eſt la regle au jeu de la Paume.

On trouve que dans cette ſuppoſition Pierre doit donner à Paul deux points, & $\frac{11}{224}$ ſur le troiſiéme point, pour que le parti ſoit égal, & c'eſt là, ce me ſemble, la ſolution du premier de vos quatre Problêmes.

2°. *Pierre donne à Paul deux points ſur quatre, & outre cela* $\frac{11}{224}$ *ſur le troiſiéme point, on demande de combien il doit être plus fort que Paul pour lui faire cet avantage, on trouve que le rapport cherché de sa force à celle de Paul est renfermé dans cette égalité du sixiéme dégré,*

$$224a^6 + 830a^5b - 1142a^4bb - 1792a^3b^3 - 1568a^2b^4 - 896ab^5 - 224b^6 = 0.$$

D'où l'on tire $a = 2b$.

Si l'on suppose que *Pierre ait raison de donner un point à Paul, & que l'on demande combien il doit être plus fort pour lui faire cet avantage, b étant* $= 1$, je trouve $a = 1 + \sqrt{2}$, c'est à dire que Pierre doit être plus fort que Paul dans la raison de 1 à $\sqrt{2} - 1$; & generalement que si $q = 1$, il faut que Pierre soit plus fort que Paul dans la raison de 1 à $\sqrt[p]{2} - 1$.

3°. J'avois commencé à faire une tentative sur une espece tout à fait pareille au second de vos quatre Problêmes, mais plus simple, voici ce que c'est.

Pierre joue en deux parties liées contre Paul au petit palet, chacune des parties est de deux points. Ils conviennent que Paul aura un point à la premiere partie, qu'il n'en aura point à la seconde, c'est à dire qu'ils la joueront à but; & qu'à la troisiéme, si le jeu n'est pas fini auparavant, Paul aura un point. Cela revient à ce qu'on appelle demi-quinze à la Paume. On demande combien il faut que Pierre soit plus fort que Paul pour lui faire cet avantage. J'ai trouvé que ce Problême dépendoit de la résolution de cette égalité du 7e degré $a^7 + 7a^6b + 5a^5bb - 21a^4b^3 - 29a^3b^4 - 21a^2b^5 - 7ab^6 - b^7 = 0$, ce qui me meneroit à de fort longs calculs. Votre second Problême en demande encore de plus grands, l'égalité étant plus composée; ainsi je vous prie de me dire si vous avés quelqu'autre secret que moi pour éviter la résolution de ces égalités. Ma methode a été de tout temps de me reposer quand j'en suis venu à l'équation, & d'en l'aisser chercher les racines aux curieux. Je n'en changerai que pour vous plaire au cas que vous témoigniés que vous exigés ce sacrifice là de moi; je dis sacrifice, car en verité c'est du plus loin qu'il me souvienne d'avoir résolu des égalités qui excedassent le quatriéme degré, & il me semble que de toutes les occupations c'est la moins agreable.

4°. J'ai fait encore quelques réfléxions ſur le troiſiéme de vos quatre Problêmes, voici celui que je me ſuis propoſé, qui eſt un peu plus ſimple, mais qui renferme la même difficulté.

Pierre jouant contre Paul en deux points lui en peut donner un, Paul jouant contre Jacques lui en peut donner un, on demande combien Pierre en peut donner à Jacques.

J'ai trouvé qu'il devoit lui donner un point & $8\sqrt{2}-11$ ſur le ſecond point, ce que j'explique en cette ſorte: Soit ſuppoſé $\sqrt{2}=\frac{1414}{1000}$, je dis que mettant 125 jettons dans une bourſe, dont il en ait 39 noirs & 86 blancs; ſi l'on tire un jetton au hazard, & qu'il ſe trouve blanc, Pierre doit donner un point ſeulement à Paul, & que s'il ſe rencontre noir il lui en doit donner deux. On voit ici l'exemple d'un cas où il eſt abſolument impoſſible de rendre les partis égaux, quelque compenſation que l'on puiſſe imaginer. Voilà, Monſieur, ce que j'ai trouvé fort à la hâte; ſi j'avois eu plus de loiſir pour méditer ces matieres, & faire de longs calculs, j'aurois peut-être mieux réuſſi. Si je me ſuis trompé, faites-moi grace en faveur de mon obéiſſance. Je paſſe maintenant aux autres endroits de votre Lettre.

Votre formule pour le Treize eſt très juſte. Je me ſuis bien douté que l'erreur de la précedente ne pouvoit provenir que de quelque inadvertance en tranſcrivant. L'idée que je me ſuis faite de votre infaillibilité en Geometrie ne m'a pas permis de ſoupçonner que vous euſſiés pû vous tromper dans le fonds d'une methode.

J'entens parfaitement votre formule pour les parties en rabattant; elle avoit aſſurément beſoin d'explication pour être entendue: J'ai vû avec ſurpriſe & admiration qu'elle n'étoit preſque point differente de la mienne. Vous vous en ſerés ſans doute apperçu dans ma derniere Lettre, lorſque je vous ai mandé que ce nombre 70970250 eſt la ſomme de ces ſix 34597290, 20030010, 10015005, 4292145, 1560780, 475020, qui ſont le 7, le 8, le 9, le 10, le 11 & le 12e terme de la 30e bande perpendiculaire. Je ne ſçai s'il ne faut point un 3 au lieu d'un 4 dans ce numerateur

teur 1391441O549, je trouve 1391441O539: ce nombre est formé de la somme de ces neuf, & encore de ces deux-ci 36 . 1.

5567902560
3796297200
2310789600
1251677700
600805296
254186856
34143280
30260340
8347670

Il seroit inutile que je vous rapporte ici ma methode tout au long, elle n'est quasi differente de la vôtre que dans la maniere de l'énoncer, à l'exception que je n'ai eu en vûe que la supposition des hazards égaux pour l'un & pour l'autre Joueur, au lieu que vous les supposés dans un rapport quelconque, la voici en abregé. Soit p le nombre des coups, m le nombre des parties qui manquent à Pierre, n le nombre des parties qui manquent à Paul, il faut choisir une colonne perpendiculaire dont le quantiéme soit $p+2$, & dans cette colonne chercher le quantiéme qui correspond à la quantité $\frac{p+2-m}{2}$; ajoûter à ce nombre les superieurs jusqu'à la quantité n. Prendre les neuf premiers termes, par exemple, s'il manque neuf parties à Paul, puis en omettre la quantité m, ajoûter la quantité n, omettre la quantité m, & ainsi de suite alternativement, diviser ces nombres par 2^p; on aura une fraction qui exprime combien il y a à parier que Pierre gagnera la partie au moins en autant de coups que p exprime d'unités. Si l'on veut avoir pour Paul ce que l'on vient de chercher pour Pierre, il faut mettre par-tout m à la place de n, & n à la place de m.

Votre methode pour trouver les avantages ou desavantages de ceux qui jouent une poulle au Trictrac, à raison de l'ordre selon lequel ils entrent au jeu, ne peut être que parfaitement belle. Ce Problême est assurément fort difficile. J'ai voulu découvrir comment on pouvoit appliquer votre methode pour trois Joueurs aux cas de quatre ou cinq Joueurs, mais inutilement. La route que vous avés suivie est apparemment fort écartée. J'y travaillerai serieusement aussi-tôt que j'aurai du loisir. Votre suite pour déterminer combien la poulle doit naturellement durer de parties est très juste.

Dans l'explication que je vous ai envoyé de mon Anagramme, il faut lire *20000 moins 1 divisé par 20000 élevé à la puissance 20000.* J'avois mis par distraction *exposant* au lieu de *puissance* : c'est ce qui vous a empêché de l'entendre, car d'ailleurs il est clair qu'il faut multiplier ce nombre par 25 × 20000, & cela va sans dire.

Je ne repliquerai rien à ce que vous me dites sur les jeux dans lesquels la main tourne, je ne crois pas avoir rien à ajoûter à ce que j'ai déja dit ; au reste je conviens que votre speculation est belle & bonne.

Il suffit, Monsieur, pour la justification de M. Barbeyrac, que vous approuviés l'endroit que j'ai critiqué ; & c'est assés qu'il y ait là-dessus diversité d'opinions pour qu'il n'ait pas tort. Pour moi, Monsieur, je croirois, & tous ceux à qui j'en ai parlé le croyent aussi, que Pierre ayant amené dans l'un ou l'autre de ses deux coups le même point que Paul, on doit supposer ou qu'ils reprendront chacun leur mise, ou qu'ils recommenceront tout à fait. Je sçai bien que cela ne doit pas être ainsi, mais il faut du calcul & du raisonnement pour trouver que cela ne doit pas être ; & tous simples que sont ces raisonnemens, je suis fort porté à croire qu'aucun de ceux qui ont tenu ce parti ne les a fait ; il faut supposer pour regle du jeu, non ce qui se doit faire, mais ce qui se pratique ordinairement entre les Joueurs.

Voici une gageure fort semblable à l'espece de M. de B. que j'ai vû faire quelquefois. Pierre parie un écu contre Paul de faire une chose en deux coups, par exemple, de passer une balle par un trou ; dans le cas de cette gageure voici ce qui arrive. Si Pierre met dans le trou du premier coup, il ne recommence point le second, parcequ'il n'y a plus rien à gagner, le jeu est fini, Pierre a gagné l'écu; s'il joue son second coup, ce sera par divertissement, sans crainte de rien perdre en n'y mettant pas une seconde fois, & sans esperance de rien gagner en y mettant une seconde fois.

Votre démonstration analytique de la formule des nombres figurés est d'une extrême beauté.

Je ne sçai si vous sçavés qu'on réimprime la Recherche de la verité. Le R. P. Malbranche m'a dit que cet Ouvrage paroîtroit au commencement d'Avril. Il y aura un grand nombre d'additions sur des sujets très importans. Vous y verrés entr'autres nouveautés une Dissertation sur la cause de la pesanteur, qui apparemment fixera les doutes de tant de Sçavans hommes qui ne sçavent à quoi s'en tenir sur cette matiere. Il prouve d'une maniere invincible la necessité de ses petits tourbillons pour rendre raison de la cause de la pesanteur, de la dureté & fluidité des corps & des principaux phenomenes touchant la lumiere & les couleurs; sa theorie s'accorde le mieux du monde avec les belles experiences que M. Neuvton a rapporté dans son beau Traité *De natura Lucis & Colorum.* Je peux me glorifier auprès du Public que mes prieres ardentes & réiterées depuis plusieurs années, ont contribué à déterminer cet incomparable Philosophe à écrire sur cette matiere qui renferme toute la Physique generale. Vous verrés avec admiration que ce grand homme a porté dans ces matieres obscures cette netteté d'idées, cette sublimité de genie & d'invention qui brillent avec tant d'éclat dans ses Traités de Metaphysique.

Vous sçavés sans doute la mort de Monseigneur le Dauphin, c'est une grande perte pour la France, & en particulier pour les Sciences, il les aimoit & les auroit protegé. Je suis avec une estime infinie,

MONSIEUR,

Votre très humble & très obéissant Serviteur R. de M...

Lettre de M. (Nicolas) Bernoulli à M. de M...

A Bâle ce 2 Juin 1712.

MONSIEUR,

Je vous écris cette Lettre fort à la hâte, étant sur le point de partir demain ou après demain pour la Hollande ; je suis bien fâché que mes affaires ne m'ayent pas permis de répondre plûtôt à l'honneur de votre derniere Lettre, & je le suis d'autant plus que je me vois contraint d'abreger la réponse plus qu'il ne faut pour la matiere ample dont vous m'avés fourni l'occasion de parler dans votre belle Lettre.

Je suis très sensible à l'honneur que m'ont fait vos deux Amis, M. l'Abbé d'Orbais & M. de Waldegrave, en examinant ce que je vous ai écrit sur le Her, & je vous suis bien obligé de ce que vous m'avés communiqué leurs sentimens là-dessus. Les sorts qu'ils ont trouvé pour Pierre & Paul sont très justes ; mais le raisonnement par lequel ils veulent prouver qu'il est indifferent à Pierre de changer au sept ou de s'y tenir, & à Paul de changer ou de se tenir au huit, ne me peut pas convaincre ; car en l'examinant de plus près on trouvera que c'est un sophisme, & qu'on ne peut pas raisonner ainsi : *Le poids A porte Paul à changer son sept* (lorsqu'il est incertain à quoi se déterminera Pierre,) *& par consequent porte Pierre à changer son huit*, (supposé que Pierre sçait que Paul change au sept ;) *mais ce qui porte Pierre à changer son huit, porte aussi Paul à se tenir à son sept : Donc A porte Paul également à changer son sept & à s'y tenir* ; parcequ'on y suppose deux choses contradictoires à la fois ; sçavoir, que Paul sçache & qu'il ignore en même temps quel parti Pierre prendra, & Pierre quel parti Paul prendra. Il est bien vrai que le poids *A* porte Paul à changer au sept. Ayant donc fait cette hypothese que Paul aye la maxime de changer au ſept, il ſuit que Pierre ne pourra mieux faire que de changer au huit; mais on doit s'arrêter là, & ne pas paſſer outre, car il n'eſt pas permis de retourner à Paul & de conclure; donc Paul doit garder ſon ſept, parceque ſelon cette hypotheſe on a déja fixé que Paul ait la maxime de changer au ſept, & que Pierre ne change au huit qu'à condition que Paul change au ſept : Donc Paul ne peut pas changer de maxime & ſe tenir au ſept, ſans que Pierre ne change auſſi la ſienne; de ſorte que ſuivant le raiſonnement de ces Meſſieurs on iroit toujours dans un cercle, ce qui eſt une marque qu'on ne peut rien prouver par là. De plus il eſt clair par le calcul qu'il n'eſt pas indifferent aux Joueurs de changer au ſept ou au huit, ou de s'y tenir; car ſi cela étoit, on trouveroit auſſi les mêmes ſorts pour tous ces cas là; or on trouve par le calcul que leurs ſorts ſont differens ſelon qu'ils ſe tiennent à une telle ou telle carte. Donc il eſt faux que les mêmes poids portent Pierre & Paul également aux deux partis. Si ces Meſſieurs ne ſe contentent pas de cette réponſe, je me donnerai l'honneur de vous écrire à la premiere occaſion plus amplement ſur cela, & de vous faire part de la methode dont je me ſuis ſervi pour réſoudre ce Problême, & j'eſpere que ces Meſſieurs n'y trouveront rien à redire. Je ſuis trop preſſé préſentement pour entrer en détail de toutes ces choſes. Je vous prie d'aſſurer ces deux Meſſieurs de mes très humbles reſpects, & de les remercier de ma part de l'eſtime particuliere qu'ils veulent bien avoir pour moi.

J'ai trouvé une formule generale pour les ſorts des Joueurs, lorſqu'on ſuppoſe que les degrés de facilité qu'ils ont de gagner change alternativement, comme il arrive lorſqu'un Joueur accorde à l'autre ou demi-quinze ou demi-trente, ou quelqu'autre point ſemblable, la voici : Soit p le nombre des parties qui manquent à Pierre, q le nombre des parties qui manquent à Paul, a le degré de facilité que Pierre a de gagner le 1er, 3e, 5e, 7e, &c. jeu; b le degré de facilité que Paul a de gagner le 1er, 3e, 5e, &c. jeu; c le degré de facilité que Pierre a de gagner le 2e, 4e, 6e, &c.

jeu ; d le degré de facilité que Paul a de gagner le 2e, 4e, 6e, &c. jeu ; soit de plus $m + n = p + q - 1$, & $m = n$ si $m + n$ est un nombre pair, & $m = n + 1$ si $m + n$ est un nombre impair ; je dis que le sort de Pierre sera la somme de toutes les valeurs possibles de cette suite : $c^n \times \frac{m \cdot \overline{m-1} \cdot \overline{m-2} \cdots \overline{m-s+1}}{1 \cdot 2 \cdot 3 \cdots s} a^{m-s} b^s + nc^{n-1} d \times \frac{m \cdot \overline{m-1} \cdot \overline{m-2} \cdots \overline{m-s+2}}{1 \cdot 2 \cdot 3 \cdots \overline{s-1}}$ $a^{m-s+1} b^{s-1} + \frac{n \cdot \overline{n-1}}{1 \cdot 2} c^{n-2} dd \times \frac{m \cdot \overline{m-1} \cdot \overline{m-2} \cdots \overline{m-s+3}}{1 \cdot 2 \cdot 3 \cdots \overline{s-2}} a^{m-s+2} b^{s-2}$ $+ \frac{n \cdot \overline{n-1} \cdot \overline{n-2}}{1 \cdot 2 \cdot 3} c^{n-3} d^3 \times \frac{m \cdot \overline{m-1} \cdot \overline{m-2} \cdots \overline{m-s+4}}{1 \cdot 2 \cdot 3 \cdots \overline{s-3}} a^{m-s+3} b^{s-3} +$ &c. le tout divisé par $\overline{a+b}^m \times \overline{c+d}^n$. Cela s'entend en prenant pour s successivement 0, 1, 2, 3, &c. jusqu'à $q - 1$ inclusivement. Si l'on est à deux de jeu, & qu'il faille gagner deux jeux de suite pour gagner la partie, il faut mettre $m + n - 1$, au lieu de $m + n$; & il faut encore multiplier ce qui provient en substituant pour s la derniere valeur $q - 1$ par $\frac{ac}{ac+bd}$. Vous verrés fort aisément que cette formule dans le cas de $a = c$, & $b = d$ conviendra exactement avec la vôtre. J'ai aussi trouvé par-tout les mêmes solutions que vous donnés dans votre Lettre, excepté seulement cette équation $a^7 + 7a^6b + a^5bb - 15a^4b^3 - 29a^3b^4 - 21aab^5 - 7ab^6 - b^7 = 0$, au lieu de laquelle j'ai trouvé celle-ci $a^7 + 7a^6b + 13a^5bb - 21a^4b^3 - 35a^3b^4 - 21aab^5 - 7ab^6 - b^7 = 0$, pour déterminer de combien Pierre doit être plus fort que Paul, afin qu'en jouant en deux parties, dont chacune est de deux points, il lui puisse donner un point au premier jeu, & rien au second ; & si la partie n'est pas finie auparavant, encore un point au troisiéme jeu ; mais je n'ai non plus que vous point d'autre secret pour éviter la résolution de ces égalités que les approximations, & je prendrois aussi pour un sacrifice s'il me falloit chercher les racines de ces sortes d'équations, c'est un travail que je laisse fort volontiers aux curieux.

Pour ce qui est de ma methode pour trouver les avantages ou desavantages de ceux qui jouent une poulle, j'ai cru l'avoir expliquée fort clairement, & je suis fâché que vous ne l'ayés pû appliquer au cas de quatre ou de cinq Joueurs ; je m'en vais donc pour vous l'éclaircir davantage appliquer les deux Theorêmes que j'ai trouvé au cas des quatre Joueurs. Soient les quatre Joueurs Pierre, Paul, Jacques & Jean, qui entrent au jeu ſelon l'ordre qu'ils ſont rangés ici; de ſorte que Pierre & Paul jouent d'abord enſemble; enſuite celui qui aura gagné jouera avec Jacques, & celui qui aura gagné de ces deux là avec Jean, & ainſi de ſuite; ſoit nommé p la probabilité que Pierre ou Paul a de gagner la poulle, q la probabilité que Jacques a de gagner, & r la probabilité que Jean a de la gagner, x l'avantage de Pierre ou Paul, y l'avantage de Jacques, & z l'avantage de Jean, on aura en ſuppoſant $n = 3$ qui eſt le nombre des parties qu'il faut gagner de ſuite; par le premier Theorême $q = \frac{p \times 2^3}{1 + 2^3}$, $r = \frac{q \times 2^3}{1 + 2^3}$, & par le ſecond Theorême $y = \frac{\overline{x+p} \times 2^3 - 3q}{1 + 2^3}$, & $z = \frac{\overline{y+q} \times 2^3 - 3r}{1 + 2^3}$; or $p + p + q + r$ doit être $= 1$, & $x + x + y + z = 0$; on aura donc ces ſix équations $q = \frac{8p}{9}$, $r = \frac{8q}{9}$, $y = \frac{8x + 8p - 3q}{9}$, $z = \frac{8y + 8q - 3r}{9}$, $2p + q + r = 1$, & $2x + y + z = 0$, qui étant comparées enſemble par les methodes ordinaires, donnent $x = -\frac{2700}{22201}$, $y = \frac{1176}{22201}$, & $z = \frac{4224}{22201}$. La route que j'ai ſuivie pour trouver ces deux Theorêmes n'eſt point écartée, je vous la communiquerois volontiers ſi je n'étois pas ſi preſſé, ce qui eſt auſſi la cauſe que je paſſe ſous ſilence les autres endroits de votre Lettre. Je ne ſçai point de nouvelles de ſciences, ſinon que M. de Moivre qui eſt membre de la Societé en Angleterre, fait imprimer à Londres un Livre ſur les Hazards. Comme je crois que vous ſerés curieux d'avoir ce Livre quand il ſera imprimé, & que j'eſpere de paſſer de la Hollande en Angleterre, je tâcherai de vous en procurer un exemplaire.

Au reſte, ſi je peux en mon voyage faire quelqu'autre choſe pour votre ſervice, ou pour celui de vos amis, je vous prie de me le faire ſçavoir. Si vous voulés me faire l'honneur de m'écrire, vous pourrés envoyer vos Lettres à Bâle comme auparavant, on me les fera toujours tenir. Je croi qu'il pourra arriver que je retournerai par la France, auquel cas je me flatterai d'avoir l'honneur de vous voir, & de vous démontrer que je suis plus que je ne sçaurois dire,

MONSIEUR,

Votre très humble & très obéissant Serviteur
N. BERNOULLI.

Lettre de M. de M... à M. N. Bernoulli.

A Montmort ce 8 Juin 1712.

LA Lettre que vous m'avés fait l'honneur de m'écrire, Monsieur, datée du 10 Novembre, m'avoit mis dans un très grand goût d'algebre, & je commençois, ce me semble, à être en train, lorsque j'y fis réponse le premier May 1712. Je me proposois de travailler fortement sur votre sçavante Lettre & avec assiduité, dans l'esperance de trouver quelque chose qui pût vous faire plaisir, & me rendre plus digne du commerce de Lettres que vous voulés bien avoir avec moi: une foiblesse de tête dont je ne peux deviner la cause, ne me l'a point permis jusqu'à présent. J'ai été trois mois sans oser penser, & même sans pouvoir goûter le plaisir de la lecture, ce n'est que depuis quelques jours que je commence à pouvoir compter sur ma santé.

En lisant votre Lettre & ma réponse j'ai apperçu dans celle-ci une faute dont j'ai cru devoir vous avertir. Au lieu de cette égalité $a^7 + 7a^6b + a^5bb - 15a^4b^3 - 29a^3b^4 - 21aab^5 - 7ab^6 - b^7 = 0$, il faut $a^7 + 7a^6b + 13a^5bb - 21a^4b^3 - 35a^3b^4 - 21aab^5 - 7ab^6 - b^7 = 0$, dont la racine est à peu près 1.77. J'ai encore fait quelques tentatives sur des Problêmes pareils à ceux que vous me proposés,

poſés, mais toujours inutilement. Je tombe dans des égalités qui me paroiſſent toujours demander des calculs immenſes, dont la difficulté appartient à l'algebre, & qui ne demandent point d'invention. Je ſuppoſe donc, Monſieur, que je ne ſuis point dans la bonne voye par rapport à ces Problêmes, & je vous prie de m'y mettre : en voici un très ſimple en apparence que je m'etois propoſé :

Pierre joue pour trois points, Paul pour deux, & Jacques pour un, leurs ſorts étant égaux, on demande quel doit être le rapport de leurs forces.

En nommant leurs forces reſpectives a, b, c, l'on a, conformément au Problême de la page 175, (*a*) le ſort de Pierre $= a^3c + 4a^3b + a^4$, celui de Paul $b^4 + 4a^2b^3 + 4abbc + 6aabb + bbcc + 2cb^3$, celui de Jacques $c^4 + 2cb^3 + 4bc^3 + 5bbcc + 4ac^3 + 8abbc + 12abcc + 6aacc + 12aabc + 3a^2c$, le tout diviſé par $\overline{a+b+c}^4$.

Je vois bien qu'en comparant ces égalités, dont chacune $= \frac{1}{3}$, je viendrai à bout de déterminer la valeur des trois inconnues ; mais ce ne ſera point ſans réſoudre une égalité fort compoſée qui demanderoit peut-être 30 heures de calcul, ſans compter le riſque de ſe tromper. J'attendrai donc ſur toutes ces queſtions votre ſecours & vos lumieres. En attendant, & pour remplir le papier, je vais vous faire part de deux remarques aſſés curieuſes, ce me ſemble, que j'ai faites il y a long-temps à l'occaſion de ce Problême.

Monſieur votre Oncle a remarqué fort ſubtilement que ma formule de la page 137, (*b*) ou la ſienne, $\frac{1 \cdot 2 \cdot 3 \cdot 4 \cdots p}{1 \cdot 2 \cdot 3 \cdot b \times 1 \cdot 2 \cdot 3 \cdot c \times 1 \cdot 2 \cdot 3 \cdot d \times 1 \cdot 2 \cdot 3 \cdot e \times}$ &c. pouvoient ſervir pour la détermination du coefficient de quelque terme que l'on voudra d'un polynome quelconque élevé à une puiſſance quelconque. Il eſt aſſurément fort curieux de voir deux Problêmes ſi differens réunis ſous une même formule ; mais la principale commodité de la formule $\overset{f}{\underset{B}{\boxed{\quad}}} \times \overset{f-B}{\underset{C}{\boxed{\quad}}} \times$

(*a*) Voyés pag. 242.

(*b*) Voyés page 44.

$$\underset{D}{\overset{f-B-C}{\boxed{\quad\quad}}} \times \underset{E}{\overset{f-B-C-D}{\boxed{\quad\quad}}} \times \underset{b}{\overset{p}{\boxed{\quad\quad}}} \times \underset{c}{\overset{p-b}{\boxed{\quad\quad}}} \times \underset{d}{\overset{p-b-c}{\boxed{\quad\quad}}} \times \underset{e}{\overset{p-b-c-d}{\boxed{\quad\quad}}} \times \&c.$$

est de faire distinguer combien il y a de termes qui ayent le même coefficient, & où les exposans des lettres soient les mêmes. Pour me faire entendre, soit le trinome $a+b+c$ qu'on veut élever à la quatriéme puissance, & dont on demande tous les coefficiens : je réduis le Problême à celui-ci ; étant supposé quatre dés qui ayent chacun trois faces : on demande combien il y a de coups differens pour que les jettant au hazard il se trouve ou un quadruple, ou un triple & un simple ; ou deux doubles, ou un double & deux simples. Or si je substitue dans la formule ci-dessus pour p, 4, nombre des dés, & pour f, 3, nombre des faces de chaque dé, je trouve pour le premier cas 3×1, pour le 2e 6×4, pour le 3e 3×6, pour le 4e 3×12, dont la somme $= 81$, quatriéme puissance de 3.

Maintenant pour s'assurer que ces deux especes sont les mêmes, il faut observer qu'en élevant le trinome $a+b+c$ à la 4e puissance, on fait précisément la même chose que dans le Problême des dés ; c'est à dire, qu'on prend la 4e puissance de chacune des trois lettres a, b, c. 2°. Qu'on prend le cube de chacune avec chacune des deux autres autant de fois qu'il est possible. 3°. Qu'on prend le quarré d'une des trois lettres avec le quarré d'une autre en autant de façons qu'il se peut ; & enfin le quarré d'une des trois avec le produit des deux autres, comme l'on sçait que cela se pratique dans la formation des puissances qui n'est qu'une multiplication réiterée ; ainsi la formule ci-dessus peut servir pour la formation d'un multinome quelconque aussi bien, & peut être plus avantageusement que les formules ordinaires pour les multinomes, lesquelles me paroissent n'être toutes qu'une extension facile de la formule $\overline{a+b}^m = a^n + \frac{n-0}{1} a^{n-1} b + \frac{n-0}{1} \times \frac{n-1}{2} a^{n-2} bb + \frac{n-0 \times n-1 \times n-2}{1.2.3} a^{n-3} b^3, + \&c.$ puisque pour changer cette formule en celle du trinome il ne s'agit que de substituer dans chaque terme $b+c$ à la place de b, & que de

page 375.

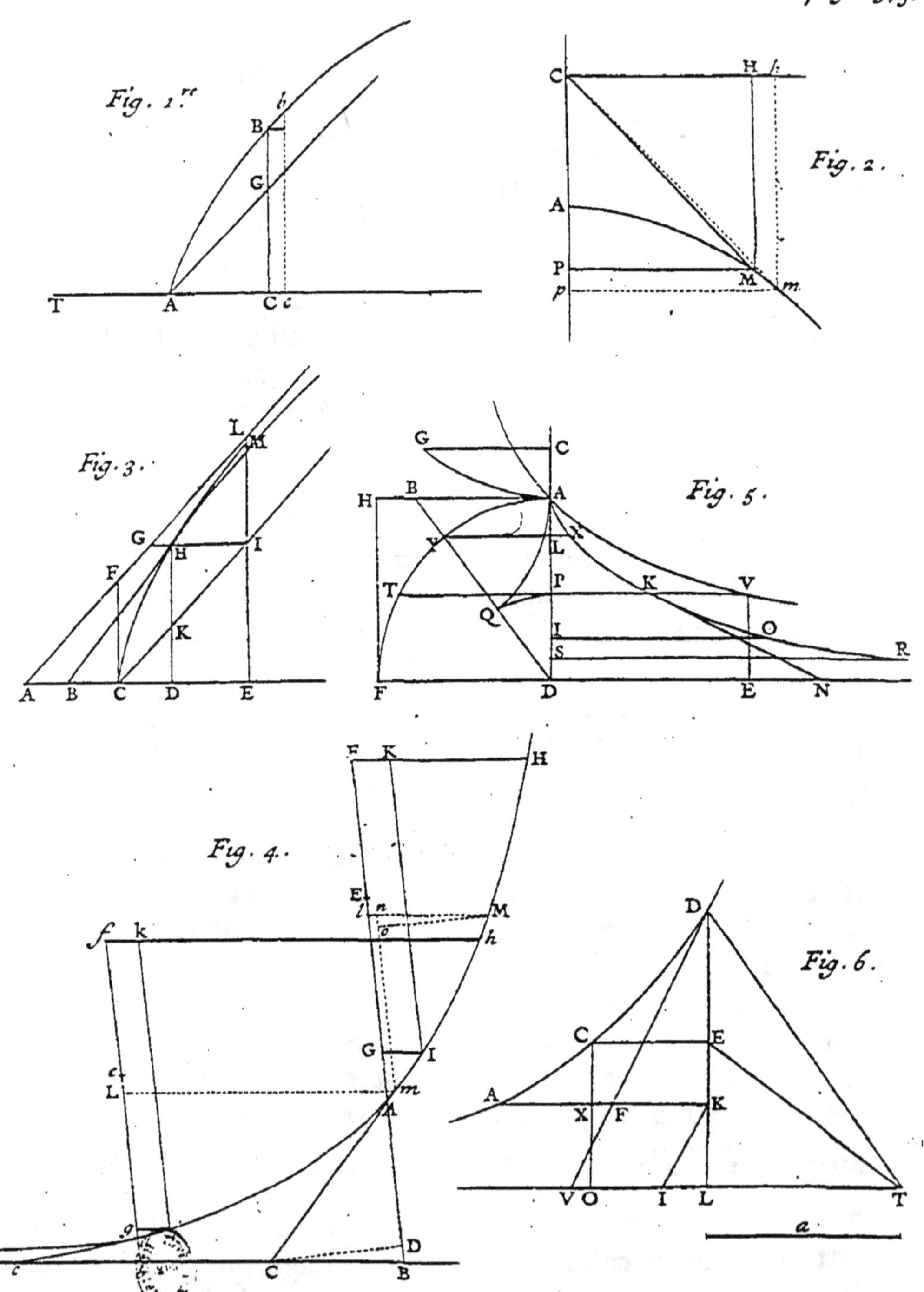
Fig. 1re
T A C c B G b
Fig. 2.
C H h A P p M m
Fig. 3.
L M G H I F K A B C D E
Fig. 5.
G C H B A Y L X T P K V Q I O S R F D E N
Fig. 4.
F K H E l n M o f k h G I c L m A g c C B D
Fig. 6.
D C E A X F K V O I L T a

la même façon la formule du trinome se change en une formule pour le quadrinome, &c. ce qui saute aux yeux, quoique l'invention de ces formules pour les puissances indéfinies des multinomes ait été fort vantée ; mais pour revenir à l'usage dont je veux parler, on voit qu'il y a trois termes où le coefficient est 1 : ce sont ceux où la lettre est à la 4e puissance. 2°. Qu'il y a six termes où le coefficient est 4, & où il se trouve un cube avec une lettre simple. 3°. Qu'il y en a trois où le coefficient est 6, & où il se trouve deux quarrés. Enfin, qu'il y en a trois où le coefficient est 12, & où il se trouve un quarré avec deux lettres simples, la partie de la formule qui est en lettres majuscules donne les premiers nombres 3, 6, 3, 3 : la partie de la formule qui est en petites lettres donne les autres 1, 4, 6, 12 : Voici ma seconde remarque.

Personne que je sçache n'a encore examiné combien de termes produit un multinome quelconque selon qu'il est élevé à tel ou tel exposant. La regle est celle dont je me suis servi pour sçavoir combien de termes doit avoir la formule, page 63, qui donne la somme d'une suite quelconque de nombres figurés élevés à un exposant quelconque ; cette regle, dis-je, est telle. Pour sçavoir combien de termes contiendra le multinome q élevé à la puissance p, il n'y a qu'à prendre le quantiéme $p + 1$ de l'ordre q des nombres figurés, l'on aura le nombre cherché ; en sorte que si l'on cherche, par exemple, combien un quadrinome élevé à la 8e puissance aura de termes, on trouvera 165, 9e nombre du 4e ordre pour le nombre cherché ; & si l'on veut sçavoir combien un quintinome élevé à la 11e puissance aura de termes, on trouvera qu'il en aura 1365, ce nombre 1365 est le 12e du 5e ordre.

Mr Nicolle me mande que M. P. a lû ces jours passés à l'Academie un long Memoire sur la courbe de M. de Beaune, où il montre que cette courbe est une logarithmique, dont les ordonnées font avec l'axe des angles de 45 degrés, que ces ordonnées sont en progression geometrique, pendant que les parties de l'axe sont en proportion arithmetique, &c. Il donne aussi la rectification de cette courbe. Il dit qu'entre un grand nombre de perſonnes qui ont travaillé ſur cette courbe, Mr S. a cru en être le vrai Oedipe (c'eſt ſon expreſſion,) mais qu'il ne l'a pas mieux connu que les autres. Je ne ſçai ce que Mr P. a voulu dire, Mr S. n'a jamais rien donné ſur cette courbe. M. votre Oncle en a donné une conſtruction très élegante par les logarithmes. Je crois auſſi en avoir vû une de M. de l'Hôpital par l'hyperbole; il avoit propoſé aux Geometres d'en trouver la rectification, en ſuppoſant la quadrature de l'hyperbole: Je la donnai en 1703, les myſteres du calcul integral n'étant point encore revelés comme ils le ſont à préſent. Ce qu'a donné M. votre Oncle eſt certainement hors d'atteinte; pour ce qui me regarde je vous prie d'en juger.

Fig. i. Soit AC, x, Bc, y, l'équation de la courbe eſt $adx = ydy - xdy$, & l'élement $Bb = \frac{dy}{a}\sqrt{yy + aa - 2xy + xx}$, & ſuppoſant $z = y - x$, $Bb = \frac{dz}{a-z}\sqrt{aa+zz} = \frac{2aadz}{\overline{a-z}\sqrt{aa+zz}} - \frac{adz}{\sqrt{aa+zz}} - \frac{zdz}{\sqrt{aa+zz}}$; d'où je conclus que la valeur de l'arc AB eſt $\frac{z-a}{a}\sqrt{aa+zz} + a - \frac{2}{a}ACHM$, *fig.* 2, $+ \frac{z2\sqrt{2}}{a}CAM - \frac{z2\sqrt{2}}{a}$ d'un triangle hyperbolique déterminé par une abciſſe priſe depuis le centre qui ſoit au demi axe de l'hyperbole :: $\sqrt{2}$. 1.

Voilà, Monſieur, ce que je donnai en 1702 ou 1703, je n'ai point ici le Journal, j'étois alors fort jeune, & j'avois beaucoup d'ardeur pour le nouveau calcul qui n'étoit bien connu que de 5 ou 6 Geometres; depuis ce temps ayant lû dans les Journaux de Leipſic ce que M. votre Oncle a dit de cette courbe, qu'elle eſt du nombre de celles qui peuvent être rectifiées par elles-mêmes, ſemblable en cela à la logarithmique & à la tractoria qui ont auſſi cette proprieté. Je travaillai ſur les vûes que M. votre Oncle m'avoit donné, & je réduiſis la valeur de AB à cette expreſſion $a - \sqrt{aa+zz} + a\sqrt{\frac{1}{2}}\,L\,\frac{a\sqrt{2aa+2zz}+aa+az}{\overline{a+z}\times a\sqrt{2}+a} - a\sqrt{\frac{1}{2}}\,L\,\frac{a\sqrt{2aa+2zz}-aa-az}{\overline{a+z}\times a\sqrt{2}-a} + \frac{1}{2}a\,L\,\frac{a}{z}\sqrt{aa+zz} - a - \frac{1}{2}a\,L\,\frac{a}{z}\sqrt{aa+zz} + a$.

Voici deux autres Analyſes que je trouvai en même

temps, & que je fis voir à M. le Marquis de l'Hôpital peu de temps avant sa mort : l'une est la rectification de la logarithmique, l'autre est la rectification de la tractoria : M. de l'Hôpital a donné la premiere, M. Huyguens la 2e, toutes les deux se trouvent dans les Ouvrages des Sçavans en l'année 1693, mais sans analyse ; je vais les mettre ici puisque l'occasion s'en présente naturellement.

Soit dans la logarithmique ACD, *Fig. 6.* une ordonnée constante $DL = b$, & une appliquée quelconque variable $CO = y$, on sçait que l'arc CD compris entre ces deux ordonnées est $S - \frac{dy\sqrt{aa+yy}}{y}$. Pour construire cette quantité par la logarithmique même, comme a fait M. le M. de l'Hôpital, il la faut transformer en la maniere qui suit :

$$-\frac{dy\sqrt{aa+yy}}{y} = -\frac{aady}{y\sqrt{aa+yy}} - \frac{ydy}{\sqrt{aa+yy}} = -\frac{ydy}{\sqrt{aa+yy}} - \frac{aady}{y\sqrt{aa+yy}} \times \frac{\sqrt{aa+yy}-a}{\sqrt{aa+yy}-a} = -\frac{ydy}{\sqrt{aa+yy}} + \frac{a^3dy - aady\sqrt{aa+yy}}{y \times \overline{aa+yy-a\sqrt{aa+yy}}} =$$

$$-\frac{ydy}{\sqrt{aa+yy}} - \frac{ayydy + a^3dy + ayydy - aady\sqrt{aa+yy}}{y \times \overline{aa+yy-a\sqrt{aa+yy}}} = -\frac{ydy}{\sqrt{aa+yy}} - \frac{aydy}{aa+yy-a\sqrt{aa+yy}} + \frac{ady}{y}.$$

Or l'integrale de cette quantité est $\sqrt{aa+bb} - \sqrt{aa+yy} + aL\overline{\sqrt{aa+yy}-a} - aL\overline{\sqrt{aa+bb}-a} - aLy + aLb = \sqrt{aa+bb} - \sqrt{aa+yy} + L\frac{b\sqrt{aa+yy}-ab}{\sqrt{aa+bb}-a} - aLy$, ce qui donne l'élegante construction de M. de l'Hôpital.

Soit AV la courbe appellée tractoria, dont la principale proprieté est que sa tangente est toujours constante $= AD$, *Fig. 5.* soit $AD = a$, $DP = y$, on trouve par l'équation de la courbe, l'arc $Ak = S - \frac{ady}{y}$. Pour construire cette quantité par la tractoria, en ne se servant que des abcisses de cette courbe & de lignes droites :

Je multiplie le numerateur & le dénominateur par $\overline{aa+yy}$; j'ajoûte ensuite par + & par −, $\frac{4aay^2dy}{\overline{aa+yy}^2} \times -\frac{ady}{y}$, ce qui me donne $\frac{a^4-2aayy+y^4}{\overline{aa+yy}^2} \times -\frac{ady}{y} + \frac{4aaydy}{\overline{aa+yy}^2} \times -\frac{ady}{y} = -\frac{ady}{y}$, ce qui me fournit la belle construction de M. Huyguens.

j'abrège comme vous voyés autant qu'il m'est possible, & j'obmets la démonstration des deux constructions, parceque je sçai que tout cela vous est facile. Mon dessein n'est point de vous instruire, mais plûtôt d'apprendre de vous si je ne me suis point trompé; il y a long-temps que j'ai perdu de vûe toutes ces finesses du nouveau calcul, mais je veux m'y remettre; elles ont leur agrément, je serois même porté à croire qu'elles ont aussi leur utilité.

Je fus très surpris ces jours passés en lisant une Lettre de M. Pascal à M. Fermat, dans laquelle ce grand Geometre ne paroît pas être de ce sentiment: voici ses paroles qui sont fort remarquables étant d'un si bon Juge.

Pour vous parler franchement de la Geometrie, je la trouve le plus haut exercice de l'esprit; mais en même temps je la connois pour si inutile, que je fais peu de difference entre un homme qui n'est que Geometre & un habile Artisan; aussi je l'appelle le plus beau métier du monde; mais enfin ce n'est qu'un métier: & j'ai souvent dit qu'elle est bonne pour faire l'essai, mais non pas l'emploi de notre force.

Il y a bien du vrai dans cette décision un peu humiliante pour les Geometres; mais il est certain qu'elle est trop severe, & qu'elle semble donnée plûtôt par sentiment que par lumiere. Il est probable que M. Pascal n'auroit pas ainsi parlé de cette science quelques années auparavant, lorsqu'elle faisoit sa plus forte passion; mais écrivant cette Lettre il étoit accablé d'infirmités, & uniquement occupé des idées de la mort & de l'éternité: idées serieuses & tristes qui ôtent l'éclat à ce qui en a le plus, & semblent aneantir pour nous toute la nature.

Quand il seroit vrai (ce qui ne l'est qu'en partie) que les speculations sublimes de la Geometrie seroient inutiles pour acquerir les biens de ce monde & de l'autre; je ne pourrois pour cela convenir qu'elles fussent absolument inutiles, & soutiendrois toujours que, nos devoirs remplis, il n'y a point d'exercice plus raisonnable & plus honnête, ni d'occupation qui puisse fournir de plus solides plaiſirs. Il eſt vrai, & il faut en convenir, les plaiſirs que l'on reçoit par le corps ſe font ſentir plus vivement à la plûpart des hommes ; mais la dignité de notre nature n'exige-t'elle pas que nous donnions la préference à ceux de l'eſprit qui ſont plus purs, plus durables, & plus dignes de l'homme.

J'ajoûterai qu'il s'en faut beaucoup que la Geometrie du temps de M. Paſcal n'eût les charmes & les avantages qu'elle a aujourd'hui, depuis que l'Analyſe de M. Deſcartes & les nouvelles découvertes nous ont délivré de l'ennuyeuſe ſyntheſe des Anciens, & nous ont mis en état de trouver ſans peine des ſolutions generales, & d'appliquer Geometrie avec ſuccès à l'explication des ſecrets les plus cachés de la nature.

L'envie de juſtifier mon goût pour la Geometrie m'emporte trop loin, je ne ſçai comment tout ce diſcours aſſés inutile a coulé de ma plume. Je finis en vous aſſurant à l'ordinaire, que je ſuis plus que perſonne du monde, Monſieur, Votre, &c.

COMME les conſtructions des courbes dont j'ai parlé dans cette Lettre ſont très élegantes, & que la démonſtration en pourroit paroître difficile à ceux qui ne ſont pas aſſés exercés dans ces matieres, j'ai cru qu'on ne ſeroit point fâché de les trouver ici ; je copierai les conſtructions de ces deux courbes telles que je les trouve dans l'Hiſtoire des Ouvrages des Sçavans du mois de Février 1693, page 245, & j'y joindrai mes démonſtrations.

Conſtruction pour la Logarithmique, Fig. 6.

Il faut mener *DL*, *CO* perpendiculaires à l'aſymptote, *CE* perpendiculaire à *DL* ; & prenant *LT* dans l'aſymptote égale à la ſoutangente *a*, joignant les droites *TD*, *TE*, faire *TV* égale à *TD*, & *TI* égale à *TE* ; puis ayant joint *VD*, lui mener la parallele *IK* ; & de *K* où elle rencontre *DL*, mener *KA* parallele à l'aſymptote, coupant *DV*, en F, CO en X, & la logarithmique en A, alors les droites AX & FK prises ensemble seront égales à la courbe CD.

DE'MONSTRATION.

On a $TD = TV = \sqrt{aa+bb}$, $TE = TI = \sqrt{aa+yy}$, $LV = \sqrt{aa+bb} - a$, $IL = \sqrt{aa+yy} - a$; & à cause des triangles semblables, DVL, KIL on a cette proportion. VL $(\sqrt{aa+bb} - a)$. IL $(\sqrt{aa+yy} - a)$ :: DL (b). $KL = \frac{b\sqrt{aa+yy} - ab}{\sqrt{aa+bb} - a}$. Ensuite pour trouver FK, les triangles semblables DLV, DKF donneront cette proportion DL (b). LV $(\sqrt{aa+bb} - a)$ :: DK $\left(b - \frac{b\sqrt{aa+yy} - ab}{\sqrt{aa+bb} - a}\right)$. $FK = \sqrt{aa+bb} - \sqrt{aa+yy}$, on a aussi KX ou $LO = aLy$.

Par consequent $AX + FK = AK - KX + FK = L.LK - L.LE + FK = L\frac{b\sqrt{aa+yy} - ab}{\sqrt{aa+yy} - a} - aLy + \sqrt{aa+bb} - \sqrt{aa+yy}$, ce qui étoit à construire.

Construction pour la Tractoria, Fig. 5.

Il faut mener KP perpendiculaire sur AD, & ayant décrit un arc de cercle PQ, ayant D pour centre, & pour demi diametre DP, trouver en AB parallele à l'asymptote le point B qui soit centre de la circonference qui passe par A, & touche l'arc PQ, ce qui est aisé. Ensuite ayant mené la droite BD, il faut prendre sur elle $DY = DA$, & du point Y mener une parallele à l'asymptote jusqu'à la courbe en X, alors cette YX sera égale à la courbe AK.

DE'MONSTRATION.

On a selon l'Auteur $DL = \frac{2aay}{aa+yy}$, & par la nature de la *tractoria*, la differentielle de $LX = \frac{-LY \times \text{la diff. de } DL}{DL} = \frac{a^3 - aay}{aa+yy} \times \frac{2a^4dy - 2aayydy}{aa+yy}$, divisé par $\frac{2aay}{aa+yy} = \frac{\overline{aa-yy}^2}{\overline{aa+yy}^2} \times \frac{-ady}{y}$, ce qui étant ajoûté à $-\frac{4a^3ydy}{\overline{aa+yy}^2}$ differentielle de LY, donne la differentielle de $YX =$ à la differentielle proposée $-\frac{ady}{y}$; or ces deux differentielles sont égales dans tous les points de la courbe. Donc, &c.

Lettre de M. de M... à M. N. Bernoulli.

A Montmort ce 5 Septembre 1712.

MONSIEUR,

Lorſque j'ai reçu la Lettre que vous m'avés fait l'honneur de m'écrire, datée du 2 Juin, j'étois malade au lit d'une groſſe fievre continue; je la fis voir a M. l'Abbé d'Orbais qui m'étoit venu voir, il prit copie de ce qui regarde le jeu du Her, & l'envoya à ſon ſecond M. de Waldegrave, de qui il reçut réponſe quelques jours après.

M. l'Abbé d'Orbais, que vos raiſons n'avoient point ébranlé, appuyé encore du jugement de M. de Waldegrave, vient de m'écrire ce billet, dont je ſuis ſûr que le ſtile vous plaira.

Liſés, Monſieur, cette Lettre de M. de Waldegrave, elle eſt excellente. On ne pouvoit répondre à M. Bernoulli avec plus de juſteſſe & de préciſion. Oh! que j'ai bien fait de laiſſer parler cet illuſtre Geometre mon allié, je ne me ſerois jamais ſi nettement expliqué; ſi vous lui écrivés, je vous prie de lui marquer que je n'ai rien du tout à ajoûter. Solas admirandi plaudendique partes mihi reliquit. *Au reſte il eſt temps que vous preniés parti dans ce differend, M. de Waldegrave vous y invitoit dans la Lettre que vous m'avés montrée. Vous êtes trop long-temps balancé par le nom de Bernoulli d'un côté, & par nos raiſons de l'autre. Il n'y a pas moyen de vous ſouffrir plus long-temps dans cette ſituation trop prudente à mon avis pour un ſi grand Maître. Je ſalue très humblement les Dames, & vous donne le bon ſoir.*

Voilà donc une dispute dans les formes, elle est, ce me semble, fort jolie ; & je me sçai bon gré de l'avoir fait naître, la question est subtile & toute de raisonnement. Nos Messieurs sont charmés de votre honnêteté & de votre modestie, ils se trouvent très honorés qu'un grand Geometre comme vous, enfin un Bernoulli, veuille rompre une lance avec des Novices comme eux : Ils vous font l'un & l'autre mille complimens.

J'ai reçu au commencement du mois d'Août le Livre de M. Moivre, l'Auteur l'avoit adressé pour moi à M. l'Abbé Bignon qui a eu la bonté de me l'envoyer. Sur ce que vous m'aviés mandé, & sur la maniere dont l'Auteur parle dans la Preface, je m'attendois à toute autre chose ; j'esperois y trouver la solution des quatre Problêmes que je propose à la fin de mon Livre, ou du moins la solution de quelqu'un des quatre, & des nouveautés de cette espece propres à étendre les routes que j'ai ouvertes ; mais vous trouverés que son travail se borne presqu'entierement à résoudre d'une maniere plus generale que je n'ai fait, les questions les plus simples & les plus faciles qui sont dans mon Livre ; par exemple, les cinq Problêmes de M. Huygens que je n'ai traité sommairement qu'à cause de leur extrême facilité, en comparaison de la plûpart des autres Problêmes qui sont résolus dans mon Livre. Vous trouverés enfin que les questions qu'il traite, qui n'y sont point résolues, le sont dans nos Lettres ; en sorte que je ne crois pas qu'il y ait dans cet Ouvrage, d'ailleurs très bon, rien de nouveau pour vous, & rien qui puisse vous faire plaisir par la singularité, si ce n'est la maniere de trouver qui est souvent nouvelle, & toujours belle & ingenieuse. Voici quelques remarques que j'ai jetté à la hâte sur le papier ces jours passés, lorsque je travaillois à rendre compte de cet Ouvrage à Monsieur l'Abbé Bignon qui m'en avoit demandé mon sentiment. Vous sçavés sans doute que cet illustre Abbé, qui est en France le Protecteur des Sciences & des Sçavans, a une étendue de connoissances bien au-de-là des bornes ordinaires, un très grand goût pour tout ce qui est du ressort de l'esprit, & beaucoup d'ardeur pour contribuer à la perfection des Sciences.

Le premier Problême est un cas particulier de la formule generale $\overline{m-1}^{p-q} \times p \,.\, \frac{p-1}{2} \,.\, \frac{p-2}{3} \,.\, \frac{p-3}{4} \,.\, \frac{p-4}{5}$. &c. dont j'ai fait part à M. votre Oncle dans ma Lettre du 15 Novembre 1710. Cette formule donne le nombre des hazards qu'il y a pour amener précisément un certain nombre q de six, avec un certain nombre p de dés, dont le nombre des faces soit m. Dans le cas résolu par M. Moivre il s'agit de trouver combien il y a de hazards pour n'amener aucun six avec 8 dés, ou pour en amener un seulement (car c'est la même chose de jetter huit fois de suite un dé, ou d'en jetter huit en une fois,) on a donc par ma formule en prenant les dénominations de l'Auteur, qui appelle $a+b$ ce que j'appelle m, & n ce que je nomme p. $\frac{b^n + nb^{n-1}}{\overline{a+b}^n}$ pour le sort de celui qui tient ce parti & $\frac{1}{\overline{a+b}^n} \times \frac{n.\overline{n-1}}{1.2} b^{n-2} + \frac{n.\overline{n-1}.\overline{n-2}}{1.2.3} b^{n-3} + \frac{n.\overline{n-1}.\overline{n-2}.\overline{n-3}}{1.2.3.4} b^{n-4} + \frac{n.\overline{n-1}.\overline{n-2}.\overline{n-3}.\overline{n-4}}{1.2.3.4.5} b^{n-5} + \frac{n.\overline{n-1}.\overline{n-2}.\overline{n-3}.\overline{n-4}.\overline{n-5}}{1.2.3.4.5.6} b^{n-6} + \frac{n.\overline{n-1}.\overline{n-2}.\overline{n-3}.\overline{n-4}.\overline{n-5}.\overline{n-6}}{1.2.3.4.5.6.7} b^{n-7} + \frac{n.\overline{n-1}.\overline{n-2}.\overline{n-3}.\overline{n-4}.\overline{n-5}.\overline{n-6}.\overline{n-7}}{1.2.3.4.5.6.7.8} b^{n-8}$ $= \frac{\overline{a+b}^n - b^n - nb^{n-1}}{\overline{a+b}^n}$ pour celui qui tient le parti contraire, ainsi que l'Auteur l'a trouvé.

Le deuxiéme Problême n'est different de celui qu'on trouve résolu à la page 177 (*a*) de mon Livre, qu'en ce que l'on y fait $a = b$; j'ai supposé cette formule dans la solution de plusieurs autres Problêmes.

Le troisiéme Problême se trouve résolu mot pour mot dans ma Lettre du premier Mars 1712.

Le quatriéme Problême est une espece pareille à la precedente, & comme je l'ai déja remarque dans ma Lettre du premier Mars 1712, toutes les questions semblables où il s'agit, en supposant égaux les sorts des Joueurs, de déterminer quelle est la facilité que chacun des Joueurs a de gagner dans une partie, où l'un aura plus de points que l'autre, n'ont de difficulté que ce qu'on en trouve

(*a*) Voyés page 244.

dans la résolution des égalités; car c'est toujours la même methode de supposer l'expression du sort de chacun des Joueurs $= \frac{1}{2}$ lorsqu'il y a deux Joueurs, $= \frac{1}{3}$ lorsqu'il y en a trois, $= \frac{1}{4}$ lorsqu'il y en a quatre.

Le Problême 5e est resolu à la page 144 (*a*) de mon Livre, & la formule en est la même.

Le Lemme qui suit est fort curieux, mais il est tiré de la page 141 (*b*) de mon Livre, & j'en ai envoyé la solution à Monsieur votre Oncle dans une formule très generale. Ma Lettre est du 15 Novembre 1710.

Les Problêmes 6 & 7 sont une extension très ingenieuse du Problême 5e. Je ne sçai si les limites marquées par l'Auteur sont parfaitement justes. Je voudrois bien sçavoir si l'on ne pourroit point avoir par une autre voye la solution de ce Problême.

Le Problême 8 est résolu de la même maniere qu'à la page 175 (*c*) de mon Livre, & depuis dans ma Lettre du huit Juin 1710; mais j'avoue que je ne suis point content de ces solutions; c'est un grand défaut, ce me semble, d'être obligé d'examiner en détail quels sont dans un même terme les arrangmens de lettres favorables à Pierre, Paul & Jacques, inconvenient qui ne se trouve point dans le cas de deux Joueurs, & qu'il faudroit tâcher de surmonter dans le cas de plusieurs.

Le Problême 9 est le dernier des cinq proposés par M. Huyguens. Je me suis apperçu en le lisant que M. Moivre avoit observé la faute que j'ai faite en mettant un faux énoncé à la tête de ce Problême. J'ai marqué à M. votre Oncle ce qui a donné lieu à cette méprise. Le Problême qui suit est fort bien résolu, M. votre Oncle en a donné la même solution dans la Lettre qu'il m'a fait l'honneur de m'ecrire, datée du 17 Mars 1710.

Le 11e qui est le 2e des cinq proposés par M. Huyguens est résolu autrement que dans mon Livre page 158; (*d*) cela vient de ce que nous en avons differemment compris l'énoncé : je ne sçai qui de nous deux a pris le veritable

(*a*) Voyés page 231.
(*b*) Voyés page 46.
(*c*) Voyés page 242.
(*d*) Voyés page 219.

ſens de l'Auteur. J'ai trouvé que le nombre des jettons noirs étant b, & le nombre des jettons blancs a, le nombre des Joueurs q, les nombres interpoſés de q en q de l'ordre a, des nombres figurés, page 80, (a) donneront les ſorts des Joueurs. Cette remarque qui m'a paru curieuſe donne de la facilité pour trouver des formules particulieres, propres à abreger le calcul, & ſans leſquelles il ſeroit impoſſible de trouver les ſorts des Joueurs, lorſque a & b ſont de grands nombres, j'ai trouvé que le nombre des Joueurs, q, étant 3, comme dans le Problême de M. Huyguens, la formule $\frac{1}{6} \times n \times p^3 - 3npp - \frac{n \times \overline{n-1}}{1.2} \times 9pp + 2np + \frac{n.\overline{n-1}}{1.2} \times 45p + \frac{n.\overline{n-1}.\overline{n-2}}{1.2.3} \times 54p - 1 \times \overline{n-1} \times 10 + \frac{\overline{n-1}.\overline{n-2}}{1.2} \times 46 + \frac{\overline{n-1}.\overline{n-2}.\overline{n-3}}{1.2.3} \times 63 + \frac{\overline{n-1}.\overline{n-2}.\overline{n-3}.\overline{n-4}}{1.2.3.4} \times 27$, diviſée par $\frac{p.\overline{p-1}.\overline{p-2}.\overline{p-3}}{1.2.3.4}$, donnoit les ſorts des Joueurs, je ſuppoſe $p = b + q$, & $n = \frac{p}{q}$.

Il faut remarquer que pour trouver par cette formule le ſort de Paul, on doit, 1°, entendre par n une quantité égale au quotient de $p - 1$ diviſé par q. 2°. Qu'il y faut ſubſtituer par-tout $p - 1$, & ſes puiſſances à la place de p, & de ſes puiſſances; & pour le ſort de Jacques, 1°, entendre par n une quantité égale au quotient de $p - 2$ diviſé par q. 2°. Subſtituer par-tout $p - 2$, & ſes puiſſances à la place de p, & de ſes puiſſances. Ainſi ſuppoſant, par exemple, trois Joueurs, 58 jettons noirs & quatre blancs, on aura tout-d'un coup les ſorts de Pierre, de Paul & de Jacques comme ces trois nombres 198345, 185745, 173755. Je me ſuis ſervi pour trouver cette formule de la methode que j'ai donné pour trouver la ſomme des nombres figurés interpoſés comme l'on voudra, & élevés à une puiſſance quelconque: cette méthode fournira aiſément des formules pour tous les cas pareils.

Je ne ſçai pourquoi l'Auteur s'eſt donné la peine de réſoudre dans les Propoſitions 12, 13, & 14 de ſon Livre les Problêmes propoſés par M. Huyguens qui ſont déja réſolus dans le mien; car outre que ces Problêmes ſont

(a) Voyés page 2.

trop faciles pour s'y arrêter de nouveau ; l'Auteur a bien vû par le Corollaire de la page 157 (*a*) que la voye des suites infinies ne m'étoit point inconnue, & qu'elle y étoit employée. Si cet Auteur eût voulu pousser cette matiere, & nous apprendre des choses nouvelles, il eût pû chercher la somme des suites infinies que l'on trouve dans ce Corollaire : c'est en cela que consiste toute la difficulté de ces sortes de questions.

J'ai fait observer à dessein que cette recherche n'étoit point facile ; & comme il se trouve une infinité de suites dans lesquelles les exposans ont leur 2e, 3e, 4e, &c. difference constante ; cette découverte seroit d'une grande étendue, & d'une extrême utilité.

L'Auteur a donné au 4e Problême de M. Huyguens un sens different de celui que je lui donne, aussi trouve-t'il differemment ; pour moi je crois avoir pris le veritable, & il faudroit, ce me semble, que le mot *minimùm* se trouvât dans l'énoncé, pour que celui de M. Moivre fût préferable. Quoi qu'il en soit, rien n'est plus indifferent, l'une & l'autre solution n'est qu'un exemple particulier de ma Proposition 13, page 94. (*b*)

Le Problême 15 est notre Problême de la Poulle dont je vous ai envoyé la solution dans ma Lettre du 10 Avril 1711, j'ai été fort surpris de trouver ce Corollaire très hazardé de l'Auteur : *Si plures sint collusores, ratio sortium eadem ratiocinatione invenietur.* Vous m'avés fait connoître, Monsieur, que l'application de ce Problême aux cas de quatre & de cinq & de six Joueurs étoit infiniment plus difficile que celle qui se borne à trois Joueurs. La voye des suites infinies que M. Moivre employe, & qui est aussi employée dans ma Lettre, est facile pour trois Joueurs, mais absolument impraticable pour plusieurs Joueurs.

Les Problêmes 16 & 17 ne sont que deux cas très simples d'un même Problême, c'est presque le seul qui m'ait échapé de tous ceux que je trouve dans ce Livre. Quoique l'Auteur fasse profession dans sa Préface de generali-

(*a*) Voyés page 227.

(*b*) Voyés page 26.

ser tout, il me semble qu'il auroit pû rendre le Problême plus curieux & d'une plus grande étenduë, en supposant que le nombre des boules de Pierre soit n, & le nombre des boules de Paul m, voici ce que j'ai trouvé en lisant le Problême de l'Auteur. Soit A le sort de Paul quand il lui manque un point, & un point à Pierre; B son sort quand il lui manque deux points & un point à Pierre; C son sort quand il lui manque trois points & un point à Pierre, &c. on a $A = \frac{m}{m+n}$, $B = \frac{m \,.\, m-1 + m \times n \times A}{m+n \,.\, m+n-1}$,

$$C = \frac{m \,.\, m-1 \,.\, m-2 + m \,.\, m-1 \times n \times A + m \times n \times m+n-2 \times B}{m+n \,.\, m+n-1 \,.\, m+n-2},$$

$$D = \frac{m \,.\, m-1 \,.\, m-2 \,.\, m-3 + m \,.\, m-1 \,.\, m-2 \times n \times A + m \,.\, m-1 \times n \times m+n-3 \times B + m \times n \times m+n-3 \times m+n-2 \times C}{m+n \,.\, m+n-1 \,.\, m+n-2 \,.\, m+n-3}$$

$$E = \frac{m \,.\, m-1 \,.\, m-2 \,.\, m-3 \,.\, m-4 + m \,.\, m-1 \,.\, m-2 \,.\, m-3 \times n \times A \quad m \,.\, m-1 \,.\, m-2 \,.\, n \times m+n-4 \times B + m \,.\, m-1 \times n \times m+n-4 \times m+n-3 \times C + m \times n \times m+n-4 \times m+n-3 \times m+n-2 \times D}{m+n \,.\, m+n-1 \,.\, m+n-2 \,.\, m+n-3 \,.\, m+n-4}$$

$F =$ &c.

On pourroit encore rendre le Problême plus general, en supposant les forces :: $a \,.\, b$, il me semble que la solution en seroit plus difficile.

Le Problême 18 est un Problême de combinaisons, & a beaucoup de rapport avec le premier; aussi la solution de l'un & de l'autre se tire-t'elle aisément de ma formule, & aussi de la Proposition 30, page 136, (a) qui est beaucoup plus generale, & donne combien il y a de hazards pour amener précisément certaines faces, ce que ne donne pas la formule de l'Auteur; par exemple, si l'on veut sçavoir combien il y a de hazards pour amener en huit coups un as & un deux seulement, je trouve qu'il y a 229376 contre 1450240, & generalement, p, étant le nombre des dés, q le nombre des differens points qu'on doit amener, f le nombre des faces de chaque dé, la formule est

(a) Voyés page 44.

$q \cdot \overline{q-1} \cdot \overline{q-2} \cdot \overline{q-3} \cdot \overline{q-4} \cdot \&c. \times \overline{\frac{1}{q}}^{p} \times \overline{f-q}^{\,p-q}$.

J'ai encore trouvé que ſi l'on demande combien il y a de coups differens qui puiſſent avec huit dés donner préciſément un as & un deux, ni plus ni moins, le nombre eſt 84 ; & generalement le nombre des faces étant f, le rang $f-1$ des nombres figurés donnera combien il y a de hazards pour amener préciſément un as. Le rang $f-2$ des nombres figurés donnera combien il y a de hazards pour amener préciſément un as & un deux. Le rang $f-3$ des nombres figurés donnera combien il y a de hazards pour amener préciſément un as, un 2 & un 3, &c.

Ainſi l'on trouve, par exemple, que jouant avec des dés qui auroient chacun douze faces, il y a une façon pour amener as & deux avec deux dés, dix façons avec trois dés, 55 avec quatre dés, 220 avec cinq dés, 715 avec ſix dés, 2002 avec ſept dés, 5005 avec huit dés, &c. ces nombres 1, 10, 55, 220, 715, 2002, 5005, &c. appartiennent à l'ordre $f-2$, des nombres figurés qui en ce cas eſt le 10e.

Le Problême 19 a beaucoup de rapport avec le Problême 5e ; cependant l'Auteur employe une autre methode, elle me paroît fort bien inventée, quoiqu'elle ait peut-être le défaut de ne point donner une ſolution aſſés exacte.

Le reſte du Livre contient ſept propoſitions ſur une matiere extrémement curieuſe à laquelle j'ai le premier penſé ; ſçavoir combien doit durer un jeu où l'on joue toujours en rabattant, ce que j'explique dans mon Livre page 178 (*a*), & mieux encore dans mon dernier Corollaire page 184 (*b*) où je donne cette ſuite $\frac{1}{4} + \frac{3^1}{4^2} + \frac{3^2}{4^3} + \frac{3^3}{4^4} + \frac{3^4}{4^5} + \&c.$ pour déterminer combien il y a à parier que le jeu ſera fini en moins de 3, 5, 7, 9, 11, 13, &c. parties à l'infini. Je finis ce Corollaire par ces paroles : *on trouvera ſans beaucoup de peine des formules pareilles pour les autres cas, & la recherche en paroîtra curieuſe.* La verité eſt cependant que ce Problême n'eſt point du tout facile, même avec le ſecours de la formule particuliere pour le cas de trois parties

(*a*) Voyés page 277. | (*b*) Voyés page 276.

ties. Je vois avec plaisir que M. Moivre est venu à bout de ce Problême en entier, & que sa solution s'accorde parfaitement avec les nôtres. Je suis fort en peine de sçavoir comment ce sçavant Geometre est parvenu à cette methode d'élever $a + b$ à la puissance n, de retrancher les termes extrêmes de ce produit, & de multiplier encore le restant par le quarré de $a + b$, & ainsi de suite autant de fois qu'il y a d'unités dans $\frac{1}{2}$d. une solution de cette nature me surprend, & d'autant plus que l'Auteur qui avoit supposé égal le nombre des hazards pour Pierre & pour Paul venant à le supposer dans un rapport quelconque, est obligé de prendre une autre route ; au lieu que selon vous & selon moi la methode est la même pour la solution generale & particuliere ; cela n'empêche pas que je n'estime fort cette découverte, & en general tout son Ouvrage, auquel je me felicite davoir donné occasion, en ouvrant le premier la carriere. Il m'a paru d'abord fort singulier qu'il l'ait rempli des mêmes choses dont nous nous sommes entretenus dans nos Lettres ; mais il est naturel qu'ayant fait son Ouvrage sur le mien, & voulant pousser ces matieres, les mêmes idées lui soient venues qu'à nous. J'aurois seulement souhaité, & il me semble que l'équité le demandoit, qu'il eût reconnu avec franchise ce que j'ai droit de revendiquer dans son Ouvrage. Je lui suis obligé de quelques expressions très honnêtes dont il se sert dans sa Preface en parlant de moi & de mon Livre ; mais je ne sçai en verité sur quoi il se fonde quand il dit . . . * Je ne puis deviner pour quelles raisons cet Auteur me fait ces reproches, & quel motif le porte à prononcer contre moi, en ne me laissant que le merite d'avoir appliqué à des exemples les prétendues regles de M. Huyguens, j'appelle de ce jugement aux Geometres qui liront ce que M. Huyguens & M. Pascal, dont l'Auteur ne parle point, ont donné sur cette matiere.

L'esperance que vous me donnés, Monsieur, de me faire l'honneur de me venir voir ici, me fait un plaisir infini ; je me flate que vous ne vous y ennuyerés point, vous y trouverés des personnes qui aiment beaucoup les gens

* Voyés l'Avertissement.

d'esprit, & qui vous honorent parfaitement; vous y verrés aussi une des raretés de la France, une Princesse bru de Charles IX. Roy de France, mort il y a 140 ans.

La formule que vous m'avés envoyé pour les sorts des Joueurs, lorsque l'on suppose que les degrés de facilité qu'ils ont de gagner changent alternativement est extrêmement belle, & je l'ai bien entendue. J'ai aussi vû avec beaucoup de plaisir l'application que vous faites de votre methode pour la poulle au cas de quatre Joueurs; je n'en sçai point encore la démonstration, j'espere l'apprendre de vous. Les Problêmes énoncés dans la These de feu M. votre Oncle sont tous extrêmement curieux, j'ai déja résolu les premiers, il me paroît que les derniers demandent un fort grand travail; si j'ai le plaisir de vous posseder cet hyver, ce sera pour moi de l'exercice.

La Recherche de la verité est en vente, mais les nouveaux Memoires de l'Academie ne sont point encore imprimés, lorsqu'ils le seront je ferai partir ces Livres par la voye que vous m'avés marqué. Je vous exhorte fort, Monsieur, à vous fournir des nouveautés que vous trouverés en Angleterre. Outre la nouvelle Edition du Livre de M. Newton, que les Geometres & les Philosophes attendent avec tant d'impatience, on m'a parlé d'un nouveau Traité de calcul integral par M. Ditton; d'un nouveau systême de Musique, &c. Informés-vous, je vous prie, si l'on imprimera un Commentaire de M. Gregory sur le Livre de M. Newton, qu'il me fit voir à Oxford il y a quelques années. Je me flate que vous voudrés bien me donner de vos nouvelles lorsque vous en aurés le loisir, & que vous me ferés la justice de croire qu'on ne peut vous honorer plus parfaitement, ni être plus veritablement que je le suis.

MONSIEUR,

Votre très humble & très obéissant Serviteur R. de M...

Lettre de M. (Nicolas) Bernoulli à M. de M...

A Londres ce 11 Octobre 1712.

Je ſuis bien aiſe, Monſieur, que vous vous ſoyés apperçu avec moi dans votre Lettre du 1er Mars qu'il faut écrire $a^7 + 7a^6b + 13a^5bb - 21a^4b^3 - 35a^3b^4 - 21aab^5 - 7ab^6 - b^7 = 0$; au lieu de l'égalité $a^7 + 7a^6b + a^5bb - 15a^4b^3 - 29a^3b^4 - 21aab^5 - 7ab^6 - b^7 = 0$. La voye que vous ſuivés pour réſoudre des Problêmes pareils à celui pour lequel vous avés trouvé l'équation précedente, me paroît bonne, vous parvenés toujours à des ſolutions que je trouve moi-même, & il me ſemble que vous avés tort de croire qu'on doit attendre une meilleure methode; la réſolution des égalités algebriques eſt inévitable dans ces ſortes de Problêmes; & quand ces réſolutions ſont trop difficiles, il faut ſe contenter des approximations. J'ai trouvé les mêmes ſorts pour les trois Joueurs Pierre, Paul & Jacques, auſquels il manque reſpectivement 3, 2, 1 points: vous avés oublié dans la quantité $b^4 + 4ab^3 + 2b^3c + 4abbc + 6aabb + bbcc$, qui exprime le ſort de Paul, le troiſiéme terme $2b^3c$.

Les Remarques que vous avés faites à l'occaſion des formules pour les cas déterminés & indéterminés de la Propoſition 30 (a) de votre Livre, ſont aſſurément très belles, & la regle que vous donnés pour trouver le nombre des termes d'un polynome quelconque élevé à une puiſſance quelconque eſt très juſte. La maniere qu'on tire du Problême des dés pour la formation des termes de ces polynemes, eſt certainement préferable à celles qu'on tire de la formule generale du binome.

Je ne ſçai ſi c'eſt une choſe nouvelle ce que Monſieur Parent a donné dans ſon Memoire. Pour moi j'ai trouvé une démonſtration très courte que la courbe de

(a) Voyés page 44.

M. de Beaune n'est qu'une logarithmique, dont les ordonnées sont inclinées sur l'axe d'un angle de 45 degrés. Comme je crois que vous serés bien-aise de la voir, la voici en peu de mots : Soit *CH* (*Fig. 3.*) la courbe de M. de Beaune, *AL* son asymptote parallele à *CI*, *H* un point quelconque de la courbe, la droite *GHI* parallele à l'axe *AE*, qui rencontre la ligne *CKI* en *I*, par lequel point passe la perpendiculaire *LIE* parallele à l'ordonnée *DH*, & qui coupe la droite *AL* en *L*, & la tangente *BH* au point *M*; *AC* = *CF* égale à ligne donnée *N*. On aura par la proprieté de la courbe *CF* (*LI*) . *HK* (*HI*) :: *HD* . *BD* :: (à cause des triangle *BDH*, *HIM* semblables) *MI* . *HI* : Donc *MI* = *LI* = *CF*, & le point *M* tombe sur le point *L*; & la ligne *GL* qui est la soutangente par rapport à l'ordonnée *GH* prise sur l'axe *AG*, avec qui elle fait un angle de 45 degrés, sera égale à la constante *AF* : Donc la courbe *CH* est une logarithmique. *C. Q. F. D.*

Je trouve les integrales que vous donnés pour la rectification de cette courbe très justes, tant celles que vous construisés par les espaces hyperboliques, que celle que vous construisés par la courbe elle-même; je crois pourtant que dans ces dernieres il faut changer les signes des logarithmes. Je n'aime pas les rectifications qui se font par les espaces des courbes, qui ne sont gueres plus connues que les longueurs des courbes qu'on cherche; je préfere celles qu'on construit par les abcisses d'une logarithmique, ou par les abcisses de la courbe donnée elle même; si on le peut. Vous avés bien appliqué cette derniere methode à la courbe de M. de Beaune, à la logarithmique ordinaire & à la tractoria de M. Huyguens. Voici une rectification generale de toutes les logarithmiques, dont les ordonnées font un angle quelconque avec l'asymptote construite par les mêmes logarithmiques. Soient (*Fig. 4.*) *AB* (*ab*) deux ordonnées d'une logarithmique quelconque; *AC* (*ac*) les tangentes aux points *A* (*a*). Sur les ordonnées *AB* (*ab*) prolongées, prenés *AE* (*ae*) égales aux tangentes *AC* (*ac*); & ensuite *EF* (*ef*) & *EG* (*eg*) égales à la soutangente *BC* ou bc, & par les points F (f) & G (g) soient menées les lignes FH (fh) & GI (gi) paralleles à l'axe BC; je dis que si l'angle des ordonnées est un angle droit (ce qui arrive dans la logarithmique ordinaire) l'arc Aa compris entre les deux ordonnées AB (ab) est égal à $fh - gi - FH + GI + AC - ac$; c'est à dire, à la difference de kh & KH plus la difference des tangentes AC & ac. Mais si les ordonnées font avec l'axe un angle oblique, soit menée la perpendiculaire CD, & des points E (e) soient prises EL (el) égales à BD; par L (l) soient tirées les paralleles Lm (lM), & par le point m la ligne mn parallele aux ordonnées, sur laquelle du point M tombe la perpendiculaire Mo, qui coupe la ligne mn en o; je dis que si on retranche la partie no de la somme de ces deux differences précedentes, le reste sera égal à l'arc Aa. Si l'angle des ordonnées est de 45 degrés, la logarithmique est la courbe de M. de Beaune, comme je vous ai fait voir, & vous pourrés, s'il vous plaît, chercher si cette construction convient avec celle que vous avés trouvée. Pour ce qui est de la tractoria, j'ai trouvé que si l'on nomme $DI = y$ (*Fig.* 5.), & que l'on prenne generalement $DP = \frac{2a^{n+1}y^n}{a^{2n}+y^{2n}}$, n étant un nombre quelconque affirmatif, & que l'on tire par le point P la ligne PK parallele à l'axe DE, & continuée jusqu'à la circonference du cercle AT dont le rayon est AD, & le centre D; l'arc AO sera égal à la ligne TK divisée par le nombre n. Quand on prend $n = 1$, la construction convient exactement avec la vôtre. Voilà ce que j'ai trouvé à l'occasion de vos découvertes. Je m'en vais vous faire part d'une que j'ai faite depuis peu à l'occasion d'un argument pour la Providence Divine, qu'on a inseré dans les Transactions Philosophiques. On m'avoit déja parlé de cet argument en Hollande sans me dire qu'on l'avoit imprimé quelque part. C'est un argument tiré de la régularité qu'on observe entre les enfans de l'un & de l'autre sexe qui naissent tous les ans à Londres. On prétend que si le hazard gouvernoit le monde, il seroit impossible que les nombres des mâles & des femelles s'approchent de si près pendant plusieurs années de suite, qu'ils ont fait depuis 80 ans, & on donne pour raison qu'en jettant un grand nombre de jettons, par exemple 10000 au hazard, il est fort peu probable que la moitié tombe croix & la moitié pile, & encore beaucoup moins probable que cela arrive un grand nombre de fois de suite. Comme on m'a réiteré la même chose ici, & qu'on m'a demandé mon sentiment là-dessus, j'ai été obligé de réfuter cet argument, & de prouver qu'il y a une grande probabilité que le nombre des mâles & des femelles arrive chaque année entre des limites encore plus petits que ceux qu'on a observés depuis 80 ans de suite. Vous sentés bien, Monsieur, que ce seroit une chose ridicule, si l'on vouloit prouver qu'il est fort probable que le nombre des garçons sera justement égal au nombre des filles; mais que la raison entre le nombre des uns & des autres approchera fort près de la raison d'égalité, est ce dont je crois que vous serés persuadé. J'ai trouvé en examinant le Catalogue des enfans nés à Londres depuis 1629 jusqu'à 1710 inclusivement, qu'il y a plus de mâles que de femelles; & qu'en prenant un milieu, la raison des mâles aux femelles est fort près de la raison de 18 à 17, un peu plus grande; d'où je conclus que la probabilité, pour qu'il naisse un garçon, est à la probabilité pour qu'il naisse une fille environ comme 18 à 17, & qu'ainsi entre 14000 enfans, qui est à peu près le nombre des enfans qui naissent par an à Londres, il y aura environ 7200 mâles & 6800 femelles. Or l'année où il est né le plus grand nombre de mâles, par rapport à celui des femelles, a été l'année de 1661, dans laquelle il est né 4748 mâles & 4100 femelles; & l'année où il y avoit le plus petit nombre de mâles par rapport à celui des femelles, est l'année 1703, dans laquelle il est né 7765 mâles & 7683 femelles. Je dis que ces limites sont si grands, qu'on peut parier au moins plus de 300 contre 1 qu'entre 14000 enfans le nombre des mâles & des femelles tombera plûtôt entre ces limites que dehors. . . . .

J'ai le plaisir de voir ici souvent M. de Moivre qui m'a fait présent de son Livre *De Mensura Sortis*. Il m'a dit qu'il vous en a envoyé aussi un Exemplaire, & il attend avec impatience votre sentiment sur cet Ouvrage. Vous serés étonné d'y trouver beaucoup de Problêmes que nous avons résolus, & entr'autres aussi celui de la durée des parties en rabattant, lequel il a resolu d'une maniere, quoique differente de la nôtre, pourtant très belle & très curieuse. Il a aussi résolu le Problême de la Poulle pour trois Joueurs par la voye des suites infinies, & il a avancé dans un Corollaire, que si le nombre des Joueurs étoit plus grand, on pourroit trouver leurs sorts par le même raisonnement. Comme je vous ai fait voir l'impossibilité qu'il y a d'en venir à bout par la methode des suites infinies, je crois que vous ferés de ce Corollaire le même jugement que j'en ai fait. Je lui ai communiqué les deux Theorêmes que j'ai trouvé, après lui avoir fait sentir la difficulté d'employer sa methode, quand le nombre des Joueurs est plus grand que trois.

J'espere bientôt repasser en France, & d'avoir l'honneur de m'entretenir avec vous sur ces matieres plus agréablement que nous n'avons fait jusqu'ici dans nos Lettres, &c.

Lettre de M. N. Bernoulli à M. de M....

A Bruxelles ce 30 Decembre 1712.

MONSIEUR,

Je n'ai reçu votre derniere Lettre du 5e Septembre que le 27 du mois de Novembre; elle avoit été envoyée à Londres dans le temps de mon retour d'Angleterre en Hollande, & renvoyée depuis de Londres en Hollande;

ce long retardement a aussi fait retarder ma réponse que voici. Je commence par ce qui regarde notre dispute sur le Her. Je n'ai pas le même sujet, Monsieur, d'admirer & d'applaudir aux réponses de M. de Waldegrave, comme a fait M. l'Abbé de Monsoury. Je sçai très bien que tous les raisonnemens que Paul peut faire pour se déterminer à un parti, Pierre les peut aussi faire pour tourner ce parti au desavantage de Paul; mais nonobstant cela, je dis que Paul ne fait pas si bien en suivant la maxime de garder le sept, qu'en suivant la maxime de changer au sept, en voici les raisons : S'il étoit impossible de décider ce Problême, Paul ayant un sept ne sçauroit quel parti prendre; & pour se débarrasser il se commettroit au pur hazard, par exemple, il mettroit dans un sac un égal nombre de jettons blancs & de jettons noirs, dans le dessein de se tenir au sept s'il tire un blanc, & de changer au sept s'il tire un noir; il mettroit, dis-je, un égal nombre de blancs & de noirs; car s'il mettoit un nombre inégal, il seroit plus porté pour un parti que pour l'autre, ce qui est contre l'hypothese. Pierre ayant un huit feroit la même chose pour voir s'il doit changer ou non. Or chaque Joueur Paul & Pierre ayant la maxime de se commettre ainsi au hazard, le sort de Paul sera $\frac{774}{50.51}$ qui est moindre que $\frac{780}{50.51}$, qui est le sort de Paul lorsqu'il change au sept; d'où il suit que Paul prend un mauvais parti quand il se commet au hazard, & qu'il a un meilleur sort en changeant au sept. Donc il est décidé que Paul doit changer au sept: En voici une autre démonstation qui est fondée sur le cercle même qu'on m'oppose. Comme on peut toujours démontrer quelque parti que Paul prenne, que c'est un mauvais parti, & qu'il auroit mieux fait s'il eût pris le parti contraire, il vaut mieux prendre le parti où l'on risque le moins; or Paul en changeant au sept ne risque que $\frac{36}{50.51}$, au lieu qu'en gardant le sept il risque $\frac{60}{50.51}$; donc il vaut mieux changer au sept. Le raisonnement qui m'a conduit à la solution que je vous ai envoyée dans ma Lettre du 10e Novembre 1711, n'est gueres different de celui que je

viens

viens de faire. Avant que de vous l'exposer je veux que vous m'accordiés ce qui suit : je tiens pour démontré que si Paul se tient ou à la maxime de se tenir au sept, Pierre doit se tenir au huit ; de même si Paul se tient ou à la maxime de se tenir au huit seulement, Pierre doit changer au huit. Donc si l'on a démontré que Paul doit ou se tenir ou changer au sept, on a aussi démontré que Pierre doit ou se tenir ou changer au huit ; & si l'on est convaincu qu'il est vrai que Paul doit se tenir au sept, par exemple, on est aussi convaincu qu'il est vrai que Pierre doit se tenir au huit ; mais on ne peut pas faire le retour de Pierre à Paul ; & en prenant pour fondement que Pierre se tient au huit, on ne peut pas, dis-je, en aucune maniere en tirer la conclusion ; donc il est vrai que Paul doit changer au sept ; car s'il est certain que Paul doit se tenir au sept, je ne dois plus chercher par une autre voye ce qu'il doit faire, parceque je le sçai déja ; & un homme est ridicule qui sçachant qu'il doit faire une chose veut encore douter & chercher par d'autres voyes s'il la doit faire ou non. Cela posé, voici comment j'ai raisonné : Paul ayant le dessein de suivre la maxime de garder le sept, examine ce qui lui peut arriver de pis par rapport au parti que Pierre prendra ; & il trouve que le pis est quand Pierre se tient au huit, & qu'alors son sort sera au sort de Pierre comme 2828 à 2697, ou qu'en nommant l'argent du jeu 1, son esperance sera $\frac{2828}{5525}$. Ensuite il examine aussi ce qui lui peut arriver de pis lorsqu'il suit la maxime de changer au sept, & il trouve que le pis est lorsque Pierre suit la maxime de changer au huit, & qu'alors son sort sera aussi $\frac{2828}{5525}$: Donc le sort de Paul, en suivant la maxime de garder le sept, est au moins $\frac{2828}{5525}$, & il est quelque chose de plus lorsque Pierre suit la maxime de se tenir à une autre carte qu'à un huit. De même le sort de Paul, en suivant la maxime de changer au sept est plus que $\frac{2828}{5525}$, lorsque Pierre a la maxime de se tenir à une autre carte qu'à un neuf : Donc le sort de Paul est toujours au moins $\frac{2828}{5525}$, & cequi le doit porter à ſuivre une maxime plûtôt que l'autre, eſt le riſque que Pierre court en ne rencontrant pas juſte. Or ce riſque eſt plus grand lorſque Paul change au ſept, que lorſqu'il ſe tient au ſept : Donc Paul doit changer au ſept plûtôt que s'y tenir ; & par conſequent Pierre doit avoir la maxime de changer au huit ; mais on ne peut pas retourner de Pierre à Paul, & dire ; donc Paul doit avoir la maxime de garder le ſept. Ce cercle choque la Logique, & il eſt impoſſible qu'il ſoit un bon raiſonnement : une propoſition dont on tire une abſurdité eſt fauſſe ; or en tirer ſa contradictoire eſt en tirer une abſurdité ; donc la propoſition eſt fauſſe, & par conſequent ſa contradictoire eſt vraie. Or dans notre cas ſa contradictoire ne ſçauroit être vraie non plus, à cauſe du même cercle ; donc ce cercle eſt ridicule & un faux raiſonnement. On tire de la propoſition *A* ſa contradictoire *B* ; donc la propoſition *A* eſt fauſſe, & la propoſition *B* eſt vraie. De même on tire de la propoſition *B* ſa contradictoire *A* ; donc *B* eſt fauſſe & *A* vraie ; donc ce cercle démontre que deux propoſitions contradictoires ſont & toutes deux vraies & toutes deux fauſſes, ce qui eſt impoſſible ; donc il y a eu une faute dans le raiſonnement, & je n'ai point eu tort, lorſque j'ai dit que nos Meſſieurs ſuppoſent deux choſes contradictoires à la fois en faiſant le cercle. En un mot quand même il ne ſeroit pas vrai que Paul fait mieux de changer que de s'y tenir, ce ne ſeroit pas leur cercle qui le démontreroit. Je crois que vous tomberés d'accord de ceci, & tiendrés cette réponſe ſuffiſante aux objections que M. de Waldegrave & M. l'Abbé de Monſoury m'ont faites. Je ſalue très humblement ces Meſſieurs, & je les remercie de la bonne opinion qu'ils ont de moi.

Je ſuis bien-aiſe que vous ayés reçu le Livre de M. de Moivre *De Menſura Sortis*. Il eſt vrai que preſque tous les Problêmes qui y ſont propoſés ſont réſolus ou dans votre Livre ou dans nos Lettres. Comme je ſçavois que M. de Moivre attendoit avec impatience le jugement que vous feriés ſur ſon Livre, j'ai pris la liberté de lui envoyer les principales de vos remarques, j'en toucherai ici quelques-unes.

Le Problême 1er est un cas particulier du 2e qui est résolu à la page 177 de votre (*a*) Livre dans le cas de $a = b$; & ainsi j'aimerois mieux tirer la solution du Problême 1er de la formule generale qui exprime tous les termes du binome $a + b$ élevé à une puissance quelconque, que de la formule $\overline{m - 1}^{p - q} \times \frac{p \cdot p - 1 \cdot p - 2}{1 \cdot 2 \cdot 3}$ &c.

Les limites que l'Auteur donne pour les Problêmes 5, 6, 7 sont assés justes quand q est un grand nombre; nous sçavons d'ailleurs qu'on peut parier avec avantage d'amener sonnés en 25 coups, & qu'il y auroit du desavantage de l'entreprendre en 24 coups; or multiplions 35 qui est la valeur de q par 0.693 qui est la premiere limite marquée par l'Auteur, & nous trouverons 24.255.

Je n'ai point examiné les formules que vous donnés à l'occasion du Problême 11e, la remarque que vous faites qu'on peut trouver la solution generale de ce Problême, en cherchant les sommes des nombres figurés interposés comme l'on voudra est très juste; j'aurois résolu ce Problême par la même maniere, ou par celle qui m'a servi à trouver les Problêmes sur le Pharaon ou la Bassete qui ne sont qu'un cas particulier de celui-ci consideré generalement. Je ne crois pas qu'on puisse trouver la somme de suites pareilles à celles que vous avés données dans le Corollaire de la page 157 (*b*).

Vous avés fort bien résolu les Problêmes des boulles pour les cas où il manque un point à l'un des Joueurs, & à l'autre un nombre de points quelconque. Je me souviens que M. de Moivre m'a dit lorsque j'étois à Londres, qu'il avoit la solution generale de ce Problême.* Le Corollaire 3, *Si dexteritates, &c.* n'est pas plus difficile que lorsqu'on suppose les forces égales; j'ai trouvé que si le nombre des boulles de Paul est m, le nombre des boulles de

* Je l'ai envoyée à M. J. Bernoulli dans une Lettre du 20 Septembre 1712. Voyés ici page 248.

(*a*) Voyés page 244.

(*b*) Voyés page 218.

Pierre n, leurs forces comme a à b, la probabilité que Paul gagnera dans un ſeul tour un nombre de points donné q préciſément ni plus ni moins, ſera $\frac{nb}{\overline{m-q}\cdot a+nb} \times \frac{ma}{ma+nb} \times \frac{\overline{m-1}\cdot a}{\overline{m-1}\cdot a+nb} \times \frac{\overline{m-2}\cdot a}{\overline{m-2}\cdot a+nb} \times \frac{\overline{m-3}\cdot a}{\overline{m-3}\cdot a+nb} \times$ &c. il faut prendre autant de produits qu'il y a d'unités dans $q+1$.

Votre formule $q \cdot \overline{q-1} \cdot \overline{q-2}$. &c. $\times \frac{p}{q} \times \overline{f-q}^{p-q}$, ou plus ſimplement $\overline{f-q}^{p-q}$ multiplié par autant de produits $p \cdot \overline{p-1} \cdot \overline{p-2} \cdot \overline{p-3}$. &c. qu'il y a d'unités dans q, pour exprimer le nombre des cas pour amener avec un nombre quelconque de dés, un nombre déterminé de differentes faces ni plus ni moins eſt très juſte; mais ce Problême n'eſt pas le même que le 18e Problême de M. de Moivre; car quand on ſe propoſe d'amener, par exemple en huit coups, un as & un deux, on a auſſi gagné quand on amene pluſieurs fois un as & un deux; or ces cas ſont exclus dans votre Problême.

La proprieté que vous obſervés dans les bandes horizontales, qu'elles ſervent pour exprimer tous les coups differens qu'il y a pour amener un nombre déterminé de faces differentes ni plus ni moins eſt très belle; on la tire aiſément de la propoſition 32 de votre Livre (*a*).

La methode de M. de Moivre pour la durée des parties que l'on joue en rabattant eſt très naturelle & fondée ſur ce qu'il faut toujours retrancher les cas par leſquels il peut arriver qu'un des Joueurs gagne les écus de l'autre; la methode quand le nombre des écus de l'un & de l'autre eſt égal, n'eſt differente de celle qu'il employe quand le nombre de leurs écus eſt inégal, qu'en ce que l'on fait dans la premiere deux operations à la fois, à cauſe de l'égalité qu'il y a de part & d'autre. Comme vous ſouhaités fort de voir ma methode & mes démonſtrations pour la poulle, je vais vous les rapporter ici tout au long. J'ai differé un peu cette réponſe que je vous aurois envoyée ſans cela de Hollande, pour me donner

(*a*) Voyés page 35.

le loisir de rappeller mes idées, & de me mettre en état de vous contenter entierement. C'est cette solution des trois Problêmes que vous m'avés proposés sur la poulle que je préfere à tout ce que j'ai trouvé jusqu'ici dans ces matieres. Voici les raisonnemens que j'ai faits pour venir à bout de ces trois Problêmes ; je vous les propose methodiquement & tout au long dans les deux Tables suivantes, afin de me rendre plus intelligible.

PROBLÊME I.

Plusieurs Joueurs dont le nombre est $n+1$ *jouent une poulle, on demande quelle est la probabilité que chacun a de gagner la poulle.*

SOLUTION. Soit appellé t l'esperance de gagner qu'a un des deux qui entrent les premiers au jeu, u l'esperance qu'a celui qui entre le second au jeu, x l'esperance du troisiéme, y celle du quatriéme, z celle du cinquiéme, &c. Soit appellé de plus a l'esperance de gagner la poulle qu'a un Joueur qui entre au jeu, & qui joue contre un qui n'a point encore gagné de parties ; b l'esperance de celui qui entre au jeu & qui joue contre un qui vient de gagner une partie ; c l'esperance de celui qui joue contre un qui vient de gagner deux parties ; d l'esperance de celui qui joue contre un qui vient de gagner trois parties, &c. Soit appellé encore p le sort ou l'esperance de celui qui sort du jeu laissant un Joueur qui a gagné une partie ; q le sort de celui qui sort du jeu laissant un Joueur qui a deux parties ; r le sort de celui qui sort du jeu laissant un Joueur qui a trois parties, &c. Ceci posé on aura les équations suivantes marquées N° 1, N° 2, N° 3, &c. jusqu'à N° 10 dans la Table 1re. L'équation marquée N° 1, est évidente ; car les sorts ou les esperances de tous les Joueurs prises ensemble doivent faire 1 ou une certitude entiere : les autres équations se trouvent de la maniere que je vais expliquer. Entre les équations marquées N° 2, on trouve, par exemple $z = \frac{1}{8}e + \frac{1}{8}d + \frac{1}{4}c + \frac{1}{2}b$; car celui qui entre le cinquiéme au jeu jouera contre un qui aura gagné ou 4, ou 3, ou 2, ou 1 partie ; or il y a $\frac{2}{16}$ ou $\frac{1}{8}$ à parier que l'un ou l'autre des deux premiers Joueurs gagne quatre parties de ſuite ; & $\frac{1}{8}$ de probabilité qu'il jouera contre un qui a gagné trois parties, $\frac{1}{4}$ qu'il jouera contre un qui a gagné deux parties, & $\frac{1}{2}$ qu'il jouera contre un qui a gagné une partie ; donc ſon ſort ou $z = \frac{1}{8}e + \frac{1}{8}d + \frac{1}{4}c + \frac{1}{2}b$. Entre les équations N° 3, on trouve, par exemple, $c = \frac{1}{2}r + \overline{\frac{1}{4} + \frac{1}{8} + \frac{1}{16} \ldots \frac{1}{2^n}} \times p + \frac{1}{2^n} \times 1$; car il y a $\frac{1}{2}$ à parier qu'un Joueur qui entre nouvellement au jeu ne gagnera aucune partie, $\frac{1}{4}$ qu'il n'en gagnera qu'une, $\frac{1}{8}$ qu'il n'en gagnera que deux, $\frac{1}{16}$ qu'il n'en gagnera que trois, &c. $\frac{1}{2^n}$ qu'il gagnera toutes les parties qu'il faut moins une, & encore $\frac{1}{2^n}$ qu'il gagnera toutes les parties qu'il faut ; s'il n'en gagne aucune, il laiſſe un Joueur qui a gagné trois parties, puiſqu'on ſuppoſe dans cet exemple qu'il joue contre un Joueur qui a déja gagné deux parties ; s'il en gagne quelques-unes, mais non pas toutes celles qu'il lui faut, il ſort du jeu, laiſſant un Joueur qui a gagné une partie ; donc ſon ſort ou c eſt $= \frac{1}{2}r + \overline{\frac{1}{4} + \frac{1}{8} + \frac{1}{16} + \ldots \frac{1}{2^n}} \times p + \frac{1}{2^n} \times 1$. Les équations, N° 4, ſe trouvent par un pareil raiſonnement ; car un Joueur qui ſort du jeu laiſſant, par exemple, un Joueur qui a gagné une partie, acquiert l'eſperance ou de celui qui entre le ſecond au jeu, ou de celui qui entre le troiſiéme, ou de celui qui entre le quatriéme, &c. ſelon que le Joueur qu'il a laiſſé au jeu gagne ou une, ou deux, ou trois, &c. parties moins qu'il ne lui faut pour gagner la poulle. Les équations, N° 5, ſe trouvent par la ſouſtraction des équations N° 3 ; & celles N° 6, par la ſouſtraction des équations N° 4. Les équations, N° 7, ſe trouvent en ſubſtituant dans les équations, N° 5, les valeurs trouvées dans les équations N° 6. Les équations, N° 8, ſe trouvent en cherchant les valeurs de a, b, c, d, &c. par les équations N° 2 ; & ces valeurs étant ſubſtituées dans les équations N° 5, on aura les équations N° 9, qui étant comparées avec les équations N° 7, donnent les équations N° 10, & ces dernieres équations fourniſſent mon premier Theorême.

PROBLÊME II.

Etant poſé ce que dans le Problême précedent on demande quel eſt l'avantage ou le deſavantage de chaque Joueur.

SOLUTION. Comme je me ſuis ſervi des lettres a, b, c, d, &c. p, q; r, s, &c. t, u, x, y, z; &c. pour exprimer les differentes probabilités que les Joueurs ont de gagner ſelon les differens états dans leſquels ils ſe peuvent trouver ; ainſi je me ſervirai des mêmes lettres majuſcules A, B, C, D, &c. P, Q, R, S, &c. T, V, X, Y, Z, &c. pour exprimer la portion que chaque Joueur peut prétendre dans ces differens états ; je ſuppoſe auſſi qu'on ne met au jeu que lorſqu'on vient de perdre contre un Joueur, & j'appelle cette miſe 1. En ſuivant des raiſonnemens ſemblables à ceux qu'on a faits dans le Problême précedent, on aura les équations marquées N° 1, N° 2, &c. juſqu'à N° 13 de la Table 2e. Dans les équations N° 2, on a, par exemple $Y = \frac{1}{4} D + \frac{1}{4} \times \overline{C + c} + \frac{1}{2} \times \overline{B + 2b}$; car ſi celui qui entre le quatriéme au jeu eſt obligé de jouer contre un qui a gagné trois parties, ſon eſperance eſt D; s'il eſt obligé de jouer contre un qui a gagné deux parties, ſon eſperance eſt $C + c$; j'ajoûte c à C, puiſque celui qui entre le quatriéme trouve trois écus mis au jeu, au lieu que C eſt l'eſperance de celui qui joue contre un Joueur qui a deux parties dans la ſuppoſition qu'il n'y ait que deux écus au jeu ; car les lettres A, B, C, D, E, &c. & P, Q, R, S, &c. ſignifient les ſorts des Joueurs dans les premieres entrées & ſorties ; il faut donc ajoûter à C la portion qu'il peut prétendre de cet écu de ſurplus ; or comme dans cet état la probabilité de gagner la poulle ou de gagner cet écu, eſt c, cette portion ſera $c \times 1$. Ainſi s'il joue contre un Joueur qui n'a gagné qu'une partie, il faut ajoûter à l'eſperance B encore $2b$, car il trouve deux écus de plus au jeu que ne trouve celui qui joue contre un Joueur qui a gagné une partie, & la probabilité de gagner ces deux écus est b, & par consequent la portion qu'il peut prétendre est $b \times 2$. Le raisonnement qu'on fait pour les équations, N° 3 & N° 4, est tout à fait pareil à celui qu'on vient de faire pour celles de N° 2, & qu'on a fait pour les équations N° 3 & N° 4 du Problême précedent. Les équations, N° 5 & N° 6, se trouvent comme dans le Problême précedent. Les équations, N° 7, se trouvent en substituant la premiere équation de N° 3, Table 1re, dans les équations N° 5. Les équations, N° 8, se trouvent en substituant la 1re équation de N° 4, Table 1re, dans les équations N° 6. Les équations N° 9, se trouvent en substituant les équations N° 8, dans les équations N° 7. Les équations N° 10, se trouvent en cherchant les valeurs de A, B, C, D, &c. par les équations N° 2 de la Table 1 & 2, ou N° 2 de la 2e, & N° 8 de la 1re Table; & ces valeurs étant substituées dans les équations N° 5, on a les équations N° 11, qui comparées avec les équations N° 9, forment les équations N° 12; & ces équations N° 12, comparées avec les équations N° 10 de la Table 1, donnent les équations N° 13, qui fournissent mon second Theorême.

PROBLÊME III.

Etant posé ce que ci-devant, on demande quelle probabilité il y a que la poulle sera gagnée précisément après un nombre de coups donné.

SOLUTION. Soient exprimées par cette suite de lettres a, b, c, d, e, f, &c. les probabilités qu'il y a que la poulle sera finie précisément en n, $n+1$, $n+2$, $n+3$, &c. coups; il est évident qu'il faut au moins n coups, puisqu'il faut gagner n parties de suite, & que la probabilité pour qu'un des deux premiers Joueurs gagne d'abord les n parties est $\frac{1}{2^{n-1}}$; car il y a pour chacun des deux premiers Joueurs $\frac{1}{2^n}$ à parier; donc a sera $= \frac{1}{2^{n-1}}$. Les valeurs des autres lettres se trouvent toutes d'une même maniere; par exemple, le sixiéme terme f est égal à $\frac{1}{2}e + \frac{1}{4}d + \frac{1}{8}c$

+

$+\frac{1}{16}b+$ &c. où il faut toujours prendre autant de termes précedens qu'il y a d'unités dans $n-1$; d'où il suit que le premier terme étant donné, on aura tous les suivans. J'en donnerai la démonstration dans un exemple particulier, parceque ce sera la même pour tous les autres cas. Soit, par exemple, le nombre des Joueurs $=5$, on demande quelle probabilité il y a que le jeu sera fini en dix coups précisément. Il est évident que celui qui doit gagner la poulle au 10e coup, doit entrer au jeu après le 6e coup, & qu'il doit gagner quatre coups de suite. Or il peut entrer au jeu trouvant un Joueur qui a gagné ou 1, ou 2, ou 3 parties; s'il trouve un Joueur qui ait gagné une partie, il y a autant à parier que la poulle sera décidée au 9e coup, qu'il y a à parier après qu'il a vaincu son adversaire qu'il la gagnera lui-même au 10e coup; donc avant qu'il ait gagné son adversaire la probabilité qu'il gagnera la poulle sera la moitié de cette esperance, c'est à dire $\frac{1}{2}f$ (j'appelle g, f, e, d, c, &c. la probabilité qu'on gagnera la poulle au 10e, 9e, 8e, 7e, &c. coup). S'il trouve en entrant au jeu un Joueur qui a deux parties, il y a autant à parier que son adversaire gagnera au 8e coup, qu'il y a à parier après qu'il aura vaincu deux de ses adversaires, qu'il gagnera lui-même au 10e coup; or comme la probabilité qu'il gagne deux Joueurs de suite est $\frac{1}{4}$, la probabilité qu'il gagnera la poulle au 10e coup, sera dans ce cas-ci $=\frac{1}{4}e$. Si en entrant au jeu il trouve un Joueur qui ait gagné 3 parties, il y a autant à parier que son adversaire gagnera au 7e coup, qu'il y aura à parier qu'après avoir gagné ses trois premiers adversaires, il gagnera encore le 4e; or il y a $\frac{1}{8}$ à parier qu'il gagne trois adversaires de suite; donc sa probabilité de gagner la poulle au 10e coup dans ce cas-là, sera $=\frac{1}{8}d$; donc toutes ces trois probabilités prises ensemble font $g=\frac{1}{2}f+\frac{1}{4}e+\frac{1}{8}d$; *Ce qu'il falloit démontrer.* On démontre de la même maniere que $f=\frac{1}{2}e+\frac{1}{4}d+\frac{1}{8}c$; $e=\frac{1}{2}d+\frac{1}{4}c+\frac{1}{8}b$; $d=\frac{1}{2}c+\frac{1}{4}b+\frac{1}{8}a$; $c=\frac{1}{2}b+\frac{1}{4}a$; $b=\frac{1}{2}a$. Or a dans le cas de cinq Joueurs est $=\frac{1}{2^{n-1}}=\frac{1}{8}$; donc $b=\frac{1}{16}$, $c=\frac{2}{32}=\frac{1}{16}$, $d=\frac{4}{64}=\frac{1}{16}$, $e=\frac{7}{128}$, $f=\frac{15}{256}$, $g=\frac{24}{512}=\frac{3}{64}$, &c. Ce *qu'il falloit trouver*. La ſomme d'autant de ces termes a, b, c, d, e, f, &c. qu'il y a d'unités dans p, exprimera la probabilité que la poulle ſera finie au moins en $n+p-1$ coups. Si l'on veut avoir une formule pour exprimer cette ſomme, on aura en mettant p pour le nombre des termes $\frac{p+1}{1 \cdot 2^n} - \frac{p-n \cdot p-n+3}{1 \cdot 2 \cdot 2^{2n}} + \frac{p-2n \cdot p-2n+1 \cdot p-2n+5}{1 \cdot 2 \cdot 3 \cdot 2^{3n}} - \frac{p-3n \cdot p-3n+1 \cdot p-3n+2 \cdot p-3n+7}{1 \cdot 2 \cdot 3 \cdot 4 \cdot 2^{4n}} +$ &c. pour l'expreſſion de cette formule ; & la formule pour exprimer un terme quelconque de cette ſuite a, b, c, d, e, &c. dont le quantiéme eſt p, ſera $\frac{1}{2^n} - \frac{p-n+1}{1 \cdot 2^{2n}} + \frac{p-2n \cdot p-2n+3}{1 \cdot 2 \cdot 2^{3n}} - \frac{p-3n \cdot p-3n+1 \cdot p-3n+5}{1 \cdot 2 \cdot 3 \cdot 2^{4n}} +$ &c. On trouvera aiſément la démonſtration de ces formules, en ſuppoſant que le numerateur de chaque terme de cette ſuite a, b, c, d, &c. ſoit la ſomme de tous les précedens, au lieu qu'il n'eſt que la ſomme d'autant de précedens qu'il faut gagner de parties de ſuite moins une ; & en retranchant enſuite ce que par cette conſideration on aura pris de trop : je crois vous devoir avertir ici en paſſant que dans ma Lettre du 10e Novembre 1711, j'ai appellé p ce que j'appelle ici $n+p-1$. Voilà, Monſieur, tout ce que j'ai à vous communiquer de ma methode pour la poulle, j'eſpere que vous en ſerés content. Je n'ai point communiqué cette methode à M. de Moivre, je crois que s'il l'avoit vû il auroit reconnu que celle qu'il a employée dans ſon Livre pour le cas de trois Joueurs, eſt tout à fait inutile pour les cas d'un plus grand nombre de Joueurs, & qu'ainſi ſes methodes n'ont pas toujours l'avantage d'être auſſi generales qu'il penſe. Je ne ſçai pas ſi M. de Moivre a eu deſſein dans ſa Préface de vous faire autant de reproches que vous le croyés ; pour moi je tiens les methodes que vous avés données dans votre Livre aſſés ſuffiſantes pour réſoudre tous les Problêmes generaux de M. Moivre, qui la plûpart ne different des vôtres que dans la generalité des expreſſions algebriques, & je ſuis perſuadé que M. Moivre lui-même vous fera la juſtice de reconnoître que vous avés pouſſé cette matiere beaucoup plus loin que n'ont fait M. Huyguens & M. Pascal, qui n'ont donné que les premiers élemens de la science du hazard, & quaprès eux vous avés été le premier qui ait publié des methodes generales pour ce calcul. Un Jesuite nommé Caramuel, que j'ai cité dans ma These, a voulu pousser ces matieres, & même critiquer M. Huyguens dans le Traité qu'il nomme ΚΥΒΕΙΑ, & qu'il a inseré dans ses grands Ouvrages de Mathematique; mais comme tout ce qu'il donne n'est qu'un amas de paralogismes, je ne le compte pour rien.

TABLE I.

N° 1.

N° 2.

$$\begin{array}{ccccccccccccc} t & + & t & + & v & + & x & + & y & + & z & + \&c. & = 1 \\ \| & & \| & & \| & & \| & & \| & & \| & & \\ a & & a & & b & & \frac{1}{2}c+\frac{1}{2}b & & \frac{1}{4}d+\frac{1}{4}c+\frac{1}{2}b & & \frac{1}{8}e+\frac{1}{8}d+\frac{1}{4}c+\frac{1}{2}b & \&c. & \end{array}$$

Entre

0	a	$a=\overline{\frac{1}{2}+\frac{1}{4}+\frac{1}{8}+\frac{1}{16}+\ldots\frac{1}{2^n}}\times p+\frac{1}{2^n}\times 1$
1	b	$b=\overline{\frac{1}{2}\times q+\frac{1}{4}+\frac{1}{8}+\frac{1}{16}+\ldots\frac{1}{2^n}}\times p+\frac{1}{2^n}\times 1$
2	c	$c=\overline{\frac{1}{2}\times r+\frac{1}{4}+\frac{1}{8}+\frac{1}{16}+\ldots\frac{1}{2^n}}\times p+\frac{1}{2^n}\times 1$
3	d	$d=\overline{\frac{1}{2}\times s+\frac{1}{4}+\frac{1}{8}+\frac{1}{16}+\ldots\frac{1}{2^n}}\times p+\frac{1}{2^n}\times 1$
4	e	
⋮	⋮	

N° 3.

Sort

1	p	$p=\frac{1}{2^{n-1}}\times v+\frac{1}{2^{n-2}}\times x+\frac{1}{2^{n-3}}\times y+\frac{1}{2^{n-4}}\times z+\ldots$
2	q	$q=\frac{1}{2^{n-2}}\times x+\frac{1}{2^{n-3}}\times y+\frac{1}{2^{n-4}}\times z+\ldots$
3	r	$r=\frac{1}{2^{n-3}}\times y+\frac{1}{2^{n-4}}\times z+\ldots$
4	s	$s=\frac{1}{2^{n-4}}\times z+\ldots$
⋮	⋮	

N° 4.

$$a-b=\tfrac{1}{2}p-\tfrac{1}{2}q=\frac{1}{2^n}\times v=t-v$$
$$b-c=\tfrac{1}{2}q-\tfrac{1}{2}r=\frac{1}{2^{n-1}}\times x=2v-2x$$
$$c-d=\tfrac{1}{2}r-\tfrac{1}{2}s=\frac{1}{2^{n-2}}\times y=4x-4y$$

N° 5. N° 7. N° 9.

$$\left.\begin{array}{l} p-q=\frac{1}{2^{n-1}}\times v \\ q-r=\frac{1}{2^{n-2}}\times x \\ r-s=\frac{1}{2^{n-3}}\times y \end{array}\right\}\text{N° 6.}$$

$a=t$ N° 8.

$b=v$

$c=2x-b=2x-v$

$$\left.\begin{array}{l} v=t\times\frac{2^n}{1+2^n} \\ x=v\times\frac{2^n}{1+2^n} \end{array}\right\}\text{N° 10.}$$

A Paris ce 23 Janvier 1713.

Je vous envoye le Catalogue des Enfans de chaque ſexe nés à Londres depuis 1629 juſqu'à 1710, avec mes démonſtrations de ce que je vous ai écrit touchant l'argument par lequel on veut prouver que c'eſt un miracle que les nombres des enfans de chaque ſexe nés à Londres ne ſe ſont pas plus éloignés les uns des autres pendant 82 ans de ſuite, & que par le hazard il ſeroit impoſſible que pendant un ſi long-temps ils fuſſent toujours renfermés entre des limites auſſi petites que celles qu'on a obſervées dans le Catalogue de 82 ans. Je prétens qu'il n'y a aucun ſujet de s'étonner, & qu'il y a une grande probabilité pour que les nombres des mâles & des femelles tombent entre des limites encore plus petites que celles qu'on a obſervées. Pour prouver ceci, je ſuppoſe que le nombre de tous les enfans qui naiſſent chaque année à Londres eſt 14000, entre leſquels il devroit naître 7200 mâles, & 6800 femelles, ſi les nombres des enfans de chaque ſexe ſuivoient exactement la raiſon de 18 à 17, qui exprime le rapport entre la facilité de la naiſſance d'un garçon & celle de la naiſſance d'une fille; or comme le nombre des garçons eſt tantôt plus grand, tantôt plus petit que 7200, prenons une limite: Par exemple, l'année 1703, où le nombre des filles a été le plus proche de celui des garçons, il eſt né dans cette année 7765 mâles & 7683 femelles, ce qui en réduiſant la ſomme à 14000, fait 7037 mâles & 6963 femelles; le nombre des femelles a donc ſurpaſſé le nombre 6800 de 163, & le nombre des mâles a été d'autant moindre que 7200. Or je vous prouverai qu'il y a beaucoup à parier qu'entre 14000 enfans, le nombre des mâles ne ſera ni plus grand ni plus petit que 7200 de 163; c'eſt à dire, que la raiſon des mâles aux femelles ne ſera pas plus grande que de 7363 à 6637, ni plus petite que de 7037 à 6963. Pour cette fin imaginons 14000 dés à 35 faces cha-

TABLE II.

N° 1.

N° 2.

$$\begin{array}{ccccccccccc} T+T+V & + & X & + & Y & + & Z & + & \&c. = 0 \\ \| \; \| \; \| & & \| & & \| & & \| & & \\ A \quad A \quad B & & \frac{1}{2}C+\frac{1}{2}\times\overline{B+b} & & \frac{1}{4}D+\frac{1}{4}\times\overline{C+c}+\frac{1}{2}\times\overline{B+2b} & & \frac{1}{8}E+\frac{1}{8}\times\overline{D+d}+\frac{1}{4}\times\overline{C+2c}+\frac{1}{2}\times\overline{B+3b} & & \&c. \end{array}$$

Entre

$$\left.\begin{array}{lll} 0 & A & A=\frac{1}{2}\times\overline{P-1}+\frac{1}{4}\times\overline{P-1+p}+\frac{1}{8}\times\overline{P-1+2p}+\frac{1}{16}\times\overline{P-1+3p}\ldots\frac{1}{2^n}\times\overline{P-1+np-p}+\frac{1}{2^n}\times n \\ 1 & B & B=\frac{1}{2}\times\overline{Q-1}+\frac{1}{4}\times\overline{P-1+2p}+\frac{1}{8}\times\overline{P-1+3p}+\frac{1}{16}\times\overline{P-1+4p}\ldots\frac{1}{2^n}\times\overline{P-1+np}+\frac{1}{2^n}\times\overline{n+1} \\ 2 & C & C=\frac{1}{2}\times\overline{R-1}+\frac{1}{4}\times\overline{P-1+3p}+\frac{1}{8}\times\overline{P-1+4p}+\frac{1}{16}\times\overline{P-1+5p}\ldots\frac{1}{2^n}\times\overline{P-1+np+p}+\frac{1}{2^n}\times\overline{n+2} \\ 3 & D & D=\frac{1}{2}\times\overline{S-1}+\frac{1}{4}\times\overline{P-1+4p}+\frac{1}{8}\times\overline{P-1+5p}+\frac{1}{16}\times\overline{P-1+6p}\ldots\frac{1}{2^n}\times\overline{P-1+np+2p}+\frac{1}{2^n}\times\overline{n+3} \\ 4 & E & \\ \vdots & \vdots & \end{array}\right\}\text{N° 3.}$$

Sort

$$\begin{array}{lll} 1 & P & P=\frac{1}{2^{n-1}}\times\overline{V+\overline{n-1}\times v}+\frac{1}{2^{n-2}}\times\overline{X+\overline{n-2}\times x}+\frac{1}{2^{n-3}}\times\overline{Y+\overline{n-3}\times y}+\frac{1}{2^{n-4}}\times\overline{Z+\overline{n-4}\times z}+\ldots \\ 2 & Q & Q=\frac{1}{2^{n-2}}\times\overline{X+\overline{n-1}\times x}+\frac{1}{2^{n-3}}\times\overline{Y+\overline{n-2}\times y}+\frac{1}{2^{n-4}}\times\overline{Z+\overline{n-3}\times z}+\ldots \\ 3 & R & R=\frac{1}{2^{n-3}}\times\overline{Y+\overline{n-1}\times y}+\frac{1}{2^{n-4}}\times\overline{Z+\overline{n-2}\times z}+\ldots \\ 4 & S & R=\frac{1}{2^{n-4}}\times\overline{Z+\overline{n-1}\times z}+\ldots \\ \vdots & \vdots & \end{array}$$

N° 4.

$$B-A=\tfrac{1}{2}Q-\tfrac{1}{2}P+\tfrac{1}{4}p+\tfrac{1}{8}p+\tfrac{1}{16}p\ldots\tfrac{1}{2^n}\times p+\tfrac{1}{2^n}=\tfrac{1}{2}Q-\tfrac{1}{2}P+t-\tfrac{1}{2}p=-\tfrac{1}{2^n}\times V-\tfrac{n}{2^n}\times v+t\ldots\ldots=V-T$$

$$C-B=\tfrac{1}{2}R-\tfrac{1}{2}Q+\tfrac{1}{4}p+\tfrac{1}{8}p+\tfrac{1}{16}p\ldots\tfrac{1}{2^n}\times p+\tfrac{1}{2^n}=\tfrac{1}{2}R-\tfrac{1}{2}Q+t-\tfrac{1}{2}p=-\tfrac{1}{2^{n-1}}\times X-\tfrac{n}{2^{n-1}}\times x-\tfrac{1}{2^n}\times v+t\ldots=2X-2V-v$$

$$D-C=\tfrac{1}{2}S-\tfrac{1}{2}R+\tfrac{1}{4}p+\tfrac{1}{8}p+\tfrac{1}{16}p\ldots\tfrac{1}{2^n}\times p+\tfrac{1}{2^n}=\tfrac{1}{2}S-\tfrac{1}{2}R+t-\tfrac{1}{2}p=-\tfrac{1}{2^{n-2}}\times Y-\tfrac{n}{2^{n-2}}\times y-\tfrac{1}{2^{n-1}}\times x-\tfrac{1}{2^n}\times v+t=4Y-4X-2x-v$$

N° 5. N° 7. N° 9. N° 11.

$$Q-P=-\tfrac{1}{2^{n-1}}\times\overline{V+\overline{n-1}\times v}+\tfrac{1}{2^{n-2}}\times x+\tfrac{1}{2^{n-3}}\times y+\tfrac{1}{2^{n-4}}\times z+\ldots=-\tfrac{1}{2^{n-1}}\times V-\tfrac{n}{2^{n-1}}\times v+p$$

$$R-Q=-\tfrac{1}{2^{n-2}}\times\overline{X+\overline{n-1}\times x}+\tfrac{1}{2^{n-3}}\times y+\tfrac{1}{2^{n-4}}\times z+\ldots=-\tfrac{1}{2^{n-2}}\times X-\tfrac{n}{2^{n-2}}\times x-\tfrac{1}{2^{n-1}}\times v+p$$

$$S-R=-\tfrac{1}{2^{n-3}}\times\overline{Y+\overline{n-1}\times y}+\tfrac{1}{2^{n-4}}\times z+\ldots=-\tfrac{1}{2^{n-3}}\times Y-\tfrac{n}{2^{n-3}}\times y+\tfrac{1}{2^{n-2}}\times x-\tfrac{1}{2^{n-1}}\times v+p$$

N° 6. N° 8.

$A=T$

$B=V$ N° 10.

$C=2X-V-v$

$D=4Y-2X-2V-4v$ [partly cut off]

$$V=\frac{T\times 2^n+t\times 2^n-nu}{1+2^n}\ldots\ldots=\frac{\overline{T+t}\times 2^n-nu}{1+2^n}$$

$$X=\frac{V\times 2^n+v\times\overline{2^{n-1}-\frac{1}{2}}+t\times 2^{n-1}-nx}{1+2^n}\ldots=\frac{\overline{V+v}\times 2^n-nx}{1+2^n}$$

$$Y=\frac{X\times 2^n+x\times\overline{2^{n-1}-\frac{1}{2}}+v\times\overline{2^{n-2}-\frac{1}{4}}+t\times 2^{n-2}-ny}{1+2^n}=\frac{\overline{X+x}\times 2^n-ny}{1+2^n}$$

N° 12. N° 13.

cun, dont 18 soient blanches & 17 noires. Vous sçavés que les termes du binome $18 + 17$, éleve à 14000, nous donneront tous les cas possibles pour amener avec ces 14000 dés tant de faces blanches que l'on voudra ; sçavoir, le premier terme de tous les cas pour amener toutes faces blanches ; le second, pour amener une face noire & 13999 blanches ; le 3e, pour amener deux faces noires & 13998 blanches, &c. En sorte que le 6801e terme exprimera tous les cas pour amener précisément 6800 faces noires & 7200 blanches ; le 6638e terme les cas pour amener 6637 faces noires & 7363 blanches ; & le 6964e terme les cas pour amener 6963 faces noires & 7037 blanches. Il s'agit donc de trouver quel rapport il y a entre la somme de tous les termes depuis le 6638e jusqu'au 6964e pris inclusivement, & entre la somme de tous les autres termes qui sont en deçà du 6638e, & en de-là du 6964e. Or comme ces termes sont furieusement grands, il faut un artifice singulier pour trouver ce rapport : voici comment je m'y suis pris. Soit generalement au lieu de 14000 le nombre de tous les enfans $= n$, les facilités de la naissance d'un mâle & d'une femelle comme m à f, au lieu de la raison 18 à 17 ; & au lieu de la limite 163, soit pris une limite quelconque l ; soit de plus $p = \frac{n}{m+f}$, ou $n = mp + fp$; dans notre exemple mp est $= 7200$, & $np = 6800$. Je cherche premierement par une approximation fort proche le rapport du terme dont le quantiéme est $fp + 1$, au terme dont le quantiéme est $fp - l + 1$. Par la loi de la progression de ces termes, le terme $fp + 1$ est $= \frac{n}{1} \times \frac{n-1}{2} \times \frac{n-2}{3} \times \ldots \frac{n-fp+1}{fp} \times m^{n-fp} f^{fp}$; & le terme $fp - l + 1$ est $= \frac{n}{1} \times \frac{n-1}{2} \times \frac{n-2}{3} \times \ldots \frac{n-fp+l+1}{fp-l} \times m^{n-fp+l} f^{fp-l}$; donc la raison de celui-là à celui-ci est comme $\frac{n-fp+l}{fp-l+1} \times \frac{n-fp+l-1}{fp-l+2} \times \frac{n-fp+l-2}{fp-l+3} \times \ldots \frac{n-fp+1}{fp} \times \left(\frac{f}{m}\right)^{l}$ à 1, ou en mettant mp à la place de $n - fp$ cette raison est comme $\frac{mp+l}{fp-l+1} \times \frac{mp+l-1}{fp-l+2} \times \frac{mp+l-2}{fp-l+3} \times \ldots \frac{mp+1}{fp} \times \left(\frac{f}{m}\right)^{l}$ à 1 ; je suppose que les facteurs du premier terme de cette raison excepté le dernier $\left(\frac{f}{m}\right)^{l}$;

soient en progression geometrique & leurs logarithmes en progression arithmetique ; cette supposition est fort proche de la verité, sur-tout quand n est un grand nombre ; la somme donc de tous leurs logarithmes sera $\frac{1}{2}l \times \overline{\log. \frac{mp+l}{fp-l+1} + \log. \frac{mp+1}{fp}}$, c'est à dire la somme des logarithmes du premier & dernier facteur, multipliée par la moitié du nombre de tous les termes, à laquelle si l'on ajoûte le logarithme de $\overline{\frac{f}{m}}|^{l}$, c'est à dire $l \times \log. \frac{f}{m}$, on aura $\frac{1}{2}l \times \overline{\log. \frac{mp+l}{fp-l+1} + \log. \frac{mp+1}{fp}} + l \times \log. \frac{f}{m}$, ou $\frac{1}{2}l \times \overline{\log. \frac{mp+l}{fp-l+1} + \log. \frac{mp+1}{mp} + \log. \frac{fp}{mp}}$ pour le logarithme de la raison cherchée. Et par consequent la raison elle-même sera comme $\overline{\frac{mp+l}{fp-l+1} \times \frac{mp+1}{mp} \times \frac{fp}{mp}}|^{\frac{1}{2}l}$ à 1.

Si l'on veut approcher de plus près de la veritable valeur, on pourra partager cette suite des facteurs $\frac{mp+l}{fp-l+1} \times \frac{mp+l-1}{fp-l+2} \times \frac{mp+l-2}{fp-l+3} \times$ &c. en plusieurs parties, & supposer que les facteurs de chaque partie soient en progression geometrique ; mais on n'a pas besoin de le faire, parceque toutes les valeurs qu'on trouvera par ces differentes suppositions seront très peu differentes les unes des autres ; & quand même par cette premiere supposition je ferois cette raison un peu plus grande qu'elle n'est, cet excès seroit fort peu considerable par rapport à ce que je negligerai dans la suite.

Si l'on prend à cette heure les termes qui précedent immédiatement les termes du quantiéme $fp+1$ & $fp-l+1$; sçavoir ceux dont le quantiéme est fp & $fp-l$, la raison de celui-là à celui-ci sera comme $\frac{mp+l+1}{fp-l} \times \frac{mp+l}{fp-l+1} \times \frac{mp+l-1}{fp-l+2} \times \ldots\ldots \frac{mp+2}{fp-1} \times \overline{\frac{f}{m}}|^{l}$ à 1, & par consequent plus grande que $\frac{mp+l}{fp-l+1} \times \frac{mp+l-1}{fp-l+2} \times \frac{mp+l-2}{fp-l+3} \times \ldots\ldots \frac{mp+1}{fp} \times \overline{\frac{f}{m}}|^{l}$ ou $\overline{\frac{mp+l}{fp-l+1} \times \frac{mp+1}{mp} \times \frac{fp}{mp}}|^{\frac{1}{2}l}$ à 1, puisque chaque facteur de la premiere suite est plus grand que le facteur correspondant de la seconde. Par la même raison le terme dont le quantiéme est $fp - 1$ aura au terme, dont le quantiéme est $fp - l - 1$, une plus grande raison que le terme fp au terme $fp - l$; & le terme $fp - 2$ aura au terme $fp - l - 2$ une plus grande raison que le terme $fp - 1$ au terme $fp - l - 1$, & ainsi de suite en reculant toujours d'un terme jusqu'au premier. C'est pourquoi si l'on partage tous les termes qui précedent le terme $fp + 1$ en des classes, dont chacune contienne un nombre égal de termes exprimé par l, en commençant à compter par le terme dont le quantiéme est fp; le premier terme de la premiere classe aura au premier terme de la seconde classe une plus grande raison que le terme $fp + 1$ au terme $fp - l + 1$; & le second terme de la premiere classe aura au second de la seconde classe une raison encore plus grande; & le troisiéme de la premiere classe au troisiéme de la seconde une raison encore plus grande, & ainsi de suite; donc aussi tous les termes de la premiere classe pris ensemble auront à tous les termes de la seconde classe pris ensemble une plus grande raison que le terme $fp + 1$ au terme $fp - l + 1$. Et par la même raison tous les termes de la seconde classe auront à tous les termes de la troisiéme classe; *item*, tous les termes de la troisiéme à ceux de la quatriéme, &c. une plus grande raison que le terme $fp + 1$ au terme $fp - l + 1$; c'est à dire que $\overline{\frac{mp+l}{fp-l+1} \times \frac{mp+1}{mp} \times \frac{fp}{mp}}^{\frac{1}{2}l}$ à 1. Donc si l'on nomme $\overline{\frac{mp+l}{fp-l+1} \times \frac{mp+1}{mp} \times \frac{fp}{mp}}^{\frac{1}{2}l} = q$; & la somme des termes de la premiere classe $= s$, la somme des termes de la seconde classe sera plus petite que $\frac{s}{q}$; & la somme de la troisiéme classe plus petite que $\frac{s}{qq}$, & celle des termes de la quatriéme classe plus petite que $\frac{s}{q^3}$, &c. Donc la somme de toutes les classes, excepté la premiere, quand même le nombre des classes seroit infini, sera plus petite que cette $\frac{s}{q} + \frac{s}{qq} + \frac{s}{q^3} + \frac{s}{q^4}$, continuée à l'infini, c'est à dire plus petite que $\frac{s}{q-1}$; d'où il suit que la somme de la premiere classe, c'est à dire de tous les termes qui sont entre le terme $fp + 1$ & le terme $fp - l + 1$, en y comprenant aussi le terme $fp - l + 1$, aura à la somme de tous les précedens une raison plus grande que $q - 1$ à 1, ou en mettant pour q sa valeur, que $\overline{\frac{mp+l}{fp-l+1} \times \frac{mp+1}{mp} \times \frac{fp}{mp}}^{\frac{1}{2}l} - 1$ à 1; Par consequent en mettant m au lieu de f, & f au lieu de m; la somme de tous les termes qui sont entre le terme $fp + 1$ & le terme $fp + l + 1$, en y comprenant le terme $fp + l + 1$, aura à la somme de tous les autres suivans jusqu'au dernier une plus grande raison que $\overline{\frac{fp+l}{mp-l+1} \times \frac{fp+1}{fp} \times \frac{mp}{fp}}^{\frac{1}{2}l} - 1$ à 1. Donc enfin la somme de tous les termes depuis le terme $fp - l + 1$ jusqu'au terme $fp + l + 1$, pris inclusivement, sans compter même le terme $fp + 1$ qui est au milieu, aura à la somme de tous les autres termes au moins une plus grande raison que la plus petite entre ces deux quantités $\overline{\frac{mp+l}{fp-l+1} \times \frac{mp+1}{mp} \times \frac{fp}{mp}}^{\frac{1}{2}l}$ & $\overline{\frac{fp+l}{mp-l+1} \times \frac{fp+1}{mp} \times \frac{mp}{fp}}^{\frac{1}{2}l}$ moins l'unité à l'unité; *ce qu'il falloit trouver.*

Appliquons ceci à cette heure à notre exemple, où $n = 14000$, $mp = 7200$, $fp = 6800$, $l = 163$, & nous trouverons $\frac{1}{2}l \times \overline{\log. \frac{mp+l}{fp-l+1} + \log. \frac{mp+1}{mp} + \log. \frac{fp}{mp}} = \frac{163}{2} \times \overline{\log. \frac{7363}{6638} + \log. \frac{7201}{7200} + \log. \frac{6800}{7200}} = \frac{163}{2} \times 0.0450176 + 0.0000603 - 0.0248236 = 1.6507254$; le nombre de ce logarithme est $44\frac{74}{100}$. En mettant fp au lieu de mp, & mp au lieu de fp, nous trouverons $\frac{1}{2}l \times \overline{\log. \frac{fp+l}{mp-l+1} + \log. \frac{fp+1}{fp} + \log. \frac{mp}{fp}} = \frac{163}{2} \times \overline{\log. \frac{6963}{7038} + \log. \frac{6801}{6800} + \log. \frac{7200}{6800}} = \frac{163}{2} \times - 0.0046529 + 0.0000639 + 0.0248236 = 1.6491199$; le nombre de ce logarithme est $44\frac{58}{100}$; d'où je conclus que la probabilité qu'entre 14000 enfans le nombre des mâles ne sera ni plus grand que 7363, ni plus petit que 7037, sera à la probabilité que le nombre des mâles tombe hors de ces limites dans une

raison

raiſon plus grande au moins que $43 \frac{58}{100}$ à 1. Donc on peut déja parier avec avantage qu'en 82 fois le nombre des mâles ne tombera pas trois fois hors de ces limites. Or en examinant le Catalogue des enfans nés pendant 82 ans à Londres, vous trouverés que le nombre des mâles a été onze fois plus grand que 7363; ſçavoir en 1629, 39, 42, 46, 49, 51, 59, 60, 61, 69, 76; vous trouverés auſſi aiſément qu'on peut parier plus que 226 contre 1 que le nombre des mâles ne tombera pas en 82 ans onze fois hors de ces limites. Vous devés remarquer auſſi que ſi j'avois pris une autre limite plus grande que 163, mais pourtant plus petite que le plus grand qu'on trouve dans ce Catalogue, j'aurois trouvé une probabilité beaucoup plus grande que 43 à 1, que le nombre des enfans de chaque ſexe tombera chaque année plûtôt entre cette limite que dehors. Donc il n'y a point de ſujet de s'étonner que les nombres des enfans de chaque ſexe ne ſe ſont pas plus éloignés les uns des autres, ce que j'ai voulu démontrer. Je me ſouviens que feu mon Oncle a démontré une ſemblable choſe dans ſon Traité *De Arte conjectandi*, qui s'imprime à préſent à Bâle, ſçavoir, que ſi l'on veut découvrir par les experiences ſouvent réiterées le nombre des cas par leſquels un certain évenement peut arriver ou non, on peut augmenter les obſervations en telle maniere qu'enfin la probabilité que nous ayons découvert le vrai rapport qu'il y a entre les nombres des cas, ſoit plus grande qu'une probabilité donnée. Quand ce Livre paroîtra nous verrons ſi dans ces ſortes de matieres j'ai trouvé une approximation auſſi juſte que lui. J'ai l'honneur d'être avec une parfaite eſtime,

MONSIEUR,

Votre très humble & très obéiſſant Serviteur
N. BERNOULLI.

Catalogue des Enfans mâles & femelles nés à Londres depuis 1629 jusqu'à 1710.

	mâles.	*femell.*		*mâles.*	*femell.*
1629	5218	4683	1670	6278	5719
30	4858	4457	71	6449	6061
31	4422	4102	72	6443	6120
32	4994	4590	73	6073	5822
33	5158	4839	74	6113	5738
34	5035	4820	75	6058	5717
35	5106	4928	76	6552	5847
36	4917	4605	77	6423	6203
37	4703	4457	78	6568	6033
38	5359	4952	79	6247	6041
39	5366	4784	80	6548	6299
40	5518	5332	81	6822	6533
41	5470	5200	82	6909	6744
42	5460	4910	83	7577	7158
43	4793	4617	84	7575	7127
44	4107	3997	85	7484	7246
45	4047	3919	86	7575	7119
46	3768	3395	87	7737	7114
47	3796	3536	88	7487	7101
48	3363	3181	89	7604	7167
49	3079	2746	90	7909	7302
50	2890	2722	91	7662	7392
51	3231	2840	92	7602	7316
52	3220	2908	93	7676	7483
53	3196	2959	94	6985	6647
54	3441	3179	95	7263	6713
55	3655	3349	96	7632	7229
56	3668	3382	97	8062	7767
57	3396	3289	98	8426	7626
58	3157	3013	99	7911	7452
59	3209	2781	1700	7578	7061
60	3724	3247	1	8102	7514
61	4748	4107	2	8031	7656
62	5216	4803	3	7765	7683
63	5411	4881	4	6113	5738
64	6041	5681	5	8366	7779
65	5114	4858	6	7952	7417
66	4678	4319	7	8379	7687
67	5616	5322	8	8239	7623
68	6073	5560	9	7840	7380
69	6506	5829	10	7640	7288

Lettre de M. de M... à M. N. Bernoulli.

A Paris ce 20 Août 1713.

MADAME la Ducheſſe d'Angoulême mourut à Montmort le 12 de ce mois ; quoique cette Princeſſe fût, comme vous ſçavés, dans un âge extrêmement avancé, elle a conſervé ſa raiſon pure & ferme juſqu'au dernier moment. Je ne doute point, Monſieur, que le reſſouvenir des vertus de cette bonne Princeſſe & de l'affection qu'elle vous portoit, ne vous rende ſa perte très ſenſible.

Sa mort, outre la douleur qu'elle m'a cauſé, me donne des ſoins & des peines infinies ; il me faut paſſer tout mon temps à ſolliciter les Miniſtres : quelle occupation pour un Philoſophe !

Je ne pourrai point m'entretenir aujourd'hui avec vous de nos matieres geometriques ; je n'ai pour cela ni aſſés de loiſir, ni aſſés de tranquillité d'eſprit. Je me bornerai pour remplir cette Lettre, à vous apprendre le peu que je ſçai de nouvelles de Litterature.

Il paroît ici depuis quelques jours un Livre qui fait un fort grand bruit ; il a pour titre : *Prémotion Phyſique, ou Action de Dieu ſur les Creatures démontrée par raiſonnement.* L'Auteur anonyme prétend y ſuivre par-tout la methode des Geometres ; ce qu'il y a de ſûr, c'eſt qu'on y rencontre à chaque page ces grands mots, *Définition*, *Axiome*, *Theoréme*, *Démonſtration*, *Corollaire*, *&c.*

Je vous avoue, Monſieur, que je ſouffre de voir la Geometrie ainſi avilie & dégradée, non par rapport aux matieres auſquelles on la tranſporte ; mais par l'uſage, ou plûtôt l'abus qu'on en fait, en employant des termes & des regles qui ſont conſacrées pour des verités évidentes, à des obſcurités qui produiſent des monceaux de parallogiſmes. Ce mal eſt devenu fort commun, tout le monde s'en mêle, principalement ceux qui ne ſont point Geometres. Cet uſage me déplaît ſur-tout dans les Livres de Metaphyſique ou de Morale ; Spinoſa ne s'en eſt pas bien trouvé, ſon exemple auroit dû en dégoûter ceux qui l'ont ſuivis. Je ne connois aucun Auteur à qui cette methode ait réuſſi ; elle eſt excellente, mais on ne peut l'employer que ſur des idées nettes & diſtinctes, telles qu'en fourniſſent ſeulement l'Arithmetique & la Geometrie ; pour tout le reſte, une bonne Logique, c'eſt ce qu'il faut ; je crois, Monſieur, que vous êtes de mon avis.

Les ſentimens ſont toujours fort partagés ici ſur la diſpute entre M^r le Chevalier Renault & Mr Huyguens. Le nombre des voix ſemble être contre Mr Renault ; mais il a pour lui le Pere Mallebranche, outre pluſieurs bons Geometres : Il faut bien, Monſieur, que vous & M^r votre Oncle preniés parti dans cette diſpute. M^r le Chevalier Renault a tant de confiance en ſon bon droit, qu'il vous y invite, il m'a dit même qu'il vous en prieroit par Lettre : La queſtion pour être bien approfondie demande autre choſe que de la Geometrie, elle eſt compliquée de Phyſique, & ſuppoſe les loix du choc des corps.

J'avois prié un de mes Amis qui eſt en Angleterre, & qui eſt habile Geometre, de me mander des nouvelles de la ſeconde Edition du Livre de M. Newton, dont il n'y a point encore d'exemplaire en France. Il m'apprend qu'il y a très peu de propoſitions nouvelles, mais beaucoup d'experiences & de réflexions pour appuyer les principes établis dans ce Livre ; on m'en rapporte quelques-unes, il ſeroit trop long de les mettre ici. On me mande que M. Newton employe preſque par-tout la ſyntheſe & les compoſitions de raiſons comme dans l'ancienne Edition ; ainſi ce ſçavant Ouvrage, le plus admirable qui ſe vit jamais en Geometrie, n'aura pas le merite d'être entendu facilement. C'eſt dommage, il en auroit peu coûté à l'Auteur qui a certainement trouvé tant de belles choſes par analyſe, de les donner comme il les a trouvé ; mais M. Newton, ſûr d'être admiré du Public, ne s'eſt pas ſans doute ſoucié qu'il lui eût obligation.

Enfin on m'apprend que ce ſont toujours les mêmes

dogmes, qu'on y suppose encore les vertus attractrices tant décriées en France & par-tout, qu'on y prétend prouver & même démontrer le vuide, & qu'on y combat plus que jamais les tourbillons de M. Descartes : tout cela, je vous avoue, me met en pays perdu ; je croirois avoir de bonnes démonstrations que le mouvement en rond des Planettes demande necessairement un fluide environnant qui entraîne la Planette, & que le vuide supposé, la lumiere, & generalement tous les autres phenomenes de la nature, sont inexplicables. J'ai toujours crû comme chose certaine qu'il n'y a d'autre force dans la nature que le mouvement ; qu'un corps ne peut aller d'un côté que parcequ'il est poussé vers ce côté, & qu'il ne peut être mis en mouvement, *nisi à contiguo & moto* ; j'ai toujours regardé ces propositions comme des notions communes, comme de vrais axiomes conformes à la raison & appuyés par une experience universelle : Car, enfin, c'est un fait certain à l'égard de tous les corps sensibles & qui peuvent tomber sous nos sens, qu'un corps qui en choque un autre lui communique toujours du mouvement, & qu'un corps restera toujours en repos, s'il ne reçoit du mouvement par le choc d'un autre corps en mouvement. Où est la raison de croire que cette loi si constante de la nature se démente à l'égard des corps trop petits pour être visibles ou palpables.

Dérangé comme je le suis par l'autorité de M. Newton, & d'un si grand nombre de sçavans Geometres Anglois, je serois presque tenté de renoncer pour jamais à l'étude de la Physique, & de remettre à sçavoir tout cela dans le Ciel ; mais non, l'autorité des plus grands esprits ne doit point nous faire de loi dans les choses où la raison doit décider. Malgré la diversité d'opinions qui regnent aujourd'hui entre les Sçavans, je ne desespere pas qu'un jour ils ne soient tous d'accord ; mais il faudra pour cela que les Geometres fondent leurs hypotheses mathematiques sur les idées d'une saine Metaphysique ; sans cela un million d'experiences nous avanceront peu dans la connoissance de la nature ; sans cela le plus subtile & le plus sublime usage de la Geometrie appliquée à la Physique, ne fournira que des Theorêmes : Si l'on veut aller bien & aller loin, on doit certainement recevoir ce principe : *Il ne faut que de la matiere & du mouvement pour tout ce qui est dans le monde materiel ; Donc il ne faut chercher la raison des phenomenes de la nature, que dans la varieté des figures & la diversité des mouvemens.* Sur cette idée il n'y a qu'à suivre la regle de M. Newton : *Positis phænomenis investigare vires naturæ*, concevant par ce mot *vires*, non des formes abstraites, mais des loix de mouvemens ou des rapports de vîtesses qui soient des choses réelles. La Geometrie & la Mechanique ainsi fondée sur des principes vrais & sur des experiences certaines, produira des découvertes admirables, & fournira enfin un systême lié, dans lequel on trouvera l'explication des principaux phenomenes de la nature, sans être obligé de faire des suppositions pour chacun en particulier. Les derniers éclaircissemens que le R. P. Mallebranche a ajoûté dans sa nouvelle Edition de la Recherche de la verité, sont une preuve insigne de la bonté de ce principe que tout corps va du côté vers lequel il est poussé par celui qui le touche immédiatement. Vous trouverés certainement, Monsieur, qu'il y a plus de verités physiques dans ce seul morceau, que dans tout ce qui a été donné jusqu'à présent sur ces matieres.

On prétend que le cours prodigieusement rapide des Cometes, & la facilité avec laquelle elles semblent traverser toutes les parties du tourbillon du Soleil est une démonstration contre le plein, & contre les tourbillons de M. Descartes ; que dans le systême Cartesien la Planette doit aller plus vîte dans laphelie & plus lentement dans le perielie, ce qui est contraire aux observations astronomiques, &c. ce sont des difficultés apparentes, & ausquelles on peut répondre ; mais quand on ne le pourroit pas, on ne devroit pas abandonner pour cela un systême très beau & très fecond, fondé sur des idées nettes & vrayes, pour en prendre un qui n'est que fiction, & pour lequel il faudroit autant de principes differens qu'il y a de differens phenomenes.

Je voudrois bien sçavoir quel jugement vous & M^r votre oncle portés du Livre intitulé : *Commercium Epistolicum, &c.*

que Mrs de la Societé Royale ont fait imprimer pour assurer à M. Newton la gloire d'avoir inventé le premier & seul les nouvelles methodes ; je vous promets le secret si vous l'exigés de moi : tout le monde s'attend ici que M. Leibnits répondra.

Il seroit à souhaiter que quelqu'un voulût prendre la peine de nous apprendre comment & en quel ordre les découvertes en Mathematiques se sont succedées les unes aux autres, & à qui nous en avons l'obligation. On a fait l'Histoire de la Peinture, de la Musique, de la Medecine, &c. Une bonne Histoire des Mathematiques, & en particulier de la Geometrie, seroit un Ouvrage beaucoup plus curieux & plus utile : Quel plaisir n'auroit-on pas de voir la liaison, la connexion des methodes, l'enchaînement des differentes theories, à commencer depuis les premiers temps jusqu'au nôtre où cette science se trouve portée à un si haut degré de perfection. Il me semble qu'un tel Ouvrage bien fait pourroit être en quelque sorte regardé comme l'histoire de l'esprit humain ; puisque c'est dans cette science plus qu'en toute autre chose, que l'homme fait connoître l'excellence de ce don d'intelligence que Dieu lui a accordé pour l'élever au dessus de toutes les autres Creatures.

Il paroît depuis quelques jours un Livre qui a pour titre *Mechanique du Feu*; lorsque je vous envoyerai ma nouvelle Edition qui s'avance fort, j'y joindrai ce petit Traité où vous trouverés plusieurs choses fort ingenieuses. L'Auteur publia l'année passée une methode de construire des Barometres de toutes sortes de grandeurs : je crois vous avoir donné un petit Ecrit qui contient sa methode avec la démonstration, & il me semble que vous en fûtes content.

Monsieur votre Oncle m'a fait l'honneur de m'écrire qu'il avoit fait mettre dans les Journaux de Leipsic un long Memoire sur les courbes que décrivent les corps jettés dans des fluides : nos Libraires n'auront ce Memoire qu'au commencement de l'année prochaine ; si vous pouviés me l'envoyer imprimé par la Poste, vous me feriés beaucoup de plaisir ; j'aurois de la curiosité de comparer sa theorie avec celle de M. Newton : on me mande qu'il l'a retouché.

Quoique cette Lettre soit déja très longue, & beaucoup plus sans doute qu'il ne faudroit, je ne puis me résoudre à finir sans vous dire quelque chose au sujet de vos deux Lettres, l'une du 11 Octobre 1712, l'autre du 23 Janvier 1713, ausquelles je n'ai pas encore fait réponse, n'ayant pas eu le temps jusqu'aujourd'hui de les examiner & de les entendre.

Je souscris aux remarques que vous avés faites dans votre Lettre du 5 Septembre 1712 au sujet de celles que je vous ai envoyé sur le Livre de M. Moivre.

Vos raisonnemens sur le Her n'ont point converti nos Messieurs ; ils les trouvent très déliés & très subtiles, mais ils assurent n'être pas convaincus ; & comme je connois leur droiture & leur franchise, je peux être leur garant qu'ils disent ce qu'ils pensent.

Je suis charmé de vos deux Problêmes, l'un sur la poulle, l'autre pour comparer dans une bande perpendiculaire quelconque du triangle arithmetique : *Extremos terminos cum intermediis quibuscumque.* Tout cela étoit en verité bien difficile & d'un grand travail. Vous êtes un terrible homme ; je croyois que pour avoir pris les devants je ne serois pas si-tôt ratrappé, mais je vois bien que je me suis trompé : je suis à présent bien derriere vous ; & forcé de mettre toute mon ambition à vous suivre de loin. Si j'étois d'humeur jalouse, pour vous estimer trop, je vous en aimerois moins ; mais non, Monsieur, & votre superiorité & vos grands talens ne font qu'augmenter mon attachement, & si j'ose me servir de ce terme, ma sincere amitié pour vous,

R. D. M.

Extrait d'une Lettre de M. N. Bernoulli à M. de M... du 9 Septembre 1713.

Le Livre de feu mon Oncle vient de ſortir de la preſſe, le Libraire m'a dit qu'il en a envoyé un Exemplaire par la Poſte à M. Koenig; ſi vous êtes curieux de le voir, vous pourrés le faire retirer par quelqu'un de chés M. Koenig, à qui j'en donnerai avis, en attendant que je puiſſe lui envoyer quelqu'autres Exemplaires pour vous & pour mes autres amis de Paris. Il n'y aura gueres rien de nouveau pour vous. J'ai été empêché depuis quelque temps de faire de nouvelles recherches ſur la matiere du hazard, c'eſt pourquoi je ne puis rien vous communiquer; cependant en revanche des Problêmes que vous m'avés propoſés, & dont j'examinerai les ſolutions quand j'aurai du loiſir, je vous en propoſe quelqu'autres qui meritent votre application. *Premier Problême.* *A* & *B* jouent alternativement avec un dé à quatre faces marquées de 0, 1, 2, 3, *A* met une certaine ſomme d'écus au jeu, & commence à jouer; & après avoir amené ou 0, ou 1, ou 2, ou 3 points, il reprend autant d'écus du jeu qu'il a amené de points, & cede le cornet à *B*, qui prend auſſi du reſte autant d'écus qu'il a amené de points; mais s'il amene la face marquée de 0, il paye un écu à *A*; & s'il amene un plus grand nombre de points qu'il ne reſte d'écus au jeu, non ſeulement il ne prend rien, mais il met autant d'écus au jeu qu'il a amené de points de trop, & ils continuent ainſi juſqu'à ce qu'il ne reſte plus rien au jeu; je demande quelle eſt la ſomme que *A* doit mettre au jeu pour que leurs ſorts ſoient égaux. *Second Problême.* Si *B* au lieu de payer un écu à *A* quand il n'amene rien, met un écu au jeu, trouver ce qu'alors *A* doit mettre au jeu. *Troiſiéme Problême.* Deux Joueurs *A* & *B* jouent alternativement avec un dé ordinaire, *A* met un écu au jeu, *B* commence à jouer; s'il amene un nombre pair, il prend cet écu; s'il amene un nombre impair, il met un écu au jeu, enſuite c'est *A* qui joue, lequel en amenant un nombre pair prend un écu au jeu comme *B*; mais il ne met rien au jeu quand il amene un nombre impair, & ils continuent jusqu'à ce qu'il ne reste plus rien au jeu, toujours avec cette condition, qu'ils prennent l'un & l'autre un écu du jeu quand ils amenent un nombre pair; mais que *B* seul met un écu au jeu quand il amene un nombre impair, on demande leurs sorts. *Quatriéme Problême.* *A* promet de donner un écu à *B*, si avec un dé ordinaire il amene au premier coup six points, deux écus s'il amene le six au second, trois écus s'il amene ce point au troisiéme coup, quatre écus s'il l'amene au quatriéme, & ainsi de suite; on demande quelle est l'esperance de *B*. *Cinquiéme Problême.* On demande la même chose si *A* promet à *B* de lui donner des écus en cette progression 1, 2, 4, 8, 16, &c. ou 1, 3, 9, 27, &c. ou 1, 4, 9, 16, 25, &c. ou 1, 8, 27, 64, &c. au lieu de 1, 2, 3, 4, 5, &c comme auparavant. Quoique ces Problêmes pour la plûpart ne soient pas difficiles, vous y trouverés pourtant quelque chose de fort curieux : je vous ai déja proposé le premier dans ma derniere Lettre. Vous me ferés plaisir de me communiquer enfin votre solution du Her, afin que je puisse vous donner l'explication de mon Anagramme. Au reste, Monsieur, je me réjouis de ce que votre santé est meilleure; mais je vous plains de ce que vous avés perdu votre Princesse. J'ai l'honneur d'être avec un attachement inviolable,

MONSIEUR,

Votre très humble & très obéissant Serviteur

N. BERNOULLY.

Lettre de M. de M. . . à M. N. Bernoulli.

A Paris ce 15 Novembre 1713.

PUISQUE vous ſouhaités, Monſieur, que je vous déclare enfin ce que je penſe de cette fameuſe diſpute ſur le Her, je vais vous obéir.

Il ſemble que nos Meſſieurs ayent prétendu dans le commencement de la diſpute qu'il étoit indifferent à Paul de changer ou de ſe tenir au ſept, & à Pierre de changer ou de ſe tenir au huit, en cela ils auroient tort ſelon moi : vous démontrés fort bien que cette maxime eſt fauſſe ; mais vous ſçavés que dans les converſations qu'ils ont eu avec vous ils ſe ſont expliqués en ſoutenant qu'il étoit impoſſible d'établir aucune maxime pour l'un & l'autre Joueur, & en cela je crois qu'ils ont raiſon. Les deux argumens que vous produiſés contre cette aſſertion dans votre Lettre du 30 Decembre 1712 ne peuvent me convaincre ; je ſuis au contraire perſuadé que la ſolution du Problême eſt impoſſible, c'eſt à dire qu'on ne peut preſcrire à Paul la conduite qu'il doit tenir quand il a un ſept, & à Pierre quand il a un 8. Il eſt très vrai qu'il vaut mieux pour Paul prendre la maxime de changer au 7 que d'en prendre toute autre fixe & déterminée. Par cette raiſon que quelqu'autre maxime qu'on veuille déterminer pour Paul, Pierre qui en ſera inſtruit en prendra une qui rendra le ſort de Paul moindre que $\frac{780}{50\cdot 1}$; mais il ne s'enſuit pas que Paul doive pour cela renoncer à l'eſperance de rendre ſon ſort meilleur en ſe tenant au 7 qu'en changeant. J'ai crû quelque temps qu'un certain temperament de jettons pour Pierre & pour Paul ſauveroit le cercle, mais j'ai trouvé que l'on y retombe toujours. Suppoſons que l'on ait preſcrit à Paul la maxime de mettre a jettons blancs & b jettons noirs dans une bourſe, en ſe propoſant de changer au 7, ſi tirant un jetton il ſe trouve blanc, & de s'y tenir ſi tirant un jetton il ſe trouve noir. Pierre qui sçaura la maxime de Paul, quelle maxime suivra-t'il? Il observera que s'il met dans une bourse c jettons blancs & d jettons noirs, pour ensuite tirant un jetton entre tous se déterminer à changer au 8 ou à s'y tenir, selon qu'il tirera un jetton blanc ou noir; il observera, dis-je, en examinant cette expression generale du sort de Paul;

$$\frac{2828ac + 2834bc + 2838ad + 2828bd}{13 . 17 . 25 . \overline{a+b} . \overline{c+d}}$$

1°. Que le sort de Paul est le même lorsque a est infini par rapport à b, & c infini par rapport à d; ou lorsque b étant infini par rapport à a, d est infini par rapport à c. 2°. Que a étant infini par rapport à b le sort de Paul sera d'autant plus grand que c sera petit par rapport à d. 3°. Que le sort de Paul n'est jamais meilleur que lorsque d étant très grand par rapport à c, a est fort grand par rapport à b, &c. mais tout cela n'apprend le parti que Paul doit prendre que conditionnellement à celui de Pierre, & celui de Pierre que conditionellement à celui de Paul, ce qui fait un cercle. Il me paroît que toutes les raisons que vous apportés pour prouver que ce cercle n'a pas lieu, & que le retour qui l'amene est vicieux; il me paroît, dis-je, que ces raisons ne prouvent pas ce que vous voulés prouver; mais seulement que ce qui tombe dans un pareil cercle est impossible: car enfin la supposition que Paul doit se faire la maxime de changer au 7 entraîne necessairement pour Pierre la maxime de changer au 8; & cette maxime ainsi établie pour Pierre, emporte une démonstration parfaite que Paul auroit dû prendre la maxime de se tenir au 7: cette contradiction se tire legitimement & sans manquer aux regles de la Logique, puisqu'on doit supposer que l'un & l'autre Joueur est également subtile, & ne prendra son parti que sur la connoissance qu'il aura du parti que l'autre prendra. Or comme il n'y a point ici de point fixe, la maxime de l'un dépendant de la maxime de l'autre Joueur qui n'est pas encore connue, sitôt qu'on en veut établir une, on tire de cette supposition une contradiction qui fait connoître qu'on n'a pas dû l'établir.

La démonſtration que vous fondés ſur le cercle même qu'on vous oppoſe eſt très ſubtile, mais il eſt aiſé d'y répondre.

Comme on peut (dites-vous) *démontrer quelque parti que Paul prenne, &c.* (*a*)

Il y a ici équivoque dans le commencement, on ne dit point qu'on puiſſe toujours démontrer quelque parti que Paul prenne que c'eſt un mauvais parti, on prétend ſeulement qu'on ne peut établir de maxime. D'ailleurs, Monſieur, il ne ſuffit pas de ſçavoir que Paul peut augmenter ſon ſort de 10 en changeant, & ſeulement de 6, en s'y tenant, lorſque dans les deux cas Pierre prendra un mauvais parti. Il faudroit pour que votre démonſtration fût complette, que vous puſſiés en même temps démontrer que la probabilité pour augmenter ſon ſort de 10 fût à la probabilité pour augmenter ſon ſort de 6 dans un plus grand rapport que 6 à 10, mais c'eſt ce que vous ne ſçauriés prouver : il en eſt de même de votre troiſiéme argument qui commence ainſi (*b*) *Le ſort de Paul eſt toujours* $\frac{2828}{5525}$, &c. (*c*)

Pour moi, Monſieur, de toutes les raiſons qui ſemblent devoir engager Paul à prendre la maxime de changer au 7, j'en conclus ſeulement qu'il fera bien dans la pratique de ſe faire une loi de changer plus ſouvent au ſept que de s'y tenir; mais combien plus ſouvent il doit changer que s'y tenir, & en particulier ce qu'il doit faire (*hic & nunc*) car c'eſt là principalement la queſtion : le calcul n'apprend rien là-deſſus; & j'en tiens la déciſion impoſſible.

Par cette raiſon évidente que ſi vous établiſſés que Paul doit changer au ſept, Pierre doit ſe faire la maxime de changer au huit, auquel cas Paul qui eſt auſſi habile que Pierre ſçaura qu'il changera au huit, & qu'ainſi il lui convient de prendre la maxime de ſe tenir au ſept, &c. nous revoilà dans le cercle.

En un mot, Monſieur, ſi je ſçai que vous êtes le conſeil de Pierre, il eſt évident que je dois moi Paul me tenir au ſept; & de même ſi je ſuis Pierre, & que je ſçache

(*a*) Voyés page 376.
(*b*) Voyés page 377.
(*c*) Voyés la fin de cette Lettre.

que vous êtes le conseil de Paul, je dois changer au huit, auquel cas vous aurés donné un mauvais conseil à Paul.

Plus j'y pense, & plus je me sens forcé à penser là-dessus comme nos Messieurs. Il ne s'ensuit pas pour cela que vous ayés tort, la consequence ne vaudroit rien ; supposé donc, Monsieur, que je sois moi-même dans l'erreur, vous m'obligerés beaucoup de m'en tirer, en me donnant l'explication & la démonstration de votre anagramme.

Comme cette matiere est fort curieuse & que vous l'avés beaucoup méditée, je serois bien-aise que vous voulussiés bien m'instruire en même temps sur un autre question qui est tout à fait du même genre.

Un pere veut donner les étreines à son fils & lui dit, je vais mettre dans ma main un nombre de jettons pair ou impair comme je le jugerai à propos : cela fait, si vous nommés pair, & qu'il y ait pair dans ma main, je vous donnerai quatre écus ; si vous nommés impair, & qu'il y ait pair dans ma main, vous n'aurés rien. Si vous nommés impair, & qu'il y ait impair dans ma main, vous aurés un écu ; si vous nommés pair, & qu'il y ait impair dans ma main, vous n'aurés rien. Je demande, 1°, quelle regle il faut prescrire au pere pour qu'il économise son argent le mieux qu'il soit possible. 2°. Quelle regle il faut prescrire au fils pour qu'il prenne le meilleur parti. 3°. Qu'on détermine quel avantage le pere fait à son fils, & à combien on peut évaluer ses étreines, en supposant que chacun des deux tiendra la conduite qui lui est la plus avantageuse. Ces questions sont très simples, mais je les crois insolubles ; si cela est, c'est grand dommage, car cette difficulté se rencontre en plusieurs choses de la vie civile : quand deux personnes, par exemple, ayant affaire ensemble, chacun veut se regler sur la conduite de l'autre ; elle a lieu aussi dans plusieurs jeux, sur-tout au Brelan, jeu qui fait maintenant les délices des Dames de Paris : en voici une espece. Lorsque les tours sont gros, que les tours étant par exemple, aux deux ou aux quatre fiches, la passe est triple ou quadruple ; celui qui est dernier croit pouvoir dire du jeu & voler la passe, avec une assurance presqu'entiere ; par la raison qu'il est à croire que si le premier ou le second avoient eu du jeu, ils auroient ouvert la passe, ne voulant point s'exposer à la manquer. D'un autre côté plus les motifs sont forts pour engager le dernier à aller du jeu, ou même à faire une grosse vade, plus le premier & le second sont tentés à passer avec beau jeu, dans l'esperance d'attraper le dernier qui voudroit voler : quelle regle donner là-dessus ? Il est impossible, ce me semble, de rien prescrire d'assuré. Toute l'habileté des plus fins Joueurs se réduit à donner à ceux avec qui ils jouent une fausse idée de leur maniere de jouer, d'affecter une certaine conduite dans des coups de petite valeur, pour en changer à propos dans les gros coups, & de profiter habilement d'une erreur ou prévention à laquelle ils auront à dessein donné occasion. A ce jeu, comme partout ailleurs, les fins sont quelquefois attrapés ; mais il est certain qu'à ce jeu il est bon de l'être, par la raison qu'on a souvent affaire à des personnes qui ne le sont point ou qui le sont moins ; car entre Joueurs également fins & clairvoyans, tels que nous supposons Pierre & Paul dans le jeu du Her : il seroit absolument impossible de prescrire aucune regle dans le cas du Brelan, non plus que pour notre cas du Her.

Les deux derniers de vos cinq Problêmes n'ont aucune difficulté, il ne s'agit que de trouver les sommes des suites dont les numerateurs étant en progression des quarrés cubes, &c. les dénominateurs soient en progression geometrique : feu M. votre Oncle a donné la methode de trouver la somme de ces suites.

Pour ce qui est du troisiéme Problême il est beaucoup plus difficile. J'ai été long-temps à m'assurer que dans ce parti il n'y avoit ni avantage ni desavantage pour Pierre ; c'est pourtant ce que j'ai trouvé aussi-bien que M. de Waldegrave avec qui j'ai travaillé à ce Problême *conjunctis viribus*. Je souhaiterois avoir la solution generale de ce Problême en supposant, par exemple, que *A* mette *m* au jeu, qu'il prenne *n* écus lorsqu'il amene pair, & qu'il mette *r* écus quand il amene impair ; que Paul prenne *p* écus quand il amene pair, & qu'il mette q écus au jeu quand il amene impair ; trouver, 1°, le sort de Pierre & de Paul. 2°. Quelle doit être la valeur de m, ou de n, ou de p, ou de q, les autres étant donnés, & dans la supposition que les sorts soient égaux. 3°. Combien il y a à parier que la partie sera finie en tant de coups. Je suis persuadé qu'il n'y a personne aussi capable que vous de surmonter de pareilles difficultés ; pour moi, outre que je crois que cela me passe, je vous avoue que je suis las de chercher, & que je suis disposé à goûter pendant quelque temps le doux plaisir de ne rien faire.

Je n'ai point pensé à vos deux premiers Problêmes, en voici un auquel je me suis amusé, parcequ'il n'est pas difficile, & qu'il est, ce me semble, assés curieux.

L'on demande qui de Pierre ou de Paul joue plus gros jeu, & donne plus au hazard de Pierre, qui pendant un mois de trente-un jours met régulierement tous les jours une pistole à la réjouissance, ou la joue à croix-pile ; ou de Paul qui se propose d'y mettre trois fois seulement dans le mois, trois pistoles à chaque fois, j'ai trouvé $\frac{300540195}{67108864}a$ $= 44.\ 15.\ 8\ \frac{3249229}{2097152}$ pour la valeur de ce que Pierre hazarde, & $4\frac{1}{2}a = \frac{301989888}{67108864}$ pour ce que Paul hazarde ; en sorte que Paul risque plus que Pierre, mais très peu plus : cela n'eût pas été facile à deviner ; mais ce qu'il y a, ce me semble, de curieux, c'est que Paul ne risqueroit pas d'avantage en jouant quatre fois à croix-pile qu'en y jouant trois fois ; en y jouant une fois une pistole qu'en y jouant deux fois une pistole chaque fois, & generalement qu'on ne hazarde pas plus à jouer m fois à croix-pile qu'à jouer $m + 1$ fois, si m est un nombre impair ; j'ai trouvé ce nombre $\frac{300540193}{67108864}$, en multipliant le 1er terme de la 32e bande perpendiculaire du triangle arithmetique par 31, le deuxiéme par 29, le troisiéme par 27, &c. vous en voyés tout d'un coup la raison.

J'ai encore trouvé que l'on peut parier avec avantage que jouant 31 parties de Piquet un écu la partie, sans

douze

il n'y aura pas à la fin du mois plus de trois écus de perte ; qu'il y auroit encore de l'avantage de le parier pour 37 parties ; mais qu'il y auroit du desavantage pour 39. Ce qui est singulier & un vrai paradoxe, c'est qu'il y auroit de l'avantage pour 40, 42, & même pour 44 & peut être 46 parties, (je n'en ai point fait le calcul,) vous n'aurés pas de peine à en découvrir la raison.

Vous voyés bien, Monsieur, que ce dernier Problême est une espece particuliere dont la solution dépend de la methode que vous m'avés communiquée dans votre Lettre du 15 Janvier ; mais à l'égard du précedent on aura de la peine à l'y réduire & à trouver une solution generale par les logarithmes : je vois pourtant que cela est possible, si je n'étois accablé d'affaires je l'aurois tenté, je me garde ce plaisir pour un autre temps où je serai moins occupé.

• Dans le temps que j'écris cette Lettre, Monsieur, j'en reçois une de M. de Waldegrave ; je veux vous en faire part, parcequ'elle épuise, ce me semble, tout ce qu'on peut dire sur cette matiere. Je lui avois mandé que je travaillois à vous expliquer ce que je pense sur le Her ; il a voulu faire un dernier effort pour assurer son droit & le mettre en évidence. Sa Lettre est du Château de Breviande & du 13 Novembre : en voici l'extrait.

„ a étant $= 3$, & $b = 5$, on voit par la formule (a) que „ si Pierre a la maxime de changer le 8, le sort de Paul „ est $\frac{8484 + 14170}{13 \cdot 17 \cdot 25 \times 8} = \frac{11327}{5525 \times 4} = \frac{2831}{5525} + \frac{3}{5525 \times 4}$.

„ Et si Pierre a la maxime de garder son huit $=$ „ $\frac{8514 + 14140}{13 \cdot 17 \cdot 25 \times 8} = \frac{2831}{5525} + \frac{3}{5525 \times 4}$.

„ Ainsi il est égal dans cette supposition à Pierre de „ changer au huit ou non ; & generalement le sort de „ Paul est toujours $\frac{2831}{5525} + \frac{3}{5525 \times 4}$, lorsque $a = 3$ & $b = 5$, „ quelque valeur qu'on puisse donner aux lettres c & d, „ c'est à dire que son sort sera toujours $\frac{2831}{5525} + \frac{3}{5525 \cdot 4}$, „ quelque parti que prenne Pierre lorsqu'il aura un 8,

(a) Voyés page 404.

„ ſoit de changer ou de garder ſon 8 déterminément, ou de ſe commettre à un nombre égal ou inégal de jettons.

„ Il s'enſuit de-là que le ſort de Paul eſt au moins $\frac{2831}{5525} + \frac{3}{5525 \times 4}$, puiſqu'il ne tient qu'à lui de prendre trois jettons blancs & cinq noirs ; & ſi Paul tient une autre conduite, c'eſt qu'il eſpere rendre ſon ſort encore meilleur.

„ Donc M. Bernoulli a eu tort, & vous auſſi, Monſieur, ne vous en déplaiſe, de dire autrefois que le ſort de Paul étoit au ſort de Pierre :: 2828 à 2697. M. Bernoulli n'avoit pas ſongé apparemment à cette voye de jettons, qui effectivement ſemble n'être pas des regles ordinaires du jeu ; mais il paroît avoir remarqué depuis notre diſpute qu'il n'avoit pas eu raiſon de dire que le ſort de Paul étoit $\frac{2828}{5525}$, puiſque dans une de ſes dernieres Lettres il met que le pis qui puiſſe arriver à Paul eſt d'avoir $\frac{2828}{5525}$.

„ Il eſt donc certain & démontré que j'ai eu raiſon de ſoutenir que dans la ſuppoſition que chacun des Joueurs joue le plus avantageuſement qu'il lui ſoit poſſible, les ſorts de Paul & de Pierre ne ſont pas ceux que M. Bernoulli a donnés, & que vous avés tenu vrais autrefois ; puiſque Paul peut rendre ſon ſort plus grand que $\frac{2828}{5525}$ & avoir $\frac{2831}{5525} + \frac{3}{4} \times \frac{1}{5525}$ quand il voudra s'en contenter, & (ce qu'il faut remarquer) en mettant plus de jettons pour ſe tenir au ſept que pour y changer.

„ Voici donc un des points de la queſtion décidé ; je ſuis ſûr que vous en conviendrés & M. Bernoulli auſſi. A l'égard de ce que j'ai auſſi ſoutenu qu'on ne pouvoit établir de maxime ; quoiqu'il me ſoit impoſſible de le démontrer avec la même évidence, je crois n'être pas moins bien fondé à le ſoutenir. M. Bernoulli dit que le pis qui puiſſe arriver à Paul eſt d'avoir $\frac{2828}{5525}$, & ajoute

„ *que ce qui doit le déterminer à changer plûtot qu'à s'y tenir, „ est que si Pierre prend un mauvais parti, le sort de Paul „ sera plus grand lorsqu'il changera au sept, que lorsqu'il s'y „ tiendra.*

„ Il est vrai que dans toute autre supposition des valeurs „ de a & de b, que celle de $a = 3$ & $b = 5$, Paul peut „ rendre son sort meilleur que dans celle-ci, si Pierre prend „ le mauvais parti; mais aussi il le rendra plus mauvais si „ Pierre prend le bon parti; & quel moyen y a-t'il de dé- „ couvrir le rapport de probabilité qu'il y a que Pierre „ prendra le bon parti à la probabilité qu'il prendra le „ mauvais, cela me paroît absolument impossible, & fe- „ roit tomber dans le cercle? Il est vrai aussi que plus „ Paul augmentera la valeur de a, par rapport à b, plus „ il peut approcher son sort de $\frac{2838}{5525}$, qui est tout ce qui „ lui peut arriver de plus avantageux si Pierre prend „ un mauvais parti, & qu'en augmentant la valeur de b, „ par rapport à a, son sort ne peut jamais passer $\frac{2834}{5525}$, & „ de plus que dans l'un & l'autre cas, son sort ne peut ja- „ mais être moindre que $\frac{2828}{5525}$, comme M. Bernoulli l'a „ fort bien remarqué; mais on ne peut pas conclure de-là „ que Paul doit rendre a infini par rapport à b; ou ce „ qui est la même chose, qu'il doit changer toujours au „ sept; car si cette consequence étoit bonne, Pierre qui „ est supposé aussi habile que Paul pourroit aussi conclure „ toutes les fois que Paul se seroit tenu, qu'il a une carte „ au dessus du sept, & par consequent changeroit infail- „ liblement au huit, & par ce moyen le sort de Paul ne seroit que $\frac{2828}{5525}$, qui est ce qui lui peut arriver de plus „ mauvais; ainsi il auroit mal fait d'avoir pris la maxime „ de changer toujours au sept, & nous voilà dans le cer- „ cle.

„ J'ai oublié de vous faire observer que Pierre a une „ voye pour borner le sort de Paul à $\frac{2831}{5525} + \frac{3}{4} \times \frac{1}{5525}$, en fai-

„ ſant $c = 5$ & $d = 3$, ce que vous verrés encore avec „ évidence, en ſubſtituant dans la formule les valeurs c „ & d. On pourroit croire que comme il ne tient qu'à „ Pierre de borner le ſort de Paul à $\frac{2832}{5525} + \frac{3}{4} \times \frac{1}{5525}$, de „ même qu'il ne tient qu'à Paul de s'aſſurer ce même ſort, „ Paul devroit faire toujours $a = 3$ & $b = 5$, & Pierre „ $c = 5$ & $d = 3$, ce qui feroit une maxime conſtante pour „ l'un & l'autre Joueur; mais il me paroît qu'elle feroit „ mal établie par les raiſons que nous avons dites tant de „ fois, & que cela ne doit point empêcher Pierre & Paul „ de jouer au plus fin, dans l'eſperance de rendre chacun „ ſon ſort meilleur.

On imprime actuellement votre Lettre du 15 Janvier, il n'en reſte plus que trois, l'une de vous que je ne donnerai que par extrait pour les raiſons ci-jointes, je ſuis ſûr que vous les approuverés; une de moi du 20 Août, & celle-ci qui eſt la derniere. J'étois fort porté à croire que ni l'une ni l'autre ne valoient la peine d'être imprimées, ſur-tout la précédente dans laquelle je dis peut-être trop naturellement ce que je penſe, où il ne ſe trouve point d'algebre pour lui ſervir de paſſeport. Monſieur de Waldegrave qui par une bonté infinie prend ſoin de l'impreſſion de mon Livre, veut tout mettre & je le laiſſe faire. Après les Lettres on imprimera la Preface, je ne touche point à l'ancienne; mais j'ajoûte un Avertiſſement exceſſivement long. Les Auteurs ne finiſſent point, & ont toujours mille choſes à dire qu'ils croyent très utiles, mais dont ſouvent on ſe paſſeroit fort bien. Pour ne point courir le riſque de tomber encore dans ce défaut, je finis en vous aſſurant que je vous honore parfaitement, & ſuis de tout mon cœur,

MONSIEUR,

Votre très humble & très obéiſſant Serviteur R. D. M.

Mes très humbles complimens, s'il vous plaît, à M. votre Oncle, à qui je vous prie de faire voir cette Lettre. M. de Waldegrave me recommande toujours de vous faire les ſiens.

Comme dans ces dernieres Lettres on a parlé du Her, j'ai jugé qu'il étoit à propos d'en mettre ici les calculs, pour épargner au Lecteur la peine de les faire.

	Sort de Paul quand il a la maxime de changer au sept, & Pierre celle de changer au huit.	Pierre a la maxime de se tenir au huit.	Sort de Paul quand il a la maxime de se tenir au sept, & Pierre celle de se tenir au huit.	Pierre celle de changer au huit.
Roy,	1200	1200	1200 ...	1200 ...
Dame,	1052	1058	1058 ...	1052 ...
Valet,	888	902	902 ...	888 ...
Dix,	724	746	746 ...	724 ...
Neuf,	560	590	590 ...	560 ...
Huit,	476	434	434 ...	476 ...
Sept,	390	390	360 ...	408 ...
Six,	444	444	444 ...	444 ...
Cinq,	490	490	490 ...	490 ...
Quatre,	528	528	528 ...	528 ...
Trois,	558	558	558 ...	558 ...
Deux,	580	580	580 ...	580 ...
As,	594	594	594 ...	594 ...
	$\frac{8484}{13.51.25} = \frac{2828}{5525}$	$\frac{8514}{13.51.25} = \frac{2838}{5525}$	$\frac{8484}{13.51.25} = \frac{2828}{5528}$	$\frac{8502}{13.51.25} = \frac{2834}{5525}$

J'ajouterai ici à l'occasion de ce que j'ai dit au sujet du Brelan dans cette Lettre quelques calculs que je me suis amusé à faire à la priere d'un Joueur de mes amis : on trouve par l'article 25 que l'on peut parier à chaque coup sans avantage ni desavantage.

1°. 1 contre 38, qu'il se trouvera un Brelan au moins.

2°. 2 contre 7473, qu'il s'en trouvera au moins deux.

3°. 2 contre 1726725, qu'il s'en trouvera trois.

4°. 1 contre 974, qu'il se trouvera le Brelan quatriéme.

5°. 1 contre 272, qu'il se trouvera le Brelan favori. D'où il suit par l'article 186 qu'on peut parier avec avantage que le premier cas arrivera en 27 coups

Le second en 2591 coups
Le troisiéme en 604354 coups
Le quatriéme en 676 coups
Le cinquiéme en 189 coups

} au moins.

C'est à dire, par exemple, qu'il y auroit de l'avantage à parier qu'en 27 coups il y aura quelque Brelan, & qu'il y auroit du desavantage à le parier pour 26 coups. Il en est de même des autres cas, si ce n'est à l'égard du troisiéme où il se peut trouver erreur dans les deux derniers chifres. Il auroit fallu un long travail pour les rendre plus exacts, & cela n'en valoit pas la peine.

Fautes à corriger.

Page 17, ligne 25, au lieu de $10p + 3$, *lisés* $10p - 3$. Page 24, lig. 1re, au lieu de q, lis. p. Pag. 64, lig. 3, au lieu de a^p, lis. ap; lig. 4, au lieu de $\overline{p - 4E}$, lis. $\overline{p - 4F}$; lig. 29, au lieu de la formule $6p^5 +$ &c. lis. $\frac{3p^5 + 15p^4 + 25p^3 + 15pp + 2p}{3 \cdot 4 \cdot 5}$ Page 172, lig. 1re, au lieu de 718837897, lisés 716080847. Ligne 3, au lieu de 186118235, lisés 185875285. Page 229, lig. 24, au lieu de q^h, lis. $2 \cdot q^h$. Pag. 408, ôtés sans doute.

FIN.

A PARIS,

De l'Imprimerie de J. QUILLAU, Imp. Jur. Lib. de l'Univ. rue Galande, près la rue du Fouarre.

APPROBATION.

J'AI lû par l'ordre de Monseïgneur le Chancelier cette nouvelle Edition du Livre intitulé : *Essai d'Analyse sur les Jeux de Hazard, &c.* Les changemens qu'on y a faits, & le grand nombre de recherches nouvelles dont on l'a enrichi, l'ont mis dans l'état de perfection, où un Ouvrage comme celui-là, excellent & original dans son genre, meritoit d'être porté. Fait à Paris le neuviéme de Novembre 1713.

SAURIN.

PRIVILEGE DU ROY.

LOUIS par la grace de Dieu, Roy de France & de Navarre : A nos Amés & feaux Conseillers les Gens tenans nos Cours de Parlement, Mes des Requestes ordinaires de notre Hôtel, Grand Conseil, Prevôt de Paris, Baillifs, Senechaux, leurs Lieutenans Civils, & autres nos Justiciers qu'il appartiendra, Salut. Notre cher & bien amé le Sieur de M * * * Nous ayant fait supplier de lui accorder nos Lettres de Permission pour l'impression d'un *Essai d'Analyse sur les Jeux de Hazard*, Nous avons permis & permettons par ces Présentes audit Sieur M * * * de faire imprimer ledit Livre en telle forme, marge, caractere, en un ou plusieurs volumes, conjointement ou separément, & autant de fois que bon lui semblera, & de le faire vendre & débiter par tout notre Royaume pendant le temps de six années consécutives, à compter du jour de la date desdites Présentes. Faisons défenses à tous Imprimeurs, Libraires & autres personnes de quelque qualité & condition quelles puissent être, d'en introduire d'impression étrangere dans aucun lieu de notre obeïssance, à la charge que nos Présentes seront enregistrées tout au long sur le Registre de la Communauté des Imprimeurs & Libraires de Paris, & ce dans trois mois de la date d'icelles; que l'impression dudit Livre sera faite dans notre Royaume & non ailleurs, en bon papier & en beaux caracteres, conformément aux Reglemens de la Librairie; & qu'avant que de l'exposer en vente il en sera mis deux Exemplaires dans notre Bibliotéque publique, un dans celle de notre Château du Louvre, & un dans celle de notre très cher & feal Chevalier Chancelier de France le Sieur Phelypeaux, Comte de Pontchartrain, Commandeur de nos Ordres, le tout à peine de nullité des Présentes: du contenu desquelles vous mandons & enjoignons de faire jouir ledit Sieur Exposant ou ses Ayans cause pleinement & paisiblement, sans souffrir qu'il leur soit fait aucun trouble ni empêchement. Voulons qu'à la copie desdites Présentes, qui sera imprimée au commencement ou à la fin dudit Livre, foi soit ajoûtée comme à l'Original. Commandons au premier notre Huissier ou Sergent de faire pour l'execution d'icelles tous Actes requis & nécessaires, sans demander autre permission, & nonobstant clameur de Haro, Charte, Normande & Lettres à ce contraires: Car tel est notre plaisir. Donné à Versailles le 26e jour du mois de Novembre, l'an de grace mil sept cens treize, & de notre Regne le soixante-onziéme. Par le Roy en son Conseil. *Signé*, FOUQUET, *avec paraphe*.

Registré sur le Livre de la Communauté des Libraires & Imprimeurs de Paris, page 682, numero 767, conformément aux Reglemens, & notamment à l'Arrêt du 13 Aoust 1713. A Paris ce 4 Decembre 1713. Signé, ROBUSTEL, *Syndic.*

www.ingramcontent.com/pod-product-compliance
Lightning Source LLC
Chambersburg PA
CBHW052100230326
41599CB00054B/3400
* 9 7 8 2 0 1 2 5 4 3 4 5 4 *